2018
第壹拾伍辑

中国建筑史论汇刊

王贵祥 主编
贺从容 李菁 副主编

清华大学建筑学院主办

中国建筑工业出版社

内 容 简 介

《中国建筑史论汇刊》由清华大学建筑学院主办，以荟萃发表国内外中国建筑史研究论文为主旨。本辑为第壹拾伍辑，收录论文15篇，分为东亚建筑专题、古代建筑制度研究、建筑考古学研究、建筑文化研究、古代园林研究以及英文论稿专栏。

其中，东亚建筑专题收录4篇，分别为日本学者对神社建筑、佛教建筑、住宅建筑以及皇家宫殿能乐观演空间的研究。古代建筑制度研究收录3篇，其中《故宫本〈营造法式〉图样研究（四）——〈营造法式〉斗栱正、侧样及平面构成探微》为前几辑的延续，另有《有关出檐的研究》以及《苏州虎丘二山门尺度复原与设计技法探讨》；建筑考古学研究收录3篇，分别为《公元前2000年圆形生土建筑类型和技术——内蒙古二道井子聚落遗址和跨高加索地区的亚尼克土丘（Yanik Tepe）》、《清华大学建筑学院藏二件有铭铜器检校与近世流传浅析》以及《陵川县三圣瑞现塔建造初探》；建筑文化研究收录涉及古城研究的《揭阳古城营建的历史与文化》；古代园林研究收录2篇，均为地方园林案例研究，分别为《清代青州偶园研究》和《无锡近代王氏蠡园研究》；此外，本辑英文论稿2篇，均为关于元哈剌和林佛寺兴元阁的最新成果。另有山西高平崇明寺测绘图一份。上述论文中有多篇是诸位作者在国家自然科学基金支持下的研究成果。

书中所选论文，均系各位作者悉心研究之新作，各为一家独到之言，虽或亦有与编者拙见未尽契合之处，但却均为诸位作者积年心血所成，各有独到创新之见，足以引起建筑史学同道探究学术之雅趣。本刊力图以学术水准为尺牍，凡赐稿本刊且具水平者，必将公正以待，以求学术有百家之争鸣、观点有独立之主张为宗旨。

Issue Abstract

The *Journal of Chinese Architecture History* (JCAH) is a scientific journal from the School of Architecture, Tsinghua University, that has been committed to publishing current thought and pioneering new ideas by Chinese and foreign authors on the history of Chinese architecture. This issue contains 15 articles that can be divided according to research area: East-Asian architecture, the traditional architectural system, building archaeology, architectural culture, traditional gardens, and the foreign language section.

Four papers written by Japanese scholars discuss the history of East-Asian architecture and explore Shinto architecture, Buddhist architecture, residential buildings and the Noh space in the imperial palace. The section on the traditional architectural system contains three papers: "Forbidden City Edition of Yingzao fashi (Part Four) –Plan, Elevation, and Sectional Drawings of Bracket Sets", "Projecting Eaves in Traditional East-Asian Wooden Architecture", and "Design Methods and Proportions of the Second Front Gate at Tiger Hill in Suzhou". Building archaeology is the theme of "Types and Techniques of Earthen Architecture in Erdaojingzi and Yanik Tepe (2000 BCE)" and "An Investigation into the Modern History of Two Bronze Vessels Housed in the School of Architecture at Tsinghua University". The next paper provides new insight into architectural culture, "Urban Construction History and Culture of Jieyang". There are two contributions to the study of historical cities, gardens and villages, "Ouyuan Garden of the Feng Family in Qing-dynasty Qingzhou" and "Li Garden of the Wang Family in Modern Wuxi". Additionally, there are two articles in English in the foreign language section that discuss Xingyuan Pavilion built at a Buddhist Temple in Mongol-era (Yuan) Karakorum. Finally, there is a field report of Chongmingsi in Gaoping, Shanxi province. This issue contains several studies supported by the National Natural Science Foundation of China (NSFC).

The papers collected in the journal sum up the latest findings of the studies conducted by the authors, who voice their insightful personal ideas. Though they may not tally completely with the editors' opinion, they have invariably been conceived by the authors over years of hard work. With their respective original ideas, they will naturally kindle the interest of other researchers on architectural history. This journal strives to assess all contributions with the academic yardstick. Every contributor with a view will be treated fairly so that researchers may have opportunities to express views with our journal as the medium.

谨向对中国古代建筑研究与普及给予热心相助的华润雪花啤酒（中国）有限公司致以诚挚的谢意！

主办单位	Sponsor
清华大学建筑学院	School of Architecture, Tsinghua University

顾问编辑委员会
主任
庄惟敏（清华大学建筑学院院长）

Advisory Editorial Board
Chair
Zhuang Weimin (Dean of the School of Architecture, Tsinghua University)

国内委员（以姓氏笔画为序）
王其亨（天津大学）
王树声（西安建筑科技大学）
刘　畅（清华大学）
吴庆洲（华南理工大学）
陈　薇（东南大学）
何培斌（香港中文大学）
钟晓青（中国建筑设计研究院）
侯卫东（中国文化遗产研究院）
晋宏逵（故宫博物院）
常　青（同济大学）
傅朝卿（台湾成功大学）

Editorial Board
Wang Qiheng (Tianjin University)
Wang Shusheng (Xi'an University of Architecture and Technology)
Liu Chang (Tsinghua University)
Wu Qingzhou (South China University of Technology)
Chen Wei (Southeast University)
Ho Pury-peng (The Chinese University of Hong Kong)
Zhong Xiaoqing (China Architecture Design & Research Group)
Hou Weidong (Chinese Academy Of Cultural Heritage)
Jin Hongkui (The Palace Museum)
Chang Qing (Tongji University)
Fu Chaoqing (National Cheng Kung University)

国外委员（以拼音首字母排序）
爱德华（柏林工业大学）
包慕萍（东京大学）
国庆华（墨尔本大学）
韩东洙（汉阳大学）
妮娜·科诺瓦洛瓦
　（俄罗斯建筑科学院）
梅晨曦（范德堡大学）
王才强（新加坡国立大学）

International Advisory Editorial Board
Eduard Koegel (Berlin Institute of Technology)
Bao Muping (University of Tokyo)
Guo Qinghua (The University of Melbourne)
Han DongSoo (Hanyang University)
Nina Konovalova (Russian Academy of Architecture and Construction Sciences)
Tracy Miller (Vanderbilt University)
Heng Chyekiang (National Univerity of Singapore)

主编
王贵祥

Editor-in-chief
Wang Guixiang

副主编
贺从容　李　菁

Deputy Editor-in-chief
He Congrong, Li Jing

编辑成员
贾　珺　廖慧农

Editorial Staff
Jia Jun, Liao Huinong

中文编辑
张　弦

Chinese Editor
Zhang Xian

英文编辑
荷雅丽

English Editor
Alexandra Harrer

编务
刘　敏

Editorial Assistants
Liu Min

目 录

东亚建筑专题 /1

川本重雄（包慕萍　译）	日本住宅史中的样式概念："寝殿造"与"书院造" /3
奥富利幸（包慕萍　译）	日本皇家宫殿能乐观演空间中西洋剧场概念的导入 /25
加藤悠希 　（李　晖译　包慕萍　审译）	日本神社建筑的形式分类 /41
铃木智大 　（唐　聪译　包慕萍　审译）	日本佛教寺院建筑之类型和样式的意义——以构建东亚木构建筑史为目的 /51

古代建筑制度研究 /61

陈　彤	故宫本《营造法式》图样研究（四）——《营造法式》斗栱正、侧样及平面构成探微 /63
张毅捷　叶皓然　周至人	有关出檐的研究 /140
李　敏	苏州虎丘二山门尺度复原与设计技法探讨 /154

建筑考古学研究 /177

国庆华	公元前2000年圆形生土建筑类型和技术——内蒙古二道井子聚落遗址和跨高加索地区的亚尼克土丘（Yanik Tepe） /179
刘　畅　赵寿堂　李妹琳 　刘佳妮　刘仁皓	清华大学建筑学院藏二件有铭铜器检校与近世流传浅析 /213
赵妹雅　贺从容	陵川县三圣瑞现塔建造初探 /226

建筑文化研究 /257

吴庆洲	揭阳古城营建的历史与文化 /259

古代园林研究 /303

贾　珺　黄　晓	清代青州偶园研究 /305
黄　晓　刘珊珊	无锡近代王氏蠡园研究 /321

英文论稿专栏 /341

包慕萍	13世纪哈剌和林的多层木构建筑：关于高300尺的兴元阁建筑样式的探讨 /343
王贵祥　荷雅丽	元哈剌和林佛寺兴元阁可能原状探讨 /357

古建筑测绘 /385

何文轩（整理）	山西高平崇明寺测绘图 /387

Table of Contents

East Asian Architecture / 1

Stylistic Change of Japanese Residential Buildings: From *Shinden-zukuri* to *Shoin-zukuri*
·················· Kawamoto Shigeo (Translated by Bao Muping) /3

The Introduction of Western Theater Concepts to *Noh* Space in the Japanese Imperial Palace
·················· Okutomi Toshiyuki (Translated by Bao Muping) /25

Classification of Japanese Shinto Shrine Sanctuaries
·················· Kato Yuki (Translated by Li Hui and Bao Muping) /41

Types and Styles of Japanese Buddhist Temple Architecture—Toward Writing a Comprehensive History of East-Asian Wooden Architecture
·················· Suzki Tomohiro (Translated by Tang Cong and Bao Muping) /51

Traditional Architectural System / 61

Forbidden City Edition of Yingzao fashi (Part Four)
 - Plan, Elevation, and Sectional Drawings of Bracket Sets ·················· Chen Tong /63

Projecting Eaves in Traditional East-Asian Wooden Architecture
·················· Zhang Yijie   Ye Haoran   Zhou Zhiren /140

Design Methods and Proportions of the Second Front Gate at Tiger Hill in Suzhou ······ Li Min /154

Building Archaeology / 177

Types and Techniques of Earthen Architecture in Erdaojingzi and Yanik Tepe (2000 BCE)
·················· Guo Qinghua /179

An Investigation into the Modern History of Two Bronze Vessels Housed in the School of Architecture at Tsinghua University ······ Liu Chang   Zhao Shoutang   Li Meilin   Liu Jiani   Liu Renhao /213

Three Saints Auspicious Pagoda (Sansheng Ruixian Ta) in Lingchuan County
·················· Zhao Shuya   He Congrong /226

Architectural Culture / 257

Urban Construction History and Culture of Jieyang ·················· Wu Qingzhou /259

Traditional Gardens / 303

Ouyuan Garden of the Feng Family in *Qing*-dynasty Qingzhou ········· Jia Jun   Huang Xiao /305
Li Garden of the Wang Family in Modern Wuxi ·················· Huang Xiao   Liu Shanshan /321

Foreign-Language Section / 341

Multi-story Timber Buildings in Thirteenth-Century Karakorum:
A Study of the 300-*chi* Tall Xingyuan Pavilion ·················· Bao Muping /343
Recovery Research of Xingyuan Pavilion Built at a Buddhist Temple in
Mongol-era (Yuan) Karakorum ·················· Wang Guixiang   Alexandra Harrer /357

Field Reports / 385

Revised Survey and Mapping of Gaoping Chongming Temple, Shanxi ············ He Wenxuan /387

东亚建筑专题

日本住宅史中的样式概念：
"寝殿造"与"书院造"

川本重雄 著　包慕萍❶ 译

（日本近畿大学建筑学部）

摘要：日本住宅由平安时代的寝殿造向江户时代的书院造发展变化。本文首先概观了既有研究成果中对两者的认识，之后笔者从"墙体空间"和"柱子空间"的新视角阐述了从寝殿造向书院造发展的过程。笔者认为平安时代的贵族住宅吸取了为举行仪式使用的柱子空间，后世为了把柱子空间的大空间分隔成若干小空间而发明了"遣户"（推拉门），而纸推拉门、透光推拉门窗等的普及导致寝殿造住宅转变为书院造住宅。

关键词：日本住宅史，寝殿造，书院造，墙体空间，柱子空间

Abstract: Japanese houses are said to have developed from *shinden-zukuri* (main-building style) popular in the Heian period (794—1185) to *shoin-zukuri* (large-reception-room style) popular in the Edo period (1603—1868). But it is still not clear what factors caused the transition, and why there was a stylistic change at all. This paper analyzes the historical transition of Japanese houses and suggests a new explanation based on the different construction and conception of space over the centuries (colonnaded space versus walled space). *Shinden-zukuri* residences used the open space of the colonnaded courtyard where many kinds of ceremonies took place. Sliding partitions were invented in the second half of the 10th century, and these room partitions such as *fusuma* (vertical rectangular panels) and *shoji* (translucent paper room dividers) divided the space into individual compartments which led to the formation of *shoin* style, with its decorative alcoves, staggered shelves and built-in desks, (latest) in the 15th century. After the Edo period, Japanese houses were always built in *shoin* style.

Keywords: Japanese residential buildings, *shinden-zukuri*, *shoin-zukuri*, walled space, colonnaded space

一、既往研究中日本住宅样式的概念

追溯日本宫殿及住宅的历史时，可以发现其间发生过巨大变化。而"寝殿造"❷及"书院造"❸便是根据这些变迁而命名的分类概念，它们由江户时代的考据学家泽田名垂命名，在他的著作《家屋杂考》❹（1842年）中首次出现。对于江户时代的人们来说，他们居住的住宅与平安时代的文学和绘画里描绘的贵族住宅十分不同。《源氏物语》中描绘的贵族住宅由被称为"寝殿"、"对屋"等的建筑单体构成，而江户时代的住宅则与之不同，由被称为"书院"的房间构成住

---

❶ 译者单位为东京大学生产技术研究所。

❷ 此处"寝殿"，并非卧室或者寝宫之意，而取中国《史记》乐书中"凡居室，皆曰寝"之意，即人所居之处。因此此处"寝殿"实质是正殿之意。——译者注

❸ 此处的"书院"与中文的书院的含义不同，在日语中指书斋兼接待客人的房间。

❹ 故实丛书[M]. 第二十五所收. 東京：明治書院，1951.

宅建筑群的中心，并以此命名。此外，《源氏物语绘卷》（图1）里，住宅利用垂帘、屏风等活动的软隔断划分卧室等单独的生活空间，但江户时代利用推拉门与木质隔扇来划分房间。"寝殿造"和"书院造"就是为了说明这些住宅的不同点而形成的分类概念。又因为平安时代的贵族住宅的中心殿舍是寝殿，因此被称为"寝殿造"；而江户时代的武士住宅的中心房间是"书院"❶，因此被命名为"书院造"。

❶ 而且"书院"的室内装饰做法有很多具体的规定。——译者注

图1 《源氏物语绘卷》柏木二
（川本研究室摹绘）

以往为了说明这两种住宅样式为何不同，曾有学者提出"寝殿造"源于古代的贵族住宅样式，而"书院造"是从农村住宅中发展起来的武家❷住宅，即认为它们有着不同的起源。❸ 但这种说法在其后的研究中已经被否定。太田博太郎在他的著作《书院造》❹以及川上贡在他的著作《日本中世住宅研究》❺中分别阐明了从寝殿造到书院造的历史发展过程（表1），可以说通过这两项研究充分地论证了从寝殿造发展到书院造的学说的正确性。

❷ 武家为武士上流阶层，因此武家住宅指武士上流阶层的住宅。——译者注
❸ 田边泰.日本住宅史[M]//日本風俗史講座(六).東京：雄山閣，1929.
❹ 太田博太郎.書院造[M].東京：東京大学出版会，1966.
❺ 川上貢.日本中世住宅の研究[M].東京：墨水書房，1967.
❻ 太田博太郎.日本住宅史[M]//建築学大系.第一巻.東京：彰国社，1954.

表1　太田博太郎的日本古代住宅变迁图表

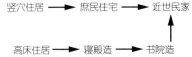

比"寝殿造"更早时期的原始住宅形式又是如何分类的呢？太田博太郎在其著作《日本住宅史》❻（1951年成稿）中提倡将原始住宅分为"竖穴住居"与"高床住居"（干栏式住宅）两种体系，即根据住宅的室内生活面（指一层室内地坪）是自然地面还是架高的木地板做分类标准，分为两类。太田认"竖穴住居"是北方体系的住宅，而"高床住居"是南方体系的住宅，两者有着不同的起源谱系，并继而阐明从"高床住居"发展到"寝殿造"再到"书院造"的历史变迁过程，并指出这些住宅

是统治阶层的住宅类型，同时论述"竖穴住居"发展为普通百姓的住宅体系。

二、既往研究中对"寝殿造"与"书院造"的定义

最初，为了说明平安时代的贵族住宅和江户时代的武士住宅之间明显的区别，而出现了寝殿造与书院造的两种分类。因此对它们的定义也多通过寻找两者区别入手，阐述各自的特征。例如，堀口舍己总结了寝殿造与书院造各自十三个特征，并指出"上述（指书院造的特征）是根据与寝殿造的对比而得出的结论"，说明堀口根据两者之间的比较而归纳了各自的特征。❶

而太田博太郎在其著作《书院造》中，首先介绍了堀口舍己的定义，之后重新定义了寝殿造及书院造。对寝殿造，太田引用了平安时代《中右记》❷的记载"如方一町家左右对中门廊等衰备也"❸进行定义，对书院造，则利用了江户时代的书籍《匠明》里的"主殿之图"（图2）对其进行定义。可见，太田主张必须从与寝殿造和书院造同一时代的典籍中寻找它们各自定义的依据。同时，太田指出"主殿之图"刊登在当时的木匠技术书籍《匠明》之中，说明它是具有普遍性的例子。而且，这个"主殿之图"不但与1601年建设的园城寺光净院客殿的平面大体一致，还有几个其他类似的例子，因此太田判断可以把这个"主殿之图"视为书院造完全形成之后的标准样板。笔者也赞同将《匠明》中的"主殿之图"视为书院造的完成像。但是太田对《中右记》中指出了寝殿、对屋、中门廊的平面构成的记载的过度重视，导致了错误的导向。这样的论断让包括笔者在内的后来的研究者在很长时期都持有"寝殿造中最重要的课题是建筑的平面布局"这样错误的印象。

太田博太郎的《书院造》不但重新定义了寝殿造和书院造，也较为详细及具体地阐明了从寝殿造到书院造的变化过程。太田主要从书院造的主

❶ 堀口捨己．書院造について[J]．清閑（15），1943．后收入：堀口捨己．書院造りと数寄屋造りの研究[M]．東京：鹿島出版会，1978．
❷ 平安时代的公卿、右大臣藤原宗忠在1087—1138年间的日记。——译者注
❸ 意为：地基为方形，面积为"一町"，左、右"对殿"（配殿）和中门廊具全。平安时代的条里制中，边长60步的正方形为"一町"，合约一万平方米。——译者注

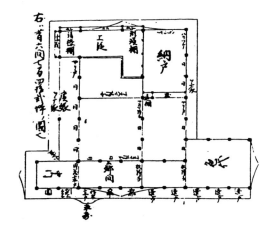

图2 《匠明》主殿之图
（匠明[M]．東京：鹿島出版会，1987.）

室即"书院"室内的特定装饰构件（即上段❶、床之间❷、棚❸、付书院❹、帐台构❺）如何完成格式化，以及寝殿造时主殿周围的"庇"❻如何衰退导致住宅平面发生变化——这两个现象入手，阐明了从寝殿造到书院造的历史变化。对于这一变化的背景，太田分析这是接待客人的空间独立分化，即住宅功能分化的结果。也就是说寝殿造中被称为"出居"❼的待客空间完全从寝室、"常御所"❽独立出来而形成了书院造。

平井圣提出了与太田的不同分类方法。平井提议把寝殿造向书院造变化的过渡阶段的一个形式定义为"主殿式"❾。平井认为，在《匠明》的"主殿之图"的平面中，南面设有对外的待客空间，北面则设有寝室、起居室等私人生活空间，住宅功能还没分化。因此他认为待客空间与生活空间各为一个建筑单体完全分离、只有待客空间排成一列的住宅形式出现的17世纪中叶，才是书院造得以完成的时代。像寝殿造的主殿那样，待客空间和生活空间前后并列的平面形式，平井主张另划一类，称为"主殿造"。也就是说，平井将太田定义的书院造再细分为主殿式和书院造两种。如果只从平面形式与功能分化的观点来看，平井的说法也可以成立，但从主室的"床之间"等客厅程式化装饰构件以及下文后述的空间观点来看，没有把书院造再细分为主殿造和书院造的必然性。本来建筑的功能分化并非只因建筑空间的历史性变化而产生，也会因为同一住宅所建的建筑单体数量的不同发生很大的变化。因此，只拿功能分化和平面形式作为考察标准进行建筑样式分类的做法并不恰当。

三、日本住宅史的新观念与寝殿造及书院造

笔者在题为"日本住宅的历史"❿论文中提出，概观日本住宅历史时以建筑空间的形式为依据将住宅建筑划分为两类的看法。笔者认为，人类建造的房屋可分为对外开放和对外封闭的两种空间形式——用墙壁或门窗等构件将内部与外部隔断的封闭空间，或者重视内外空间的连续性而不设墙壁等围合体的开放空间。而住宅作为以抵御外敌、保护生命财产为目的的建筑类型，一般被建造为封闭空间。与此相对，开放空间往往被用于举行庆典仪式，同时使用室内与室外空间进行庆典仪式。日本古代宫殿建筑的仪式空间，即是开放性的柱子空间。所以笔者推测，日本平安时代的贵族住宅"寝殿造"吸收了古代宫殿仪式的建筑空间形式，使得开放式空间变

---

❶ 为了体现武士社会地位的高低不同，"书院"房间的室内地坪有一个踏步的高差变化，高地坪空间称为上段。——译者注
❷ 榻榻米的房间一角另铺设高出一段的铺了木板的空间，称为"床之间"，为挂画轴、摆插花、香炉、蜡烛等装饰物的专用空间。——译者注
❸ "棚"，也称"违棚"，为程式化的装饰性木板架，设在"床之间"的邻侧。具体形式是两枚水平木板架左右错开地固定在墙上，中间有竖向木板连接，形成错位的工字形的木板装饰架。——译者注
❹ "付书院"指只用在"书院"房间里特殊形式的窗户，有一定的规格和形式。基本特征是窗户向外凸出，室内低矮的宽大窗台兼作几案，窗台下设书橱。——译者注
❺ "帐台构"为"书院"房间与寝室之间、主人进出使用的形式特殊、体现主人社会地位的四扇纸门。纸门的门槛高，门楣木枋位置低，中央两扇纸门为推拉门，其余两扇为固定门，四扇门纸面上绘有绘画。——译者注
❻ 寝殿造中"庇"是围绕在殿身周围的空间，比殿身室内地坪低一阶，与后世的出檐的意思不同。——译者注
❼ 设在"庇"的接待客人的空间。——译者注
❽ 亦称"常居所"，主人居所，一般设在寝殿的北面。——译者注
❾ 平井圣.日本住宅の歴史[M].東京：日本放送協会，1974.
❿ 川本重雄.日本住宅の歴史[M]//生活文化史（新体系日本史14）.東京：山川出版社，2014.

为日本住宅的原点。而为了能够表达封闭空间和开放空间的特性，笔者提出将前者命名为"墙体空间（隔断内外空间的连续性）"，后者命名为"柱子空间（重视内外空间的连续性）"。以下以这两个概念为基准，概观一下日本住宅的历史。

1. 日本古代宫殿中的"墙体空间"与"柱子空间"

在考察尚未受到中国寺院建筑和宫殿建筑直接影响之时代的日本宫殿建筑时，今城塚古坟出土的"家形埴轮"❶群倍受关注。今城塚古坟被认为是6世纪初继体天皇（当时因还没有"天皇"的称谓，称之为"大王"）的坟墓，在其总平面规划区内壕沟的内堤向外突出部位出土了大量的"家形埴轮"❷。虽然"家形埴轮"有所破损，但因在原本埋藏的位置破损，所以不但可以复原其形状，其平面位置关系也得以复原。这些"家形埴轮"值得注目的重要之处是它们表现了大王宫殿里对应各种功能的多样的建筑空间。例如，在最外侧被推测为是宴会场的区划里，发现了应是宴会会场的建筑，它们是具有开放性柱子空间的"家形埴轮"（图3），而在内侧被认为是大王住处的位置则发现了被墙壁包围的、封闭式的"家形埴轮"（图4）。据此我们可以了解在大王的宫殿里，对应居住和举行仪式的不同功能，分别使用了"墙体空间"和"柱子空间"的不同空间形式的建筑。

同样地，在平安时代的《年中行事绘卷》中描绘的平安宫的大极殿（图5）也是前面开放的"柱子空间"建筑。近年来在平安宫遗迹的原址上复原重建的大极殿也依照绘卷中的样子，在南面完全不设墙壁或窗户，形成开放性建筑。另外，还有一个实例是九州太宰府的都府楼正殿。从这栋建

❶ "埴輪haniwa"，是日本古坟时代特有的素烧陶土陪葬明器，在大王（天皇）坟墓里的陪葬品。"家形埴轮"指其中房屋形态的陶土明器。

❷ 森田克行. よみがえる大王墓：今城塚古墳[M]. 東京：新泉社，2011.

图3 今城冢古坟出土家形埴轮复原模型
（作者自摄）

图4 今城冢古坟出土家形埴轮复原模型
（作者自摄）

筑的础石形状可以判断，在它的南面不设窗户或者墙体，是完全开放性的建筑。由此看来，日本古代举行仪式用的宫殿以及官厅的正殿都是重视与南面庭院的空间连续性而设计为"柱子空间"的建筑，这与中国的太极殿等宫殿正殿的做法有很大不同。后者由门扇等构件围合，只有在仪式庆典时才将门扇打开，制造出与南庭的空间连续性。日本从中国引进了瓦屋顶、础石和斗栱等建筑技术从而建造了奈良时代的宫殿，但与此同时，奈良宫殿也继承了古坟时代大王宫殿宴会厅的开放性空间，建造了与中国宫殿的正殿不同的"柱子空间"的宫殿空间。

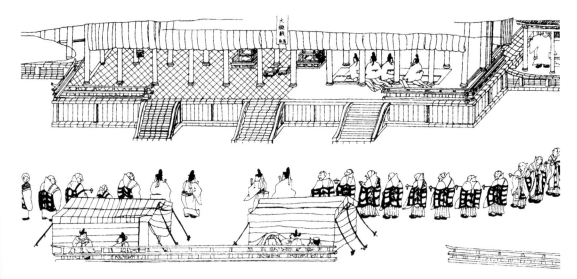

图5　《年中行事绘卷》御斋会场时的平安宫大极殿
（川本研究室描摹）

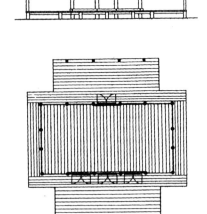

图6　关野克复原的藤原丰成板殿复原图

（日本建築学会. 日本建築史図集 [M]. 東京：彰国社，2011 新訂第三版.）

另一方面，即关于奈良时代的贵族住宅的建筑平面和空间构成的相关资料虽然不多，但根据正仓院文书复原了藤原丰成板殿，其正面中央有三扇门，背面中央的一间是门，左右均为莲子窗（直棂窗），此外均为木板墙，可以说其内部空间是由门扇、窗户和板壁围合出"墙体空间"，板壁四周附设开放性的"庇"（图6）。此外，从《万叶集》中的和歌"推开心爱女子睡觉处的木板门，走进去，握住她的美丽的手"，以及词曲"右边这首写在白纸上，之后悬挂在墙壁上"等描述，可以理解为当时的住宅内部空间是由向里推开的木板门或能悬挂和歌纸幅的墙壁围绕起来的、内外空间明显隔绝的闭锁性空间。

也就是说，在奈良时代之前，开放性住宅还不存在，"柱子空间"的建筑只可见于举行朝贺、宴会等仪式的宫殿之中。

2. 寝殿造的成立与正月大宴

那么，古代宫殿中开放性的"柱子空间"是如何引入到贵族住宅中去的呢？为了探讨这个问题，有必要首先确认古代宫殿空间和仪式的对应关系。根据平安时代初期编纂的记载着宫廷仪式的书籍《内里式》（821年）可知，天皇出席的宫廷活动中，根据仪式内容的不同分别会在大极殿❶、丰乐院、武德殿、内里以及神泉院5个地方举行（表2）。

❶ 平安京的宫城称为大内里，天皇居住生活区称为内里。大内里南部有三道门，中央正门朱雀门之内，中轴线左右设有八省院（亦称朝堂院），并列西面设有宴会场所之丰乐院。八省院为百官朝政之处，院内北部设有宫殿的正殿大极殿。天皇的居所即内里设在宫城中部偏东处，内有天皇举行仪式使用的紫宸殿和日常生活起居的清凉殿等。此外，宫城里围绕八省院、丰乐院和内里还分布着各行政省、部等官厅建筑。——译者注

表2　821年完成的宫廷仪式书籍《内里式》中记载的仪式及会场（川本制作）

月日	行事名	内裏（仪式场所）式
正月一日	朝贺	大極殿
正月一日	元日宴会	豊樂殿
正月七日	七日宴会（白马节会）	豊樂殿
正月八日	女王禄	紫宸殿
正月八日	卯杖	紫宸殿
正月十六日	十六日宴会（踏歌节会）	豊樂殿
正月十七日	観射・射礼	豊樂殿
四月七日	奏成選短籍	内裏
五月五日	節・騎射	武德殿
五月六日	六日儀	武德殿
七月七日	相撲	神泉苑
七月八日	相撲	紫宸殿
九月九日	菊花節	神泉苑
十一月一日	進御曆	内裏
十一月丑	奏御宅田稲数	内裏
十一月	新嘗会	豊樂院
十二月	進御薬	内裏
十二月	大儺	内裏

但是，根据《六国史》、《类聚国史》等文献确认举行宫廷仪式的场所时可以发现《内里式》中所记载的原则只在编纂了此书的嵯峨天皇时代（809—823年）被遵守，到了下一个天皇的时代就逐渐地不再按此原则行事，转而各种仪式都改为在内里举行。从九岁即位的清和天皇（858—876年）之后，除了登基大典之外，天皇都选在内里举行各种仪式（表3）。

表3　《六国史》中记载的宴会名称和举行宴会的场所一览表

天皇	和曆	西曆	元日宴会	七日宴会	十六日踏歌	内宴	相撲節	菊花宴	新嘗会・大嘗会
平城	大同2	806			×		神泉苑	神泉苑	
	3	807	前殿				神泉苑		豊樂殿（大）
	4	808				○		神泉苑	
嵯峨	弘仁1	810					神泉苑		豊樂殿（大）
	2	811					神泉苑	前殿	
	3	812	前殿				神泉苑	神泉苑	豊樂殿[25]
	4	813		豊樂院		後殿	神泉苑	神泉苑	[20]
	5	814	前殿				神泉苑	神泉苑	
	6	815	前殿		豊樂院		神泉苑		
	7	816	前殿[2]		豊樂院		神泉苑	×	
	8	817	前殿			後殿[21]		神泉苑	
	9	818	前殿				×	神泉苑	
	10	819	前殿	豊樂殿		[20]	神泉苑	神泉苑	
	11	820	豊樂殿	豊樂殿	豊樂殿		神泉苑	神泉苑	
	12	821							
	13	822	豊樂殿	豊樂殿	豊樂殿			神泉苑	
	14	823	豊樂殿	豊樂殿					

续表

天皇	和曆	西曆	元日宴会	七日宴会	十六日踏歌	内宴	相撲節	菊花宴	新嘗会·大嘗会
淳和	天長1	824	紫宸殿						
	2	825	前殿③		×				
	3	826	内裏	豊楽殿			豊楽殿⑯	内裏	
	4	827	宜陽殿②		不御紫宸殿				
	5	828	内裏	豊楽殿				神泉苑	
	6	829	紫宸殿				神泉苑⑯		
	7	830	紫宸殿②		紫宸殿		神泉苑⑯	内裏	
	8	831			紫宸殿	仁寿殿⑳	建礼門⑯	紫宸殿	
	9	832	紫宸殿			清涼殿⑫	建礼門⑯	紫宸殿	
仁明	10	833	紫宸殿②	豊楽殿		仁寿殿⑳	神泉苑⑯	紫宸殿	豊楽院（大）⑯⑰⑱
	承和1	834	紫宸殿	豊楽院		仁寿殿⑳		紫宸殿	
	2	835	紫宸殿	豊楽院		仁寿殿⑳	神泉苑⑧	紫宸殿	
	3	836	紫宸殿	豊楽院		仁寿殿⑳	神泉苑⑧	紫宸殿	
	4	837	紫宸殿	豊楽院	紫宸殿	仁寿殿⑳	紫宸殿⑧	紫宸殿	
	5	838	紫宸殿	豊楽殿	紫宸殿	仁寿殿⑳		（廊下）	
	6	839	陣頭（忌）	紫宸殿	紫宸殿	仁寿殿⑳		紫宸殿	
	7	840	紫宸殿	紫宸殿	紫宸殿			×	
	8	841					紫宸殿㉑	紫宸殿	紫宸殿⑳
	9	842	紫宸殿	豊楽殿	紫宸殿	仁寿殿⑳	×		
	10	843						紫宸殿	
	11	844	紫宸殿	豊楽院	紫宸殿	仁寿殿⑰		紫宸殿	
	12	845	紫宸殿	豊楽院	紫宸殿	仁寿殿⑳		紫宸殿	紫宸殿㉕
	13	846	紫宸殿	豊楽殿	紫宸殿	仁寿殿⑳		紫宸殿	
	14	847	紫宸殿	紫宸殿	紫宸殿	仁寿殿⑳		紫宸殿	
	嘉祥1	848	紫宸殿	紫宸殿	紫宸殿	仁寿殿㉑		紫宸殿	
	2	849	紫宸殿	紫宸殿		仁寿殿⑳		紫宸殿	
	3	850	紫宸殿	不御紫宸殿		仁寿殿⑳			
文德	仁寿1	851						×	豊楽殿（大）㉔㉕㉖
	2	852	南殿	豊楽院		㉒			豊楽院㉔
	3	853	南殿	豊楽院		㉒		不御南殿	豊楽院⑱
	齐衡1	854	南殿	梨下院		㉑		南殿	南殿㉓
	2	855	○	南殿		新成殿㉑		南殿	南殿⑰
	3	856	南殿	南殿		㉑		南殿	南殿
	天安1	857	南殿	南殿				不御南殿	冷然院㉓
	2	858		南殿		新成殿㉑		新成殿㉑	
清和	貞観1	859		×	×	㉑		（右仗）	豊楽院（大）⑰⑱
	2	860	前殿（東宮）	豊楽院	前殿	㉑		（右仗）	前殿⑯
	3	861	前殿	豊楽殿	前殿	㉑	前殿6/28	不御前殿	前殿㉒
	4	862	前殿	前殿	前殿	㉑	前殿⑤⑥⑫⑬	前殿	前殿⑯
	5	863	前殿	前殿	前殿	×	南殿⑤		前殿⑮
	6	864	前殿③	前殿	前殿	㉑	前殿⑭	前殿	前殿㉑
	7	865	仗下	前殿	不御前殿		建礼門㉑	太政官	紫宸殿㉑
	8	866	宜陽殿西庇	紫宸殿	紫宸殿	仁寿殿㉑		宜陽殿西庇	紫宸殿⑮
	9	867	紫宸殿	紫宸殿	紫宸殿	×	紫宸殿㉕	紫宸殿	紫宸殿⑮
	10	868	紫宸殿	紫宸殿	紫宸殿	仁寿殿㉑		紫宸殿	紫宸殿⑮
	11	869	×	紫宸殿	紫宸殿	㉑		×	紫宸殿
	12	870	紫宸殿	紫宸殿	不御紫宸殿	㉑	紫宸殿㉘	紫宸殿	紫宸殿⑮
	13	871	紫宸殿	紫宸殿	紫宸殿	×	綾綺殿前	（宜陽殿西庇）	紫宸殿
	14	872	×	×	×	×	×		（左仗下）
	15	873	紫宸殿	紫宸殿	×	㉑		（宜陽殿西庇）	紫宸殿⑲
	16	874	紫宸殿	紫宸殿	紫宸殿	㉑	紫宸殿㉘	（宜陽殿西庇）	紫宸殿㉕
	17	875	紫宸殿	紫宸殿	紫宸殿	×		紫宸殿	紫宸殿⑲
	18	876	紫宸殿	紫宸殿	紫宸殿	×		（宜陽殿西庇）	紫宸殿⑲

（注：笔者根据《日本后纪》《续日本后纪》《文德天皇实录》《三代实录》《类聚国史》整理而成。左第一列为天皇名，各场所与天皇名栏没有交集处表示天皇未参；○代表宴会召开之事得到了确认；圆圈内数字为宴会召开日与记载日不符时的实际召开日期；×代表确认了没有召开宴会的地点；（大）为"大尝祭"。）

这种仪式场所的变化导致了新问题的出现。因为内里是天皇居所的一部分，所以官位在5位（品）以上的贵族才被允许出入。这样，原本可以参加在大极殿举行的朝贺以及在丰乐院举行的七日宴等，官位在6位以下的官员们，则从此无法列席宫中仪式。

为了弥补这一不足，开始在大臣府邸举行正月大宴。正月大宴是太政官的最高官员主办的面向太政官官员们的宴会，6位以下的官员也可以参加。向宴会提供的奶酪和甘栗等是天皇的下赐之物，作陪酒宴的主要人物是天皇的儿子们，即亲王们。从这些情形来看，虽然大臣是正月大宴的主办者，但天皇和皇族们密切地参与操办正月大宴。这样，对于无法继续参加宫中宴会的下级官员们来说，天皇及皇族也参与操办的正月大宴是对他们的补偿，反过来说，这也是在大臣家操办正月大宴的目的之一。最终，正月大宴也逐渐演变为与宫中宴会规格相当的宴会，举行宴会的空间也开始模仿宫中的宴会场。在贵族住宅的正殿即寝殿里，引入了举行宫廷仪式的开放性的"柱子空间"。更为具体而言，即在天皇居住的内里中作为宴会场的紫宸殿成为举行正月大宴的大臣府邸里建造寝殿时模仿的原型。在寝殿造中，称为中门廊的南北廊以梁间跨度为一间的单廊形式环绕南庭，而东西栋之间则建有梁间跨度为两间的"渡殿"和跨度为一间的"透渡殿"（图7），前者与平城宫内里的回廊是同等性质的空间，后者也与平城宫以及平城宫内里的过廊形式（图8）相通。根据以上特征可以判断寝殿造的空间形式来自天皇内里的紫宸殿建筑群的空间形式。❶

❶ 川本重雄. 貴族住宅[M]// 絵巻物の建築を読む. 東京: 東京大学出版会, 1996.

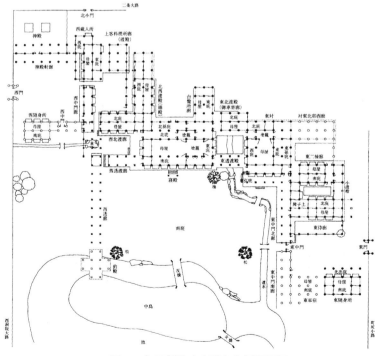

图7　东三条殿（宅邸）复原平面图
（作者复原）

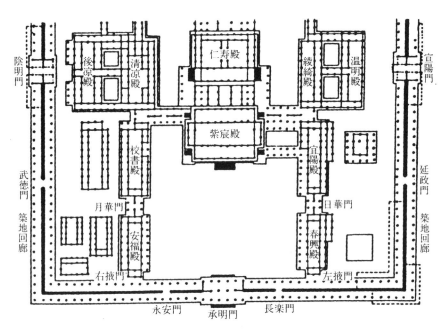

图8 平安宫内里主要殿舍平面图
（平城宫発掘調查报告Ⅲ [M]. 奈良：奈良国立文化财研究所，1962.）

根据上述内容可知，寝殿造起初就是为了举行宴会而建造的面向南庭的开放性建筑，反过来说，在最初建造的时候并未考虑过居住功能的要求。因此如何在这开放性柱子空间中居住，变成了寝殿造最大的课题。寝殿造住宅的居住使用情况可在画卷、《类聚杂要抄》等资料中收录的"指图"❶中得知。图9是在平安时代后期成文的《类聚杂要抄》中收录的展示寝殿造中寝殿室内礼仪的"指图"。这张"室礼"表示着搬家时室内装饰的情况以及家具等生活用品的摆设情况。这幅图值得关注之处是在寝殿（住宅正殿）里共设有三处居所（寝室+起居室），一处在主屋（殿身），两处在"北庇"。在主屋（殿身）的居所还写有"四面悬挂帷帐"的注解。意为在开放的空间摆放寝台，在旁边摆放御座，再将此主屋处居所的周围挂上称为"壁代"的白色帷帐，亦即在寝殿造的柱子空间中利用帷幔创造出一个虚拟的白色墙壁包围的房间。换言之，利用"壁代"这样的帷帐在"柱子空间"里创造供居住使用的"墙体空间"。因此，适用于寝殿造的"柱子空间"的适宜的居住空间形式并不是主屋处的居所，应是设在"北庇"处的居所。

寝殿"北庇"里的两处居所，都占据了"北庇"柱间的二间跨度。其中，铺设了两张南北向榻榻米的空间作寝室使用，铺设了三张东西向榻榻米的空间则作为居室使用。图10是根据《类聚杂要抄》里东三条殿寝殿"指图"以及同书中第四卷登载的东三条殿住宅的家具铺设清单以及家具尺寸，复原了的寝殿室礼图，并通过绘制成轴测图进行图示。图11是图10"北庇"居所部分的放大细部图。把图10和图11与《源氏物语绘卷》里描绘的横笛（图12）以及柏木二的场面进行比较，就会发现二者基本一致，比如"庇"

❶ 在建筑平面图或者示意图上标注着空间使用方法或者仪式时人们的行走路线、摆放物品的位置等的指示图。——译者注

和"孙庇"（搭在"庇"之外围的"小庇"）交接处的木地板高差都是一个枋木的高度，以及"庇"和"孙庇"之间悬挂帷帐围合出居所空间等。《源氏物语绘卷》中横笛的居所是这栋住宅的主人夕雾夫妻居住的地方，柏木二也是对住宅主人柏木病卧在床的情形的描绘，所以可以认为这些绘画里表现的居所设在寝殿"北庇"的情况，应该是当时贵族住宅中普遍存在的居住方式的写实性表达。因而可知，寝殿造中的居住空间是在为举行仪式而建的柱子空间里利用帷帐、帘子、竹帘等软隔断的方法，围合分隔出来的小空间。

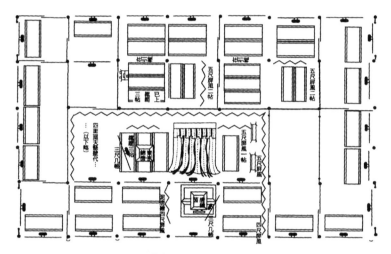

图 9　《类聚杂要抄》室礼指图
（川本研究室描摹）

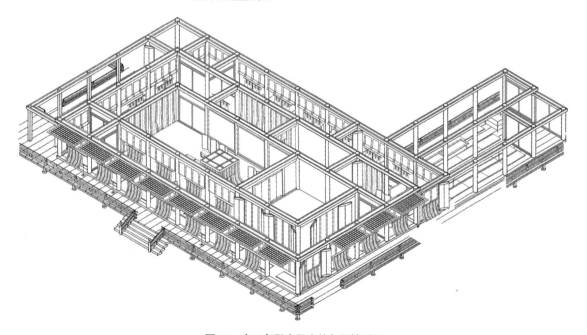

图 10　东三条殿寝殿室礼复原轴测图
（平部祐子绘制）

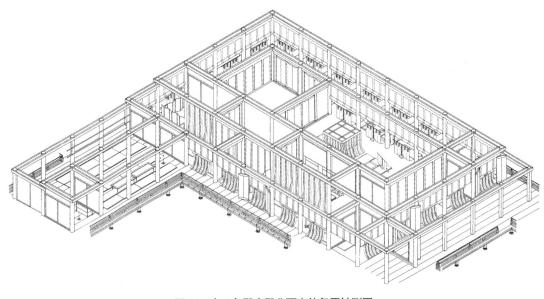

图 11　东三条殿寝殿北面室礼复原轴测图
（平部祐子绘制）

图 12　《源氏物语绘卷》横笛
（川本研究室描摹）

❶ 日语"押"是推入、嵌入之意，"障子"为在门框或者窗框中再设纵横的木条格子，其上贴和纸的室内装修构件，为半透明，可采光。亦即俗称的日式格子窗、格子门。——译者注

❷ 设在紫宸殿的主屋（殿身）与"北庇"之间的9扇格子门，中央1扇绘有龟、犬图，左右8扇绘有魏征、诸葛亮、张良、管仲、萧何、班固等32位中国圣贤像，因得名。——译者注

3. 推拉门的发明及其普及

在寝殿造的开放式的柱子空间中，适当地利用帷帐、帘子、屏风和直立纸壁之类划分空间，随着这些空间的位置逐渐固定下来，开始发明一些至今未曾有过的小木作室内装修构件。其中一种叫作"押障子"❶（图13），即嵌在两柱之间的木框纸屏板，现在京都御所的紫宸殿里的贤圣障子❷就是遵守了这个传统的遗物。顺便说明一下，贤圣障子于中央和左右共三处在固定格子门上安装了可以进出的小门。紫宸殿的贤圣障子被认为出现于9世纪末，那么，可以推论"押障子"（固定格子门或窗）也于这一时期诞生。第二种叫作"遣户"，它的做法是在两柱之间上下增设木

枋❶，并在木枋上面、下面分别做出两道平行的凹槽，将纸门的上下边框嵌入凹槽，而左右可以推拉，因名"遣户"。做两道沟槽是为了使两扇门可以错开位置，互不影响地自由推拉。"遣户"这个词最早出现在10世纪末成书的《落洼物语》中，因此可以推测"遣户"发明于10世纪后半叶。之后，在贵族住宅中作为分隔空间的小木作装修构件迅速地普及起来。比如在11世纪前半叶成书的《源氏物语》中，就有对源氏与他爱慕的女子空蝉再次相会的中川纪伊守家的描述，写到空蝉的寝所用格子门做间隔墙，并有上锁的门钩。❷ 同时，描写故八之公❸在宇治（现京都附近的地名）的府邸为"推开透光的纸推拉门，能毫无遮拦地看到美丽的天空"❹，可见双槽推拉纸门窗被广泛用于下到中下层的贵族府邸、上达隐退后皇族们的郊外别墅中。

图14表现的是13世纪前半叶近卫殿里"三间四面卯酉屋"婚礼时的室礼❺，从该图可见卯酉屋的主屋（殿身）被推拉纸门隔开，分为南北两部分，前后各自都设有寝室和起居室。最后一次在贵族住宅中举办正月大宴是在1167年，此后不再举行，因此大臣家也不再需要可以满足正月大宴要求的宽敞空间，反而为了适应安装起分隔墙作用的纸推拉门窗和竹帘等，建筑平面也变成了每间都设柱子的"总柱式"平面，并逐渐成为主流。

❶ 这两条木枋，日语汉字下者为"敷居"，上者为"鸭居"。——译者注

❷《源氏物语》帚木篇。
❸《源氏物语》中虚构的桐壶帝的第八皇子，主人公源氏的同父异母弟。
❹《源氏物语》总角篇。

❺ 根据《玉藻》嘉祯三年（1237年）一月十四日条的记载复原了室礼。

图13 《源氏物语绘卷》早蕨
（川本研究室描摹）

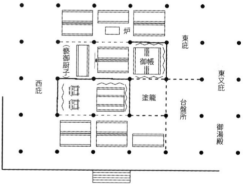

图14 近卫殿三间四面卯酉屋复原平面图
（作者复原）

4. 从寝殿造到书院造

1）由室内装修构件围合的小房间的诞生

"遣户"（双槽推拉门）的普及致使日本的住宅建筑产生了很大的变化。"遣户"通过左右推拉门户来开门和关门，这就要求拉手的位置一定要接近门板的重心，同时门板本身也必须做得轻巧，即一定要比前一时代靠门轴旋转的门板更轻小。在平安时代的画卷出现过的"鸟居障子"（图15），为了安装推拉门，在柱间水平联系枋的下面另设了"鸭居"（带有凹槽的枋木，即有门板上轨槽的横木）。这意味着建筑结构需求的大尺寸与根据

人体尺寸制作的"遣户"的小尺寸之间的高低差，通过这根"鸭居"来调整。此外，为了方便安装推拉门窗，以往以10尺为标准间距的柱间距也开始变短；也是为了便于镶嵌推拉门，住宅内的木柱从圆柱逐渐变为方柱。❶

上文介绍过13世纪前半叶的近卫殿卯酉屋既用纸推拉门也用竹帘等软隔断分隔空间，而到了14世纪初，各种画卷里出现的都是用室内装修构件围合起来的单独的房间（图16）。用室内装修构件分隔出单独房间的概念大概在这一时期成立，这是寝殿造住宅中不曾有的新现象。

❶ 川本重雄.寝殿造の柱間寸法～変化とその意味[J].日本建築学会計画系論文.No.713,（2015,7）: 1653-1660.

图15 《源氏物语绘卷》夕雾
（川本研究室描摹）

图16 《石山寺缘起》卷5
（川本研究室描摹）

2）连续空间的诞生

在这里首先介绍一下描绘建筑室内情景的绘卷《慕归绘词》。《慕归绘词》初版绘于1351年，随后10卷全集中有2卷遗失，到了1482年，遗失的2卷得以补全。初版卷与补遗卷之间相隔约130年，这一时期日本住宅史上发生了几项重大的变化，而初版卷与补遗卷中对室内景观的不同描绘，正好反映了住宅建筑的时代变化，因此它是十分珍贵的史料。如后文所述，太田博太郎发现初版卷中的住宅室内没有叫作"押板"❶的构件，而补遗卷中出现了，因此太田推测"床之间"的前身"押板"正是在前后卷之间的时期诞生。在这里，笔者想提及同是这一补遗卷中的四扇推拉门（图17），这种四扇连续的推拉门在其前不曾出现，而无人关注这一现象。在补遗卷以前的众多绘卷中，有许多表现了使用室内装修构件分隔房间的绘画，其特征是每间都有立柱，在相邻柱子之间安装两扇推拉门。然而，在这个补遗卷的绘画中，第一次出现了中间无柱、横跨房间全跨度的四扇推拉门。在前一时期的房间中，即使把推拉门全部摘掉，每间都有的柱子还是会阻碍房间之间的空间连贯性，而后者则不会有这种情况出现。就像绘卷中所表达的那样，把中央的推拉门向两侧打开，就可以增强相邻房间的空间流动性，而把四扇推拉门全部取下后，就可以把相邻的两个房间变成一个连续的大空间。

在寝殿造住宅的适合举行仪式的大空间里，人们通过使用屏风或者纸推拉门等室内装修构件把大空间划分成适于日常生活的小空间；而在如今这一时期，住宅的常态是用室内装修构件分隔出众多的小房间的集合，因此为了创造大空间，需要把房间之间的可拆卸的装修构件摘掉，把小房间连通为大空间，以及通过摘取建筑装修隔断，增强室内与室外庭院空间的连续性。笔者认为从寝殿造的大空间中围合出小空间的历史阶段，转变为完全相反的、即从小空间通过去掉间隔构件来创造大空间的历史过程，正是寝殿造向书院造发展的转换期。

❶ 在铺设榻榻米的房间的一角设置的固定木地板叫"押板"，为摆放装饰品的位置。——译者注

图17 《慕归绘词》卷1，补遗卷
（川本研究室描摹）

3）和室❶装饰构件的确立与预建（build-in）家具

在考察书院造何时诞生的问题时，必须要确认和式主室后方设置的"床之间"（前身为"押板"）、"违棚"（错位高低壁架）之类的室内预建装饰构件是何时形成的。关于这些问题，太田博太郎在他的著作《书院造》中已经研究得十分彻底，所以在此做一介绍。

太田考察和室的规格化预建室内装饰构件时，确定了五个关键构件，即"押板"（后世的"床之间"）、"违棚"、"付书院"、"帐台构"和"上段"。并分别搜集了这五种构件的文献史料和绘画资料，逐一对其诞生时间及原因进行了探讨与说明。例如，以《慕归绘词》中的场面（图17，图18）为根据，推测"押板"是为了在挂画的墙壁前摆放花瓶、香炉和烛台等而添加的相当于桌面的构件；太田发现镰仓末期的画卷中在窗台边添设了预建的固定书桌（叫作"出文机"，图19），因此判断"付书院"始于镰仓末期。同样地，太田找到被称为"二阶厨子"或"二阶"的木板架家具就是"违棚"

> ❶ 所谓和室，是指室内地面铺设了榻榻米的房间，它与铺设了木地板的房间即"板间"是相对的概念。在日本，榻榻米的房间等级高于木地板房间。——译者注

图18 《慕归绘词》卷5，人麻吕供❷
（川本研究室描摹）

> ❷ 人麻吕（hitomaro）为人名，亦作同音汉字"人麿"或"人丸"，全称为柿本人麻吕，生没年660—724年，为飞鸟时代的歌人（诗人）。后世被奉为歌圣（诗圣），亦是三十六诗仙之一。此处的"供"，意为祭祀。——译者注

图19 《法然上人绘传》卷17
（川本研究室描摹）

的萌芽，"帐台构"也是先在被称为"帐台"的寝榻出入口处开始预建推拉门而最终成为固定化的形式。也就是说，后世和室的固定化预建装饰构件大多源于对那种家具的需求，之后规格化，形成一套固定的装饰构件。

寝殿造以后的日本统治阶级的住宅因为基本结构是"柱子空间"，所以像上述那般在柱子与柱子之间摆放家具是很容易的事情。前述连续空间诞生的依据是《慕归绘词》补遗卷，从那里能够找到现知最早的"押板"的形象资料，所以可以推测连续空间以及和室的预建室内装饰构件最迟在15世纪后半左右已经得以确立。

4）主殿的确立

对书院造得以确立的室町时代的将军❶府邸，进行了最为深入研究的是川上贡。根据川上的研究，室町将军邸中不但有大空间的寝殿（居所，非卧室，图20），设在其后方的会所和常御所则是利用纸推拉门等围合出来的小房间，并且有"押板"、"付书院"和"违棚"等预建装饰构件，说明在将军府邸里寝殿造与书院造并存。室町将军府邸里建寝殿的原因是为了在将军府邸里举行以祈祷镇护国家为目的的佛教仪式。

其实，室町时代将军府邸中的寝殿还有另一个用途。与寝殿配套建设的"中门"和"公卿座"，分别起着贵族专用的玄关（门厅）和等候室的作用。虽然室町时代的大名❷拥有很大实权，然而他们的身份地位比起贵族却低很多。因此，有必要在空间上把贵族和大名分隔开，防止二者混同一处造成尴尬状况。在将军府邸中，贵族在西四足门和西中门廊进入，在公卿座等候，而大名则从东冠木门进入，在"远侍（诸大名出仕所）"集合等候。将军举行会见仪式时，贵族和大名从各自的等候场所移动到被称为会所或"对面所"的地方集中，将军则从日常生活空间即被叫作"常御所"的地方移动到"对面所"。❸图21是上述关系的图解。

❶ 日本从13世纪镰仓时代进入幕府武士政权时代，天皇是象征上的最高权力者，统治国家的实权掌握在幕府将军手中。此处的将军即指一国之长的幕府将军。——译者注

❷ 幕府武士政权中，将军之下的各地方的最高权力者为大名。——译者注

❸ 川本重雄. 近世武家住宅の成立 [M]// 桂離宮と東照宮. 日本美術全集 16. 東京：講談社，1991.

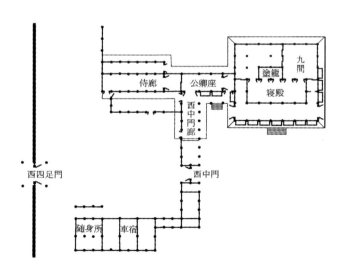

图20 室町殿寝殿
（作者据《永享七年七月廿五日室町殿御亭大饗指图》制作）

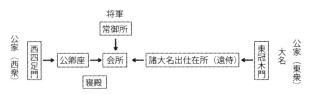

图 21　室町幕府的建筑构成模式图
（作者制作）

太田博太郎在对书院造进行说明时使用的《匠明》里的主殿平面图，可以说是室町将军府邸平面构成的缩小版。主殿平面图里在主殿东面的中门和"公卿间"，与室町将军府邸的中门廊和公卿座（两者与寝殿配套建造）对应；主殿平面图里南面两个连续着的房间可以当作会见客人的和室客厅，再后面的房间是主人日常起居的"御座所"。也就是说，所谓主殿是把室町将军府邸里的中门廊和公卿座、对面所和常御所这几部分空间结合在一起，形成一个集中的平面形式。主殿一反室町将军邸中寝殿造和书院造并存的空间形式，去掉了原有的寝殿空间，至此可以说是书院造从寝殿造完全分离出来，成为一个独立的住宅类型的完成型。

四、书院造的确立及其后的住宅样式

1. 二条城"二之丸御殿"与民居❶的和室

主殿平面里为了会见客人用的"主室"与"次之间"里的室内装饰构件，变成后世的日本住宅建筑里反复使用的装饰构件。其中一例就是二条城的二之丸御殿。

二条城的二之丸御殿在1603年德川家康就任征夷大将军之前建造。又在1626年，为了迎接后水尾天皇巡幸进行了大改造。在二之丸御殿里，不只在举行会见仪式的大广间采用了"主室"、"次之间"的平面形式，并且室内建造了"上段""押板""违棚""付书院"和"帐台构"，其他空间，如作为宴会场使用的黑书院❷、作为将军寝室与御座所（居室）使用的白书院，以及远侍（护卫所）的"敕使之间"，都采用了同样的空间构成方式，且以上五项装饰构件齐备。可见，"主室"、"次之间"的平面形式以及和式预建装饰构件的手法与建筑物的功能无关，被反复地重复使用。

近世民居的情况也是如此。和室客厅由设了"床之间"的主室（有些还配有"违棚"与"付书院"）和"次之间"组成。这种日本上流阶层使用的和室客厅形式最先传到需要接待武士上层人物的村长家里，之后普及到一般民居。这意味着配备了预建装饰构件、由主室和"次之间"构成的两室式空间构成已经成为从寝殿造发展而来的书院造的不可动摇的程式化形式。

接下来，以二条城的"二之丸御殿"白书院的"一之间"（图22）为例，

❶ 日语原文为"民家"，与中文的"民居"相比，更大程度指农村住宅。其他住宅类型另有专有名词，如把城市住宅称为"町屋"，武士上层住宅称为"武家住宅"。——译者注

❷ 黑书院与白书院并非二条城特有的房间，在其他寺院中亦有。黑与白是相对的概念，在空间布局上"黑"意味着布置在住宅内部深处，属于对内的空间；而"白"是对外空间，布置在对外区域中。在建筑做法上，黑书院指使用不削皮的原木等木材，构件不施彩饰等，追求自然质朴的风格；而白书院使用加工成角材的方木柱，以及室内构件、推拉门等施加彩绘，做华丽的装饰。——译者注

对书院造的室内设计特征进行了总结，具体可以列举出以下五点。

1）主室里设有"押板"（床之间）、"违棚"、"付书院"和"帐台构"等和室预建装饰构件。

2）房间的四壁使用了推拉式的纸门和贴纸障壁。

3）连接柱子的水平枋木设在"鸭居"（推拉门的上枋）的上面。

4）使用方柱。

5）铺装格子天花板。

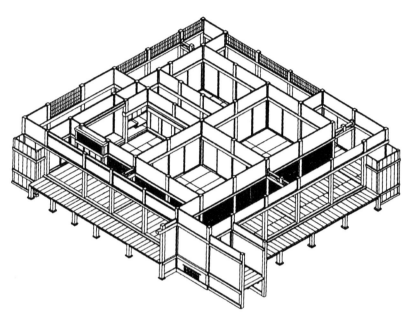

图22　二条城二之丸御殿白书院轴测图
（川本研究室制作）

第二点特征中提到的贴纸障壁指在细木条龙骨上贴纸——纸张是推拉门也用的纸（上面有绘画）——做成一枚纸板再嵌入柱子等的做法。在二条城，枋木上方的小面积墙壁也是这种贴纸障壁。"押板"和"违棚"的部分墙壁也使用这种纸板壁，所以说书院造的室内空间就是在方形木柱和水平枋木构成的垂直与水平相交的框架上贴满各种纸质壁面的空间形式也不为过。

2. 草庵茶室的成立和数寄屋造❶

随着书院造的连续二室型的平面形式和室内装饰意匠的定型化，人们开始探求与书院造截然不同的空间与设计意向，因此创造出新的日本建筑。16世纪末，千利休创造的草庵茶室便可以说是其中最早的例子。

日本固有的"侘茶"❷专用茶室建筑，创立于15世纪末，当时的茶室建筑尽管不是主室和"次之间"连续的二室型空间，但也使用推拉纸门（不透光纸门）、障子（透光格子门）和贴纸障壁围合房间，同时有书

❶ "数寄"的日语发音为suki，与"爱好suki"同音。本意指爱好和歌、茶道、插花等特定艺术之道的人们。数寄屋造则指根据茶道的美学观念（侘wabi，寂sabi）建造的住宅类型。——译者注

❷ 侘，日语发音为wabi，本意残缺、粗朴，后来演绎为从不完整中寻求美的美学观念。千利休最先提倡这种美学观念。相对于武士上流社会在书院造住宅里举办的豪华的茶道，安土桃山时代流行起来，并由千利休完成的追求质朴静寂精神的茶道称为"侘茶"。——译者注

❶ 中村昌生.茶室の研究[M]. 東京:墨水書房,1971.

❷ 日语汉字为"下地窗","下地"即指龙骨部分。——译者注

院造和室客厅装饰构件中最具特征的"床之间"以及"缘侧"（面向庭园的木平台），因此此时的茶室建筑还没有摆脱书院造的模式。❶ 相对于这种状态，千利休利用土墙和窗户建造了"墙体空间"的茶室。在书院造住宅里，主室和"次之间"里的"床之间"前面的座位为最上位的座席，依次按照社会身份地位来决定其他座位。而在茶室里，围绕着火炉，根据茶室主人和宾客的关系来决定座位顺序。茶室里根据主人、客人的关系决定空间秩序的做法，超越了书院造住宅中按照社会身份秩序安排座位的束缚，是茶室建筑最大的特征。可以说千利休有意识地对比地使用"柱子空间"和"墙体空间"的手法，来体现空间秩序的根本性差别。比如，用土墙和把墙壁龙骨架露出来的"龙骨架窗"❷ 取代书院造里的贴纸障壁和推拉纸门，对进入茶室的方式也做了彻底的改变。在书院造里，推开"缘侧"的透光格子门进入茶室，而千利休设计了从土地面的空间即"土间"弯腰钻进叫作"躏口"的方形洞口这种全新的方式，代替书院造里进入茶室的方式（图23）。最后，室内使用的木柱、条檩等特意采用使人们能联想起原木的圆形木材，并且保留木材表面的树皮等自然状态，以代替书院造住宅里的人工加工了的建材。

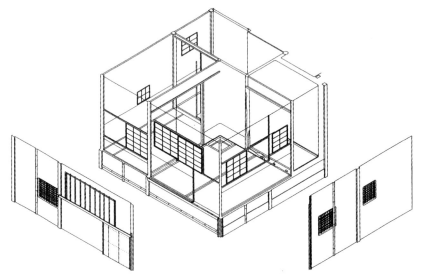

图23 千利休设计建造的待庵轴测图
（川本研究室制作）

从千利休的茶室开始，利用土墙和保留树皮的"面皮材"的设计手法不但在茶室，在书院造的空间设计里也逐渐被采纳。而室内设计采用了茶室风格的书院造住宅被称作"数寄屋造"。

3. 近世民居的设计意匠

书院造住宅中设有和室预建装饰构件的主室和"次之间"二室连续的空间形式也被导入民居，这一房间被称为"座敷"，即和室客厅。这是因

为作为官吏的武士常常到访，所以村长家有必要设置接待和留宿来访的武士的房间，因此需要建造与武家住宅中的"座敷"，即和室客厅相当的房间。民居的"座敷"里，身份最高的武士坐在"床之间"前面的上座，其他人根据社会身份秩序来决定座席的位置。

另一方面，民居里继承了竖穴住居的房间内设有火塘的空间。在这个火塘空间里，一家之主坐在能看见"土间"正面的位置，其前面是火塘，这个主人的位置叫作"横座"，家人和客人则围坐在火塘两旁。这个空间以一家之主为中心，根据家庭秩序来决定座位的位置。与前述茶室的情形相似，近世民居的这个火塘空间是与书院造住宅里的和室客厅"座敷"中的社会秩序相对峙的家庭秩序决定的空间，所以此处也寻求与书院造不同的设计意匠。

例如，在18世纪后半叶建成的旧奈良家住宅（图24）中，和室客厅"座敷"由有"床之间""付书院"的上座敷和"次之间"的中座敷构成，这两个房间四面均设水平枋木，并由推拉门和透光格子门（障子）围合，用薄板材的"棹缘天花板"遮挡了屋顶的上部结构。总之，民居中的和室客厅设计意匠特征可以总结为用高挑细长的梁架结构和贴纸围墙构成了轻巧空间。与此相对，与这个客厅并列的以火塘为中心、叫作"奥艾衣"的家族空间则不使用枋木，而是用比客厅的枋木高度低50厘米的"鸭居"环绕房间，在"鸭居"凹槽里嵌入厚重的木板门，天花板为竹条编制的形式，其下再设井字状的檩木，展现了木构造强劲的力度以及木材本身的美，与相邻和式客厅的书院造的设计意匠形成鲜明的对比。

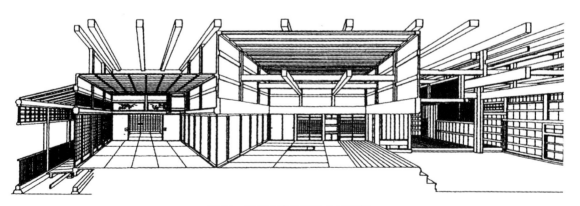

图24　秋田市奈良家住宅剖视图
（川本研究室制作）

寝殿造在被引入贵族住宅和一部分的武家住宅后就不再有新发展，而书院造作为"柱子空间"的住宅样式被确立和定型化，并普及到一般民居之中。但是，正因为书院造的形式不容易被打破，所以日本住宅建筑开始从茶室和民居中寻求创造的机会，创造新形式，形成与书院造住宅截然不同的空间设计意匠。

参考文献

[1] 沢田名垂. 家屋雑考 [M]// 故実叢書・第二十五. 明治書院，1951.

[2] 川本重雄. 学界展望　日本住宅史 [J]. 建築史学（21），1993.

[3] 太田博太郎. 日本住宅史の研究、日本建築史論集Ⅱ [M]. 岩波書店，1984.

[4] 川上貢. 日本中世住宅の研究 [M]. 墨水書房，1967.

[5] 堀口捨己. 書院造りと数寄屋造りの研究 [M]. 鹿島出版会，1987.

[6] 平井聖. 日本住宅の歴史 [M]. 日本放送協会，1974.

[7] 川本重雄. 日本住宅の歴史 [M]// 生活文化史（新体系日本史 14）. 山川出版社，2014.

[8] 森田克行. よみがえる大王墓　今城塚古墳 [M]. 新泉社，2011.

[9] 小松茂美. 年中行事絵巻 [M]// 日本絵巻物大成 8. 中央公論社，1977.

[10] 小松茂美. 慕帰絵詞 [M]// 続日本絵巻物大成 4. 中央公論社，1985.

[11] 川本重雄. 寝殿造の空間と儀式 [M]. 中央公論美術出版，2005.

[12] 中村昌生. 茶室の研究 [M]. 墨水書房，1971.

日本皇家宫殿能乐观演空间中西洋剧场概念的导入

奥富利幸 著　包慕萍[❶] 译

（日本近畿大学建筑学部）

摘要：日本明治维新废除了幕府武士政权，德川将军的江户城也发生功能转换，变为从京都迁到江户（今东京）的天皇的宫殿（今皇居）。京都天皇宫殿（京都御所）中的观演空间是临时性的，根据宫殿大典礼仪的需要，在正殿紫宸殿的前庭搭建能舞台。本文旨在阐明天皇迁都到东京以后，在明治时代的社会及政治背景下，皇家宫殿的观演空间如何吸收西洋的剧场概念，从而形成继承传统的能舞台的建筑形式，又使以往的露天观演空间转化为西洋式的室内剧场的过程。

关键词：剧场，歌剧院，能舞台，宫殿，西洋化，日本

Abstract: The Meiji government in Japan overthrew the Tokugawa *bakufu* and transferred the capital from Kyoto to Tokyo. Edo Castle, formerly the residence of the Tokugawa shogun in Tokyo, became the home of the Meiji Emperor, and the Meiji Imperial Palace was constructed on the site of the old Edo Castle. At the former ruling palace in Kyoto, only a temporary Noh stage had been built on ceremonial occasions in the courtyard in front of the the main hall (Shishinden). This paper examines how, in the social and political context of the Meiji era after the transfer of the capital to Tokyo, the performance space of Noh in the Meiji Imperial Palace absorbed concepts of Western theaters, especially the construction of permanent buildings, and also how the open-air performance space of Noh transformed into an interior space while still maintaining the traditional style of Noh stages.

Keywords: theaters, opera house, Noh space, imperial palace, Westernization, Japan

一、关于能乐、能舞台、演能空间

14世纪的室町时代，世阿弥[❷]把民间说唱艺术"田乐"升华为有曲有故事性的"能乐"，并被武士上流社会吸收为庆典仪式时专门使用的"式乐"。此后直至幕府政权终焉，能乐一直是武士上流社会专用的传统艺术，除非特别许可，庶民不可僭越观赏。在天皇的宫殿中，新年庆典的其中一个节目就是在正殿前的院子中搭设能舞台，招待幕府将军以及皇族及贵族等观看能乐演出。17世纪初,从能乐中分支发展出来的歌舞伎变成了面向庶民、大众阶层的观演艺术。因此，日本的传统艺术能乐与歌舞伎的娱乐对象有着阶层上的差别。天皇宫殿中只上演能乐，因此宫殿中的观演空间属于能乐剧场。近代以来，能乐成为日本具有代表性的传统艺术之一，与中国的昆曲在同一年即2001年被指定为世界非物质文化遗产。[❸]

[❶] 译者单位为东京大学生产技术研究所。
[❷] 生没年1363—1443，日本室町时代的能乐师，能乐的集大成者。著有《风姿花传》《至花道》《金岛书》等多部艺术论著。现代能乐中的观世流为世阿弥能的嫡传。
[❸] 歌舞伎于2009年被指定为世界非物质文化遗产。

能乐与歌舞伎在表演形式上也有很大的不同，这种不同甚至导致了能乐剧场"能乐堂"与歌舞伎剧场"歌舞伎座"成为完全不同的两类剧场建筑。具体来说，虽然能乐和歌舞伎的表演者都是男性，但是能乐的故事更抽象且涉及现世和前世，具有浓厚的佛教色彩。演员使用各种能面，根据老翁、少女、狂人、怨灵等不同个性的人物，搭配同一系列的装束进行表演（图1）。舟船花轿等道具也非常简化、抽象，甚至只用动作来表达某种道具的存在。咏曲时并不根据性别、年龄而做声音的改变。而歌舞伎的故事更接近一般世俗社会的生活，不用面具，根据男女角色的性别做面部化妆以及嗓音的改变。舞台背景道具也非常具象并且追求原真大小，因此后台布景的设施非常复杂，与能乐有很大的不同，从而形成两种不同的空间形式。

观赏能乐的传统性观演空间由能舞台、乐屋、露天院子和观览席组成（图2）。如图2所示，能舞台又可细分为斜向连接着出入口和舞台的"桥挂"、四柱支撑的5.4米见方❶的舞台以及舞台左侧的地谣座、后面的后座等几个部分。舞台三面开放，后面用木板封闭，木板上画有老松、梅花及竹叶等，称为镜板。舞台出口处挂有佛教崇尚的五色锦缎帘子，出入口里面的房间称为"镜之间"，因墙面挂有镜子而得名，以便于表演者在登台前作最后的确认。舞台后面有乐屋即后台。后台与舞台后坐之间设有半人高的小门，解说人或者伴奏者从这个附属入口出入（图2中的"切户口"）。方形舞台的屋顶有歇山、悬山和攒尖几种，屋面多铺设"柿葺"木片瓦❷（图3）。能舞台建在住宅或宫殿的室外时，一般在四周的建筑中设置临时的观览席。能舞台如果设在神社或寺庙等空旷的空地时，在露天铺设临时的观览席。

❶ 标准舞台大小俗称"京间三间"。"京间"指相邻两柱外皮之间的净距离，此处"间"指长度，为1.8米。因此舞台的净尺寸为5.4米见方。

❷ 日语作"柿葺"（koke-rabuki）。日本古来有选用防水性能好的木材加工成可以当屋面瓦使用的小木片——"板葺"的传统，从中国传入烧瓦技术之后仍然保持着这种传统。并且根据加工木片的不同厚度、大小有不同名称。"柿"（kokera）是其中最薄的一种木片，一般厚度为2—3毫米，因此屋面曲线也更纤细优美。

图1　能乐师扮演梅花精灵的演出
（羽田昶. 能の作劇法と演技[J]. 別冊太陽, 1978（冬刊）: 53.）

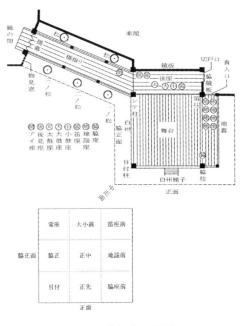

图2　能舞台平面图
（作者绘制）

图 3 能舞台屋顶"柿葺"木片瓦
(横浜市市民局文化施設課.旧染井能舞台復原修復工事報告書[M].横浜：
横浜市，1986：211.)

上演能乐的场所即能舞台及其周围环绕的观览席的空间布局也随着时代发生演变。江户初期的 17 世纪初形成了后世成为主流的观演能乐的空间形式。大多数的情况下，能乐师们去武士上流阶层的宅第中表演。因此，武家宅邸的院子中建有能舞台，观览席设在围绕着院子的三面房间里，观览席与舞台之间隔着铺了白色鹅卵石❶——叫作"白州"的露天院子。时而也有不依附既存建筑，单独建造的演能场所，但是这些场所大多数是搭建的，属于临时性舞台和观览席。到了明治时期，常设的能乐观演空间才得以诞生，这个常设建筑以及室内化了的观演空间，被称为能乐堂。因此，能乐堂这个词汇具有近代化了的剧场建筑类型的意味。

本文首先分析了明治时期日本的政治家如何接触到欧洲歌剧院建筑，以及选择能乐作为礼遇国宾的传统表演艺术的过程。之后阐明了吸收西洋剧场面向大众的特质、成为日本第一个面向大众的能乐堂——"能乐社"的建设过程。最后结合东京都立中央图书馆木子文库❷收藏的丰富的皇家建筑图纸——特别是明治宫殿、青山御所等设计、施工阶段的详细图纸，分析了导入正宗的西洋剧场概念的明治宫殿里的观演空间"宫中能乐场"的建设过程。

二、岩仓具视的欧美视察及能乐堂建设的构想

岩仓具视❸作为明治政府的全权大使于 1871 年（明治四年）11 月到 1873 年 9 月近两年的时间，视察了欧洲和美国。当时，日本政府积极地推进近代化，派遣岩仓使节团也是其中一环。岩仓使节团中特意选派了历史学者久米邦武❹同行。在访问之地，由久米邦武在随行翻译的帮助下

❶ 唯有京都的西本愿寺的北能舞台的白州使用了黑色鹅卵石。

❷ 木子文库是宫廷匠作世家木子家族家传的皇宫建设原始资料，以江户中期至昭和初期的资料最为详细。特别是在东京帝国大学曾经任教的木子清敬和木子幸三郎时代的资料最详细，共约 29000 件。在东京大学内田祥哉和稻垣荣三两位教授的建议下，木子清忠捐赠给东京都立中央图书馆，形成木子文库的专项资料库。

❸ 生没年 1825—1883，明治维新的十杰之一。

❹ 生没年 1839—1931，出生于佐贺藩武士家庭，精通儒学及世界地志，为日本近代历史学先驱者。在佐贺藩校弘道馆时，大隈重信为高一年的同学。1888 年始任东京帝国大学历史学教授。

介绍日本历史❶，可见日本政府渴望欧美深入了解日本的意图。根据久米的记录❷，岩仓大使观看了招待外宾的礼宾演出即欧洲歌剧后，深有触发。他感到日本也应该创造代表国家的礼宾艺术的必要性。而且他认为可以与欧洲的歌剧匹敌的日本艺术只有能乐。

久米对观看歌剧的情形作了如下的描述。❸ 最初他听接待方说要去西洋王宫看戏，因为把歌剧翻译成了演戏（芝居），所以久米以为是像日本歌舞伎那样的民间艺术，实际观赏了壮丽的歌剧院与演出以后，他领悟到对于日本来说，上演的剧种不是歌舞伎而应该是能乐。

在看歌剧之前，久米认为虽然能乐作为武士上层社会的"式乐"在江户一代受到欢迎，但充其量不过是武士们无所事事的"高雅趣味"，他认为武士们忘掉自己的本分、沉浸于能乐之中的世态甚是丑恶。看了歌剧以后，久米对能乐的看法发生了改变。他认为日本古典艺术只有能乐可以和西洋的歌剧相提并论。同时，他还意识到如果能乐作为招待外国贵宾的礼宾艺术，那它必须要打破上流社会专用艺术的传统，要发展成面向国民的艺术，使得它获得如欧洲歌剧那样渗透到大众之中的国民性。

在这里，对久米的记述应该关注以下两点。其一是对"芝居"（演戏）的坏印象，其二是对歌剧院建筑的感叹之情。

第一，"芝居"一词本来是表示观览席或者观众的词汇，之后成了泛指歌舞伎的代名词。久米的语气里明显地流露出以庶民为对象的歌舞伎不适宜作国家礼宾艺术的看法。这一点与岩仓的看法也完全一致。岩仓视察欧美回国以后，采取了排除选择歌舞伎作为礼宾艺术的政策。实际上，1880年（明治十三年）6月在参议员寺岛宗则府邸本来要上演歌舞伎以招待天皇的御幸，被岩仓阻止而未成。

第二，久米对歌剧院建筑用"壮丽"二字来形容，表明了他对西洋剧场规模之大、豪华之姿的敬慕。可以想象，正是这种感叹之情牵引了他们要建造前代未闻的上演能乐的专门性场所、剧场式能乐堂的构想。以上的内容虽然是久米记述的，可是从后来岩仓的具体行动来看，这些记录应该是岩仓当时想法的代言词。

由于以上的欧美视察经历，尽快发展招待外宾的礼宾艺术的课题提上日程。

三、演能空间剧场化的征兆

1. 岩仓具视复兴能乐的活动

岩仓在欧美视察之时酝酿的选择能乐作为日本招待外宾的表演艺术的构想，在回国以后遇到了很大的阻碍。因为当时能乐已经处于存亡的危机之中。在幕府瓦解时的1866年（庆应二年），接受幕府俸禄的能乐师共有226名，此外，全国诸藩资助的能乐师应该是这个数字的一倍以上。可是，

---

❶ 据《明治四年欧米各国巡回岩倉具视携带手帐写》宫内厅书陵部藏，明治期写本。

❷ 1878年久米邦武40岁时出版了他编撰的长达100卷的《特命全权大使美欧回览实记》。

❸ 久米邦武.能楽の過去と将来　能楽に興味を起した理由[M]//久米邦武歴史著作集：第五巻——日本文化の研究.1991年復刻版：77.

由于明治维新的革命，幕府被打倒，当然由幕府发给的俸禄也就断了来路，能乐师从幕府那里接受的"恩赐府第"也被明治政府没收，很多艺人不得不放弃本行，转以其他手段谋生。

在这一背景下，如果要选择能乐为日本招待外宾的国家艺术的话，首先必须要复兴能乐。而复兴能乐的关键，首先要创立代替以往武士阶层来扶持和欣赏能乐的上流社会群体。岩仓曾经侍奉过的明治天皇的嫡母、英照皇太后（九条夙子）非常喜爱能乐。岩仓就以英照皇太后为核心人物，求得当时"华族"们的协助，结成了复兴能乐的活动群体。所谓"华族"是存在于明治二年（1869年）到昭和二十二年（1947年）的日本近代贵族阶层。"华族"的由来有四种。其一是日本自古以来的贵族血统家族的"公家"，被称为"公家华族"，岩仓家属于此类；其二是江户幕府政权的将军、大名藩主等曾经的武士政权的上层家族，被称为"大名华族"；其三为对国家有功勋的家族，被赋予"新华族"的身份；其四是原本是天皇家族的成员，因婚姻或皇位继承权消失而降为"皇亲华族"。从华族的组成身份来看，岩仓巧妙地把明治以前的武士政权时支持能乐的社会阶层集结到复兴能乐的群体之中。能乐复兴活动多在岩仓府邸召开，商谈各种复兴对策。这时在修史馆工作的久米邦武和重野安绎❶一起编撰了《能乐的起源和变迁》❷，并把能乐的起源归结到日本传统的隼人舞。❸久米通过把能乐的起源归结到唐朝散乐传入之前的隼人舞，使得能乐变成日本起源的传统表演艺术，为它被指定为日本礼宾表演艺术奠定了历史上的地位。

根据久米的回忆录❹，为了复兴能乐，首先把岩仓府邸作为复兴能乐的据点，在此计划了众多的演能活动。为了显示能乐的礼宾艺术功能依然健在，1876年（明治九年）4月4日在岩仓府邸上演了"天览能"——即天皇观看的能乐演出。当天，明治天皇、皇太后、皇后大驾光临，太政大臣三条实美、木户孝允、大久保利通等陪同观看。这是皇室从京都迁都到东京以后天皇第一次观看能乐。以此为始，天皇巡幸之时，奉献能乐演出变成了招待礼节的惯例节目。这些活动振兴了能乐，并且为能乐变为可以与欧洲歌剧相提并论的艺术奠定了基础。

在能乐复兴的风潮中，明治天皇为表孝心，为喜爱能乐的英照皇太后在她所居住的青山御所（建筑物已毁，位于现赤坂御用地）建造了能舞台（图4），这是天皇迁都到东京以后第一次在宫殿中建造的能舞台。能舞台坐落在室外，与南朝向的"表座敷（前迎宾厅）"对望，于1878年（明治十一年）3月落成（图5），同年7月上演了能乐演出。❺这次演出也为不得不改行谋生的能乐师们提供了重要的表演场所，为能乐师们继续维持传统演艺职业提供了转机。

能乐作为招待外国贵宾的礼宾艺术，第一次演出也在岩仓府邸举行。1879年（明治十二年）7月8号，岩仓邀请了美国第18任总统戈兰特（Ulysses Simpson Grant）❻来到自邸观看能乐。戈兰特在此对保护和复兴

❶ 生没年1827—1910年。日本著名汉学家、历史学家。提倡继承清代考证学的历史学方法，对后世影响深远。1888年始任东京帝国大学历史学教授。与清朝洋务派知识分子王韬为亲交。王韬为《扶桑游记》的作者，以及1870年完成的《诗经》《易经》《礼记》英文版的英译者之一。

❷ 久米邦武. 能楽の起源及び変遷[J]. 能楽：1905, Vol3. No.1, 1–11.

❸ 久米邦武的能乐起源于隼人舞的说法，后来被吉田东伍否定。目前，能乐起源于中国唐朝的散乐的看法已经成为定说。

❹ 久米邦武. 久米博士九十年回顧錄[M]. 東京：早稲田大学出版部, 1934.

❺ 明治天皇紀[M]. 明治十一年七月五日の条.

❻ 戈兰特在岩仓使节团1872年3月3号访问美国时曾与其见面。

能乐提出了积极的建议。戈兰特提到艺术如果随波逐流则会丧失品位，而且非常脆弱，一不小心就会变得颓废，需要花费心思保证全方位的维持和保护。❶

图4　青山御所总平面中能舞台所在位置图
（东京都立中央图书馆木子文库藏）

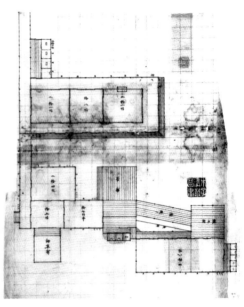

图5　青山御所能舞台平面图
（东京都立中央图书馆木子文库藏）

以上一系列的活动，使走向衰微的能乐重新振兴起来，并且被重新提升到代表国家的传统艺术的地位。

2. 第一个能乐堂的筹建组织"能乐社"

接着，岩仓着手筹建能乐堂的管理组织能乐社。在《申合规则》中说明这个组织的设立目的是为了把能乐这一传统艺术继承下来，为大众们提供观看能乐的常设场所，并把这个上演场所命名为能乐堂。这个组织最初的名称是"皆乐社"，后来主要负责人之一重野安绎提出修改意见，改称为"能乐社"。❷ 提出修改意见是1878年（明治十一年）11月1日的事，正是青山御所能舞台刚刚落成的时候，可见改名意味着他们的组织已经有了建设能乐堂的构想。建设能乐堂的其中一个理由是在青山御所里持续地上演能乐，反而增加了英照皇太后的负担。因此，开始酝酿在宫殿外面建造代替的演能场所。

岩仓是创建能乐社的主要起草人，同时邀请了贵族（华族）们的协助❸，九条道孝❹、前田齐泰❺、

---

❶ 池内信嘉. 能楽盛衰記（下卷・東京の能）[M]. 東京：能楽会，1926（大正十五年）：57.
❷ 池内信嘉. 能楽盛衰記（下卷・東京の能）[M]. 東京：能楽会，1926（大正十五年）：27.
❸ 能楽社史 [M]. 早稻田大学演劇博物館安田文庫，1881（明治十四年）.
❹ 英照皇太后的弟弟，昭和天皇的外祖父。日本平安时代以来的贵族藤原氏最后的长者。
❺ 加贺藩第12代藩主，拜师学习能乐舞咏。今东京大学本乡校舍本是前田家在东京的宅第，东京大学著名的赤门就是前田齐泰迎娶幕府将军德川家齐的第21女时建造的。

池田茂政❶、坊城俊政❷、藤堂高洁❸、前田利鬯❹等6位公卿作了共同发起人。能乐社的组建过程在《能乐社建立之手续》中有详细记载。在发起人中，国家律令制八部之一的式部（主管国家祭典、仪式、接待等）之首席官员坊城俊政起了主要的作用。坊城俊政精通能乐，在明治维新以后能乐显著地衰退之时，他和当时的能乐界实力人物梅若实为亲交，并在梅若实宅邸中召集能乐师座谈，积极地展开了创立能乐社的准备活动。在皇家宫殿青山御所建设能舞台时，据说得到能乐界的全面协助也是坊城俊政的功劳。最终，一共集结了48名贵族（华族）组建了能乐社，分第一社员、第二社员、第三社员、发起人、干事❺等职，用社员们的捐款和集资充当了建设资金。这样，建设能乐堂的筹备工作大功告成。

3. 能乐社的建设和观览席的室内化

筹备组织"能乐社"建造的能乐堂的名字也叫"能乐社"，为了避免混淆，这里改称"能乐社剧场"。最初，能乐社剧场的基地选择了东京上野公园，可是没有找到合适的地块，此时政府恰好有建造上流社会使用的社交场所——红叶馆的计划，于是干脆在红叶馆的附近选址，找到芝山内的金地院佛教寺院境内的红叶谷，将其填平造地，建成了能乐社剧场的基地。1880年（明治十三年）10月9日向东京都知事松田道之提出了"芝公园（地名）地所拜借建筑能舞台申请"，5天后的10月14日得到了许可。许可中免除了租借土地应支付的费用，但是附加了基地对过往行人开放的要求。❻得到许可的当天10月14号开工，第二年4月8号竣工。总建筑师是宫内省技师白川胜文❼，青山御所的能舞台也是他设计的。根据能乐社剧场工地管理人石渡繁三的日记记载，岩仓具视在太政官下班后都要折返到能乐社剧场工地来视察施工进程，对"切户口"等具体构件提出了详细的修改意见。❽ 1881年（明治十四年）4月8日，宫内省内匠课向能乐社移交了建筑物，8天后为英照皇太后举行了第一次演出，第2天贵族和其他同仁们观看了演出，第3天面向一般公众开放。这也是第一次正式向公众开放的能乐剧场。从中可以窥见岩仓不仅要把能乐提高到代表国家传统的首席艺术的地位上，而且通过对大众社会的公开，使其渗透到国民之中，获得国民性的政治策略。

分析能乐社剧场的平面（图6）可以得出两个结论，其一，可以看出它是江户时代的临时搭建剧场"劝进能场"的缩小版，其二，它以江户时代的建筑技术书《匠明》里的"当代广间之图"为规范。在初建阶段，还看不出西洋剧场的影响。

❶ 德川幕府第15代将军德川庆喜的弟弟，备前冈山藩第9代藩主。

❷ 为辅佐历代天皇的名家。主管宫殿中的祭祀、礼仪大典事宜。

❸ 伊势津藩第12代藩主，擅长绘画及能乐。

❹ 前田齐泰的第七子，加贺大圣寺藩末代藩主。受父亲影响拜宝生流能乐师学习能乐。

❺ 池内信嘉. 能楽盛衰记（下卷·東京の能）[M]. 東京：能楽会，1926（大正十五年）：99.

❻ 池内信嘉. 能楽盛衰记（下卷·東京の能）[M]. 東京：能楽会，1926（大正十五年）：110-111.

❼ 《読売新聞》（报纸）1878年（明治十一年）7月16日。

❽ 池内信嘉. 能楽盛衰记（下卷·東京の能）[M]. 東京：能楽会，1926（大正十五年）：94-95.

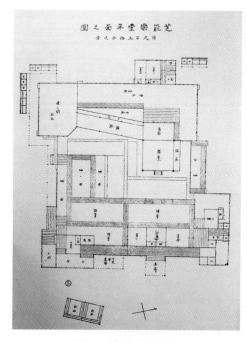

图6 能乐社平面图
[能楽館. 能楽[J].1902（2）]

关于以上两个结论的具体分析如下。在此首先解释一下什么是"劝进能场"。江户时代，虽然能乐是专门为武士上层社会服务的表演艺术，但是，在幕府将军的特别许可下，大众也可以观看能乐演出。比如，正月里在幕府将军的江户城里上演的能乐表演，就特别开放给庶民，叫作"町入能"❶（图7）。另外就是"劝进能"。寺院或者神社为了筹集新建或者修理殿堂的建设资金，得到幕府将军的特别批准后，可以在城市空地搭建临时性的大规模能乐表演场，劝诱观众捐献建设资金，因此叫作"劝进能场"（图8）。

❶ 意为市井之人可以进入观看的能乐表演。

图7　江户城里的"町入能"
（平凡社. 别册太阳[J]. 1978（冬刊）: 53.）

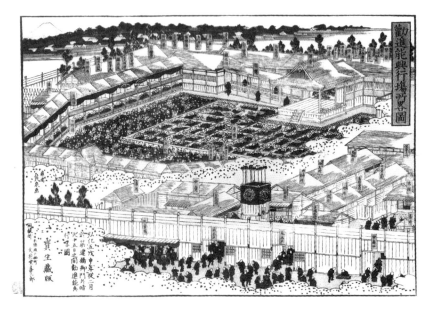

图8　劝进能场鸟瞰图
（日本法政大学能乐研究所鸿山文库藏）

从"劝进能场"的平面（图9）中可以看到,能舞台的右边设有斜向的"桥挂",演者从这个右边的斜"桥挂"出场,所以舞台正面和右面设大面积的座席,而舞台的左边则是狭窄的一条"后席",座席呈非对称布局。

将"劝进能场"与能乐社剧场平面加以比较可以看出,能乐社剧场的能舞台也在舞台正方和一侧设置了呈"L"形的"枡席"❶（图10）,即席地铺设的榻榻米座席。"枡席"的后面,即与能舞台相对的正面和左侧面设置了椅子式座席。在舞台正对面的最后面设置了贵宾使用的御览席位。御览席位的后面直接设独立的贵宾出入口,对贵宾的流线和一般观众的流线进行了明确的分区。以上几点和"劝进能场"的布局是完全一致的。

❶ 大小约为2张榻榻米（约1.8米×1.8米）,周边有栏杆作边界。

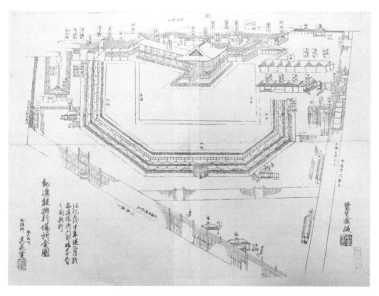

图9　1848年劝进能场平面示意图
（竹内芳太郎. 日本劇場図史 [M]. 東京：壬生書院，1935.）

图10　改修后的能乐社剧场
（東陽堂. 新撰东京名所图会第八编 [J]. 风俗画报临时增刊，1897. 第百四十九号. 芝公园之部下.）

能乐社剧场在御览席位的旁边建造了贵宾休息室，在"L"形观览席的正面和斜左侧交角部分安排了主要入口，形成可以迅速疏散的合理布局。传统上能舞台左侧布置的视野不够好的"后席"，在此处没有安排席位，只作通道。以上3点是能乐社剧场与"劝进能场"不同的地方。在舞台后方，镜之间和后台排列在一起，这一点和"劝进能场"相似，只是舞台和后台之间的院子比"劝进能场"缩小了很多。

接下来，将能乐社剧场平面与江户时代的《匠明》中《当代广间之图》进行比较。如图11《当代广间之图》所示，武士宅邸的平面中，能舞台位于露天的院子之中，在与舞台正对面和右侧的住宅里安排观览座席，座席平面呈"L"形。能乐社剧场也是同样的平面布置方式，舞台和观览席之间夹着"L"形的白州，只是与《当代广间之图》相比明显地缩小了。

能乐社剧场建成之后收入不菲，于是在预算增收的前提下，1891年（明治二十四年）把原有的观览席向白州方向进一步扩展❶，这样白州就被蚕食得更小。改修后能乐社剧场的样子在《风俗画报临时增刊·新撰东京名所图会第八编·第百四十九号·芝公园之部下》（详见图10）中可以看到，原来是露天空间的白州上面加建了屋顶，新加屋顶下的白州部分增建了观览席，并在仅剩的狭长的白州露天部分加盖了磨砂玻璃天窗，导致观览席完全室内化。演能空间历史上虽有半室内的处理方式，但能舞台和观览席之间一定夹隔着露天空间。因此能乐社剧场观览席的室内化是导入西洋剧场空间模式的前奏。

❶ 山崎静太郎. 能舞台考[D]. 東京：東京帝国大学, 1909. "舞台周围的栈敷席为木板铺装。周围的栈敷为榻榻米式。"

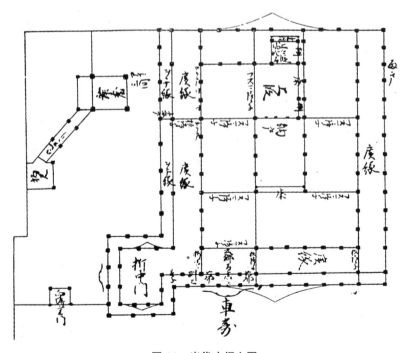

图11　当代广间之图
（太田博太郎. 書院造[M]. 東京：東京大学出版会, 1966：182.）

四、宫中（今皇居）能乐场中西洋剧场概念的导入

1. 宫中能乐场的建设过程

所谓的宫中是指明治天皇的宫殿。明治天皇把原本是幕府将军的江户城的西之丸作为皇居使用，但旧宫殿于1873年因火灾烧毁，新宫殿于1888（明治二十一）年落成。新宫殿由举行宫廷大典仪式的"表御殿"、执行政务的"中段"和天皇家族居住的"奥御殿"组成（图12）。"表御殿"建筑群分三进院落，从前至后依次为正门、停车门、谒见所（正殿）和后面举行宴会使用的丰明殿（图13）。正殿是元旦朝贺和颁布宪法等举行宫廷大典仪式的场所。因此，为了1915年（大正四年）12月8日大正天皇的登基大典时能够上演能乐，决定在明治宫殿中建造能乐场，同年10月落成，名为宫中能乐场。这一点也是天皇宫殿的传统。以往在京都宫殿的时候，也是在正殿紫宸殿的前庭设置能舞台，举办能乐表演。江户时代幕府将军使用江户城时，西之丸是幕府将军的继承人的居所。那时也在正殿前庭建设了能舞台（图14），笔者比较了明治宫殿里及江户时代西之丸里的能舞台，发现两者几乎在同一位置。

明治宫殿里的能乐堂的设计人是片山东熊❶，当时他供职于宫内省内匠寮❷，以宫殿建筑家著称。代表作有旧东宫御所❸（图15），为正宗西洋建筑风格作品。能乐堂内的传统样式的能舞台由安藤永次郎❹担当设计。在东京都立中央图书馆的木子文库里收藏着此能乐堂的内部照片❺，同时《建筑杂志》❻也有介绍。

根据国立公文书馆（东京馆）收藏的《大礼记录》里的宫中能乐场平面图（图16）可知，它坐落在正殿即谒见所和停车门之间的庭院中，平面为矩形，宽约126尺，深约76尺，为左右对称形式，其轴线与"表御殿"建筑群的中轴线重合。能舞台布置在靠近停车门的位置，而天皇和皇后的御座安置在靠近正殿一侧的位置，观览席以轴线为中心，三面环绕舞台而建。

天皇御席的两侧设置了120把锦缎包裹的椅子座席供皇族使用，因此这两处席位都比其他席位高出一段。在皇族座席两侧的观览席采用了西洋式包了绒毯的长凳形式，共800座，这些降低了高度的长凳为元老、各大臣、文武百官的陪览席位（图17）。长凳以外，还有合计约18坪（59平方米）的"雏坛"（台阶式）座席。地板上满铺着绯红色的地毯。地毯的出现也是日本观演建筑中导入的西化要素之一。观览席一共可容纳1250人。

宫中能乐场能舞台使用的木材为皇室御用森林木曾山上的桧木。能舞台为三间四方形，正面附有台阶，周围铺设白州。舞台背景的镜板老松由小堀鞆音❼挥毫而作。舞台出口的"桥挂"长为3间。同时，为了增强音响效果，在舞台下面采用了传统的埋瓮手法。在舞台的地板下埋了6个瓮，后坐地板下埋了2个，"桥挂"下埋了4个，合计埋了12个瓮。舞台出口处五色帘内设有镜之间，舞台正背面设有乐屋。

❶ 片山东熊为工部大学校造家学科（今东京大学）第一届毕业生（1879年毕业）。毕业后被工部省录用，奉职于营缮局。在皇族、贵族（华族）等宅邸的设计中大显身手，同时设计了京都帝国博物馆。1909年完成了他的代表作之一——东宫御所（今赤坂离宫）。

❷ 宫内省为管理皇室事务的机构。其下设置的内匠寮为掌管皇宫宫殿以及其他建筑物、土木、电气、苑围等事物的保管、维修及建设部门，最高负责人称"内匠头"。1904—1915年片山东熊为"内匠头"。

❸ 1909年竣工，日本近代建筑中第一个被指定为"国宝"（日本最高等级的国家保护建筑）的建筑。

❹ 十二世梅若万三郎．能楽随想 亀堂閑話[M]．東京：玉川大学出版部，1997．

❺ 东京都立图书馆所藏"木子文库"（木187–061），大正天皇御大礼之时的皇居正殿临时能舞台照片。

❻ 宫中能楽場（大正四年竣工）[J]．建築雑誌:Vol.31, No.372, 1917（12）．

❼ 生没年1864—1931年，日本画画家，被誉为绘画界的考证家。即研究各朝代的朝廷、公家（贵族）、武家等各种祭奠、庆典时及日常时的风俗习惯、官服及仪式时的装束等，并如实地反映在绘画作品中。

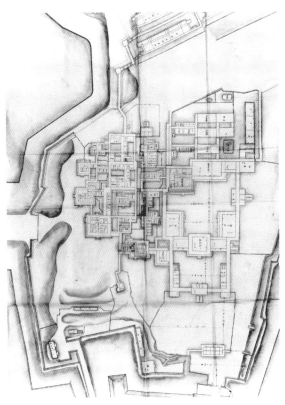

图 12 明治宫殿平面图（1884 年）
（东京都立中央图书馆藏）

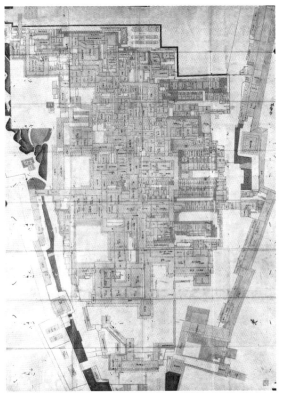

图 14 江户城时代的西之丸御殿能舞台位置图
（村井益雄. 日本名城集成·江戸城 [M]. 東京：小学館，1986.）

图 13 明治宫殿鸟瞰图 [明治二十一年（1888 年）刊]
（东京都立中央图书馆特别文库室藏）

图 15　旧东宫御所（今迎宾馆）内景
（小野木重勝，增田彰久. 日本の建築・明治大正昭和・様式の礎 [M]. 東京：三省堂，1979.）

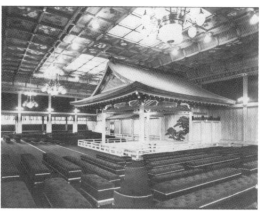

图 17　宫中能乐场内景
[宮中能楽場（大正四年竣工）] [J]. 建築雑誌：Vol.31, No.372, 1917（12）.]

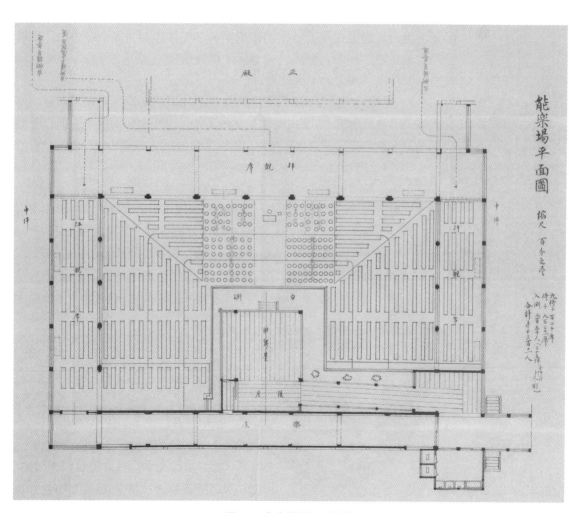

图 16　宫中能乐场平面图
[国立公文书馆（东京馆）藏]

观览席的墙壁上贴了西洋式的唐草纹样的红色壁纸，天花板为格子式，并在格子板表面上满绘百花图案，为名画家都筑真琴之作。天花悬吊着西洋式的水晶吊灯，能舞台的左右集中设置了巨大的顶光照明电灯。

关于宫中能乐场的外观记录资料很少，根据当时的新闻报道得知它的外观为宫殿风格，外墙为白灰泥抹墙，屋顶使用了马口铁屋面板。又根据《大礼记录》得知其结构木柱使用了进口的美国松木，屋架结构使用了西洋式三角桁架结构。

2. 宫中能乐场与西洋剧场概念的导入

设计了宫中能乐场的片山东熊（图18）是接受了日本近代建筑教育的第一届毕业生，他精通西洋建筑。因此，在政治家主张宫殿的礼宾观演空间要向欧洲歌剧院建筑方向发展的策略下，片山也能得心应手地在能乐堂设计中导入西洋剧场的要素。具体详情如下。

1）宫中能乐场是日本能乐观演建筑中第一个从设计阶段就被设计成不再附属周围建筑的独立的建筑单体，并且其空间完全室内化，可以说它是日本第一个剧场建筑类型化了的能乐堂。这一点是日本演能空间导入西洋剧场概念的最大体现。

2）传统的演能空间在能舞台和观览席之间是铺设了白色鹅卵石的露天院子（白州），白天演出时依赖自然采光，夜间靠松明照明。而宫中能乐场的观览席变成了完全室内化了的空间，使用了水晶吊灯和顶光照明。

3）传统的观览席一般都是榻榻米带栏杆的形式，在入口处需要脱鞋。而宫中能乐场的观览席处铺设了毛毯，室内地坪呈"雏坛"（台阶式）状，其上放置西洋式的凳子或者椅子，是非常西洋化了的观览席，在这里可以如西方的习俗一样穿鞋入室。

4）能舞台与观览席的对位关系，一反传统的观览席偏右布置的"L"形平面，而是以舞台和观览席的中心线为轴线，正面及左右两面呈对称布置，即舞台呈半岛式布局。中轴对称布局正是西洋歌剧院平面的特征，也与日本天皇宫殿正殿前设置能舞台的传统布局手法吻合，片山把二者结合为一体。

以上三点里，（1）、（2）、（3）在其后的能乐堂建设时也被广泛引用。只是第（4）点左右对称布局没有被继承。这是因为后世的能乐堂优先考虑了舞台出口桥挂处的视觉效果，如

图18 宫中能乐场设计人片山东熊
（小野木重勝，增田彰久. 日本の建築・明治大正昭和・様式の礎[M]. 東京：三省堂，1979：141.）

果舞台左侧也设置同样的座席的话，那么在那里的观众就会完全看不到表演者出台的景致。

宫中能乐场中对西洋剧场概念的导入主要体现在将原来依附在建筑群中的表演空间，变成了一个独立的建筑单体，可以视为剧场建筑类型的诞生。但因为宫中能乐场是建在宫殿停车门与正殿之间狭窄的庭院之中，并且能乐场的平面几乎与其前后左右的既有建筑相接，使片山失去了在外观设计上大显身手的机会。

登基大典结束以后，在内匠寮的头领马场和高桥事务官的监督下，由安藤技手主任具体指挥，在第二年的8月6号将能乐场落架拆除。拆除后的木料大部分被赐给东京大手城门处的华族（贵族）会馆。并在华族会馆复原组建了能乐堂的一部分。此时的华族会馆是日本建筑学教育之父英国人康德尔设计的鹿鸣馆。与鹿鸣馆比邻的能乐堂，在移筑以后也多次招待外国国宾观赏演能节目，并多次得到天皇的巡幸。

五、结语

如上所述，能乐堂是以招待外国贵宾为前提诞生的。岩仓具视是促使其诞生的中心人物。他出巡欧美，受到了歌剧招待以后，深感日本政府需要代表国家的艺术的必要性。同时，对宏伟壮丽的歌剧院建筑产生共鸣。这样，岩仓具视促成的能乐堂的前身能乐社剧场，虽然在建造之初是传统的空间格局，即舞台和观览席隔着露天院子——白州的面对面布局，但在其后的改建中，将观览席室内化，白州也仅余舞台周围一窄条的程度，成为室内化剧场出现的前兆。在此基础上，建筑师片山东熊在设计为了大正天皇登基大典而建的宫中能乐场时导入了西洋剧场概念。在明治宫殿的正殿前建设的宫中能乐场中，能舞台被完全包容在室内化大空间里，形成了后世成为定型的能乐剧场建筑空间模式，即建筑之中有建筑的能乐堂的独特的空间形式。同时，观览席从和式榻榻米变成了完全的洋式椅子，以上各要素的出现体现了能乐堂西洋化的过程。这一尝试对其后能乐堂的发展方向给予了决定性影响，因此，日本皇家观演建筑中对西洋剧场要素的导入具有划时代的意义。但是，时至今日，不可否认西洋式剧场化了的能乐堂虽有使用方便的优势，但是也扼杀了传统式露天演能空间的自然光线优势及在大自然中表演能乐的风情与氛围。

导入西洋剧场概念之前，日本宫殿建筑中的观演空间特性如同东亚其他国家一样，比如注重舞台本身的建筑形式，设置在露天场地，没有固定常设的观众席。中国的观演建筑，如建于18世纪初的北京故宫倦勤斋也出现了室内化的倾向，并且室内墙壁以及天花都画满了西洋画，也是吸收西洋建筑要素的征兆。在东亚范围内观察比较传统观演空间如何变为独立的剧场建筑类型是笔者关心的研究课题，今后将作进一步的深入研究。

参考文献

[1] 池内信嘉. 能楽盛衰記・下巻・東京の能 [M]. 東京: 東京創元社, 復刻版 1992 年（初版 1926 年）.

[2] 江島伊兵衛. 弘化勧進能と宝生紫雪 [M]. 東京: わんや書店, 1942（昭和十七年）.

[3] 奥冨利幸. 能楽社の建設について: 日本で最初の能楽堂建設経緯に関する考察 [C]// 日本建築学会学術講演梗概集. F-2. 東京: 1999: 381-382.

[4] 奥冨利幸. 青山御所能舞台の建設について [C], // 日本建築学会学術講演梗概集. F-2. 東京: 2001: 347-348.

[5] 奥冨利幸. 近代能楽堂の形成過程に関する系譜的研究: 明治期から昭和初期までを対象として [D]. 東京: 東京大学, 2003.

[6] 奥冨利幸. 明治初期における能楽堂誕生の経緯 – 青山御所能舞台、能楽社の建設を通して [J]. 日本建築学会計画系論文集, 2003: No.565, 337-342.

[7] 奥冨利幸. 宮中能楽場からみた能楽堂の近代化について [J]. 日本建築学会計画系論文集, 2007: No.619, 181-185.

[8] 奥冨利幸. 近代国家と能楽堂 [M]. 岡山: 大学教育出版社, 2009.

[9] 奥冨利幸. 能楽堂の変遷 [J]. 楽劇学, 2015: No.22, 1-14.

[10] 宮内庁. 明治天皇紀 [M] 第三巻, 東京: 吉川弘文館, 1969.

[11] 宮内庁. 明治天皇紀 [M] 第四巻, 東京: 吉川弘文館, 1970.

[12] 宮内庁. 明治天皇紀 [M] 第五巻, 東京: 吉川弘文館, 1971.

[13] 久米邦武. 久米邦武歴史著作集（第五巻日本文化史の研究）[M]. 東京: 吉川弘文館, 1991.

[14] 十二世梅若万三郎. 能楽随想・亀堂閑話 [M]. 東京: 玉川大学出版部, 1997 年復刻版.

[15] 白洲正子. 梅若實聞書 [M]. 東京: 能楽書林, 1951.

[16] 鈴木博之. 復元思想の社会史 [M]. 東京: 建築資料研究社, 2006.

[17] 日本建築学会. 日本建築史図集 [M]. 東京: 彰国社, 1980.

[18] 平凡社. 能（別冊太陽 日本のこころ 25）ムック [J]: 1978: 11.

[19] 平井聖. 儀式典礼からみた御殿の機能 // 日本名城集成 江戸城 [M]. 東京: 小学館, 1986.

[20] 藤岡通夫, 平井聖. 寛永度後水尾院御所・東福院御所について（仙洞御所・女院御所の研究 2）[C]// 日本建築学会研究報告. 第 22 巻. 東京: 日本建築学会, 1953: 163-164.

[21] 古川久. 明治能楽史序説 [M]. 東京: わんや書店, 1969.

[22] 柳澤英樹. 寶生九郎傳 [M]. 東京: わんや書店, 1944.

日本神社建筑的形式分类

加藤悠希 著 李 晖❶译 包慕萍❷审译

（日本九州大学大学院艺术工学研究院）

摘要：日本的神社建筑与寺院建筑保持一定相互影响关系的同时，得到不断的发展。而自觉地把神社建筑本身的形式作为一个独立类型来看待的思想意识出现于17—18世纪。神社建筑群里最主要的建筑主殿（本殿）存在多种的形式分类，例如流造、春日造等。但是这些形式分类的方法并不是在一个整体的框架下再分成若干部分的做法，而是把神社中具有相同特征的共同要素归成一类，也就是说把神社的部分特征集合起来，归纳为一类。在使用上应该认识到神社建筑形式分类方法的特殊性。

关键词：神社，寺院，本殿，分类

Abstract: Japanese Shinto shrine architecture has developed on its own but through the encounter and exchange with Buddhist temple architecture. Shrine architecture was seen as a category of its own in the 17th and 18th centuries, when characteristic forms of shrines were first identified. The main sanctuary (*honden*) of a Shinto shrine was and still is classified into differnt types, for example Nagare-*zukuri* and Kasuga-*zukuri*. This typology is characterized in that types are not formed by dividing a complex whole into its parts but by setting up similarity-based categories (putting examples with the same features into the same group). It is necessary to recognize the particularity of this method, whenever we use Shinto-related terminology today.

Keywords: Shinto shrine, (Buddhist) temple, main sanctuary (*honden*), classification

日本建筑史中的宗教建筑以佛教的寺院和神道的神社两大类为代表。二者有时也合在一起称作"寺社"或者"社寺"。❸人们一般认为佛教和寺院建筑的技术来源于中国，而神道和神社是日本固有的，把这两种宗教建筑作为起源相反的比较对象。目前对这种单纯性比较和结论有很多批判性的论述。❹本文首先从神社建筑是独立于寺院建筑的另一种宗教建筑类型的观点出发考察神社建筑类型本身的意义，然后就神社的主要建筑即主殿（本殿）的形式分类提出一些分析和总结。❺

---

❶ 译者单位为奈良文化财研究所。
❷ 审译者单位为东京大学生产技术研究所。
❸ 据《日本国语大事典》所载，10世纪前半叶已经出现了"寺社"或"社寺"的叫法。一般来说近世以前多用"寺社"，而近代以后多用"社寺"。
❹ 一般人认为日本近代以前的两大宗教是神道和佛教。对这种说法的批判主要集中在神道（神祇信仰）以及其他修验道、阴阳道等在什么程度上可以被认定为一种独立的宗教的问题上。比如说，研究中世神道的专家井上宽司指出，日本宗教的特点是"融通无阻的多神教"，为了使用方便，在特定的时间和场所把它们分别称作为佛教、神道或是修验道、阴阳道等，但是它们不能被分解为各自完全独立的宗教。参见：井上宽司．「神道」の虚像と実像［M］．東京：講談社現代新書，2011．
❺ 本文在2015年11月21—22日于清华大学举办的第2次东亚前近代建筑·城市史圆桌会议《建筑的分类体系的意义与比较》的报告内容的基础上作了适当的修改及补充。

一、神社建筑类型的建立

以往神社建筑被认为是日本固有的建筑类型，从神话时代或是从原始信仰中一直绵延下来，也就是说它被认为是从中国传来寺院建筑技术之前就有的建筑类型，因此它是继承了日本自古以来的技法和形式的产物。但是，近些年来，以上看法有所改观。目前一般认为是在7世纪末期从唐朝引进律令制建设国家体制的大背景下，神社的祭祀制度和设施也不断地受到佛教以及佛教建筑的影响，从而逐渐形成了神社建筑。另外，关于神社作为成型的设施何时建立也有各种各样的见解。近些年来普遍的看法是认为神社建立的一个重要条件即神社开始出现常设的固定建筑。而且常设建筑伴随着律令制而诞生。在这种观点下，从史前时代以来就有的祭祀和信仰的场所或是设施与7世纪以后的神社被作为两种不同的设施区别对待。

神社里开始建造常设建筑的7世纪末，正是若干寺院建筑已经建立的时期。这一时期的神社建筑的形式只能从伊势神宫里得到某种程度上的推断❶，此时的伊势神宫中可以确认采用了复古性的设计手法，以古风要素区别于寺院建筑，尽管如此，目前普遍认为伊势神宫在某些方面受到了从中国传来的技法的影响。也就是说，虽然在伊势神宫中可以看到与古坟时期的埴轮（陶俑等陪葬明器）等类似的设计，由此可以认为伊势神宫的社殿保持着寺院建筑技术从中国传来之前日本列岛固有的建筑形式和技术，但是它们并不是连续不断地传承下来并被伊势神宫所继承的，而是伊势神宫主殿（本殿）有意识、有选择地地继承了一些古风设计要素。

这之后直到近代实行神佛分离政策之前，日本始终处在神道和佛教相互混杂的状态。神社里有神宫寺，寺院里也建造镇守社，神道建筑和佛教建筑混在一起。但是反过来，虽然一些神社建筑明显地受到寺院建筑的影响，但是神社建筑和寺院建筑的区别保持到最后，两者并没有发展到混淆为一体、互相不能分辨的程度。关于这一点，有些学者推测正因为二者混杂存在，所以才出现对独特性的追求❷，但是至今还没有具有充分说服力的论证。从古代（7—12世纪）到中世纪，寺院建筑出现了在一栋建筑中划分出多个空间促使单体平面不断扩大的倾向，而只有极少数的神社主殿（本殿）出现同样的发展趋向。这些不同的倾向，也许可以从仪礼体系的不同来解释。另外，神社建筑重建时往往保持其某一时期原有的建筑形式等特点，这些都是神社与寺院建筑有所不同之处。❸

神社建筑设计意匠上的特点，可列举如下（图1）。

1. 屋顶形式为悬山顶或歇山顶；神社建筑不使用庑殿顶和攒尖顶。
2. 不使用瓦屋顶。
3. 屋顶上设有千木、坚鱼木等独特的构件。
4. 不使用斗栱。
5. 不使用土墙。

---

❶ 关于伊势神宫社殿的复原考证，详见：福山敏男. 伊勢神宮の建築と歴史 [M]. 長岡京：日本資料刊行会，1976. 另外，现存最古的神社本殿遗物是平安时代后期的宇治上神社本殿。

❷ 稲垣栄三. 神社と霊廟 [M]// 原色日本の美術 16. 東京：小学館，1968.

❸ 在建筑重建时，势必会在某种程度上受到其前代建筑的影响，在寺院建筑里也有像兴福寺东金堂 [应永二十二年（1415年）重建] 那样尊崇古风复原重建的实例。

6. 铺设高架地板，室内地板面远离自然地面。

另外，在伊势神宫中可以看到掘地立柱的做法和不施色彩的特点，这些特点也一直被认为是区别于寺院建筑的、日本自古以来就有的特点。若要举一些特例来反驳以上观点的话，不胜枚举。但是把神社建筑与从中国传来的寺院建筑当作不同类型来比较对待的看法本身，大致上可以说是正确的。神社建筑要有区别于寺院建筑的意匠特点，这样的设计意图或许在古代时期（7—12世纪）设计伊势神宫的时候就已经存在。但是，即便当时有明确的意识，其后这种意识是否被保持下来并不清楚。设计者或者建造者在多大程度上保持着神社建筑要创造独特形式的设计意识的自觉性，这还需在各个时代背景下作深入考察，目前认为大致在17—18世纪时开始成为普遍的有意识的创作行为。

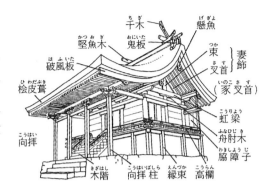

图 1　神社本殿的构件名称
（日本建筑史研究会．近世社寺建築の手びき[M].东京：日本建築史研究会，1983.）

例如，在宽文七年（1667年）营造出云大社主殿（本殿）时，取缔了各种装饰，选择了复古性造型。此前，松江藩的儒学家黑泽石斋在他的《怀橘谈》[承应二年（1653年）]序中，批评庆长十四年（1609年）建造的社殿"九根柱子满施丹青，与圣法神敕规定的不垩不丹的原则不符"❶。也就是说，神社遍施色彩的做法并非是神社本来应有的面目。另外，出云大社的神官佐草自清在《出云国造系谱考》（贞享三年即1686年）中评论庆长时期建造的主殿"古来神殿者不垩不丹之处，前代未闻之仪也（中略），且又本殿出跳斗栱，使用两重椽木，雕刻物等，皆以非古制也"❷，指出出跳斗栱以及使用两重椽子和雕刻饰物等都有悖古制。

又如，在备中地区（今冈山县中部）的吉备津神社享保年间（1716—1736年）的记录里有"因本御殿为佛阁造（佛殿做法），故不施千木和坚鱼木"❸的记载，反证当时人们普遍认为神社本应有千木和坚鱼木的认识。其他记载还有堪称神道百科辞典先驱的《神道名目类聚抄》[元禄十二年（1699年）]，其序中写道"社殿不可用斗栱和雕饰，只可施替木"❹，否定斗栱和雕刻。另外，在三善伦良的《一贯和风抄》[天和元年（1681年）]跋里，指出神社的古制应是茅草屋顶或是桧树皮屋顶，铜瓦屋顶反而是简略仪礼的简化形式。❺原文如下。

问：诸神社往昔无瓦葺，顷年多以铜瓦、以土瓦，此理如何？曰：往昔例如问话，凡神社者，大抵以伊势为规模，内外宫皆以芦葺之，然于他者，皆以桧皮，禁里殿阁皆然也，盖太政官一舍耳瓦葺也，故其和歌有数种略之。今所举神社以铜瓦葺之，是近年凌火灾之理歟，

❶ "柱は九本何も丹青にて彩り，後の不垩不丹と云聖法神勅とは事かはれり"，参见：続々群書類従第九[M]．东京：国书刊行会，1906：430。关于出云大社的记载详见：三浦正幸．出雲大社本殿[M]// 日本建築史基礎資料集成一．社殿Ⅰ．东京：中央公論美術出版，1998。

❷ 出雲大社．神道大系 神社編三十七[M]．东京：神道大系編纂会，1991：169．

❸ "御社仏閣造故千木鰹木も無御座候"，参见：備中誌[M]．賀陽郡．中巻．冈山县，1904。关于吉备津神社详见：三浦正幸．吉備津神社本殿・拝殿[M]// 日本建築史基礎資料集成一．社殿Ⅰ．东京：中央公論美術出版，1998。

❹ "宮社ニハ組モノ彫モノナトヲセス，臂木造ナルヘシ"见《神道名目類聚抄》卷一《宮殿》。作者本佚名，今考证为神道家守井左京。参见：松本丘．埋れたる神道家 守井左京．垂加神道の人々と日本書紀[M]．东京：弘文堂，2008。

❺ 古事類苑神祇部一[M]．东京：吉川弘文館，1977：448．

盖是可谓略仪也。

以上只是举了一些笔者能搜集到的古文献，但是这一时期与中国传入的寺院建筑相区别的神社建筑古制已经大体形成，则是不容怀疑的史实。另外，要注意的是，一直保持"式年迁宫"❶惯例的伊势神宫，还有上文中提到的出云大社、春日大社、住吉大社等保持着古风、特殊形制以及具有很强影响力的神社主殿，大多数都是在这个时期以后建造的。至于这些殿宇又在多大程度上掺入复古意识进行了设计，则需要进一步的探讨。

而另一方面，从建筑技术的角度来看，大多数的神社建筑和寺院建筑利用了同样的建造技术。神社大多使用和样，所以也没有太大的讨论意义。但是如果细究，神社也能分出类似和样、禅宗样、大佛样这样的类别。因此，今后在论述木匠或是地域性的做法和特征的时候，寺院建筑和神社建筑可以被列为对等的建筑实例。

综上概述，神社与寺院虽然都是宗教建筑，但是神社却与寺院建筑相区别，这并非无意义的。虽然它与寺院建筑的不同之处主要与它的显著特征——保持古制、形式固定以及具有复古倾向有关，但是就神社一直区别于寺院建筑而存在的史实，还需要更深入细致的探讨。

另外，日本的灵庙建筑，通常被当作神社建筑的一部分。灵庙（祠庙）建筑的思想背景是把过世的人当作神来祭祀。比如祭祀菅原道真❷的北野天满宫、祭祀德川家康的日光东照宫等都是此类。

二、神社主殿（本殿）的形式分类

一个神社内最主要的建筑称主殿（本殿），其形式可分为神明造（图2）、大社造（图3）、流造（图4）、春日造（图5）等多种类别。这些形式名称不仅不用在寺院建筑，即使是神社建筑中的配殿如拜殿、币殿也不用，只用在神社建筑的主殿（本殿）上。因此它们是只针对神社主殿（本殿）的专有形式分类用语。它的分类标准主要依据屋顶形式和入口朝向。如神明造，它的屋顶形式及入口朝向合称"切妻造平入"——指主殿为悬山顶，入口设在正面（即不在山面，与正脊平行的面）；大社造称"切妻造妻入"——指主殿为悬山顶，入口设在山面；流造称"切妻造平入向拜付"——意为悬山顶，入口设在与正脊平行的正面，有"向拜"。而"向拜"指屋顶在中央局部扩张的出檐部分，一般在入口台阶上方（因此流造的屋顶非对称，一边长一边短）。春日造是"切妻造妻入向拜付"——指悬山顶，入口设在山面，且在入口处加有"向拜"。此外还有"入母屋造"——类似歇山造的屋顶的形式，以及"权现造"——包括拜殿在内的复合型社殿，所以神社的这种分法，在分类学的角度来看是无秩序的。

上述被称为"某某造（作）"的神社主殿（本殿）的形式名称，最初并不是从学术角度定义的，早在江户时代这些名称就已经确立。江户时期

❶ "式年"指一定的年限，"迁宫"指神社主殿在相邻的两处基地上轮流建造之意。此种重建一般按照原样建造。——审译者注

❷ 生没年845—903年。日本平安时代的贵族、学者、汉诗诗人、政治家。其死后天地异变多发，被奉为神灵祭祀，今奉为学问神。——审译者注

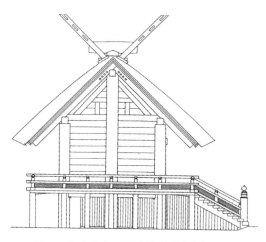

图2 皇大神宫正殿（神明造）侧立面图
(桜井敏雄.伊勢と日光 [M]// 新編名宝日本の美術 31. 東京：小学館, 1992.)

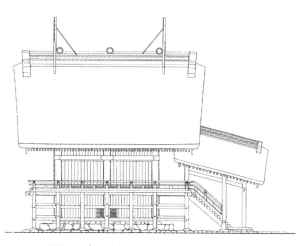

图3 出云大社本殿（大社造）侧立面图
(桜井敏雄.伊勢と日光 [M]// 新編名宝日本の美術 31. 東京：小学館, 1992.)

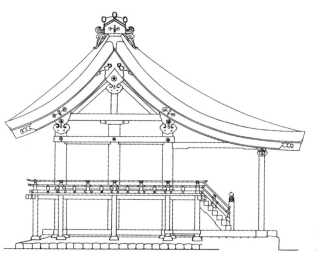

图4 贺茂别雷神社本殿（流造）侧立面图
(桜井敏雄.伊勢と日光 [M]// 新編名宝日本の美術 31. 東京：小学館, 1992.)

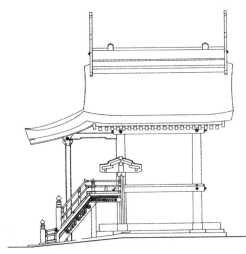

图5 春日大社本殿
（春日造）侧立面图（桜井敏雄.伊勢と日光 [M]// 新編名宝日本の美術 31. 東京：小学館, 1992.）

的木工技术专著《匠明》中的《社记集》[庆长十三及十五年（1608年，1610年）]里把悬山顶、入口设在山面并加有"向拜"的形式称为"向妻作"；把悬山顶、入口设在正脊的正面并加有"向拜"的形式称为"平作"，根据入口位置的不同区分二者。这本书中，把现在称为"权现造"或"石之间造"即主殿（本殿）与石之间、拜殿呈工字形平面的形式叫作"宫寺作"（图6）。❶ 与现在使用的名称更接近的江户时代建仁寺流派的木工技术专著《甲良宗贺传来目录》中的《宫殿木割》[贞享元年（1684年）]后记里，可以看到"见世棚作""王子作""神明作""权现作""流作"等名称。❷ 另外在前面提到的《神道名目类聚抄》[元禄十二年（1699年）刊]里载

❶ 太田博太郎，监修. 伊藤要太郎，校订. 匠明 [M]. 東京：鹿島出版会，1971.
❷ 河田克博. 近世建築書一堂宫雛形 2 建仁寺流 [M] // 日本建築古典叢書第三巻. 京都：大龍堂書店，1988.

❶ "伊勢の神宮・出雲のおほ社、神祇官の祭場は法にたかふ事なし、それたに去方に勧請しぬればは大に略するのみ也、（中略）、何のやしろを勧請したきと云て其図を求むるに、其神の相殿をもしらず、三座の神に五ツ御戸前の社を作るなと、本意なき事なれは、今千か一を書しるすもの也."

❷ 伊東忠太.日本神社建築の発達（上中下）[J].《建築雑誌》,1901（169,170,174）.此文以明治三十三年（1900年）11月28日在日本建築学会例会上的讲话为基础补充完成.

有"石间造""神明造""皇子造"等名称（图7）。从以上实例可以确认，将神社的主殿（本殿）形式类型化，并称作"某某造（作）"的概念应形成于江户早期。

神社本殿形式驳杂的理由之一可以从迎请神祇仪礼方面分析。《甲良宗贺传来目录》的《宫殿木割》里有如下说法："伊势神宫、出云大社这类神社里神祇官的祭场都中规中矩。而其他神社里的祭场则简略很多。（中略）。要劝请某位神灵，就寻求此神所在殿堂的图纸，却不知道那个殿里一共供奉着几位神仙，给三位神造了五扇门的神殿，则非本意。在此挂一漏万地做了些许记录。"❶ 也就是说，在迎请神祇的时候，需要参照神祇所在主殿（本殿）的形式，所以必须了解各种神社主殿（本殿）的形式。但实际上神社祭神仪式和殿宇的形式相对应的实例并不多，只凭这一点难以说明神社主殿（本殿）形式驳杂的原因，但是可以说这至少是其中的原因之一。

至明治中叶建筑史学成立以后，伊东忠太开创了神社建筑史基础性研究。伊东在《日本神社建筑的发展》（《日本神社建築の発達》,1901年）❷中阐述了神社建筑史，更正确地说是"神社建筑形式的发展史"。在这篇

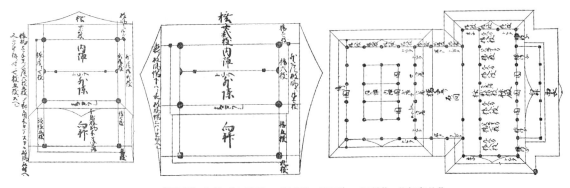

图6 《匠明》中的"向妻造一间社"、"平造一间社"、"宫寺作"
（太田博太郎，监修.伊藤要太郎，校订.匠明[M].東京：鹿岛出版会，1971.）

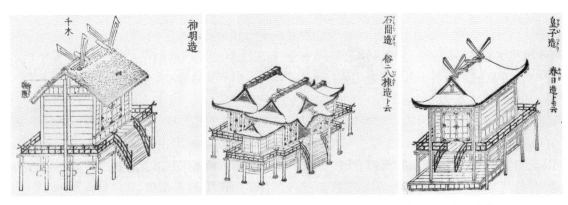

图7 《神道名目类聚抄》中的"神明造"、"石间造（八栋造）"、"皇子造（春日造）"
（早稻田大学图书馆藏）

论述里，伊东撇开建筑遗构的实际建造年代，从建筑平面形式特点入手推演出主殿（本殿）形式的发展史，得出"大社造→住吉造→春日造"的结论。根据神社的建造年代编写神社建筑史之事，无论对于伊东忠太还是现在的我们，都是一大难题。比如说，寺院建筑史可以建筑遗构的建造年代为秩序，按照"法隆寺金堂→药师寺东塔→唐招提寺金堂"的排序方法来考察其变迁，但是神社建筑则很难。神社可以追溯到古代的现存遗构非常少，虽然它们有保留着古制的可能性，但是这些建筑的实际建造年代相对比较晚，所以形式与建造年代不能很好地对应起来。正如伊东所说"神社的时代分类实属困难"，他提到"神社一直在不间断地重建，其残存古制者寥寥无几"，"除了通过今天的形式去推测古代的形式之外别无他法"。因此，伊东忠太通过整理大多数可以追溯到江户时期的形式名称和定义，总结了神社发展史，以此确立了建筑史学之神社建筑史的研究。

其后，从实证研究到概念性探讨，涌现出多种多样的研究成果，其中针对神社主殿（本殿）样式驳杂的原因，稻垣荣三提出了与伊东忠太不同的观点。稻垣荣三在他的《神社和灵庙》（《神社と霊廟》）❶一书中解释，神社主殿（本殿）的多种形式源于它们各自不同的起源。例如出云大社和伊势神宫的殿宇里设有神灵降临专用的柱子，而春日造和流造的"土台"——设在柱脚下的木质横材——之中有一些痕迹，说明神殿本来是临时建筑，并可以移动。稻垣后来在自己的著作中对以上说法进行了补充，之后也受到其他学者们的进一步修改和批判。但是，包括近些年的神社主殿（本殿）形式的最新研究成果在内，大多依然是稻垣学说的补充和修正。可见多种起源论观点的影响之大。

另一方面，近些年来，通过对神社礼仪和营造主体等具体研究的深化，证明一直被认为固执地保持着古制形式的神社建筑实际上经历了多样的变化。例如，日本岛根县隐歧地区多见的悬山顶、入口设在山面的主殿（本殿）形式，二战前做过调查的藤岛亥治郎认为它是出云大社主殿（本殿）形式演变过程中的一个过渡形式，提倡命名为"隐歧造"，把它的历史位置排在大社造和春日造之间。❷但是目前光井涉指出，这种神社主殿很可能在近世时期得以确立。❸如同光井这样，把看似古风的建筑特征作为那一时代的历史现象进行研究，其观点本身就是对一直偏重起源说的神社建筑史研究的历史性批判，这一点非常重要。

三、神社主殿（本殿）分类方法之特征

接下来就神社主殿（本殿）的形式分类进行若干的考察。神社主殿（本殿）的形式分类的显著特征即种类繁多。与寺院建筑主要是和样、禅宗样、大佛样这三大类，住宅建筑则主要是寝殿造、书院造这两类的情况相比，神社的形式种类的数量占绝对优势。但是，这里需要注意一点，神社形式

❶ 稻垣栄三.神社と霊廟[M]//原色日本の美術16.小学館，1968.

❷ 藤島亥治郎.隠岐の建築[J].建築雑誌.1936（613）．

❸ 光井渉.建築形式の変容と村落社会.近世寺社境内とその建築[M].東京：中央公論美術出版，2001.初版为1998年。

名称繁多并不意味着神社主殿（本殿）的建筑形式真的比寺院或住宅多很多，而只是意味着神社与其他类建筑的分类方法不同。比如说，寺院建筑中，法隆寺、药师寺、平等院、善光寺等从细部到整体形式，都具有很强的特征性，一眼便可辨认出是哪个建筑，但是对这些建筑并没有单独地命名为某某造或者某某样。相比较而言，神社主殿（本殿）形式分类的做法是将每一个稍有独特性的形式，都命名为一个固有的形式名称，因此显得种类繁多。

神社的这种形式分类做法与日本民居的形式分类方法比较相近，即根据某个具体的特征命名一个特别的名称，如民居里的合掌造（图8）、本栋造（图9）、中门造等形式。神社和民居的分类方法的共同特征是没有统一的分类标准，有的是根据平面分类，有的是根据屋顶形式分类，每种形式的分类标准都不尽相同。这种分类方法的原因在于没有把建筑的整体状况作为前提条件，不是在整体框架之下再做几种形式的分类，而是使用了把具有共通的局部特征的建筑进行集合归类的分类方法，具体而言就是把具有共同要素的建筑挑选出来归纳为同一形式。假设神社的主殿（本殿）或者民居建筑的整体状况是一个面，现在已有的各类形式名称只是斑驳地分布在这个面上的点，无论这些点如何增加，如何密集，也不能体现出主殿（本殿）的整体状况，而面上的空白部分，又可以追加定义出更多的形式来。

如果我们进一步去推测为什么神社与民居使用了类似的分类方法以及形式繁多的由来的话，还可以从二者都是乡土建筑（vernacular architecture）以及乡土建筑的多样性来寻找根源。虽说神社建筑保持着佛教传入之前的日本固有建筑形态的单纯结论不成立，但是神社和民居的起源并不能像寺院建筑那样归结为一个时间点，即引进佛教和技术人员之时正是寺院建筑的诞生之际。反之，神社和民居的起源并非一种，而是多种多样的。❶ 而且它们诞生之后的进一步发展，恐怕也是各种形式各有独自

❶ 即便是在律令体制的基础上创立的神社本殿，其前史对社殿形式发挥影响的可能性也不能被否定。另外，神社是否有过规格化的标准设计，也是讨论的分歧点。

图8　山下家住宅（合掌造）
（作者自摄）

图9　堀内家住宅（本栋造）
（文化厅，监修.每日新闻社「重要文化财」委员会事务局，编辑.建造物Ⅵ [M]// 重要文化财17. 东京：每日新闻社，1975.）

的演变过程，这也许是神社和民居的形式分类乱立的又一个原因。从研究状况上看，关于神社主殿（本殿）、民居的各个形式的起源和时代变迁，以及地域分布等方面的研究成果非常多，但是关于不同形式的比较或是其相互关系的研究则很有限。其分类标准各异，除了可以组合成某一种形式分类之外，其相互比较本身有时都是不可能的。比起通史性的记述更适合地方志方式的记述，这也是两者相似之处。

相反，神社与民居之间也存在较大差异。那就是神社的形式名称多以一社或是数社为根据而命名。比如神明造，可以理解为特指伊势神宫的形式，也包括其他采用了这种形式的神社主殿（本殿）。❶ 同样，虽然春日造的实例数量很多，但是春日造本身并非利用很多实例概括出它们的共同特征而命名的。春日造的命名基准是春日大社。而与春日大社在形式上类似的神社较多——这样理解的话更为合适。与春日造采取相同的命名方法的还有以出云大社为基准的大社造、以住吉大社为基准的住吉造，此外还有日吉造、八幡造、香椎造等，数量很多。这种形式分类的规定基准与前述《甲良宗贺传来目录》的《宫殿木割》中记载的迎请神灵时要参照神灵的主殿（本殿）形式的做法是同样的道理。除了以上的情况以外，还有数量不多的一些神社并不能把它的形式基准或者起源归结到一个或者几个神社上。比如说，流造的代表性实例一般认为是上贺茂和下鸭两社，但是却不能如"伊势神宫是神明造的基准"那样，说流造的基准是贺茂社。这一点从"流造"这个词本身就没有使用固有名称上也能反映出来。"见世棚造"也和流造的情况相同，它不是以一社或是数社为基准规定的特殊形式，而是更为普遍的一种形式。

谷重雄曾提出根据屋顶形式以及入口所在位置和有无"向拜"，把神社主殿（本殿）的形式归纳为四种，即平造、平庇造、向造、向庇造（图10）。❷ 他的分类简单明快，但是最终没有被采纳。❸ 然而，谷先生提出"被冠为固有名词的大多数神社形式，如大社造、住吉造、大鸟造、日吉造、香椎造、祇园造、浅间造、吉备津造等，这些名称表达了这些神社形式的历史和起源，有其意义，因此作为特殊名词使用没有任何问题。但是'造'字往往会使人联想成一种基本形式，还须慎重使用。"这一告诫，直到今天仍然值得我们铭记在心。❹ 的确，"某某造"之分类方法很方便，但是我们必须切记这些形式名称本身并不能独立存在，它只是说明主殿（本殿）形式和特点的一个辅助工具。在理解了这一点的基础上，合理地使用这些分类名称是非常必要的。

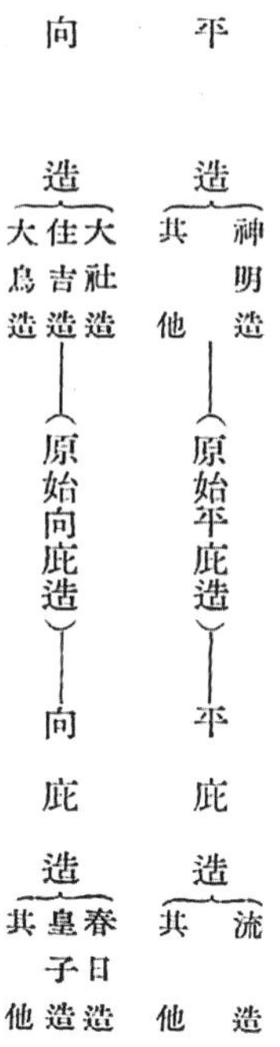

图10 谷重雄提出的形式名称相互关系图

[谷重雄.春日造の名称に関聯して[J].建築史,1939(1-5).]

❶ 对于神明造，也有更为极端的称呼，即为了区别一般神明造与伊势神宫，把伊势神宫的形式称为"唯一神明造"。

❷ 谷重雄.春日造の名称に関聯して[J].建築史,1939（1-5）.

❸ 小倉強曾在论文中表示赞同。参见：小倉強.向造の名称について[J].建築史,1940（2-1）。

❹ 在前面提到的光井涉的"建筑形式的变容与村落社会"一文中，光井避免使用"隐岐造"的称呼，改用带引号的"隐岐形式"。可能是他不赞同"某某造"的称谓而这样做。但是无论用"造"还是"形式"，不可否认用它们作为具有一定共性事物的名称的便利性。

四、结语

神社建筑从类型分类到主殿（本殿）驳杂多样的形式分类方面，虽然存在不少问题，但是目前这种分类对理解和说明神社建筑很方便，也得出了很多重要的研究成果。不受类型和形式分类概念的束缚，从多种不同的角度考察神社建筑非常重要。同时，另一方面，目前神社的这种类型区分和形式分类的结果本身可能就反映了神社建筑的某种特性。特别是神社建筑怎样成为一个特定的建筑类型，以及主殿（本殿）形式独特性的自觉性是如何形成的等问题，有待今后深入的探讨。

参考文献

[1] 伊東忠太. 日本神社建築の発達（上中下）[J]. 建築雑誌，1901（169，170，174）.

[2] 藤島亥治郎. 隠岐の建築 [J]. 建築雑誌，1936（613）.

[3] 谷重雄. 春日造の名称に関聯して [J]. 建築史，1939（1–5）.

[4] 小倉強. 向造の名称について [J]. 建築史，1940（2–1）.

[5] 稲垣栄三. 神社と霊廟 [M]// 原色日本の美術 16. 小学館，1968.

[6] 福山敏男. 伊勢神宮の建築と歴史 [M]. 日本資料刊行会，1976.

[7] 三浦正幸. 出雲大社本殿 [M]// 日本建築史基礎資料集成— 社殿Ⅰ. 中央公論美術出版，1998.

[8] 三浦正幸. 吉備津神社本殿・拝殿 [M]// 日本建築史基礎資料集成— 社殿Ⅰ. 中央公論美術出版，1998.

[9] 光井渉. 建築形式の変容と村落社会 [M]// 近世寺社境内とその建築. 中央公論美術出版，2001.

[10] 松本丘. 埋れたる神道家 守井左京 [M]// 垂加神道の人々と日本書紀. 弘文堂，2008.

[11] 井上寛司.「神道」の虚像と実像 [M]. 講談社現代新書，2011.

日本佛教寺院建筑之类型和样式的意义
——以构建东亚木构建筑史为目的

铃木智大 著 唐 聪[1] 译 包慕萍[2] 审译

（日本奈良文化财研究所）

摘要："和样""禅宗样""大佛样"这三个样式概念在近代以前的日本建筑史上具有非常重要的意义。然而站在东亚建筑史的层面看来，其中还有一些容易招致误解的部分。宗派的发展和变化是这些样式概念形成的背景。本文整理了日本古代到近世的佛教寺院宗派的变迁过程，并据此得出了以下结论：禅宗样其实是禅宗寺院为了标榜本派寺院建筑的"中国特色"而确立的样式。因此最重要的是禅宗样要与其他宗派惯常采用的和样样式有所区别，而并不强调是否真正与当时的中国建筑样式完全相同。其次应该将大佛样作为建筑技术用语加以理解，应认识到它与禅宗样、和样的情况有所不同。

关键词：禅宗样，和样，大佛样，禅宗寺院，比较研究

Abstract: This paper reassesses Wayō, Zenshuyō and Daibutsuyō—three styles of Buddhist temple that played an important role in Japanese pre-modern architectural history. These styles are easily misunderstood when put in the context of East Asian architectural history. The author studies these styles against the background of the developments of religious sects in Japanese Buddhist history, from ancient to early-modern times, and concludes that Zenshuyō aimed at promoting the style of Chinese temples in order to distinguish itself from Wayō and native Japanese religious sects. This was more important than whether Zenshuyō truly reflected Chinese architecture. Furthermore, Daibutsuyō should be understood as a technical term that differs both from Wayō and Zenshuyō.

Keywords: Zenshuyō, Wayō, Daibutsuyō, Zen temple, comparative study

一、前言

1. 基于实物的建筑史研究

日本飞鸟时代（592—710年）的佛教寺院建筑与当时日本的宫殿建筑一样，使用础上立柱、瓦顶朱漆的外来样式建造。现存的日本"古代"[3]木构建筑除了极少数的几例，比如建于平安时代的宇治上神社本殿（11世纪下半叶，京都）以外，绝大部分都是佛教寺院建筑。因此对古代建筑技术和设计思想的研究自然也就以对佛教寺院建筑的研究为主。这种局面甚至进一步影响了其后中世建筑的研究格局。因为虽然中世建筑中也有不少神社建筑和高级住宅建筑的实例保存至今，但是佛教寺院建筑不仅仍然在数量上占有优势，还凭借先前的古代实例具备了对比研究的条件，所以关于佛教建筑技术和设计思想的研究仍然在研究方法和深度上遥遥领先。

---

[1] 译者单位为东京大学大学院工学系研究科。
[2] 审译者单位为东京大学生产技术研究所。
[3] 本文提到的所有古代全部特指日本历史分期中的古代，与中国历史分期的古代所指年代有所不同。——译者注

2. 样式概念的确立和继承

到了近世，一般工匠对于寺院建筑样式的认识和把握已经大致体系化，正是基于这一社会基础，才有了近代伊东忠太、关野贞对于样式的解说❶，以及后来太田博太郎对于样式的再定义❷。本刊此前刊登了上野胜久的关于日本寺院建筑的研究论文，该论文以空间、结构、技术等为着眼点阐释了日本中世的建筑样式❸，亦可视为对上述研究的继承和发展。

本文则首先把研究的焦点放在佛教宗派上——这是区分中世以来佛教寺院建筑类别的前提条件，在详细区分宗派的基础上探讨"和样""大佛样""禅宗样"等样式的意义。同时，对迄今为止用于研究和叙述日本建筑史的样式概念作基础性地整理，以便于东亚木构建筑史的研究。不过若想进行东亚层面的建筑历史研究，还必须对东亚的历史时期进行全局观的梳理和分期，对于这一课题，笔者也未寻得佳案，只好暂时搁置，以待将来。本文姑且直接采用日本的历史分期概念。❹

二、佛教寺院建筑的类型

更为细致、充分地理解佛教寺院建筑的方法之一是根据寺院所属的佛教宗派对其建筑进行分类研究。❺

1. 宗派的形成

日本佛教系由几个不同的宗派组成，并且随时代的变迁而变化。首先，在奈良时代（710—794年）有以学识广博的"师僧"为核心形成的南都六宗：三论宗、成实宗、法相宗、俱舍宗、华严宗、律宗。这些宗派就好比学问研究团体，因此也可以看到在同一所寺院内有几个不同的宗派并存的现象。到了平安时代初期，最澄（766—822年）在日本创建了天台宗，空海（774—835年）创建了真言宗，这两大宗派逐渐将各个寺院统一成单一的宗派，建造起规模宏大的寺院。最澄和空海两人都是旅唐归来的僧人。在平安时代末期，盛行末法思想❻，虽然在严格意义上讲

---

❶ 帝国博物馆. 稿本日本帝国美术略史 [M]. 东京：农商务省，1901. 伊东忠太执笔建筑部分；关野贞. 日本建筑沿革概说 [J]. 奈良县教育会雑誌，1897（33）. 该文后来收入《关野贞アジア踏查》（东京大学フレクシヨン 20，2005.）一书。
❷ 太田博太郎. 日本建筑史序说 [M]. 彰国社，1947.
❸ 上野胜久，著. 包慕萍，唐聪，译. 日本中世建筑史研究的现状和课题——以寺院建筑为主 [M]// 王贵祥，贺从容. 中国建筑史论汇刊·第拾贰辑. 北京：清华大学出版社，2015.
❹ 日本的历史分期在各个研究领域略有差异，就日本建筑史而言，一般将近代以前的历史时期分为先史时代、古代、中世、近世四个时期。每个时期又分别由若干时代组成，其中古代包括飞鸟时代（593—709年）、奈良时代（710—793年）、平安时代（794—1184年），中世对应镰仓时代（1185—1332年）和室町时代（1333—1572年），近世则对应桃山时代（1573—1614年）和江户时代（1615—1867年）。
❺ 系统地根据宗派差异来区分和梳理寺院建筑的研究参见藤井惠介的"中世"一文（新建筑学大系 2 日本建筑史 [M]. 彰国社，1999）。
❻ "末法思想"是佛教的一种观点，认为佛法将随着释迦的圆寂而逐渐衰退。在这一观点的基础上将释迦圆寂之后一千年（也有以五百年为单位计算之说）看作"正法"时代，之后又一千年（或五百年）是"像法"时代，再之后一千年（或五百年）是"末法"时代。只有"正法"时代还有真正领悟佛法教义的人；"像法"时代有修行而不得悟道、但是外表像修行者的人；"末法"时代则是佛法崩坏、现世混乱的时代。根据日本平安时代流行的末法思想，日本将在永承七年（1052年）进入末法时代。——据日本大百科全书、国史大辞典等，译者注。

这种思想并不是一种宗派，但是它催生了净土教建筑。

在镰仓时代（1185—1333年），净土宗、临济宗、曹洞宗、日莲宗、净土真宗、时宗等宗派相继涌现。临济宗的开山祖师荣西（1141—1215年）和曹洞宗的开山祖师道元（1200—1253年）都是旅宋归来的僧人。在这些宗派之中，临济宗获得了当权者的支持，建造起以五山为首的大寺院。相比之下，其他宗派经过了相当长时间的积累才具备了建造大规模寺院的实力，而且其中大多要迟到江户时代（1603—1868年）才有能力建造本宗派样式的伽蓝。

江户时代初期，来自中国福建省的僧人隐元（1592—1673年）在日本开创了黄檗宗。黄檗宗严格遵守戒律的僧众起居方式也影响了当时的临济宗和曹洞宗，促成了此二宗的戒律复兴运动。

2. 各宗派的寺院形制差异

自平安时代以来，各宗派的寺院形制、佛殿形态就各不相同，建筑样式也有所差异。天台宗和真言宗的寺院以本堂（即主殿）、塔和山门作为基本的建筑构成，其中本堂是由古代的金堂和礼堂❶合并而来的一体化建筑。塔的形制除了飞鸟时代以来常见的方形平面的多层塔以外，也修建首层作方形、二层作圆形平面的多宝塔。虽然天台宗寺院里的多宝塔原本也有第二层也作方形平面的实例，但是后来二层为圆形平面的做法逐渐成为主流。除此之外，天台宗的寺院通常建有法华堂和常行堂，真言宗的寺院则建有大师堂和灌顶堂等。并且各宗派的寺院里还建有一些对应于各派特有的修行仪式的特殊建筑或者祀奉开山祖师的建筑。

从镰仓时代到室町时代（1336—1573年），临济宗以五山为据点极大地扩张了势力，他们建造的规模宏大的寺院反映了同时期中国的寺院形制，这种寺院由三门、佛殿、法堂等宗教仪式的场所，和方丈这一住持专用的场所，以及僧堂、众寮、库院、西净、东司等一般僧众日常活动的场所组成。与此同时，在小规模的子院（即下属寺院，也称塔头）中形成了另一种寺院形制，即以方丈为中心、环绕布置小规模建筑物的空间布局形式。

3. 宗派对近世佛教寺院建筑的影响

到了近世，形成于中世的各个宗派开始修建具有自身宗派特色的寺院和佛殿。如果将那些小规模的寺院也计入在内的话，可谓极其繁多。针对这些近世佛教寺院建筑，日本曾经于1977—1991年在都、道、各府、各县开展了名为"近世社寺建筑紧急调查"的调查工作，这是一次全国规模的文化厅资助事业。为了配合这项调查，在奈良国立文化财研究所召开了第一次研究大会。在此次会议上，对佛教寺院建筑的调查情况按照宗派的不同进行了分门别类的总结报告。由于派别的差异，各个寺院在佛殿形态

❶ 金堂：专门用于供奉佛像的建筑、佛殿。礼堂：专门用于参拜和举行礼佛仪式的建筑，一般位于佛殿前方，与佛殿平行。日本古代的金堂内部一般满置佛坛，并无用于日常参拜的空间，日常的参拜通常在殿外、前廊、庭院或者另设的礼堂进行，只有极其特殊的仪式上才会开门礼佛。——译者注。

和寺院建筑构成等方面存在不同的选择倾向，这份报告如实地反映了这种差异。❶

❶ 近世社寺建築の研究第一号：第一回近世社寺建築研究集会記録[C].奈良国立文化財研究所，1988.

4. 宗派和建筑样式

从中世开始，隶属禅宗的大型寺院里的佛殿、法堂等建筑都采用"禅宗样"的样式建造。这是因为当时的禅宗将"采用外来的建筑样式建造寺院"这一行为作为禅宗寺院的品牌形象予以了坚持和推广。同时期的其他宗派则以"和样"样式为基础，部分地吸收"禅宗样""大佛样"的样式要素来建造本派的寺院。

三、东亚建筑史中和样、大佛样、禅宗样的意义

1. 一般通用的中世建筑样式的定义

中世以来的日本佛教寺院建筑的建筑样式区分有"和样"、"大佛样"和"禅宗样"之说。一般而言，从平安时代继承发展而来的建筑样式就是"和样"；相对地，东大寺重建时采用的那种吸收了中国宋代建筑样式的样式被称为"大佛样"；稍晚于"大佛样"输入的禅宗建筑的样式则被称为"禅宗样"。❷ "大佛样"的典型实例有净土寺净土堂（兵库县，1192年，图1）和东大寺南大门（奈良县，1199年），"禅宗样"的典型实例有圆觉寺舍利殿（神奈川县，15世纪初期，图2）和正福寺地藏堂（东京都，1407年，图3），通过这些实例，我们可以具体而完整地理解和把握两种样式

❷ 参见：太田博太郎.日本建築史序說[M].彰国社，1947.

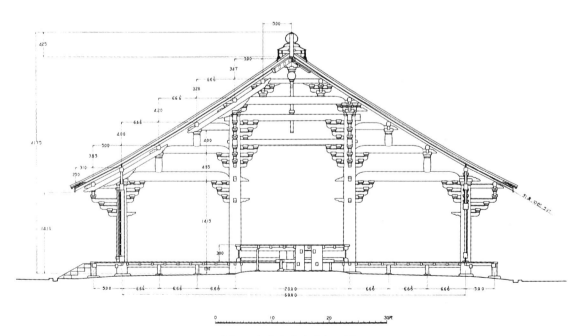

图1 净土寺净土堂剖面图
（国宝净土寺净土堂修理工事报告书[M].国宝净土寺净土堂修理委员会，1959.）

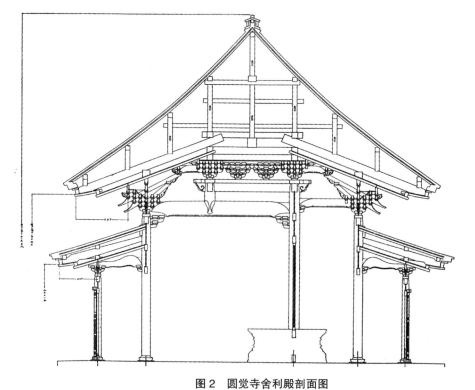

图 2 圆觉寺舍利殿剖面图
（国宝円覚寺舎利殿修理工事報告書 [M]. 円覚寺，1968.）

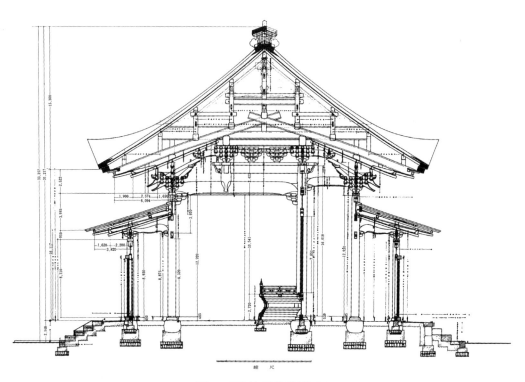

图 3 正福寺地藏堂剖面图
（国宝正福寺地蔵堂修理工事報告書 [M]. 東村山市史編纂委員会，1968.）

从结构特征到细部设计的不同特色。

"和样"、"大佛样"、"禅宗样"这三个样式概念，原本始自伊东忠太和关野贞基于对近世木工技术书的解读而提出的"和样"、"天竺样"、"唐样"这三个样式概念，其后又由太田博太郎将后两者分别改称为"大佛样"和"禅宗样"，才最终形成了今天的习惯用法。❶ 这三个样式概念的内涵不仅仅指外观形式，而是包括其建筑空间、结构形式和细部设计的全方位的特征。❷ 以样式的概念囊括结构、空间、细部特征的定义方法使日本建筑史的研究和叙述变得极为方便。然而，如果在东亚建筑史的层面还直接使用日本建筑史的样式概念的话，恐怕会出现一些容易招致误解的情况，因此需要预先对样式的定义作出明确的说明。

2."禅宗样"的确立

关于"禅宗样"，我认为它并非舶来品，而纯粹是在日本确立起来的建筑样式。最迟到 15 世纪初，禅宗寺院已经形成完备的建造系统，可以实际建造像圆觉寺舍利殿和正福寺地藏堂这样从设计理念到结构形式都极为相似的建筑，以求区别于其他宗派、标榜自身的独特性。在 15 世纪后期的木工技术书中，"唐样（禅宗样）"和"和样"是作为相互对比的概念使用的。

而"禅宗样"的要素传入日本则是在此前更早的阶段。从 13 世纪初期开始，日本为了学习南宋禅宗的五山文化，在建筑方面也积极地引入了当时杭州、宁波一带的禅宗寺院建筑样式。这些 13 世纪的禅宗寺院因为没有实物留存，无从得知它们的确切面貌，但是在 1247 年左右绘制完成的"大宋诸山图"中画有南宋五山的寺院和建筑图样，从中可见当时积极学习和模仿的意图。

而且，在鑁阿寺本堂（栃木县，1299 年，图 4）中可见大月梁、昂尾挑斡等特征做法，这些都是后来"禅宗样"样式的组成要素。到了 14 世纪，出现了功山寺佛殿（山口县，1320 年）、清白寺佛殿（山梨县，1332 年，图 5）等被称为"禅宗样"建筑的实例。不过同时期的善福寺释迦堂（和歌山县，1327 年，图 6）在具备"禅宗样"建筑特征的同时，开间尺度设计上仍然使用了古代的整数尺制。因此，基于现存实例判断的话，只能说"禅宗样"的确立是从 14 世纪开始的。

3.木构件材料的重新断代及其课题

此外，近年来在使用年轮年代学对建筑实例进行年代判定的领域中，发表了数篇与"禅宗样"的确立年代问题密切相关的最新资料。第一项是安乐寺八角塔（长野县），其虾形月梁构件的用料采伐年代判定为 1289 年❸；第二项是宝成坊厨子（神奈川），它的构件用料采伐年代判定为 1230 年。❹ 前者虽然是八角形平面三重塔的孤例，其建筑样式却是成

---

❶ 关于日本建筑的样式概念之变化过程的讨论详见：清水重敦. 建築における過去—日本近世—近代における継承と転換の位相 [M]// 近代とは何かシリーズ建築・都市・歴史 7. 東京大学出版会，2005；光井涉. 和様・唐様・天竺様の語義について"[J]. 建築史学，2006（46）. 本来关于样式的称呼可以做更为深入的分析，本文鉴于篇幅所限暂不展开，统一采用"和样"、"禅宗样"、"大佛样"这套通用称呼。

❷ 偶尔也有单指某一特定方面的用法。本文中的"样式"一词，除了特别说明之外，均是包括形式、结构和空间在内的整体性概念。

❸ 加藤修司. 長野県国宝安楽寺八角三重塔—年輪年代調査の記録—[J]. 文建協通信，2008（93）.

❹ 大河内隆之. 宝城坊厨子の年輪年代調査 [J]. 奈良文化財研究所紀要 2016，2016.

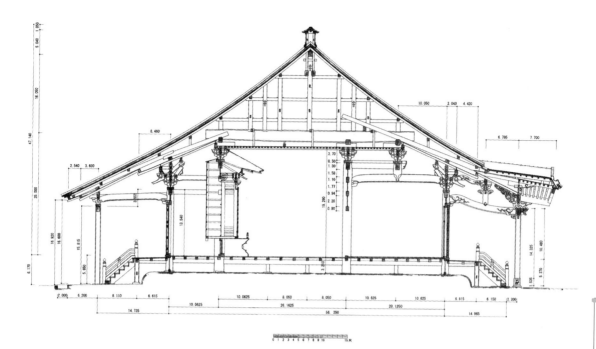

图 4 鑁阿寺本堂剖面图
（鑁阿寺本堂調查報告書[M]. 足利市教育委员会，2014.）

图 5 清白寺佛殿剖面图
（国宝清白寺仏殿修理工事報告書[M]. 国宝清白寺仏殿保存会，1958.）

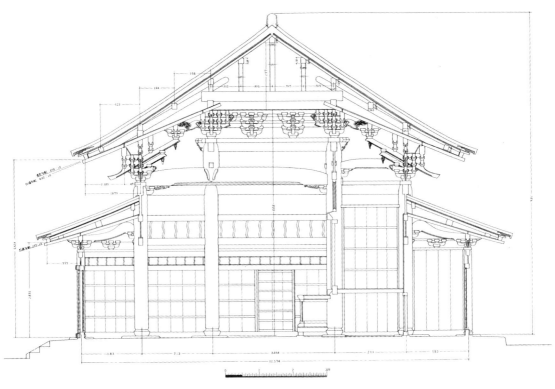

图 6　善福寺释迦堂剖面图
（国宝善福院釈迦堂修理工事報告書 [M]. 和歌山県文化財研究会，1974.）

熟完备的"禅宗样"样式。后者虽然屋顶使用了平行椽（"和样"的样式要素），但是也有使用普拍枋、补间铺作等诸多"禅宗样"的样式要素。而且后者还积极暗示了建筑样式以佛帐龛等小木作为媒介传入日本的可能性。只是，这些结论还局限于个别实例，尚不能完全排除转用旧料或者后世改造的可能性，并且还需要在更广阔的视野下弄清一般建筑用料的采伐备料工作和实际营造之间的关系。今后需要推进从年轮年代学角度和从建筑样式编年史的角度对建筑物进行断代的两种研究方法的融合。❶

4. "和样"的定义及实际状态

"和样"的样式概念是在"禅宗样"确立之后才首次作为对比性概念得以确立。❷ 除了禅宗寺院以外，其他所有宗派的寺院建筑都以"和样"样式为基础。它具体是指 12 世纪末期南宋等地的新建筑技术和设计理念传入日本以前的日本传统建筑样式。❸ 只不过 13 世纪以来留存的以

---

❶ 有关基于年轮年代学的年代判定和基于样式史研究的年代判定这两种断代方法的差异，以及对年轮年代学的批判性讨论参见拙稿：書評 関口欣也 著《中世禅宗様建築の研究　関口欣也著作集一》《江南禅院の源流、高麗の発展　関口欣也著作集二》[建築史学，2014（62）]。

❷ 正如光井涉"和様の誕生"（建築と都市の歴史 [M]. 井上書院，2013）一文所述，某些建筑史概论书中，有将平安时代的建筑奉为样本而称之为"和样"建筑的例子。这是因为以后世的眼光看来，中世的"和样"样式系由平安时代的建筑样式传承而来，因此将"和样"的使用范围推而上溯，用以称呼平安时代的建筑样式，但这并不是中世当时的人们的想法。

❸ 确切地说，日本平安时代形成的"传统建筑样式"，是指日本在奈良时代、平安时代初期输入了中国大陆传来的木构建筑技术和样式以后，以之为主体、在平安时代中后期经过"国风化"、本土化以后形成的建筑样式。——译者注。

"和样"样式为基础的建筑实例在结构和细部设计上都多少掺杂了一些"禅宗样"或者是后文即将提到的"大佛样"的要素。明通寺本堂（福井，1264年）、长弓寺本堂（奈良，1297年），还有前文提到的鑁阿寺本堂等是这方面的典型实例。

5."大佛样"的意义

"大佛样（天竺样）"与"禅宗样"和"和样"不同，最初它不是一个整体性样式概念。后两者在15世纪木工技术书中就已经以整体性样式概念出现，而"大佛样（天竺样）"这一概念直到16世纪初还仅仅只是斗栱细部样式的说明性用语。而在现今的学术意义上，"大佛样"是指东大寺毁于1180年平重衡等人的火攻之后复兴之际，主持重建工作的重源大和尚所采用的建筑技术和设计理念。现存"大佛样"实例主要有净土寺净土堂、东大寺南大门等，然而这些建筑个体之间差异较大，而且"大佛样"样式在后世没有得到广泛的普及。因此，"大佛样"与"和样"、"禅宗样"样式的情况有所不同。"大佛样"的建筑技术和设计理念的源头可以追溯到中国福建省一带，但实际上也可以说只是零碎地吸收了福建做法之后在日本重新整合形成的新样式。继重源的"大佛样"之后，由荣西主持建造的东大寺钟楼（奈良县，13世纪初，图7）的建筑样式也没有得到后世的"再生产"，也就是说它的设计理念和结构形式也没有被后世继承。

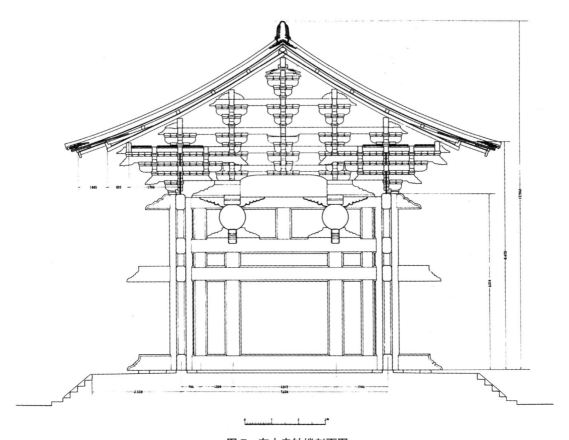

图7 东大寺钟楼剖面图
（国宝東大寺鐘楼修理工事報告書[M].奈良県教育委员会，1967.）

四、结语

本文重点总结梳理了日本中世以来寺院建筑的类型和样式的内涵。"禅宗样"是在日本禅宗寺院想要标榜自身的文化是外来文化的这样一种行为逻辑的背景之下确立的,这种情形下,"禅宗样"和中国禅宗建筑的样式是否真的一致并不重要,重要的是要跟其他宗派所采用的"和样"建筑样式有所不同。

从13世纪初新的建筑理念和结构形式的输入到足以确认"禅宗样"的确立成型为止,中间经过了100多年的时间。推测中国的建筑样式在此期间也断断续续地传入日本。因此今后不仅限于南宋及以前的时代,还计划将元代的建筑实例也纳入考察范围以重新审视日本建筑样式的定位和意义,希望能有助于构建东亚建筑史的事业。

古代建筑制度研究

故宫本《营造法式》图样研究（四）
——《营造法式》斗栱正、侧样及平面构成探微

陈 彤

(故宫博物院)

摘要： 本文通过精细复原故宫本《营造法式》卷三十、三十一和三十四所载的斗栱正样、侧样及斗栱组合平面，并结合大木作制度和功限的相关记述，对《营造法式》斗栱正、侧样的绘制特点及斗栱形制进行了深入的探讨。

关键词：《营造法式》图样，故宫本，斗栱正、侧样，斗栱平面构成

Abstract: Through in-depth analysis of plan, elevation, and sectional drawings of bracket sets (*dougong*) recorded in *juan* 30, 31, and 34 of the Forbidden-City edition of *Yingzao fashi*, and the study of relevant information from the large-scale carpentry (*damuzuo zhidu*) and work labor (*gongxian*) chapters, the paper discusses graphical presentation techniques of bracket sets with regard to the vertical and bracket set typologies.

Keywords: *Yingzao fashi* drawings, Forbidden City edition, *dougong* elevation and section, *dougong* ground plan design

一、概述

斗栱是中国古代木构建筑中最具特色的部分，除结构作用外，还具有极强的装饰性。斗栱经历了由简单到复杂的漫长演变过程，并逐渐成为建筑等级的重要标志。至北宋《营造法式》成书之际，已形成了一整套比例精致、构造严谨的官式斗栱制度，对后世影响深远。斗栱作为《法式》最重要、最复杂的建筑构件，除文字部分以三卷篇幅（卷四、卷十七、卷十八）详加说明外，大木作制度图样（卷三十、三十一）和彩画作制度图样（卷三十四）中的许多附图均涉及斗栱形制。其中最主要的是斗栱正样和侧样，殿阁地盘分槽图还列举了数种具有代表性的斗栱平面组合形式。这些珍贵图样不仅是宋代匠师的设计图纸，更是对文字部分的重要补充，为今人全面、准确地解读《营造法式》的斗栱制度，提供了最为直观可靠的形象依据。

二、现有的研究成果

1. 梁思成先生的研究

梁先生对于斗栱形制的解读见于《梁思成全集》（第7卷）❶ "大木作制度图样"（绘于20世纪40年代，修订于60年代初），以现代西方建筑图学的绘制方法重新整理了《法式》原书斗栱

---

❶ 文献 [1].

图样，具有简明、清晰的特点。陈明达先生指出，梁先生的图释基本着眼于《法式》已有的图样，尚不够全面、系统，且未及对斗栱形制做深入的探讨。❶

2. 陈明达先生的研究

陈先生的研究见于《〈营造法式〉大木作制度研究》❷（上下集），相关图样见下集的图六至图十八，相应的文字解读为上集第四章（铺作）。陈先生结合大木作斗栱功限，根据详细的名件清单绘成图样，对《法式》各种类型的斗栱的构造特点进行了极为细致的探讨。陈先生的图释补充了原书省略的相关斗栱图样，注重图样的系统性和完整性，是目前关于《营造法式》斗栱最为深入的研究。

3. 潘谷西先生的研究

潘先生的成果见于《〈营造法式〉解读》❸第三章（铺作），部分复原了《法式》的斗栱图样，将斗栱明确分为厅堂铺作和殿阁铺作两大类，并重点释读了厅堂铺作。书中第二章（木构架）还特别指出《法式》在图学上的创新——斗栱"变角立面图"，对其绘制方法进行了初步的推测。

三、本研究的思路和方法

本研究是建立在对现有研究成果的继承和反思基础之上的。通过将前辈学者的复原图与故宫本《营造法式》图样进行比较，并对比不同学者对同一图样的复原，发现其中的疏漏，以此为突破口进行研究。同时，通过深入观察和分析原书图样的特点，理解古人的绘图方法和设计思想。将斗栱制度的文字、图样和功限三者作为整体进行研究，并结合与《法式》最为接近的同时期、同地域的建筑实例和绘画，探讨其内在的共同规律。最后参考原书图样的表达方式绘出复原图，采用梁先生以图释图的方法解读原书图样，并以文字作为注解和补充。

从《法式》所举斗栱图样的数量来看，斗栱侧样最多，正样次之，而关于斗栱的平面仅有殿阁地盘分槽的四幅简图，斗栱平面详图的具体形式尚不得而知。一般的房屋斗栱平面并无必要，但若是较为复杂的建筑，推测也应绘制与侧样深度相当的斗栱平面，以便精细地推敲设计。为了深入探讨《营造法式》的斗栱形制，本研究在正、侧样之外还将借用仰视平面图来解读斗栱单体和组合平面的构成规律。

四、《法式》斗栱概念辨析

斗栱在《法式》大木作中多称"铺作"，偶尔也称"斗栱"，但彩画作

---

❶ 陈明达.读《〈营造法式〉注释》（卷上）札记[M]//张复合.建筑史论文集（第12辑）.北京：清华大学出版社，2000.

❷ 陈明达.《营造法式》大木作制度研究（第二版）[M].北京：文物出版社，1993.

❸ 潘谷西，何建中.《营造法式》解读[M].南京：东南大学出版社，2005.

图样名为"铺作斗栱"（如五铺作斗栱）。李明仲对"铺作"的解释是："今以斗栱层数相叠、出跳多寡次序，谓之铺作。"❶ 说明"铺作"指构造的方法，实为"斗栱"的定语，应是"铺作斗栱"的简称❷，北宋晚期的匠师已习用"铺作"一词代指"斗栱"。

《营造法式》所载斗栱并非仅有繁简之别，其构造形式还与房屋的类型有关。陈明达先生在图释中已将"厅堂外檐铺作"单列为一类。潘谷西先生更将《法式》中的斗栱明确分为"厅堂铺作"和"殿阁铺作"两个大类：前者用于厅堂，较为简洁；后者用于殿阁，较为繁复。但潘先生的分类尚欠严谨。首先，如殿堂副阶若用厅堂造（如《法式》卷三十一第五页，殿堂草架侧样），则其外檐铺作又如何称谓？其次，潘先生将"平座铺作"列入"殿阁铺作"，但平座的应用范围并不止于殿阁，既可单独使用也可与厅堂结合（如堂阁等）。笔者认为应将《法式》所载斗栱类型与屋架的结构类型直接关联，根据斗栱不同的构造特点，大体可分为三类：

第一类为**殿堂造斗栱**，包括殿堂造屋架的外檐铺作、身槽内铺作，自四铺作至八铺作，用于殿堂或亭榭（用承尘）。

第二类为**厅堂造斗栱**，即厅堂造屋架的外檐铺作和室内铺作，自单斗只替至七铺作，可用于厅堂、余屋或殿堂的厅堂造副阶。

第三类为**平座斗栱**，包括平座外檐铺作、身槽内铺作，自四铺作至七铺作，仅用于平座。

《法式》中最简单的斗栱形式是"单斗只替"，斗和替木应是斗栱最原始的两个基本构件。在替木的基础上又逐渐演化出栱，于是出现了形如"一斗二升"、"一斗三升"之类的斗栱，与梁结合即为"把头绞项作"。若梁头自斗口外伸出一跳，则为"斗口跳"。以上简单的斗栱《法式》均单独命名，不称"铺作"。《法式》中的铺作最少为"四铺作"❸，说明若称"铺作"至少出一跳，但仅出跳还不够（如斗口跳），须有两卷头，且最外跳上施令栱而不用替木。在此基础上，每增一跳，铺作数随之递加一铺，最多至"八铺作"。

五、原书图样的绘制特点

1. 斗栱分件正样

1）平面正样

《法式》卷三十第二页"栱斗等卷杀第一"表现的是栱、斗、耍头、昂尖等斗栱构件艺术加工的立面详图。每一构件上绘两种辅助线，一为几何定位控制线，另一为分°值度量线（本次校勘图根据原书分图层的绘制精神，将前者设为红色，以清眉目）（图1）。其中的分°值度量线值得重视，说明北宋匠师是以分°制模数尺来绘制精细图样的。根据原书的版面大小，此图取5厘为1分°制图，相当于1∶10的三等材斗栱构件图样。

❶ 文献[1]: 33. 总释上. 铺作.

❷ 如《法式》亦用"补间"代指"补间铺作"。

❸ 以殿堂造补间铺作斗栱"四铺作里外并一秒卷头，壁内用重栱"为例：栌斗为第一铺，泥道栱和两卷头为第二铺，壁内慢栱、里外令栱和耍头为第三铺，柱头枋、算桯枋、橑檐枋和衬枋头为第四铺。

2）立体正样

《法式》卷三十第十一至十六页"绞割铺作栱昂斗等所用卯口第五"为斗栱立体分件图，其绘制特点详见拙文《〈营造法式〉斗栱榫卯探微》❶。推测这些图也应是用分° 制为模数尺绘制的（1分° = 3.75厘）。笔者曾认为是以三等材按 1：10 比例绘制，再缩小 1/4 所得，但此法有一定的局限性，而根据图面随宜设定分° 值的画法应更为便捷、灵活——这也正是分° 制作为一种抽象模数尺的优势所在。

2. 斗栱侧样

斗栱侧样是当时重要的斗栱设计图之一，最典型的为卷三十第六、第七页"下昂、上昂出跳分数第三"，表现的是四铺作至八铺作的补间铺作详图。从图面的表达来看，与梁先生按西方几何制图法所绘的横剖面图基本一致，但仍有所区别。北宋匠师绘制的侧样图很重视基本辅助线，如槽缝、铺作出跳中心线、斗平线——它们是剖面中最重要的设计控制线（本次校勘图用红色表示）。对栱瓣卷杀等无关大局的投影线，《法式》均予以省略。但原书图样对剖切线和看线未作区别，表达略欠清晰。

其余斗栱侧样图则散见于卷三十、卷三十一的殿堂与厅堂的草架侧样。一般右侧绘补间铺作，左侧绘柱头铺作。若无补间，则左右均绘柱头铺作。这些图样主要是为表达屋架的设计，但恰揭示出斗栱为纵横构架相交节点的构造本质。虽比例较小，其绘制方法与上述斗栱侧样详图完全一致，由于是屋架整体的一部分，反而能凸显"殿堂造斗栱"与"厅堂造斗栱"两类斗栱在构造上的重要区别。以外檐铺作为例，"殿堂造斗栱"仅部分露明，上施遮椽板，里跳用算桯枋，其上一般均有压槽枋（属草架构件），补间铺作昂尾若上彻下平槫，均安蜀柱以叉昂尾（在草架之内）。"厅堂造斗栱"则全部露明，不施遮椽板，里跳不用算桯枋。其上无压槽枋，扶壁栱层层上垒直达檐椽，用承椽枋或承椽槫。若有补间铺作，皆用挑斡上彻下平槫，挑一斗或一材两栔。

另外，卷三十第三页"梁柱等卷杀第二"的月梁图，也可视为一种柱头铺作的分件侧样图（图2）——清晰地表现出月梁（包括其上连做的隐斗）与柱头铺作的构造关系。

3. 斗栱正样

1）平面正样

《法式》卷三十第十九页"槫缝襻间第八"表现的是五间八椽的厅堂正样，虽是为了表现四种襻间的做法，但也描绘了内外檐的厅堂造斗栱。其表达方法与现代的正立面图基本一致，同时绘有铺作中线、斗平线等基本辅助线（图3）。

❶ 陈彤. 故宫本《营造法式》图样研究（一）[M]// 王贵祥, 贺从容. 中国建筑史论汇刊. 第拾壹辑. 北京：清华大学出版社，2015.

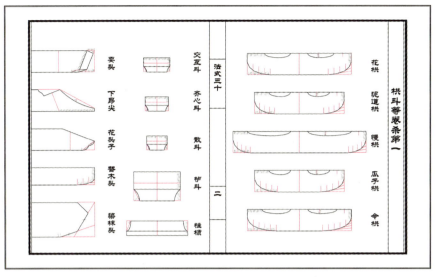

图1 《法式》卷三十第二页复原图❶

❶ 文中图片无特别注明均为作者自绘。

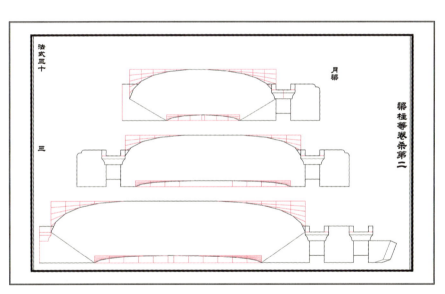

图2 《法式》卷三十第三页复原图

2）立体正样

为了更直观地表达斗栱的出跳和构件之间的相互关系，《法式》中的斗栱正样多采用立体图式。这种图式非常独特，潘谷西先生将其名为"变角立面图"，认为是北宋匠师的创造，但类似的画法在初唐已颇为成熟（实例如西安大雁塔门楣石刻佛殿图），至北宋则更为灵活多样、精致严谨。

《法式》卷三十四绘有各类彩画的补间铺作斗栱彩画图样，各举"五铺作斗栱"和"四铺作斗栱"一例。若略去具体的彩画纹饰，实为大木作的斗栱正样。此画法与西方轴测画法有相似之处，又有所不同（图4）。图中右侧的轴测图按以下法则绘制：斗栱构件正面平行于正立面的面均按

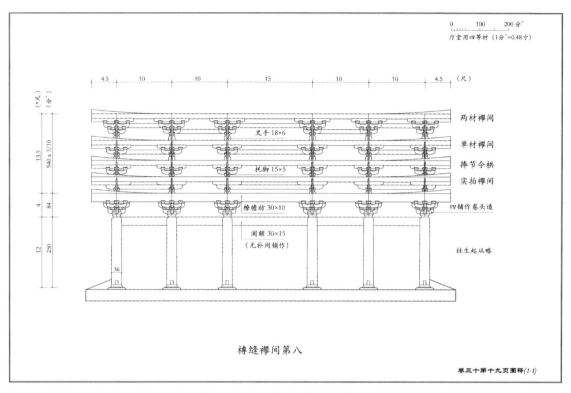

图3 《法式》卷三十第十九页图释

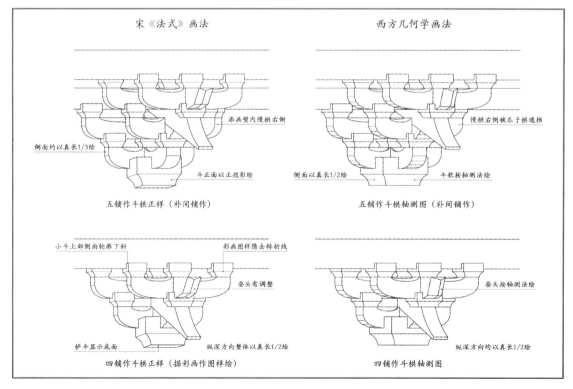

图4 《法式》斗栱正样与西方轴测图画法比较

立面绘制，其侧面则沿正面左侧水平方向，按真长的 1/2 画图。左侧《法式》斗栱正样的画法则不拘一格，一般构件正面的面不论与正立面平行与否，均按立面绘制，除前后栱之间的距离按真长的 1/2 画外，其他构件侧面仅按约真长的 3/10 制图，既适度地表现了构件的侧面，又减少了前面对后面构件的遮挡。斗的部分轮廓线取下斜之势，个别特殊部位（如耍头）还做出适当的变形调整。从图像的表达效果看，似乎西方几何制图法对于空间关系的表达并不逊于《法式》原图，但对于斗栱彩画的表现而言，后者却更为巧妙。以斗为例，《法式》图样斗欹正面的彩画不会变形，斗底面的刷饰也能表现出来。再如五铺作的壁内慢栱，又特意添画被瓜子栱遮挡的右侧，以便彩画纹饰绘制和文字标注。《法式》的斗栱立体正样看似不够"科学"，却能更加完整、准确地表达彩画匠师的设计意图。

　　《法式》卷三十第二十、二十一页"铺作转角正样第九"则是殿阁亭榭和楼阁平座的立体转角正样。表现的对象不仅限于房屋的转角铺作和补间铺作，还附带了角柱、阑额、普拍枋、角梁、椽飞、角神、雁翅板等构件，是《法式》所载绘制难度最大的大木作图样（现存各版本中，仅故宫本还基本保留了宋版原貌和较多的历史信息，其他版本如四库本等均严重变形失真）。此类图样与北宋建筑界画有着很深的渊源关系，以宋徽宗所绘《瑞鹤图》中的宣德楼的转角为例（图 5），二者画法颇为近似。卷三十转角正样中的斗栱与彩画作斗栱图样的绘制方法也基本相同：构件正面亦均按立面绘制，除前后栱之间的距离按真长的 4/10 画外，其他构件侧面约按真长的 3/10 制图。六铺作以上的图样，为避免斗栱构件前后遮挡过多，

图 5　宋徽宗《瑞鹤图》局部
（辽宁省博物馆藏）

特意将昂上的小斗调整"归平"。原书图样的视角极为独特：栌斗、普拍枋、阑额用俯视，斗栱栌斗以上用平视，角梁、飞子又用仰视，将不同视点看到的景象艺术地融于一图，给观者以完整清晰的空间形象和全景式的视觉体验。从西方现代制图学的角度看，这种"掀屋角"的画法显然不可思议，甚至是荒谬的。但这种看似在古今中外的科学家眼中都有些别扭的图样，并不是为了绝对精确地表达构件之间的相互空间关系，所以切不可以西方几何学的标准来衡量。

这种独特的画法带有很强的艺术性，在唐宋界画上已表现得极为成熟，实为古代图学的一大创造，反映出中国古人奇绝的思维方式。追求客观的准确还是主观的真实，或许正是科学与艺术的分野之所在。对此张大千先生以中国传统画家的独特视角，有过精辟的论述："讲到以美为基点，表现的时候就该利用不同的角度。画家可以从每种角度，或从流动地位的眼光下，产生灵感，几方面的角度下，集成美的构图。这种理论，现代的人或已能够明白，但古人中就有不懂这个道理的。宋人沈存中就批评李成所画的楼阁，都是掀屋角。怎样叫掀屋角呢？他说从上向下的角度看起来，看到屋顶，就不会看到屋檐，李成的画，既具屋脊又见斗栱颇不合理。粗粗看来，这个道理好像是对的，仔细一想就知道不对了。因为画既以美为主点，李成用鸟瞰的方法，俯看到屋脊，并拿飞动的角度仰而看到屋檐斗栱，就一刹那间的印象，将脑中所留屋脊与屋檐的美感并合为一，于是就画出来了。况且中国建筑，屋脊的美、斗栱的美都是绝艺，非兼用俯仰的透视不能传其全貌啊。"❶

六、殿堂造斗栱侧样分析

1. 下昂侧样

1）下昂侧样的基本特征

《法式》卷三十第六页的"下昂侧样"是殿堂造的外檐补间铺作斗栱侧样（图6），六图分别为：

① 四铺作里外并一杪卷头，壁内用重栱。
② 四铺作外插昂。
③ 五铺作重栱出单杪单下昂，里转五铺作重栱出两杪，并计心。
④ 六铺作重栱出单杪双下昂，里转五铺作重栱出两杪，并计心。
⑤ 七铺作重栱出双杪双下昂，里转六铺作重栱出三杪，并计心。
⑥ 八铺作重栱出双杪三下昂，里转六铺作重栱出三杪，并计心。

各图均有压槽枋（除四铺作外）、算桯枋和遮椽板，故所绘为"殿堂造斗栱"，又图中均无梁栿，应为补间铺作侧样。❷ 除四、五铺作外，六至八铺作的下昂昂尾均上彻下平槫。除第一图外，所有铺作均为"重栱计心下昂造"，应是《法式》最典型的外檐铺作形制。

---

❶ 张大千.张大千课徒稿[M].成都：四川美术出版社，1987.

❷ 梁思成先生和陈明达先生的侧样复原图均对"殿堂造斗栱"和"厅堂造斗栱"有所混淆。如梁先生的"大木作制度图样六"中的六铺作侧样昂尾挑一材两栔，误用了厅堂造斗栱昂尾与下平槫的交接做法。

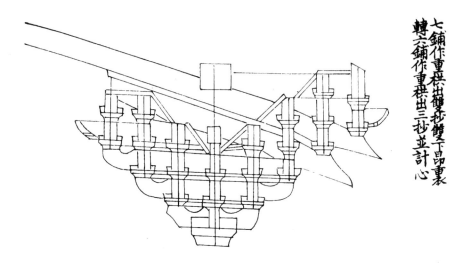

图 6　故宫本《营造法式》下昂侧样

《法式》卷十七"殿阁外檐补间铺作用栱、斗等数"所开列的也是四铺作至八铺作重栱计心下昂造的补间铺作构件的详细清单，虽与图样有所不同（前者是较为常用的范例，后者则是最复杂的做法。如图样八铺作里跳用六铺作，而功限里跳用七铺作；又如图样六铺作里跳用五铺作，而功限里跳用六铺作），但仍具有高度的关联性，故在解读图样的过程中，还须密切结合大木作功限的相关内容。

图中四、五铺作的下昂实质上均为假昂（即完全可以用花栱替代），尤其是五铺作不用插昂，在造型和榫卯构造上完全模仿真昂，可见因下昂具有强烈的艺术感染力，已成为北宋社会所普遍认可的斗栱造型要素之一。元明清官式建筑上斗栱的假昂形象被顽固地保留下来，其审美价值取向亦当渊源于此。

图样中头昂昂上坐斗皆归平，与制度的文字部分的规定有所不同。❶ 同样的现象还出现在卷三十一的殿堂草架侧样的外檐铺作中。图样在翻刻、摹画的过程中有将原本不归平的小斗均误作归平的可能性较小，更大的可能是，殿堂造斗栱头昂上坐斗归平也是《法式》斗栱的一种做法——如制度所举单栱偷心造六、七、八铺作遮椽板皆平铺，其昂上斗必然皆归平。

若铺作卷头造，则昂上斗必然归平。下昂侧样第一图四铺作为卷头造，暗示第二图四铺作用插昂实为前者的变体。殿堂的下昂造五铺作，昂上斗亦归平，用下昂纯属造型上的考虑，本质上与卷头造无异。唐辽之际无明露的花头子，故头昂上斗绝无归平之可能。至《法式》花头子外伸，其设计的初衷当是为了抬高下昂，使昂上坐斗归平——从四、五铺作图样看尤为明显。至于殿堂六铺作以上，其头昂上坐斗若仍然归平亦无不可，至于制度规定再向下 2 分° 至 5 分° 的做法，或是出于与厅堂造斗栱保持统一

❶ "凡昂上坐斗，六铺作以上，自五铺作外，昂上斗并再向下二分至五分。"文献 [1]: 92. 大木作制度一. 飞昂。

❶ 类似的实例见于北宋皇祐四年（1053年）正定隆兴寺摩尼殿。

的考虑——类似的思维方式又如殿堂的下昂造五铺作，其昂并无下昂的结构作用，却完全模仿真昂的构造做法❶，推测也是为了与六铺作以上的斗栱在构造逻辑上保持一致。

梁思成先生复原的"大木作制度图样六"和"大木作制度图样七"中，系按制度文字部分的规定，自六铺作以上头昂昂上斗又向下2分°至5分°。梁先生的画法是在归平的基础上，将斗昂及以上部分整体平行下移（下昂斜度保持不变），此一理解值得商榷。如梁先生所绘七、八铺作的昂上斗向下4分°，将其下的花头子压缩得甚短，斗口外长度显然不足9分°。《法式》的本意应是通过昂尾向上转动，来增加下昂的斜度。以六铺作为例，其头昂自壁内慢栱上的齐心斗外侧斗口出，若头昂昂首下降，即可使昂尾上翘。之所以规定2分°至5分°，而非某一固定的分°值，应是为了使下昂的斜度能在一个适度的范围内调节。

为何《法式》殿堂造斗栱自六铺作开始，补间铺作昂尾才上彻下平槫呢？推测与铺作自身的均衡有关。因四、五铺作出跳较少且里外跳俱匀，补间铺作自身即可平衡，其下昂造与卷头造在本质上并无差异。而自六铺作起属"铺作数多"，里跳一般减一铺至两铺，铺作内外不均衡，易向外倾覆。同时，六铺作以上屋檐悬挑较大，利用下昂的杠杆作用既解决了补间铺作的里跳锚固问题（柱头铺作则以草栿压固），又巧妙地平衡了出檐的悬挑荷载，可谓一举两得。至于厅堂造斗栱的四、五铺作昂尾亦上彻下平槫，屋架彻上露明，更多的是出于美观上的考虑。

2）下昂侧样的出跳分°数

虽然原书图样题名"下昂上昂出跳分数第三"，但与上昂侧样不同，下昂侧样对于出跳分°数均省略不注。若以故宫本图样中一足材为21分°来衡量，则四至六铺作各跳皆匀（均为30分°），而七、八铺作有减分°的现象（外跳第一跳30分°，第二跳以上均减为26分°；里跳第一跳28分°，第二跳以上均减为26分°），与制度的文字部分完全相符。

从《法式》卷十七"殿阁外檐补间铺作用栱、斗等数"所记斗栱名件的分°数看，功限所举的补间铺作无论几铺作，逐跳皆匀（均为30分°），与制度有所不同，推测亦是《法式》斗栱的做法之一。

值得注意的是，若《法式》七铺作全计心造，用二等材（广8.25寸，厚5.5寸），逐跳皆30分°，则斗栱总出跳为6.6尺（1尺=310毫米）。同为七铺作，佛光寺东大殿斗栱隔跳偷心，其用材硕大（广10寸，厚7寸），总出跳亦为6.6尺（1尺=297毫米）。东大殿用材截面面积约为《法式》二等材的1.6倍，后者用材较小却获得较大的总出跳，当与"全计心造"密切相关。从《法式》图样看，若铺作偷心造，则出跳多做减分°处理（减2至15分°），否则构造不佳且显得松散。与偷心造相比，全计心造在加强铺作整体性的同时，也提高了环状斗栱层的悬挑能力，故可适当加大每跳平均的出跳比例。由此可见，斗栱由偷心造向全计心造的演变，是中国建筑技术史上的一大进步。

3）下昂的昂制

下昂斜度是下昂造铺作设计中最为关键的几何约束条件，也是区别《营造法式》与其他谱系的大木作的重要特征之一，惜前辈学者均未及对《法式》的下昂斜度加以精准的解读。笔者曾结合图样和功限解读了五铺作的昂制，即五铺作下昂的斜度由制图法获得：下昂自壁内慢栱上齐心斗斗口出，广一材，昂上坐斗归平。因功限中六铺作与五铺作耍头等长，加之图样中六铺作头昂昂上坐斗亦归平，可知与五铺作的昂制相同。

按照同样的思路，结合功限可以推测出图中七、八铺作的下昂斜度相同，且亦由制图法获得：下昂自里第二跳慢栱上齐心斗斗口出（因壁内慢栱所承柱头方上不再用齐心斗），广一材，昂上坐斗归平。但为何七铺作、八铺作足材耍头"身长90分°。"❶呢？通过对功限所载的七、八铺作制图发现，因补间铺作里外逐跳均为30分°，故下昂坡度反而较缓。又根据图样，七、八铺作的补间铺作衬枋头用足材，且与耍头上皮紧贴，本来二者之间应有一水平空隙，从唐宋实例来看，有垫木栔、垫泥栔或略加大耍头用料三种方法加以解决，因七、八铺作的空隙极小（高约1.7分°）而功限所载的做法很可能就是采用了第三种方法，即虽名为足材耍头（应高21分°），实际广约22.7分°。按以上假设制图，得七、八铺作耍头长89.7分°，可视为等于功限所载的90分°。

至于四铺作插昂的斜度，同样由制图法获得：据功限插昂身长40分°（外跳身长30分°，里跳长10分°），广一材，昂上坐斗归平。

总之，影响《法式》下昂昂制的因素有很多，如建筑类型、屋架比例、斗栱构造等。昂制应视具体情况而定，由制图法确定，其斜度不能表示为整数的分°值比。

4）下昂的身长

关于下昂的身长，学术界存在不同的理解。陈明达先生认为下昂的身长为心至心的平长，而潘谷西先生认为应是昂身实长。究竟孰是孰非呢？首先，《法式》对水平构件的身长的定义，皆为心长（如功限记四铺作花栱身长60分°，而非72分°），若指实长则称"长"，而不称"身长"。第二，下昂的斜度并不固定，若以心至心的平长记则可适用于各种斜度的下昂，显然较为简便，符合《法式》一贯的思维方式。第三，以五铺作的补间铺作为例，功限记下昂身长120分°，与法式卷三十所载五铺作侧样及五铺作的榫卯分件图样完全相合，均为心至心的平长。❷第四，潘先生的立论与其殿阁架深≤125分°的假说有关，但此说不能成立（如殿用三等材架深7.5尺，即合150分°），根据功限和制度，下昂里跳身长最大可达150分°（同时≤7.5尺），功限之所以不分材等一律记为150分°，

❶ 文献 [1]: 292. 大木作功限一. 殿阁外檐补间铺作用栱、斗等数。

❷ 潘谷西先生根据功限认为五铺作出跳也减分°，120分°就不是心长而是实长了。但功限所记补间铺作并未减分°，逐跳均为30分°，制度和图样也均未减分°。功限所记减分°现象仅见于转角铺作，下文将对此现象作进一步的讨论。

当是为了包络各种情况，以便于工料的统计。因此，陈明达先生的理解是基本符合《法式》原意的，但下昂里跳身长（即架深）最大150分°并非通用分°值，只适用三、四、五等材（若二等材最大值136分°，若一等材则125分°）。

功限记四铺作插昂身长40分°，若按心平长的说法似解释不通，但插昂是下昂的特例，其身长记法与一般的下昂略有不同，为外跳心至心平长加上里跳的平长。此法与下昂造五铺作外跳耍头身长的记法（身长65分°）完全相同。

六铺作图样与功限的异同值得注意：前者里转五铺作，后者里转六铺作，但其下昂身长的构成规律相同。图样头昂身长120分°，二昂身长210分°，里跳相差60分°；功限头昂身长150分°，二昂身长240分°，里跳亦相差60分°。此一现象暗示下昂造铺作的形制与屋架形式有一定的匹配关系。同为六铺作，若里转五铺作，适用的最大架深120分°；若里转六铺作，则可达150分°（如殿堂用三等材，前者架深6尺，后者7.5尺）。

另外，《法式》卷三十所举下昂侧样的头昂后尾皆止于算桯枋，与功限所记做法一致，但卷三十一殿堂等八铺作、七铺作双槽草架侧样柱头铺作的头昂后尾皆上彻，压于草栿之下，可见《法式》做法的多样性和灵活性，并无绝对的标准做法。

5）扶壁栱

扶壁栱是泥道上的栱枋组合（即陈明达先生所谓的横架），位于铺作正心，与出跳方向的构件垂直相交，对于铺作的稳定性至关重要。《法式》卷三十所载下昂侧样均为"重栱全计心造"，故扶壁栱均为泥道重栱上施素枋，但仍有所区别。四铺作施素枋一层（枋上平铺遮椽板。若壁内用单栱，则斜安遮椽板。重栱内栱眼壁的造型较单栱更具装饰性，故四铺作壁内一般多用重栱），枋上又施承椽枋；五、六铺作素枋一层，上设压槽枋；七铺作施素枋二层，上设压槽枋；八铺作施素枋三层，上设压槽枋。究其原因，当与铺作数（即外跳总出跳长度和铺作总高）密切相关。四铺作仅出一跳，其上没有足够的屋架空间设压槽枋及用草栿承槫，只能改为承椽枋——因此，殿堂造四铺作斗栱仅用于殿堂副阶或亭榭。七、八铺作因总高较大，泥道重栱上仅素枋一层构造上不够稳定，故增加一或二层。值得注意的是，图中扶壁栱的露明部分均为泥道重栱加一层素枋，其上若还有素枋则隐于遮椽板之上——此为殿堂造斗栱影栱用重栱素枋的一般做法。

《法式》制度在述及扶壁栱时，还列举了殿堂单栱偷心造的六、七、八铺作的做法。若斗栱为单栱全计心造，其扶壁栱为泥道单栱上施素枋，枋上斜安遮椽板。但六、七铺作下一杪偷心及八铺作下两杪偷心，若扶壁栱仍采用上述做法，不仅斜安的遮椽板跨度偏大，且与扶壁栱的组合比例失调。因此，宋代匠师对扶壁栱做出调整：先将遮椽板平置，再精心配制其下露明的栱枋组合。六、七铺作扶壁栱做法相同，四层栱枋或为单栱素枋加单栱素枋，或为重栱上施素枋两层。八铺作则为单栱素枋上施重栱素枋，与"七铺作重栱出上昂偷心，跳内当中施骑斗栱"的平座斗栱扶壁栱相同。就构造而言，若扶壁栱采用重栱素枋上施单栱素枋亦无不可，但考虑到与外跳横栱的组合视觉效果，前者富于变化而后者略嫌重复，故为《法式》所不取。

6）柱头铺作侧样

因《法式》卷三十未绘下昂造斗栱的柱头铺作侧样，前辈学者对柱头铺作多有所忽视。如梁思成先生认为："宋式斗栱各部，可分为'斗'、'栱'、'昂'、'枋'四大项"❶，显然只侧重于补间铺作，而忽略了柱头铺作的重要组成构件——梁栿（直梁或月梁）。据卷十八"大木作功限二"的"殿阁身槽内转角铺作用栱、斗等数"泥道上的列栱记载，可以推知四、五铺作的外檐柱头铺作明栿下用花栱一跳，六至八铺作用花栱两跳（六铺作亦可用花栱一跳）。

❶ 梁思成，刘致平. 中国建筑艺术图集（上集）[M]. 天津：百花文艺出版社，1999.

根据以上分析，即可绘制出下昂侧样的复原图（附图1~附图11）。

2. 上昂侧样

1）上昂侧样的基本特征

《法式》卷三十第七页的"上昂侧样"为上昂造的殿堂身槽内补间铺作侧样（非平座斗栱侧样）（图7），四图分别为：

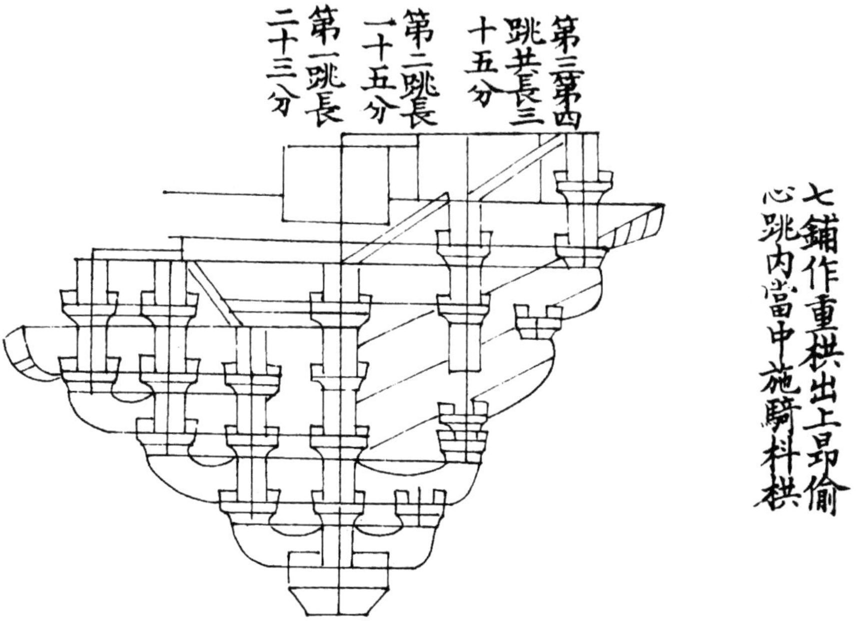

图7 故宫本《营造法式》上昂侧样

① 五铺作重栱出上昂，并计心。
② 六铺作重栱出上昂偷心，跳内当中施骑斗栱。
③ 七铺作重栱出上昂偷心，跳内当中施骑斗栱。
④ 八铺作重栱出上昂偷心，跳内当中施骑斗栱。

各图均有压槽枋、平棊枋和遮椽板，故所绘为"殿堂造斗栱"，又侧样中均无梁栿，为补间铺作侧样。侧样的右侧为里跳（用上昂），表示靠近屋内的一侧，除五铺作计心外，其余均偷心并施骑斗栱；左侧为外跳，皆为重栱计心卷头造，除五铺作外跳为五铺作外，六至八铺作外跳均为六铺作。上昂昂身均通过柱心，与扶壁栱相交，虽然这种构造方法较为复杂，但铺作的整体性较好，传力途径也更合理。正因为制度规定昂身须通过柱心，若四铺作上昂从栌斗出，外跳花栱构造不合理，故《法式》没有四铺作用上昂的做法。

因平座最多用七铺作，故上昂造八铺作仅用于殿堂身槽内。

殿阁身槽内之所以用上昂造铺作，是为了让室内空间在高度上有所变化：通过提高大殿中部的平棊或平闇，凸显空间的主体地位。可见，斗栱的选用与室内空间形象的塑造有密切相关。

2）上昂侧样的出跳分°数

原书图样对里跳有非常明确的数字标注，外跳则省略不注。若以故宫本图样中一足材为21分°来衡量，则外跳第一跳28分°，第二跳以上均减为26分°，与下昂侧样的里跳完全对应。

关于里跳的出跳分°数，图中五铺作注为"第一跳长25分°，第二跳长22分°"；六铺作注为"第一跳长27分°，第二、第三跳共长28分°"；七铺作注为"第一跳长23分°，第二跳长15分°，第三、第四跳共长35分°"；八铺作注为"第一跳长26分°，第二跳长16分°，第三跳同第二跳，第四、第五跳共长26分°"。表述方法虽与制度有所差异，但其中的出跳值却完全相同。分°数规定严格而无灵活变通的余地，当是精心推敲所得，其原因尚不清楚，但也有一定规律可循。如五至八铺作里跳总出跳与栌斗口上的总举高之比均约为1:2，举势颇为陡峻。里跳每一小跳的出跳分°数被尽量缩减，相邻上下层的小斗斗畔水平距离在2分°之内。

3）上昂的昂制

上昂斜度是上昂造铺作设计中最为关键的几何约束条件，前辈学者以梁思成先生的解读最具代表性（见梁先生复原的"大木作图样八、九"）。梁先生根据制度文字部分的规定，其上昂斜度由以下几何条件约束：第一昂皆自其下小斗的斗口出，昂头里侧皆与其上小斗斗底边缘取齐。但与故宫本图样仔细对比发现，二者有所出入。其一，复原图上昂斜度较原图平缓（七、八铺作尤为明显）。其二，原图上昂下皆用靴楔，但复原图的七、八铺作第二重上昂下均无安置靴楔的空间。其三，原图昂头里侧均高于其上小斗的斗底（即小斗卧于昂头之内，而非置于昂头之上），此做法与苏州三清殿玄妙观上昂相同（宋、金实例下昂昂尾也多用此法）。对此笔者提出对《法式》的第二种理解——上昂斜度亦由制图求得：第一昂皆自其下小斗的斗口出，昂头取直角，向外留6分°，此6分°为昂广杀去9分°所得，而非梁先生所理解的水平外伸6分°。按此假说所绘的复原图可与故宫本图样高度吻合。

4）扶壁栱

上昂侧样的扶壁栱因铺作数的不同而有所差异，因其外跳须与外檐铺作的里跳相呼应，故扶壁栱最下三重均为泥道重栱上施素枋，区别仅在上层的配置。五铺作扶壁栱为泥道重栱上施两层素枋（仅一层露明）；六铺作扶壁栱为泥道重栱施素枋，枋上又施单栱素枋；七铺作扶壁栱同六铺作；八铺作扶壁栱为泥道重栱上施素枋，枋上又施重栱素枋。值得注意的是，卷三十第二十一页左下角的楼阁平座转角正样，外檐铺作亦名为"七铺作重栱出上昂偷心，跳内当中施骑斗栱"，但其扶壁栱却为泥道单栱上施素枋，枋上又施重栱素枋。图中殿堂身槽内铺作与平座外檐铺作虽名称相同，但前者受外跳的制约，扶壁栱不能采取后者的形式。另外，从《法式》图样可见，铺作名称中所谓"重栱"也不排除其扶壁栱可采用单栱与重栱相组合的形式。

5）骑斗栱

骑斗栱在《法式》中仅与上昂造铺作匹配使用，骑跨于上昂之上。其设计的初衷是为了在相距较远的两跳（即柱心和最外跳心）中间增加一缝位置较高的横栱，否则遮椽板跨度太大，同时也使横栱的配置不至过于稀疏，起到丰富立面造型的作用。因骑斗栱为横栱，若其下方的出跳再用计心造，则立面上显得重复，故须用偷心造。图样中的骑斗栱均为重栱，显然是因为施于重栱造的铺作，若用于单栱造，自当用单栱，即骑斗栱采用重栱或单栱需要与铺作的形式统一。因此，制度中所谓的骑斗栱"宜单用"，应指单独使用，而非用单栱。

6）柱头铺作侧样

原书上昂侧样为补间铺作侧样，至于柱头铺作形制如何，《法式》并未提及。陈明达先生根据自己的理解补绘了四至八铺作的柱头铺作（见下集图十六，殿身槽内用上昂铺作）。陈先生的复原结果值得商榷，图中里跳所用上昂显得牵强，远不及补间铺作用上昂来得简洁而巧妙。里外跳明栿的交接不仅构造复杂，明乳栿的下部也无法延伸出内槽的柱心，节点受力不尽合理。上靴楔的端部也被明栿裁切，不能保持完整的艺术形象。尤其是四五铺作的上昂完全不能发挥斜撑的作用。因此，柱头铺作并无用上昂的必要，采用卷头造更为合理。

根据以上分析，即可绘制出上昂侧样的复原图（附图12~附图15）。

七、殿堂造斗栱正样分析

1. 殿阁亭榭等转角正样的基本特征

《法式》卷三十第二十页及第二十一页右上图所绘"殿阁亭榭等转角正样"为殿堂造斗栱的立体正样（图8），五图分别为：

① 殿阁亭榭等转角正样，四铺作壁内重栱插下昂。
② 殿阁亭榭等转角正样，五铺作重栱出单杪单下昂，逐跳计心。
③ 殿阁亭榭等转角正样，六铺作重栱出单杪两下昂，逐跳计心。
④ 殿阁亭榭等转角正样，七铺作重栱出双杪两下昂，逐跳计心。
⑤ 殿阁亭榭等转角正样，八铺作重栱出双杪三下昂，逐跳计心。

图8 故宫本《营造法式》转角正样

各图均为重栱计心下昂造，与卷三十第六页的四至八铺作的"下昂侧样"相对应，二者的出跳分°数当取相同。若按图中足材高21分°计，则各图转角铺作与次角补间铺作的朵距约为130分°。

《法式》所载转角正样可视为局部"小样图"，是当时极为重要的一种建筑方案设计图。绘制这类"表现图"的主要目的，当是为了翔实、直观地表现建筑外观，不仅便于非专业技术人员（如官员甚或皇帝）的交流，也利于匠师们之间的沟通，如彩画作匠师即可在此基础上绘制彩画方案图。

原图虽名为"铺作转角正样"，但同时画出角梁、椽飞等建筑构件，故也需附带解读。

2. 角梁

从立样及《瑞鹤图》上看，大角梁皆上翘，显然是仰视的画法，反映的是观者置于屋下的视觉感受，而非客观的实际情况。因《法式》对于角梁记载过于简略，使今人难以对角梁制度有精准的认识，故仅做初步的探讨。首先，大角梁的斜度是如何确定的？结合现存唐宋实例来看，大角梁可能的做法有三：一为大角梁后尾置于下平槫之上，二为大角梁平置，三为后尾压在下平槫之下，三种做法体现了不同的构造逻辑。《法式》对于斗尖亭榭的大角梁斜度有明确的规定，据"若八角或四角斗尖亭榭，自橑檐枋背至角梁底，五分中举一分"，可知大角梁在正面投影的斜度为四举（即抬高与平出之比为 2 ∶ 5，实际斜度则约 2 ∶ 7），并非平置（图9）。又因《法式》规定大角梁上又施隐角梁，则隐角梁后尾应置于下平槫之上，从而与檐椽取平，则大角梁尾应位于下平槫之下，其正面投影斜度也应在四举左右。第三种做法虽构造复杂，但最为稳固，故为《法式》所取（实例如山西五台县金代延庆寺大殿）。大角梁端部应插入橑檐枋的交点处，图样中外露的大角梁根部略低于橑檐枋上皮，推测大角梁底皮中线应通过橑檐枋背的中心。

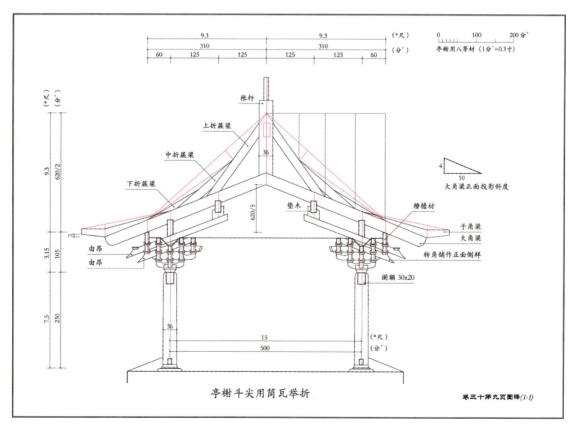

图9 《法式》卷三十第九页图释

《法式》规定子角梁"头杀四分°，上折深七分°",梁思成先生对此存疑，故在所绘的"大木作制度图样二十二"中，以问号（？）表示。以上文字是对子角梁头卷杀的描述，因子角梁的实质是转角处的"大飞子"，故其头部卷杀的处理应与飞子的卷杀相应，飞子的端头平面收尖而侧面上翘，则子角梁亦然。再参考斗尖亭榭的侧样，子角梁头并非水平，而是明显上翘，可以将原文理解为：子角梁头平面杀去4分°（左右两侧各2分°），侧面在水平的基础上再上翘7分°。

《法式》的角梁做法，使翼角的起翘显得既轻灵飘逸又不至过分夸张，体现了北宋晚期官式建筑独特的审美取向。

3. 椽飞

《法式》规定："凡布椽，令一间当间心；若有补间铺作者，令一间当驻头心。若四裹回转者，并随角梁分布，令椽头疏密得所，过角归间（至次角补间铺作心），并随上、中架取直。"❶ 可见《法式》对于椽与铺作的对应关系考虑得十分细致周到。第一，间内椽数为偶数，使得椽当居中；第二，若有补间铺作，还要保证椽当居铺作中线。如单补间，则间内椽数为偶数，若双补间，则间内椽数为6的倍数；第三，如殿堂梢间转角，则放射椽的分布仅限于次角补间铺作（即与转角铺作相邻的补间铺作）中心线以外的范围之内，生头木的位置也与此相应。梁先生绘制的"大木作制度图样十五"至"大木作制度图样十八"中，多数补间铺作中线处为一椽，转角生头木则占整个梢间，值得商榷。

飞头略作卷杀，给人以屋檐向上飞扬翻卷之感，是精妙的细节处理。

根据以上分析，即可绘制出殿阁亭榭等转角正样的复原图（附图16~附图23）。

八、平座斗栱正样分析

1. 平座转角正样的基本特征

《法式》卷三十第二十一页所绘"楼阁平座转角正样"为平座铺作的立体正样，三图分别为：

① 楼阁平座转角正样，六铺作重栱出卷头，并计心。
② 楼阁平座转角正样，七铺作重栱出卷头，并计心。
③ 楼阁平座转角正样，七铺作重栱出上昂偷心，跳内当中施骑斗栱。

平座铺作有"叉柱造"和"缠柱造"两种构造形式，因叉柱造概念简明，故图样所举平座正样均为缠柱造。前两例采用最普遍的重栱计心卷头造，后一例则为重栱偷心上昂造。因平座铺作要减上屋一跳或两跳，故最多为七铺作。若卷头造，自四铺作至七铺作❷；若上昂造，则自五铺作至七铺作。前一种未列四、五铺作，后一种未列五、六铺作，当是受原书版

❶ 文献 [1]: 155. 大木作制度二. 椽。

❷ 铺作卷头造，无论平座铺作还是殿堂身槽内铺作，最多只有七铺作而无八铺作，故《梁思成全集》第90页大木图16所绘卷头造八铺作是不存在的。

面所限。据制度和功限，平座铺作若卷头造，逐跳皆长 30 分°；若上昂造，则应同殿堂身槽内铺作用上昂的出跳分°数。如以图中足材高 21 分°计，则各图转角铺作（以附角斗心计）与次角补间铺作的朵距约为 120 分°。

图中平座阑额之上施普拍枋，枋上坐斗栱，与《法式》大木作制度规定一致。从平座斗栱的构造看，《法式》要求宜用重栱逐跳计心造。平座转角铺作的列栱也与一般做法有所不同：如瓜子栱与花栱头相列，不用小栱头；慢栱与耍头出跳相列，不用切几头。这些规定显然是出于加强铺作层的整体性、提高结构安全系数的考虑——因平座上人，除一般的荷载外还有活动荷载，必须保证柱头平面有足够的抗转角变形能力。

其中所举上昂造平座铺作颇为独特，与同铺作的卷头造相比节省木料且举高较大，或是平座采用上昂的原因。故宫御花园的延辉阁平座斗栱尚略存其遗意。

2. 缠柱造

缠柱造是一种非常独特的平座铺作构造形式，仅为《法式》所载，至今尚未发现实例。所幸卷十八"大木作功限二"所载"楼阁平座转角铺作用栱、斗等数"亦为缠柱造的平座转角铺作，与图样相呼应。再结合卷十七"大木作功限一"的"楼阁平座补间铺作用栱、斗等数"，可对平座铺作用缠柱造有更多的了解。由于制度的文字部分对其记载过于简略，致使今人对缠柱造产生了多种不同的解读。前辈学者如梁思成、陈明达、张十庆、马晓、陈涛等先生均对缠柱造提出了自己独到的见解。

《法式》规定："若缠柱造，即每角于柱外普拍枋上，安栌斗三枚（每面互见两斗，于附角斗上，各别加铺作一缝）"❶，"缠"意为环绕，如平棊制度中"于背版之上，四边用程，程内用贴，贴内留转道，缠难子"❷，即是以难子围合之意，故缠柱造实为用三枚栌斗围绕上层角柱的构造做法。可见缠柱造形式要素有二：其一，有上层柱；其二，转角处设栌斗三枚。若二者缺一，即不能称为缠柱造。从造型上看，缠柱造创立的初衷，是为了让上层柱明显内收。为此角栌斗的两边又各增设一枚附角斗，结合故宫本图样和功限可知，两只附角斗均紧贴角栌斗，上层柱心与附角斗缝对位，故上层柱正、侧面均向内收进 32 分°。因平座设普拍枋，不仅加强了柱头平面的抗转角变形能力，也使缠柱造转角处的三枚栌斗均置于普拍枋之上，保证了转角铺作的整体性。

从构造上看，缠柱造的关键点是于上层柱脚的锚固问题。又从平座"若缠柱造，即于普拍枋里用柱脚枋，广三材，厚二材，上坐柱脚卯"，及"里跳挑斡棚栿及穿串上层柱身"❸，可见缠柱造构造要素有二：其一，柱头及转角铺作的里跳穿过柱身；其二，柱脚出榫头，落到截面颇大的柱脚枋之上。可见，上层柱身的荷载，一部分通过铺作里跳传至下层柱的栌斗，另一部分则通过柱脚枋向下传递。但关于柱脚枋的位置和构造，一

❶ 文献 [1]: 116. 大木作制度一．平座。
❷ 文献 [1]: 211. 大木作制度一．平棊。

❸ 文献 [1]: 116. 大木作制度一．平座。

直是学界争论的焦点。梁思成先生将柱脚枋理解为与普拍枋垂直的构件，上皮与柱头取平。陈明达先生也认为柱脚枋与普拍枋垂直，且缠柱造即是在柱头铺作的里跳梁栿的位置改用柱脚枋。张十庆先生则认为柱脚枋应与普拍枋平行，且端头入附角斗，成出跳花栱，且上层柱的柱脚位置可顺身移动。马晓先生则认为缠柱造是通柱造的一种形式，柱脚枋位于两通柱之间，其上再立上层柱。陈涛先生也认为柱脚枋应与普拍枋平行，但将柱脚枋降置下层铺作草栿之上。❶ 通过对比可以发现，梁先生对柱脚枋的解读在构造上最为合理——柱脚枋实质是阑额而非鋜脚或地栿，因其上有上层柱的荷载，故其截面较一般阑额大（柱脚枋广三材、厚二材）。缠柱造上下柱不对位，其构造整体性和传力直接程度远不及叉柱造，故通过柱脚枋拉结平座内外槽柱的柱头，使之形成一整体的"回"字形柱头平面，同时承托上层柱的部分荷载并约束柱脚，大大补强了缠柱造的结构整体性。

需要特别指出的是，不能因为楼阁实例或宋画中有枋木位于柱脚即统称之为"柱脚枋"，更不可简单地以此来解读《法式》——因其设计初衷、结构作用、放置形式（横置或立置）可能与《营造法式》缠柱造的柱脚枋有本质的区别，必须加以深入的辨析。

3. 地面枋与铺板枋

地面枋与铺板枋是《法式》平座中所特有的构件。《法式》规定："平座之内，逐间下草栿，前后安地面枋，以拘前后铺作。铺作之上安铺板枋，用一材。"❷ 首先，平座内部用草栿，作暗层处理。第二，在前后（即进深方向上）设地面枋，将外檐与内槽的铺作约束为一个整体。第三，在铺作上又施铺板枋（用单材），其上铺楼板。但关于地面枋和铺板枋的准确位置，原书并未明确记载。平座铺作功限中又有衬枋（分足材和单材两种），其与地面枋和铺板枋之间的关系如何？

梁思成先生所绘"大木作制度图样十一"的叉柱造图释应系参考独乐寺观音阁平座所绘，但因其与《法式》分属不同的匠作谱系，故梁先生的复原图混合了两者的特点，值得商榷。观音阁反映的是辽代（实为晚唐）的官式大木作制度，与《法式》构造迥异。其一，《法式》平座铺作用耍头，最外跳施令栱。而辽法最外跳只施交互斗上承罗汉枋，无令栱及耍头。其二，《法式》平座铺作，若重栱计心造，其扶壁栱皆为泥道重栱上施素枋一层，枋上斜安遮椽板。辽法则扶壁栱皆为泥道单栱上施素枋数层，直抵楼板，铺作外跳皆露明，不施遮椽板。其三，《法式》平座沿进深方向铺楼板，而辽法则因承楼板的枋木皆沿进深分布，故楼板顺面宽方向铺设。

梁思成先生所绘"大木作制度图样十二、十三"的缠柱造图释，亦受到观音阁做法的影响，楼板标高偏低。以四铺作为例，功限中记有遮椽板

❶ 陈涛. 平坐研究反思与缠柱造再探 [M]// 王贵祥. 中国建筑史论汇刊. 第叁辑. 北京：清华大学出版社，2010. 陈涛先生的复原图（图13 缠柱造复原图）在构造上存在诸多疑点：其一，下层檐槫出过"步"，挑檐将发生倾覆；其二，平座柱为一过短的蜀柱，且与下层草栿的锚固太弱，受力不佳；其三，下层柱头铺作无明栿，不能形成铺作层；其四，平座无法用永定柱。总之，其复原图在结构上缺乏整体性，有拼凑之感，在实际工程中似不能成立。前辈的学术成果虽为阶段性的，有疏漏甚至错误，但也不乏经得起时间考验的真知灼见，故须加以更细致的辨别。学术研究需要不断发现，提出新的见解，更需要去伪存真。

❷ 文献 [1]: 116. 大木作制度一. 平座。

1片，但梁先生的图中无法安设遮椽板，且耍头大部为雁翅板掩，与《法式》原意不符。

潘谷西先生认为，地面枋、铺板枋和衬枋为三种构件，且地面枋置于衬枋之上。但如此则地面枋不能成为铺作的有机组成部分（无横向枋木与之相交），又如何有效地拉结前后铺作呢？且衬枋又分单材和足材，若地面枋又置于衬枋之上，则不能取平。因此，推测地面枋应即是平座斗栱中的衬枋，其端部出头（称出头木），上钉雁翅板。而铺板枋则位于地面枋之上，并与之垂直，其上沿进深方向铺设木楼板（图10）。

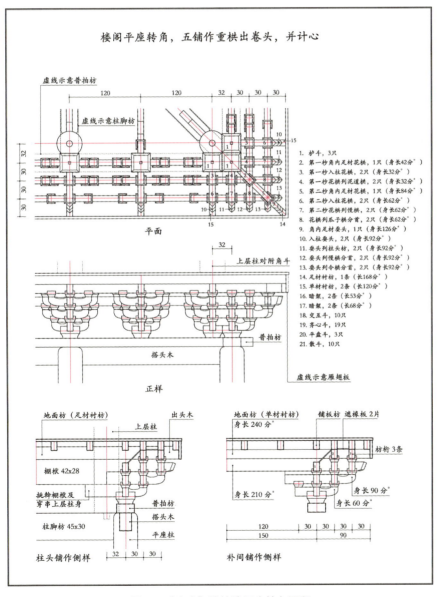

图10 《法式》缠柱造平座转角图释

另外，据功限所记齐心斗数量，平座补间铺作花栱应用单材。

根据以上分析，即可绘制出楼阁平座转角正样的复原图（附图24~附图27）。

九、厅堂造斗栱侧样分析

1. 厅堂造斗栱侧样的基本特征

厅堂造斗栱的应用极为广泛，可用于殿阁的副阶、厅堂和余屋，其外檐斗栱最简单的做法为单斗只替，再上为杷头绞项作、斗口跳、四铺作，最多可达七铺作（如殿身八铺作，副阶厅堂造用七铺作），一般多用四、五铺作。

厅堂造斗栱的构造相对简单，《法式》并未专门绘制厅堂造斗栱的侧样，仅在卷三十、三十一的殿堂和厅堂草架侧样中附带描绘，从简至繁仅绘有斗口跳、四铺作、六铺作，远非厅堂造斗栱的全貌。除六铺作外，其余各图均为柱头铺作侧样，且不用补间。由此可见，补间铺作应是房屋等级的体现，一般的厅堂、余屋多只用柱头铺作不用补间铺作。

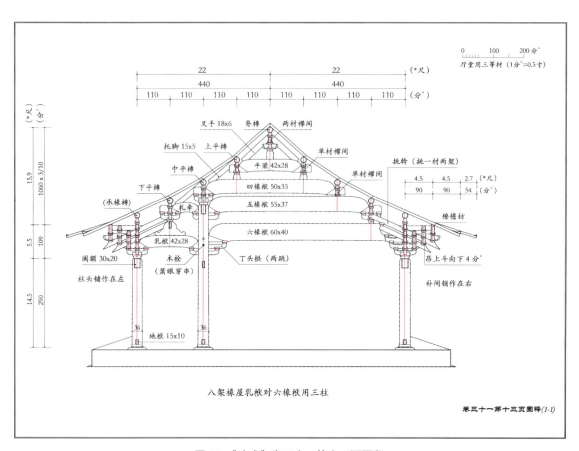

图11 《法式》卷三十一第十三页图释

《法式》所举六铺作斗栱侧样见于厅堂"八架椽屋乳栿对六椽栿用三柱"（图11），不仅构造复杂，且有补间铺作。其外跳为重栱出单杪双下昂计心造，补间铺作里转出三杪偷心，昂尾挑一材两栔，柱头铺作为里转出一跳承月梁，昂尾压于劄牵牵首之下。此厅堂为月梁造，且有五椽栿、六椽栿，截面高度较大。房屋总深44尺（架深5.5尺），若用四、五铺作，则屋面举高有限，无法安放梁栿。图中六铺作头昂的昂上坐斗不归平，而是向下4分°（2至5分°之间），其目的是为了加大下昂的斜度，保证补间铺作二昂上彻下平槫挑一材两栔，且使柱头铺作的头昂与月梁和驼峰不相犯。可见厅堂造斗栱的设计不仅有等级上的考虑，还与整体屋架形式密切相关。

殿堂造斗栱补间铺作的昂尾在草架之内，与下平槫之间可通过蜀柱来灵活调整。厅堂造斗栱则全部露明，其补间铺作昂尾处须精心处理，与下平槫之间用单斗或单栱只替，故对下昂的斜度有一定的要求。而通过头昂上坐斗的适当降低，即可满足昂尾托跳一斗或一材两栔的构造做法。

至于下昂造的四、五铺作，若用补间铺作，其侧样如何呢？《法式》规定："若屋内彻上明造，即用挑斡，或只挑一斗，或挑一材两栔"❶，即是针对厅堂造的房屋而言，无论是卷头造还是下昂造，里跳均用挑斡（前者采用昂桯），上承下平槫（实例如南宋苏州玄妙观三清殿副阶和金代临汝风穴寺大殿的四铺作以及北宋少林寺初祖庵大殿的五铺作）。可见《法式》四、五铺作的补间铺作是否采用挑斡上彻下平槫取决于房屋的结构类型。

《法式》图样所举厅堂造斗栱里跳均偷心（即不设罗汉枋），或是厅堂造斗栱的一般规律，应是为了追求室内空间的简约、纯净。

因厅堂梁架节点全部露明，故其室内斗栱虽构造简单，但处理均十分讲究。据《法式》制度文字及图样，厅堂造室内斗栱计有丁头栱❷、昂尾单斗只替、昂尾单栱只替、实拍襻间斗栱、单材襻间斗栱、两材襻间斗栱、捧节令栱，可根据实际情况灵活选用。另外，绰幕也可视为一种特殊的实拍栱。

2. 扶壁栱

与殿堂造斗栱的扶壁栱不同，厅堂造斗栱的扶壁栱全部露明。

杷头绞项作的扶壁栱为泥道单栱上施承椽枋。斗口跳为泥道单栱上素枋，枋上又施承椽枋。

至于四铺作以上扶壁栱的配置原则又如何呢？《法式》规定："五铺作一杪一昂，若下一杪偷心，则泥道重栱上施素枋，枋上又施令栱，栱上承椽枋。"❸ 此五铺作不施遮椽板，且扶壁栱直达檐椽，应为厅堂造斗栱（若为殿堂造斗栱，则扶壁栱用重栱素枋，枋上平槫遮椽板，不施令栱及承椽枋）。因下一杪偷心，令栱与扶壁栱之间显得较为空旷和单调，《法式》通过加强扶壁栱的装饰性对此加以弥补，在素枋上又施令栱（实例见于苏州甪直保圣寺大殿）。以上扶壁栱的做法的前提是第一杪偷心，若重栱全计心造，则

❶ 文献[1]: 92. 大木作制度一. 飞昂。

❷ 张十庆先生认为，丁头栱只能与月梁组合，且月梁仅用于八架椽屋，此说值得商榷。因丁头栱与绰幕虽造型不同，但本质实一，可作为枋子的收头或单独使用，故亦可与直梁组合，如《法式》卷三十一"殿堂等八铺作副阶六铺作双槽草架侧样第十一"副阶及"四架椽屋劄牵三椽栿用三柱"所用丁头栱。又《法式》规定月梁造的平梁，四椽至六椽上用者，其广35分°；八椽至十椽上用者，其广42分°，可见若月梁用于厅堂，可自四椽至十椽，并不只限于八椽屋。

❸ 文献[1]: 107. 大木作制度一. 总铺作次序。

扶壁栱应为泥道重栱上施素枋若干，枋上又施承椽枋（或用替木托承椽槫）。卷三十一厅堂侧样中六铺作图样的扶壁栱为泥道重栱上施素枋三层，枋上又施替木和承椽槫（保圣寺大殿与之相同，亦不用承椽枋）。

根据以上分析，即可绘制出厅堂造斗栱的复原图（附图28~附图34）。

十、斗栱平面构成分析

1. 殿堂造转角铺作平面

《法式》卷十七、十八的"大木作功限"专门详细开列了重栱全计心造的殿阁外檐和身槽内转角铺作的名件数量清单，为深入理解斗栱转角构造提供了非常详细的资料。❶ 以外檐转角铺作为例，功限对四至八铺作的分件进行了合并归类，分为"自八铺作至四铺作各通用"（以数字及拼音字母简写为8~4t，下同）、"自八铺作至五铺作各通用"（8~5t）、"自八铺作至六铺作各通用"（8~6t）、"八铺作、七铺作各独用"（8/7d=8~7t）、"六铺作、五铺作各独用"（6/5d）、"八铺作独用"（8d）、"五铺作独用"（5d）、"四铺作独用"（4d）、"自八铺作至四铺作各用"（8~4g）九类，可谓次序井然，但其中也多有疏漏之处（如分类上应增"自八铺作至五铺作各用"一类等）。陈明达先生将其制成表格，因构件繁复仍欠直观。今根据《法式》"按牒披图"的思想，按功限逐一绘成平面图，使构件组合一目了然（附图35~附图42）。

从转角铺作仰视平面图中可以清晰地看出《法式》制度所载四类列栱的构造特点。

第一类，泥道栱与花栱出跳相列。

为角栌斗内相交出跳的列栱。若插昂造，第一跳不用花栱而用花头子，则变体为泥道栱与花头子相列。因大木匠师不同，功限的表述与制度有异，为"花栱列泥道栱"或"花头子列泥道栱"。相较而言，制度将横栱名称前置，作为列栱主要称谓的叫法更为直观。

第二类，瓜子栱与小栱头出跳相列。

为重栱造五铺作以上，中间跳头之上的下层列栱。小栱头为长度不足一跳的小花栱头（长18至23分°），故名。功限又根据其不同的构造特点分为三种长度的列栱❷：其一为瓜子栱列小栱头，其二为瓜子栱列小栱头分首❸（身长1跳），其三为瓜子栱列小栱头分首，身内交隐鸳鸯栱（身长2跳）。如为平座铺作，则小栱头向外延伸至一跳，成为花栱头。

第三类，慢栱与切几头相列。

为重栱造五铺作以上，中间跳头之上的上层列栱。与慢栱相对的一端不出跳（止于外跳小斗的内侧），处理成切几头的形式。功限亦根据其不同位置分为三种长度的列栱：其一为慢栱列切几头，其二为慢栱列切几头

---

❶ 外檐铺作：内外并重栱计心，外跳出下昂，里跳出卷头（八铺作里跳用七铺作，七铺作里跳用六铺作，六至四铺作里外跳俱匀）；身槽内铺作：内外并重栱计心，出卷头（七铺作至四铺作，里外跳俱匀）。

❷ 功限的个别行文尚不够严谨，如列栱名中是否带"分首"并不统一，实际须视具体情况而定，与是否用补间铺作、补间和转角铺作的朵距等因素密切相关。

❸ 若列栱身长一跳以上，两端栱头被分隔，即为"分首"。

分首（身长1跳），其三为慢栱列切几头分首，身内交隐鸳鸯栱（身长2跳）。如为平座铺作，则切几头向外伸出作耍头。若位于壁内，根据铺作数和构造的不同，慢栱又可与耍头或花头子或花栱相列。

第四类，令栱与瓜子栱出跳相列。

为角缝最外跳跳头上的列栱。功限也根据具体情况分为三种长度的列栱：其一为令栱列瓜子栱，其二为令栱列瓜子栱分首（身长1跳），其三为令栱列瓜子栱分首，身内交隐鸳鸯栱（身长2跳）。若位于里跳，则瓜子栱只能改作小栱头，成为令栱列小栱头。

据外檐和身槽内转角铺作各件的长度，可知除四铺作逐跳均为30分°外，自五铺作至八铺作均作减分°处理：第一里外跳各减2分°（减至28分°），其他各跳均减5分°（减至25分°）。不仅与制度规定不尽相同，与补间铺作的出跳分°数也不一致。究其原因，很可能是同一匠作流派内部在整体做法统一的前提下，也略有差异，且各有道理。从《法式》大木作的主要编写者看，至少有四位匠师（制度、功限、料例、图样各一）的参与，他们师承不同，反映到书中自然有异。

从转角铺作的减分°规定看，当有其细致的考虑。如为何各跳多减为25分°？又如何第一跳不也统一减为25分°呢？对于重栱计心造的转角铺作，列栱对于出跳分°数有所影响。若出跳减5分°，则相邻两跳栱枋之间的距离仅剩15分°，而小栱头上的散斗已宽14分°，故至少须留出1分°以便于安装和调节误差。至于里外第一跳，因角栌斗较大（方36分°），故仅减2分°，使角栌斗与泥道栱上的散斗之间相距1分°（泥道栱与慢栱之间的散斗亦相距1分°），可见，此种做法也是经过匠师深思熟虑的。从五铺作起，将转角铺作里外第一跳调整为28分°，其余各跳调整为25分°，显然是为了尽量减少列栱和角内构件的规格，更便于加工。

铺作出跳为什么要减分°呢？不外乎结构上、形式上和材料上的原因。

首先，一般铺作数多才需要减分°，尤其是七、八铺作屋檐悬挑很大，故减分°对结构安全是有利的。其次，对于建筑内檐，当里转六铺作以上，铺作所占面积较大，就会压缩平棊。除减铺外，减分°能使斗栱构件紧凑，也是调整平棊与铺作比例关系的手段之一，同时还能避免转角铺作内三个方向的耍头过近（甚至相犯）（图12）。第三，减分°对铺作的整体造型影响不大，但从节省木料的角度看，却是非常有效的办法。至于《法式》制度规定六铺作以下不减，而功限转角铺作自五铺作就开始减分°，或是功限为了便于估算工料而有意扩大了减分°的范围。就实际的视觉效果而言，与前者在建筑造型上的差别也并不明显。当然，若外跳不减分°应该也是可以的，因制度规定出跳的最大限值为150分°，又功限的补间铺作功限自四铺作至八铺作外跳均未减分°。推测当时或存在三种出跳做法，可根据实际情况灵活选用：第一种，外跳逐跳均为30分°，自七铺作里跳才减分°，第一跳减 2 分°，第二跳以上各减 4 分°；第二种，里外跳均自七铺作开始减分°，第一里跳减 2 分°，里外跳自第二跳起各减 4 分°；第三种，里外跳均自五铺作开始减分°，第一里外跳各减 2 分°，自第二跳起各减 5 分°。

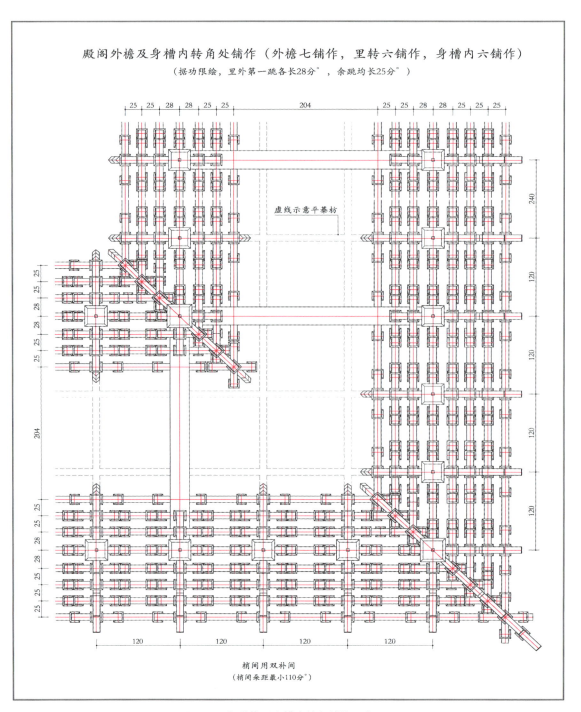

图 12　殿阁外檐及身槽内转角铺作组合平面

值得注意的是，功限所记角内构件的斜长，均是乘以1.4（如84=60×1.4，336=240×1.4，77=55×1.4，147=105×1.4，等），而非陈明达先生所推定的1.41。可见，功限所记只是约数（系数取1.4即可，不必取1.41），构件的真正斜长还须通过制图法来获得。

陈明达先生认为功限所记角内花栱长度错乱（如第一杪花栱未注明长度，八铺作第二、三、四杪，七铺作第二、三杪所注长度，又均与实际情况相差甚多）。其实原文基本不误，因功限转角铺作构件计身长的方法与补间铺作有所区别，为跳中至跳中的长度，而不计两端的出头（补间铺作则计心长）。故第一杪角花栱同瓜子栱和令栱的记法（功限记平座转角铺作入柱花栱身长亦用此法），只计数量而无身长。第二杪角花栱身长为两跳加斜（28+28）×1.4=78（分°）（原文77分°），第三杪角花栱身长为四跳加斜（28+25+28+25）×1.4=148（分°）（原文147分°），第四杪角花栱身长为六跳加斜（28+25+25+28+25+25）×1.4=218（分°）（原文217分°），角内两出耍头身长为八跳加斜（28+25+25+25+28+25+25+25）×1.4=288（分°）（原文288分°）。

转角铺作角昂的长度均系直接以补间铺作的下昂长乘以1.4所得（如七铺作角昂一只身长380分°=270分°×1.4，一只身长240分°=170分°×1.4），显然是匠师为了简化估算的图省事做法。由昂长度多较其下一昂加长一跳，自八铺作至四铺作分别为460分°（330分°×1.4）、420分°（300分°×1.4）、378分°（270分°×1.4）、336分°（240分°×1.4）、140分°（100分°×1.4）。陈明达先生认为，由功限所记由昂长度可推知八铺作至六铺作由昂与角昂共同挑斡下平榑交点，四、五铺作须加角乳栿及檼衬角栿。此说值得商榷。《法式》对于殿堂的转角构造语焉不详，但做法并非一种，除施檼衬角栿（其下一般设明角栿，如地盘分槽图所示）外，也可采用抹角草栿。至于斗尖亭榭，则转角处不施草栿。以五铺作为例，若殿堂采用檼衬角栿，应阻断由昂的昂尾（压于檼衬角栿之下），其由昂里跳不可能长至下平榑之下，与功限所记336分°相矛盾。八铺作至六铺作，亦可采用檼衬角栿截断昂尾的做法。因此，功限所记由昂长度只是取各种做法中由昂最长的一种，至于角部的具体构造还需根据实际情况而定。

2. 铺作层平面组合

《法式》并未述及斗栱的平面组合，仅在卷三十一"殿阁地盘分槽第十"中列举了四幅殿阁的柱头平面。其中所绘的铺作层平面极为重要，是斗栱整体平面组合的经典范例。虽仅为略图，却包含了殿阁地盘分槽中可能出现的五种典型的节点组合（附图43~附图45）：

① 内槽的十字相交节点（仅用于分心斗底槽）。
② 内槽的丁字相交节点（仅用于金箱斗底槽）。

❶ 《法式》卷三十一所举金箱斗底槽、单槽、双槽内外槽丁字相交节点处，梢间间深均大于间广，但若间深小于间广亦可。以双槽为例：如殿身七间十椽，逐间广 18 尺，架深 5.5 尺，前进 14 尺、中进 27 尺、后进 14 尺；副阶周匝各两椽，深 12 尺。近似的殿堂双槽实例如故宫清皇极殿（殿身七间十椽，明间 22.5 尺、两次间各 17.5 尺、梢间 15 尺，前进 10 尺、中进 25 尺、后进 10 尺；周围廊深 8 尺）。

❷ 文献 [1]：107. 大木作制度一 . 总铺作次序。

❸ 初祖庵大殿的相关实测数据除特别注明外，均引自：祁英涛 . 对少林寺初祖庵大殿的初步分析 [C]// 科技史文集（第 2 集）. 上海：上海科学技术出版社，1979.

③ 内外槽的丁字相交节点（用于分心斗底槽、金箱斗底槽、单槽、双槽❶、分心槽）。

④ 内槽转角（用于斗底槽、金箱斗底槽）。

⑤ 外槽转角（用于殿阁的各类槽）。

从《法式》来看，北宋皇家大殿有"吴殿（五脊殿）"和"汉殿（九脊殿）"两种，皆为转角造，故外槽转角为大殿所共用。至于另四种节点组合，则根据不同的分槽形式而各随所用。《法式》所举图样的外檐铺作均为六铺作重栱出单杪双下昂，里转五铺作出两杪，并计心；身槽内铺作均为五铺作重栱计心出卷头。外檐铺作里转五铺，身槽内亦用五铺作很可能是殿阁常用的室内斗栱形式，因由此带来的平棊与斗栱的比例关系较好。若外檐铺作里跳用六、七铺作，则室内被斗栱占去较多，平棊宽度被压缩，比例不易协调，故《法式》规定"若铺作数多，里跳恐太远，即里跳减一铺或两铺。"❷ 如外檐用八铺作，其里跳最多可做到七铺作，但一般减为六铺作或五铺作。因此，斗栱的设计还与室内天花的比例有着密不可分的关系。

内槽的转角还可简化，即采用卷十八"大木作功限二"所举的省略明角栿的殿阁身内转角铺作，可视为斗底槽转角处铺作的一种偷减做法。这种做法对铺作层的整体性有所减弱，或用于规模较小的殿阁（如三间小殿）或小亭榭。

十一、初祖庵大殿的启示

建于北宋宣和七年（1125 年）的河南登封少林寺初祖庵大殿，是现存唐宋木构中与《营造法式》匠作谱系最为接近的，也是唯一可借用《法式》的分° 制来做整体解读的实例。虽然大殿的营造不是在《法式》的指导下完成的，但其中的设计思想仍可为解读《法式》斗栱形制以至大木作制度提供诸多有益的启示。

斗栱横栱的比例权衡是区别唐宋时期不同谱系大木作的重要标志之一。初祖庵大殿斗栱为五铺作下昂造，初步观察可以发现，其横栱比例特征与《法式》颇为相近，即可判定二者应有密切的"亲缘"关系。大殿的石质平柱及山面柱皆高 341 厘米❸（合 11 尺），又踏道左右副子据笔者实测皆宽 62 厘米（合 2 尺），故可推定初祖庵大殿 1 尺约合 31 厘米。斗栱用材高 18.5 厘米（合 6 寸），厚 11.5 厘米（合 3.7 寸），可推测初祖庵大殿用材相当于《法式》六等材（广 6 寸，厚 4 寸）。若以 1 分° 等于 0.4 寸计，校验初祖庵大殿各横栱的分° 值，发现与《法式》规定高度吻合，可见初祖庵大殿的用材确为《法式》六等材，只是在料厚上略有偷减，由此即可复原出大殿的原始设计模型（图 13~图 15）。从图中可以看出，初祖庵大殿不仅斗栱本身有着严谨的分° 值约束关系，且与柱头平面及大木梁架亦关联密切，三者相互制约形成一个有机的整体。

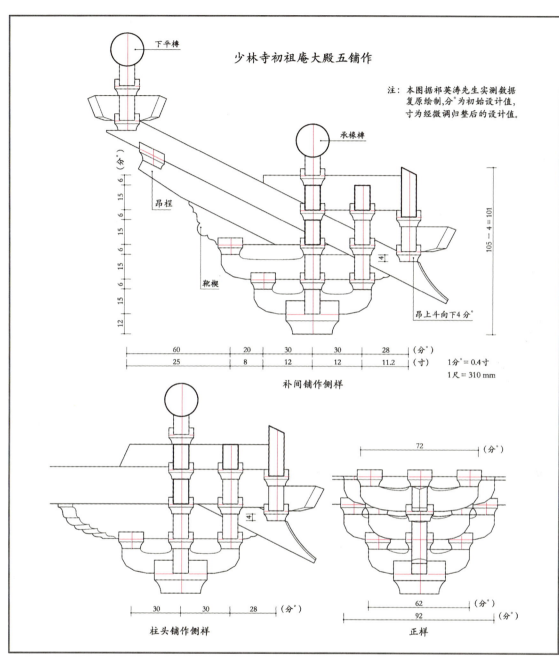

图 13 初祖庵大殿外檐铺作分析图

与《法式》相比,初祖庵大殿的整体构架兼具厅堂造和殿堂造的特点,但由于无整体铺作层的存在,其构架的本质仍为厅堂,故其斗栱仍属厅堂造斗栱。其补间铺作为五铺作重栱出单杪单下昂计心,里转出两杪偷心,下昂后尾上彻下平榑,挑一材两栔。外转第一跳 30 分°,第二跳 28 分°;里转第一跳 30 分°,第二跳 20 分°。下昂上坐斗不归平,再向下 4 分°。柱头铺作外转出单杪插下昂,重栱计心,里转出一杪偷心,

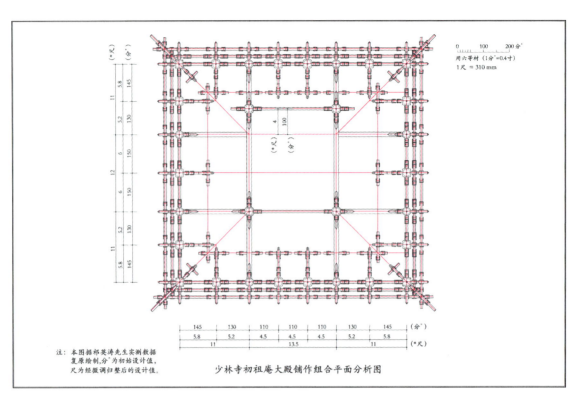

图 14　初祖庵大殿铺作组合平面分析图

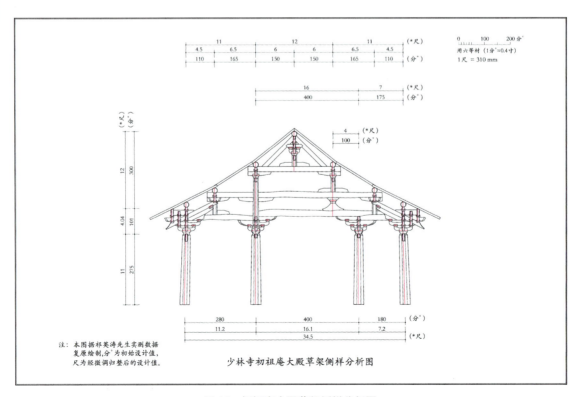

图 15　初祖庵大殿草架侧样分析图

上承蝉肚绰幕。大殿补间铺作壁内慢栱上无齐心斗（泥道慢栱用足材），故出昂与齐心斗无关。其斗栱做法与《法式》厅堂造斗栱的规定相近又有所变化，显得更加灵活自由。虽为五铺作，但昂上坐斗不归平，也是与加大下昂的斜度（加至五举）及昂尾露明（挑一材两栔）有关。补间铺作里跳下昂之下又施上昂，昂下用靴楔，与《法式》用多跳花栱偷心的做法异曲同工。

《营造法式》建筑的开间形式、尺寸与斗栱的分布关系密切。从初祖庵大殿的铺作组合平面来看，其补间铺作的配置颇有特点，与《法式》有很大的相似性。补间铺作在外跳与柱头铺作几无二致（在细节上后者甚至反受前者影响），斗栱在建筑立面上基本呈匀质、连续的分布，与《法式》的审美取向相同。当心间用补间铺作两朵，其余各间均用单补间。大殿间广不匀，铺作朵距有 4.5 尺、5.2 尺、5.8 尺、6 尺四种，相邻朵距之差均在 1 尺之内，最大为 0.8 尺（合 20 分°）。值得注意的是，大殿当心间广 13.5 尺（约 330 分°），用双补间，朵距约 110 分°，与《法式》彩画作、雕木作栱眼壁图样的朵距分°值相同。此一现象或是解读《法式》斗栱布局原则的一把钥匙。地盘分槽图中，主体殿身的当心间亦均为 330 分°，且北宋最大间广一般为 2 丈（合一等材 330 分°）❶，故 330 分°很可能是当时官式建筑心间的"常使间广"。如一等材，心间广 20 尺；二等材，心间广 18 尺；三等材，心间广 16.5 尺；四等材，心间广 16 尺；五等材，心间广 14.5 尺；六等材，心间广 13.5 尺；七等材，心间广 11.5 尺。因八等材用于施铺作多的小亭榭（补间铺作在三朵以上），故不在此列。

由此推测《营造法式》斗栱平面布局的一般规律是：对于有补间铺作的房屋，若间广匀，则各间朵距均为 110 分°（如殿七间用二等材，心间 18 尺，次、梢间 12 尺；或逐间皆为 18 尺）；若间广不匀❷，则次、梢间的朵距可在 110 分°的基础上略加调整，幅度在一尺之内（如心间 18 尺，次、梢间 14 尺等）。若无补间铺作，则间广与朵距分°值无关。

初祖庵大殿梢间朵距不匀，若以皇家的建筑标准来衡量，此设计尚不够"规范"。为避免此类现象的发生，《法式》专门规定："补间铺作不可移远，恐间内不匀"❸，说明《法式》大木制度较初祖庵大殿更加精致、讲究。这一现象与其转角处的构造有关：因梢间正面和侧面的补间铺作为下昂造，昂尾上彻而又不能相犯，故补间铺作偏移。为使梢间朵距相等，可将第一架椽的平长由 4.5 尺缩小为 4 尺，但因梢间正面间广和侧面间深相同（均为 11 尺），则第二架椽平长将由 6.5 尺增至 7 尺，原本 6.5 尺已超出厅堂的一般规定，若再增大显然不妥，故只能牺牲梢间朵距的均匀。由此可见，大木构架实为一有机的整体，斗栱的平面配置与地盘、草架相互制约，设计时须密切配合、反复推敲。这一特点对深入理解《法式》的大木作制度是极有裨益的。

❶ 有学者据《法式》所记最大版门宽 2.4 丈，推测最大间广至少在 2.4 丈以上，但如此巨大的版门当用于城门，而非殿门。

❷ 徐伯安先生认为，间广不匀是指心间最大，其余各间面阔依次递减。笔者以为，凡朵距不等即为间广不匀，徐先生的理解似仅是其中的一种。

❸ 文献 [1]：107. 大木作制度一. 总铺作次序。

十二、结论

《营造法式》所举的斗栱正样、侧样及组合平面图都是极为珍贵的斗栱图样，是北宋匠师的独特设计语言，其思维方式与西方现代几何学有着很大的差异。尤其是斗栱的转角立体正样图，极具设计创意，已经超越了一般工程图学的范畴而具有绘画的诸多特质。

《法式》斗栱形制与其所属的屋架结构形式关系最为密切，大体可分为殿堂造斗栱、厅堂造斗栱和平座斗栱三个类型。其具体形式受诸多因素的影响，如建筑的等级、规模和类型，还有地盘分槽形式以及室内空间、平棊比例，等等。因此，斗栱的设计绝非简单的铺作选型，必须作周密、细致的权衡。

与单栱造和偷心造相比，重栱造栱长富于变化，更具装饰性；计心造的结构整体性更强，也更为精巧华丽。因此，重栱计心造成为《营造法式》等级最高且最具代表性的斗栱做法。图样所举斗栱正、侧样多侧重于重栱计心造的殿堂斗栱，但《法式》实际所涵盖的斗栱形制极为丰富，其制度也有很大的灵活性，并不存在所谓的"定法"。

"级差思想"、"结构理性"和"精微装饰"是《法式》大木作制度的要义所在，清晰明澈的逻辑贯穿始终——在斗栱制度中体现得尤为明显。

不同历史时期、不同地域和匠作流派，斗栱制度各有其鲜明的特点，因此斗栱也成为鉴别大木作谱系的重要标志。《法式》斗栱式样精致、法度严密，与现存唐宋实例存在不同程度的差别，也远较现存宋代建筑斗栱做法讲究。忽视不同建筑谱系的独特性和差异性，简单地借用《法式》制度来解读唐宋实例，或不加辨析地以实例诠释《法式》，都是需要避免的。

人类历史的本质是生命的记忆，蕴含着丰富的思想、情感、智慧和经验。《营造法式》作为中国历史上最重要的建筑典籍，是北宋哲匠留给后人的一份珍贵记忆，其中独特的设计思想还有待不断深入地解读和探寻。

参考文献

[1] 梁思成. 梁思成全集·第七卷[M]. 北京：中国建筑工业出版社，2001.

附图

（作者自绘）

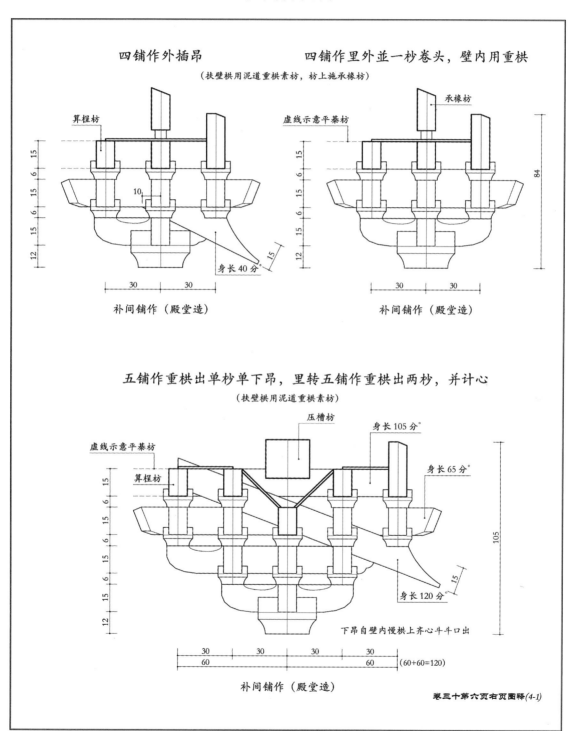

附图1 卷三十第六页右页图释1

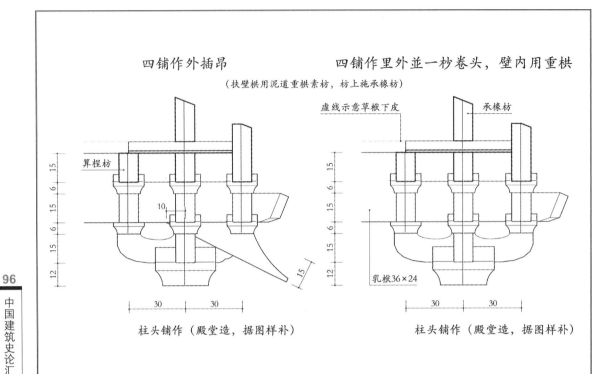

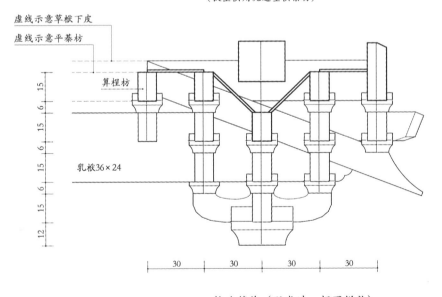

附图2 卷三十第六页右页图释2

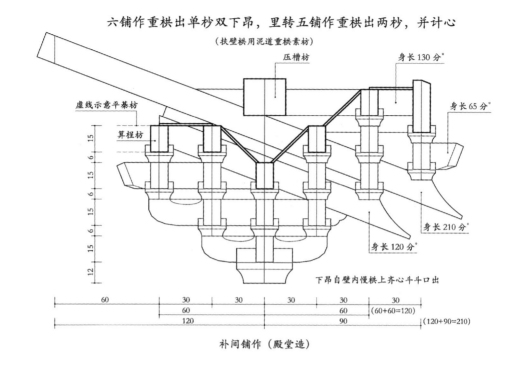

补间铺作（殿堂造）

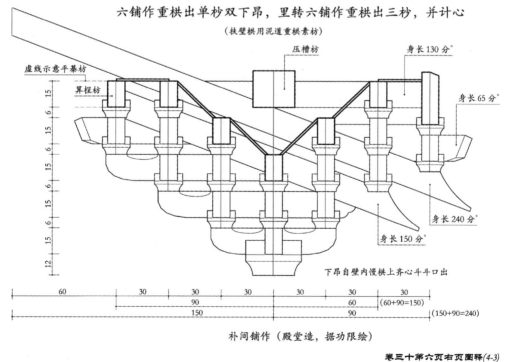

补间铺作（殿堂造，据功限绘）

卷三十第六页右页图释(4-3)

附图3 卷三十第六页右页图释3

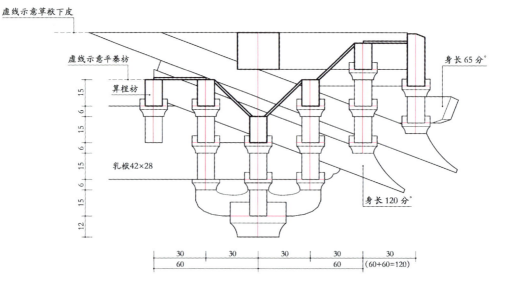

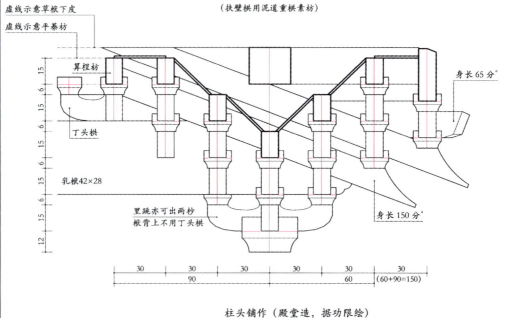

附图 4　卷三十第六页右页图释 4

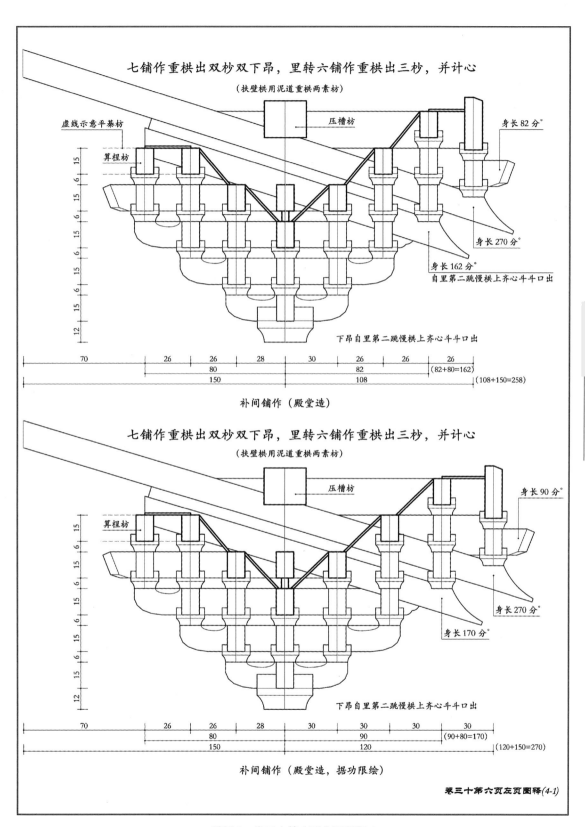

附图5 卷三十第六页左页图释1

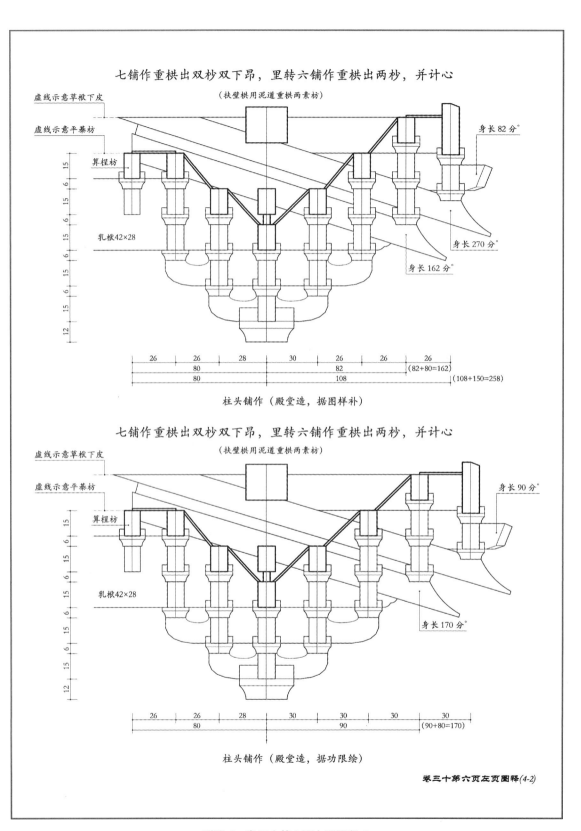

附图6 卷三十第六页左页图释2

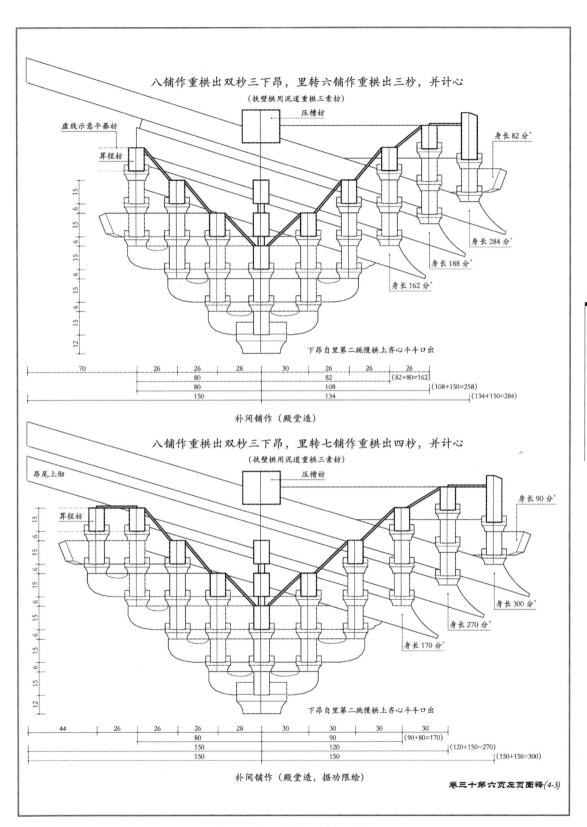

附图7　卷三十第六页左页图释3

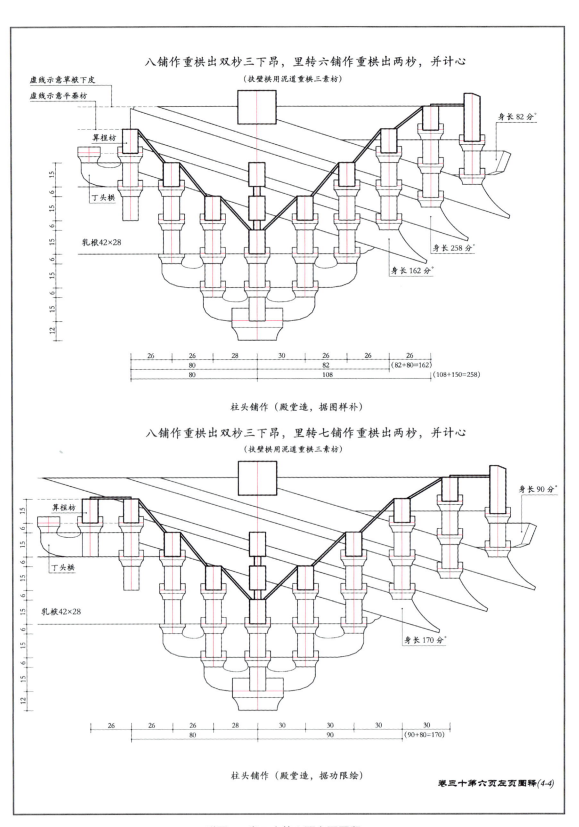

附图8 卷三十第六页左页图释4

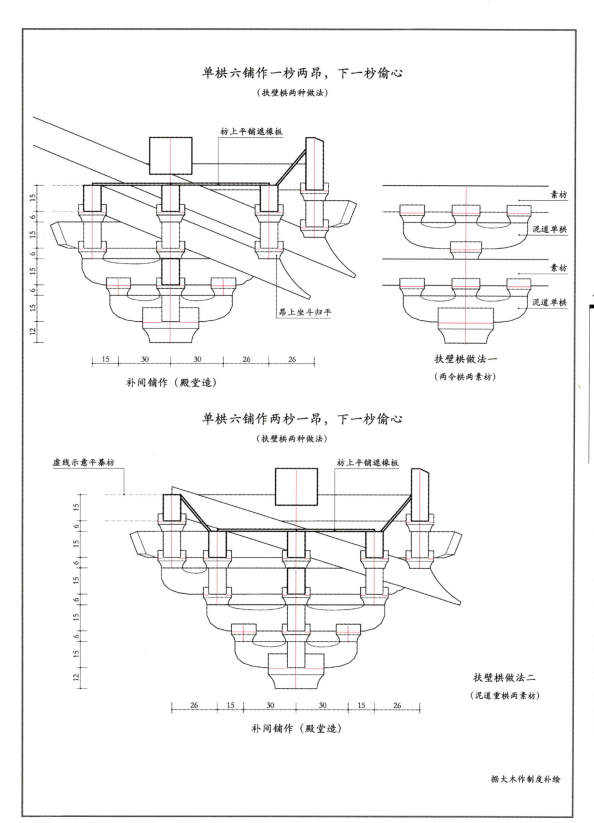

附图9 殿堂造六铺作（单栱偷心造）补间铺作侧样及扶壁栱正样

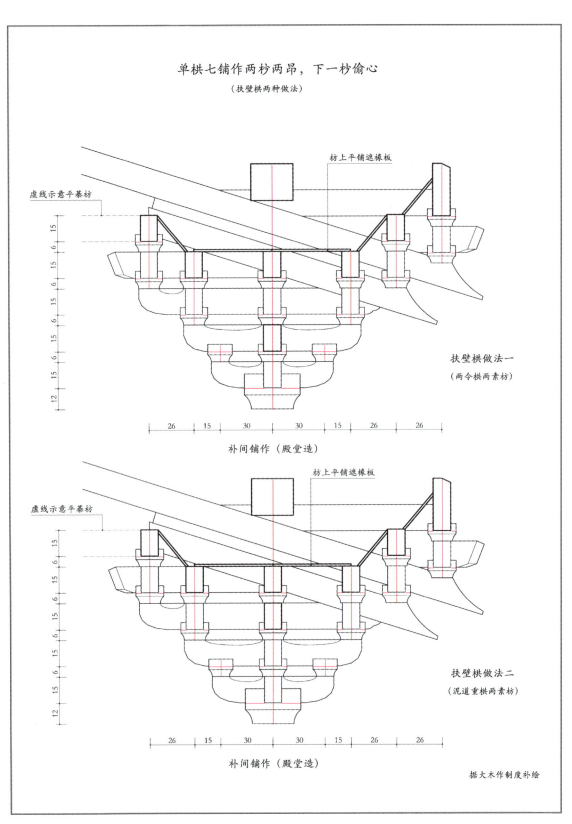

附图10 殿堂造七铺作（单栱偷心造）补间铺作侧样及扶壁栱正样

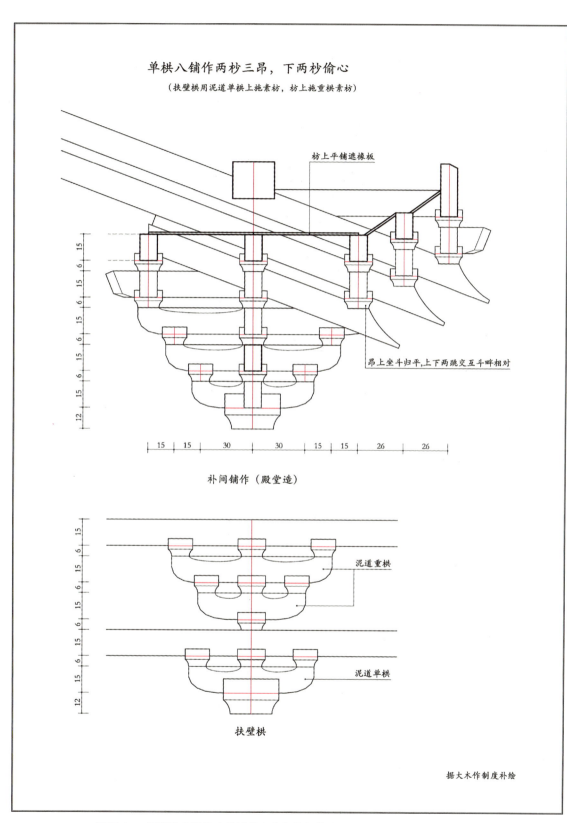

附图 11 殿堂造八铺作（单栱偷心造）补间铺作侧样及扶壁栱正样

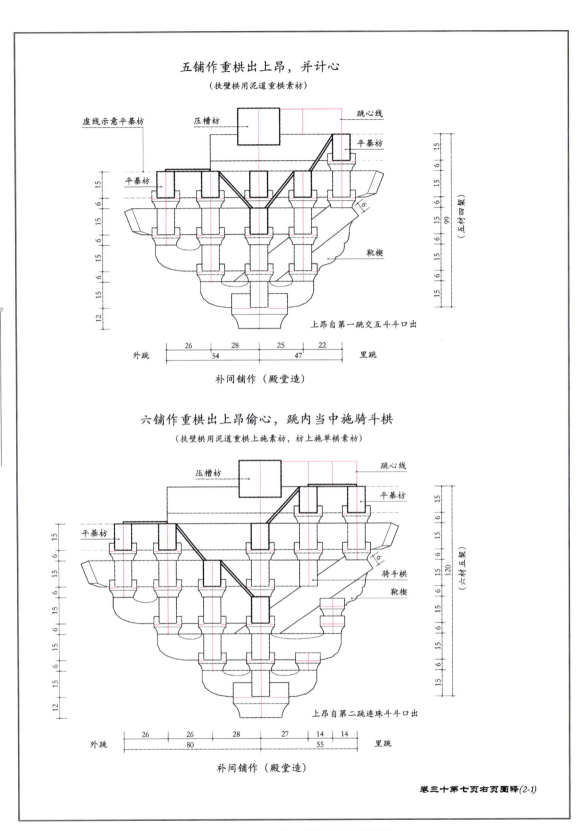

附图12　卷三十第七页右页图释1

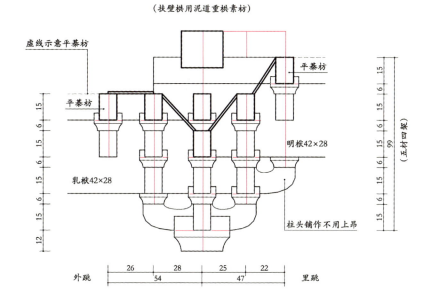

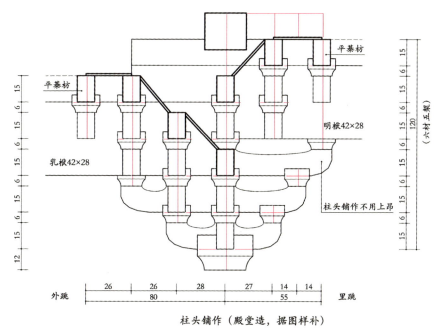

附图 13　卷三十第七页右页图释 2

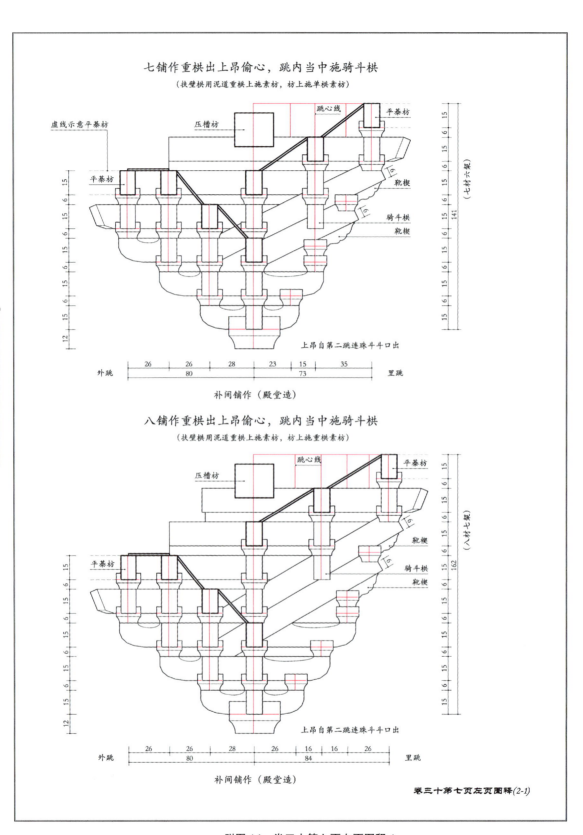

附图14 卷三十第七页左页图释1

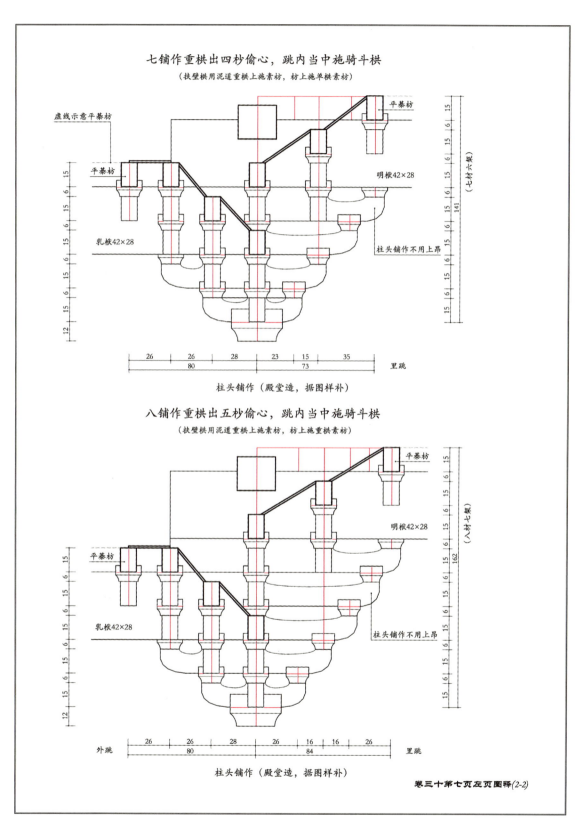

附图 15　卷三十第七页左页图释 2

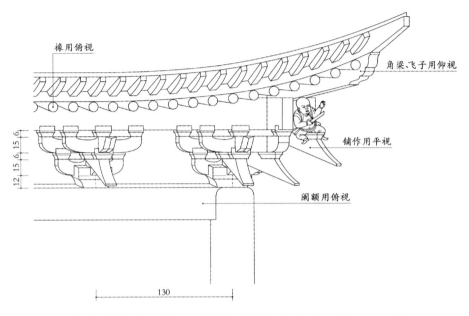
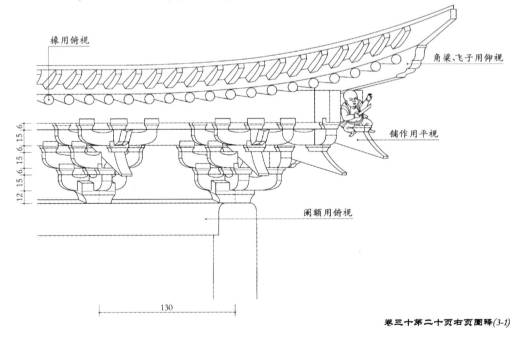

附图16　卷三十第二十页右页图释1

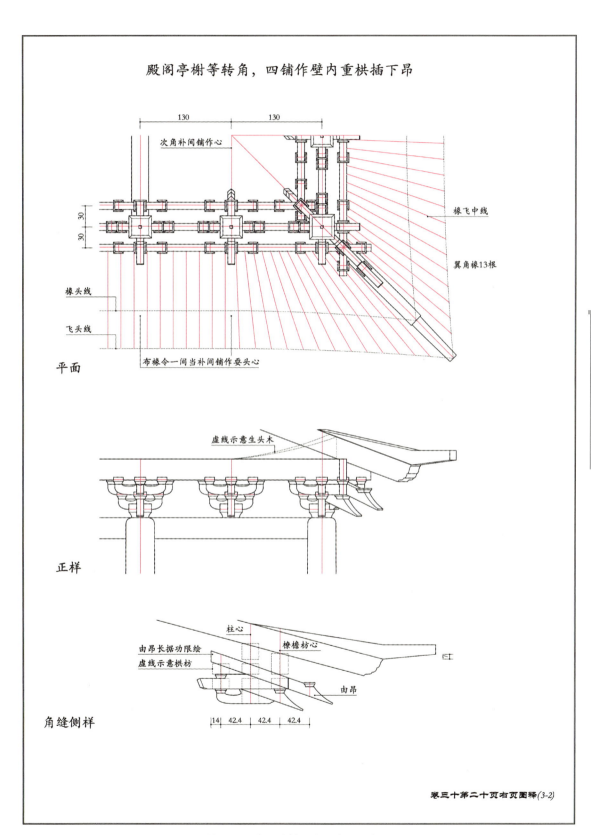

附图17 卷三十第二十页右页图释2

殿阁亭榭等转角，五铺作重栱出单杪单下昂，逐跳计心

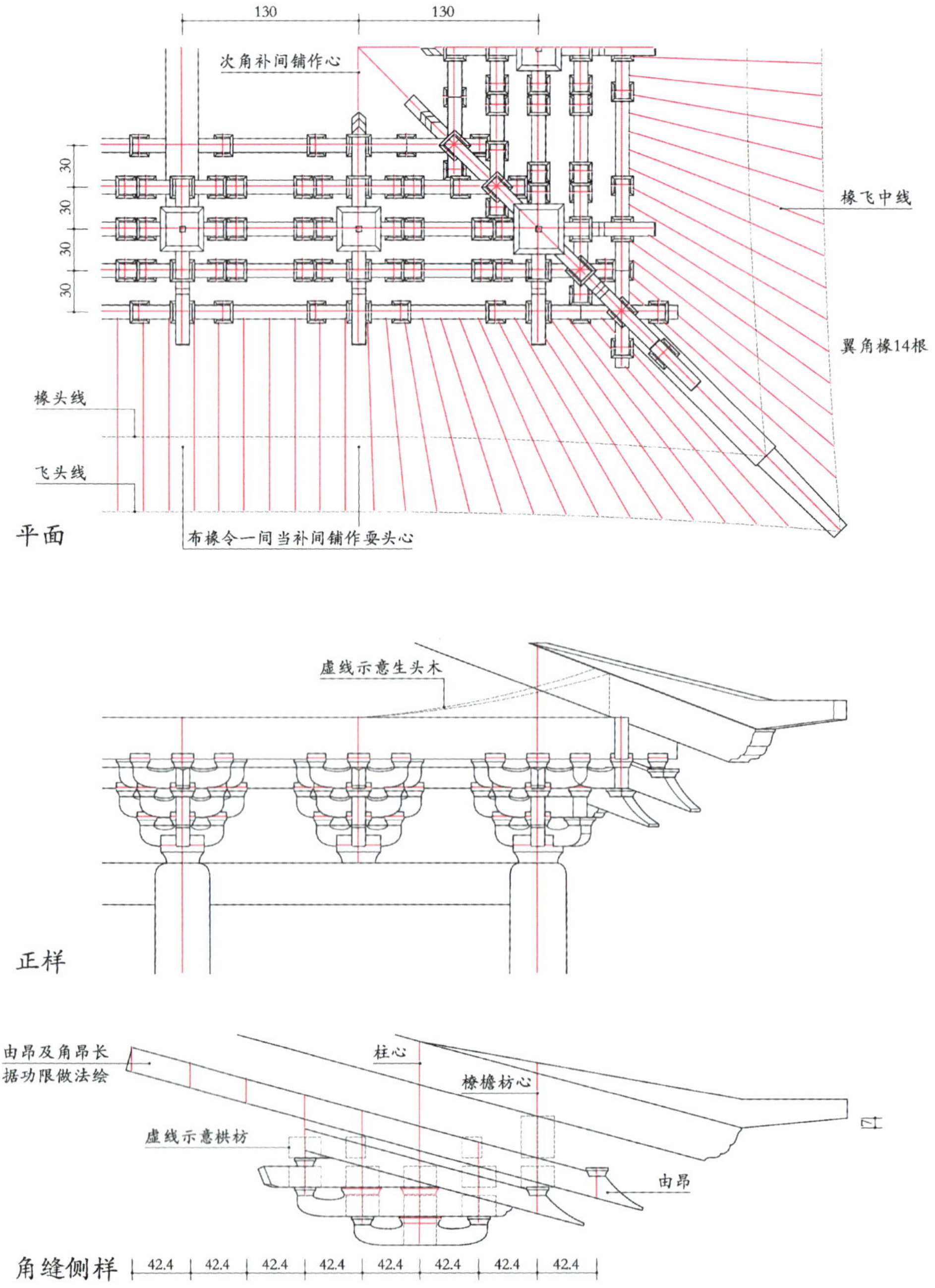

卷三十第二十页右页图释(3-3)

附图 18　卷三十第二十页右页图释 3

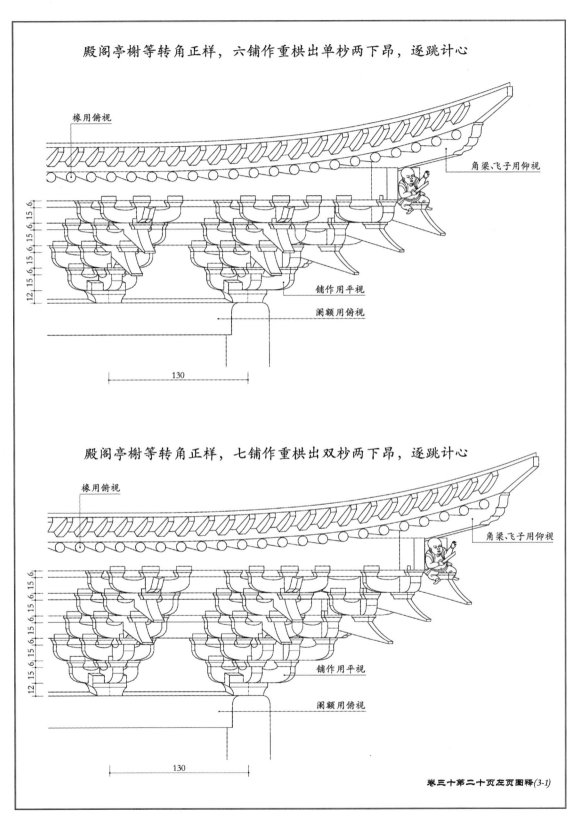

附图 19 卷三十第二十页左页图释 1

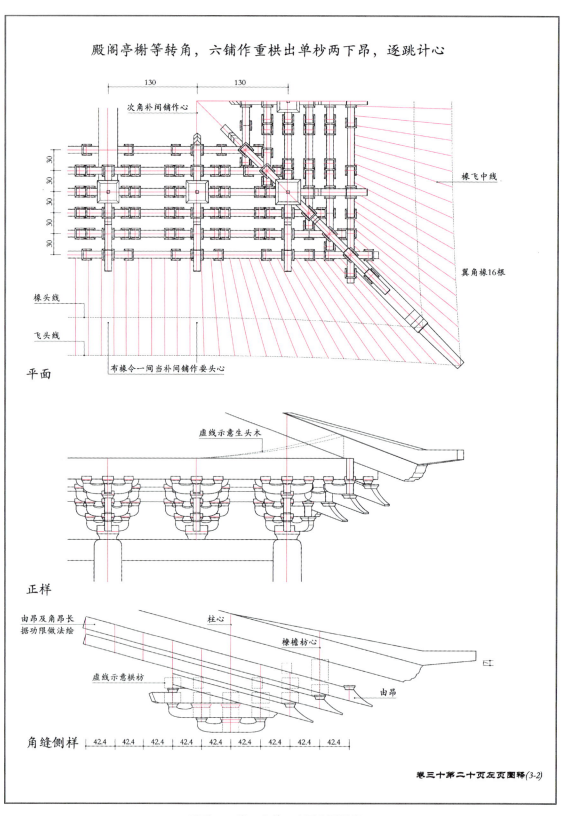

附图20 卷三十第二十页左页图释2

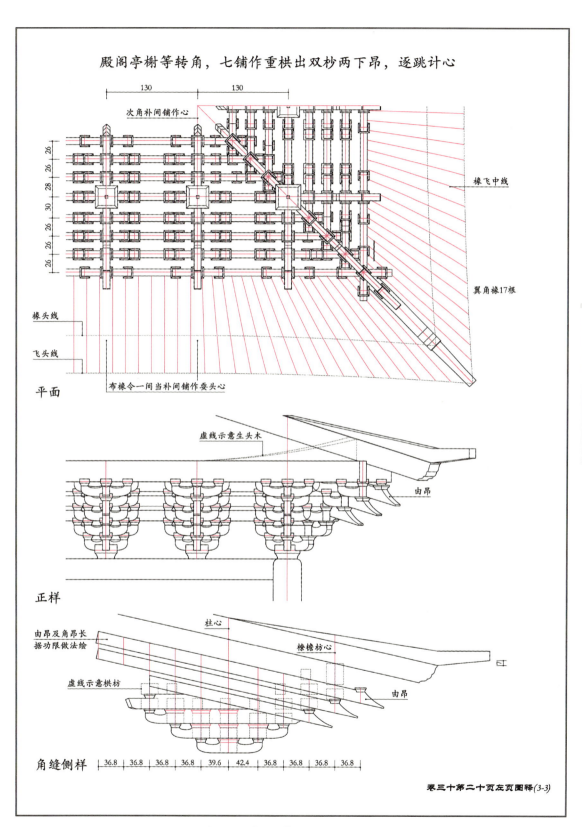

附图 21 卷三十第二十页左页图释 1

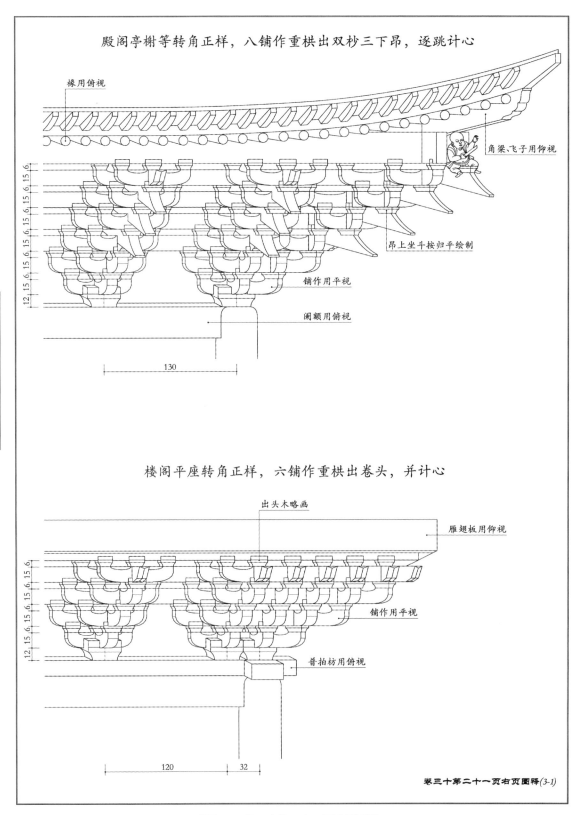

附图22 卷三十第二十一页右页图释1

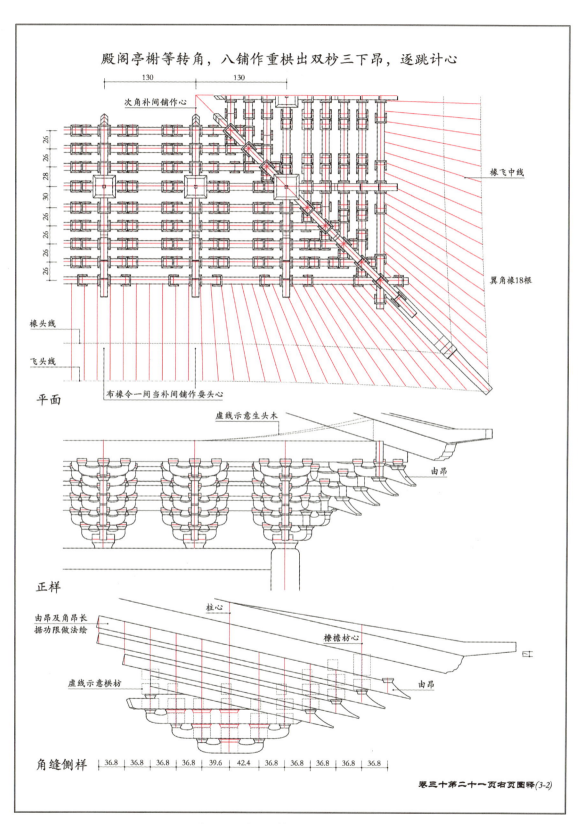

附图23 卷三十第二十一页右页图释2

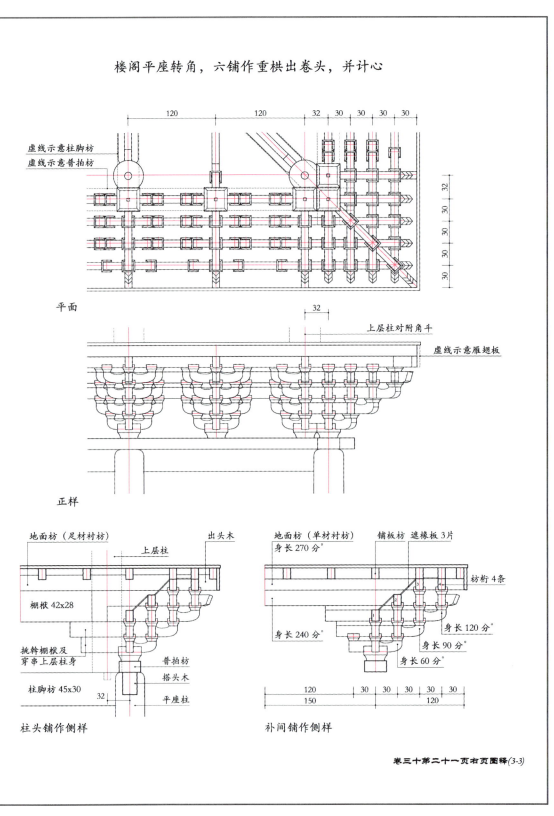

附图24 卷三十第二十一页右页图释3

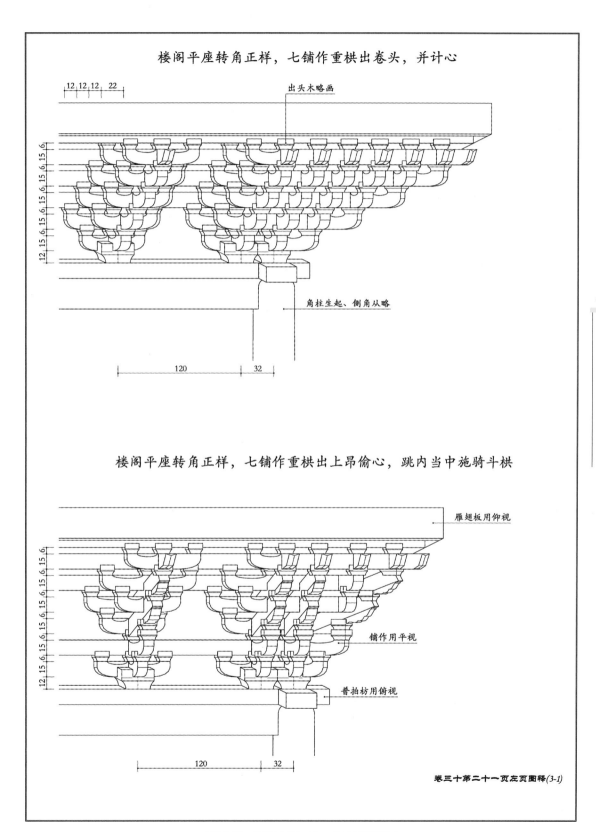

附图 25　卷三十第二十一页左页图释 1

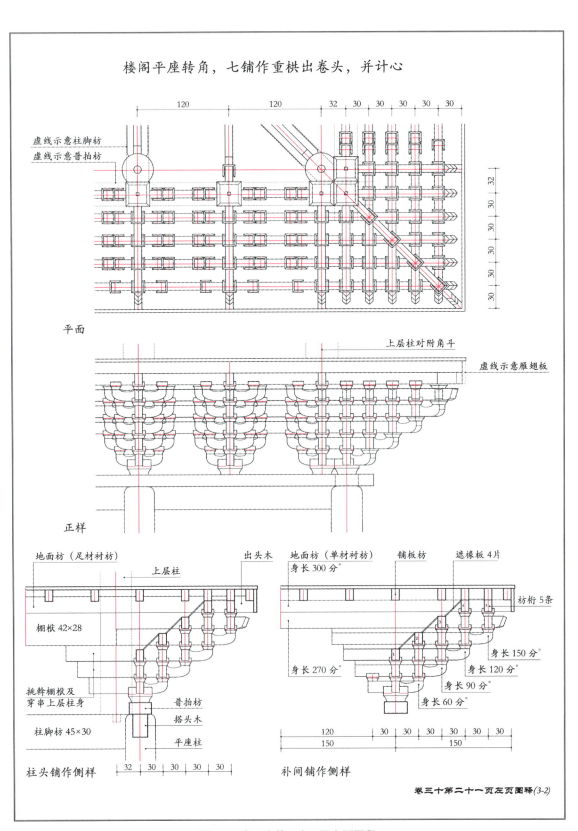

附图26　卷三十第二十一页左页图释2

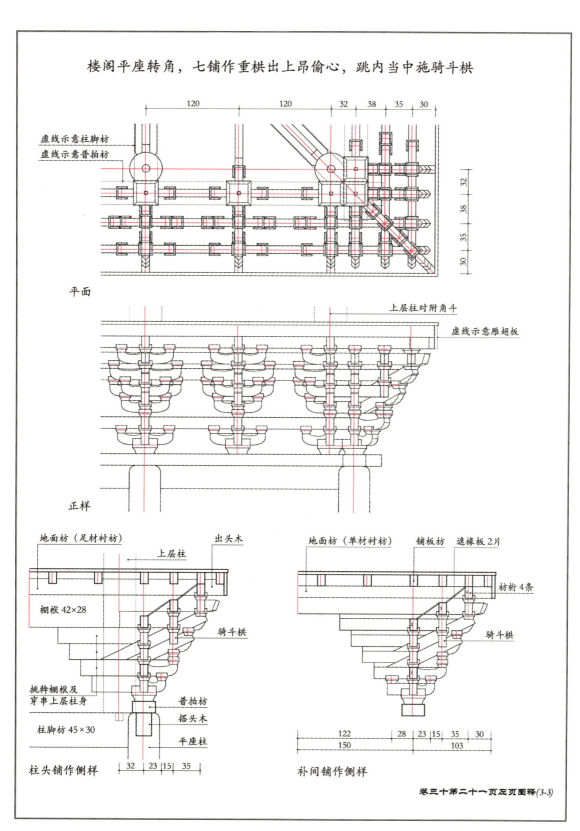

附图27 卷三十第二十一页左页图释3

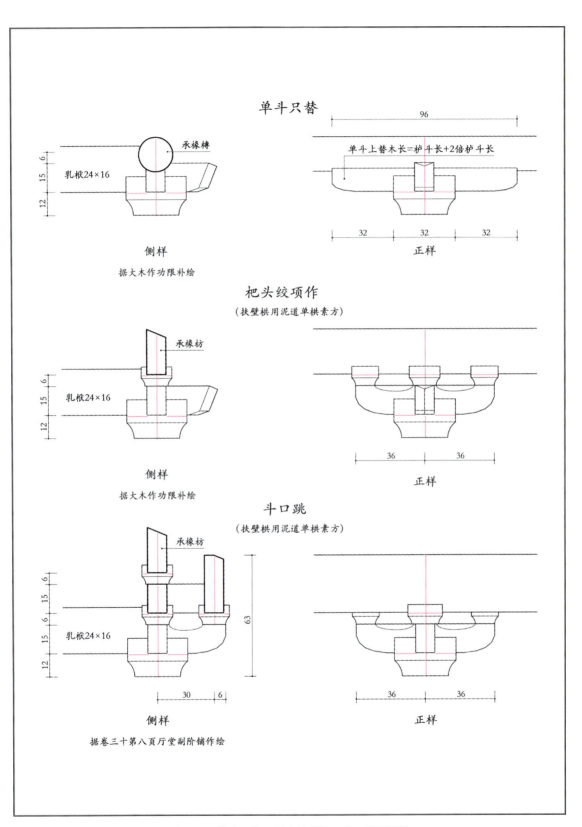

附图28 单斗只替、杷头绞项作、斗口跳正侧样

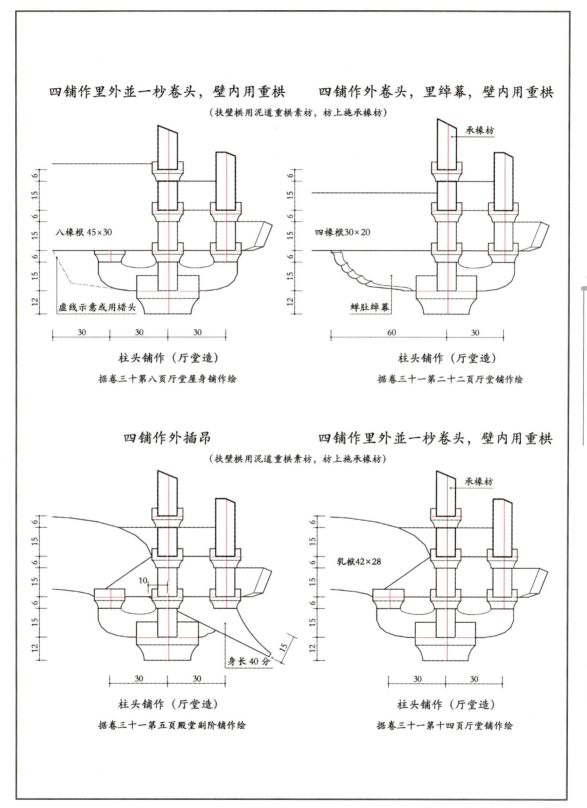

附图29　厅堂造四铺作柱头铺作侧样

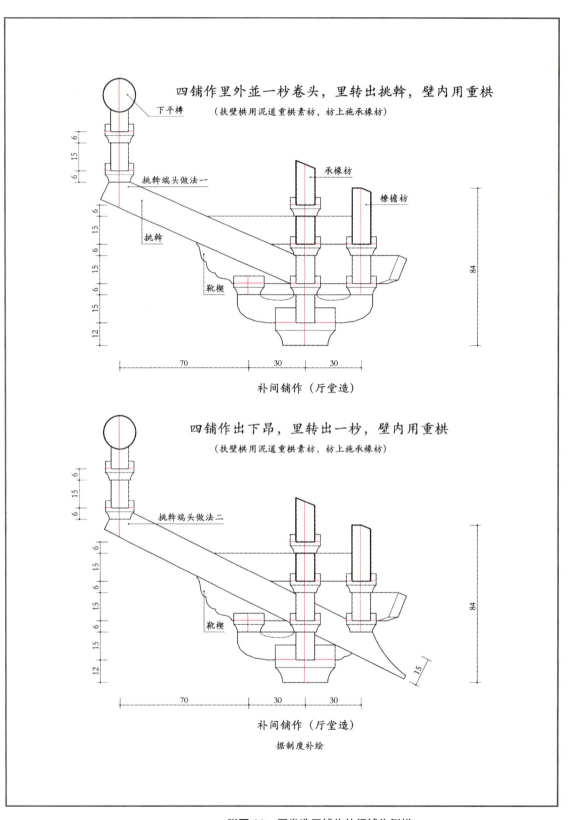

附图30 厅堂造四铺作补间铺作侧样

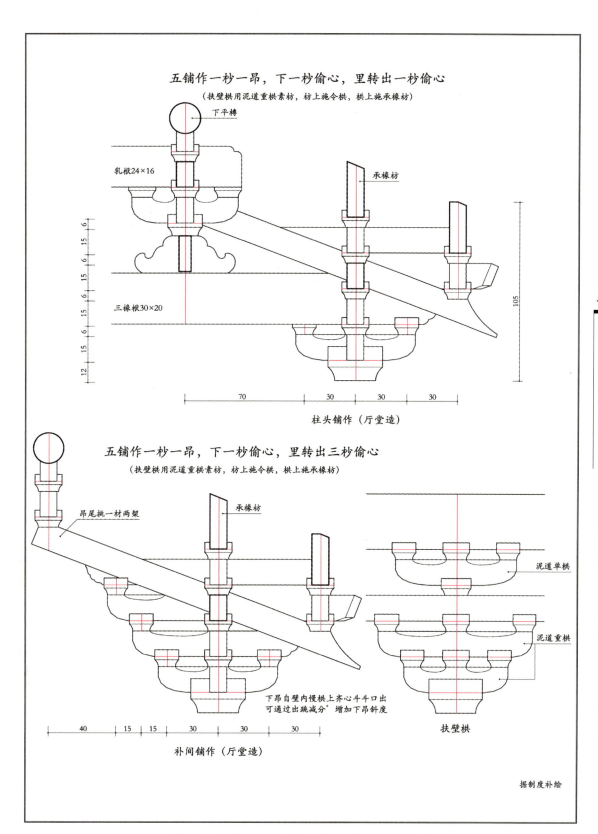

附图31　厅堂造五铺作（偷心造）侧样及扶壁栱正样

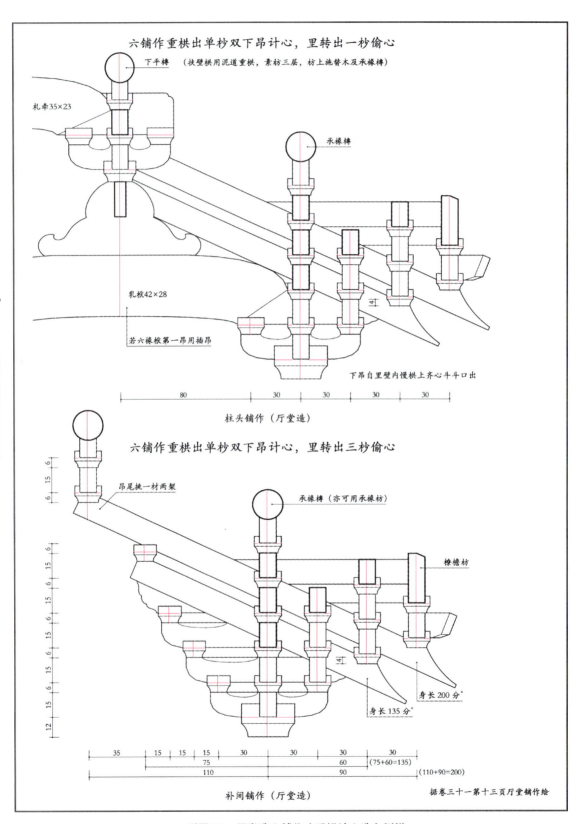

附图32 厅堂造六铺作（重栱计心造）侧样

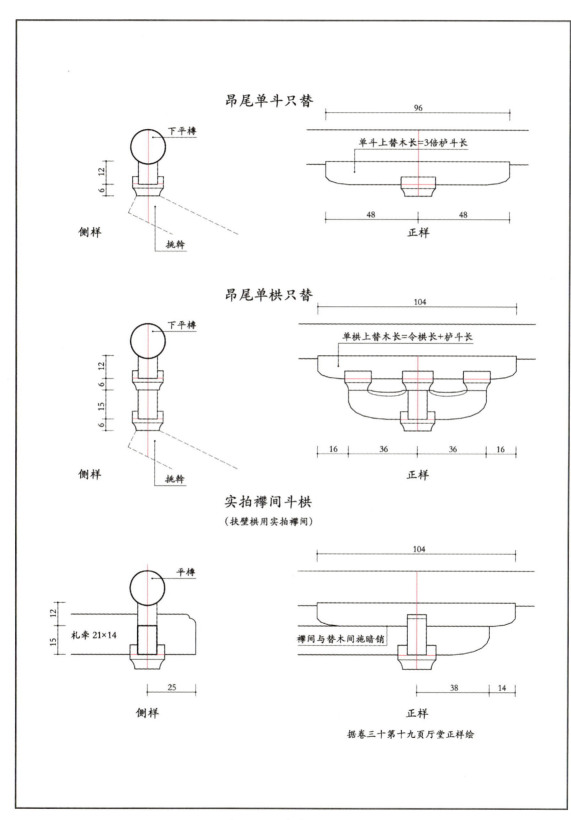

附图33 厅堂造室内斗栱一

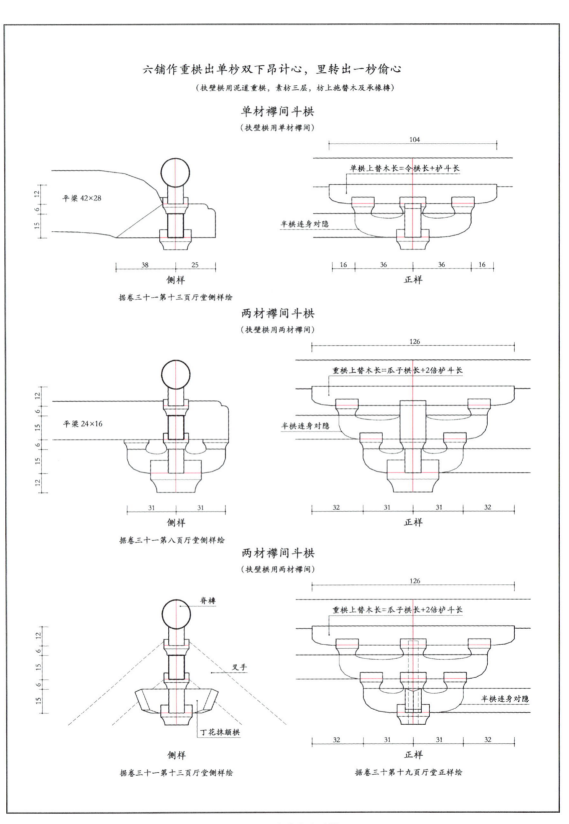

附图34　厅堂造室内斗栱二

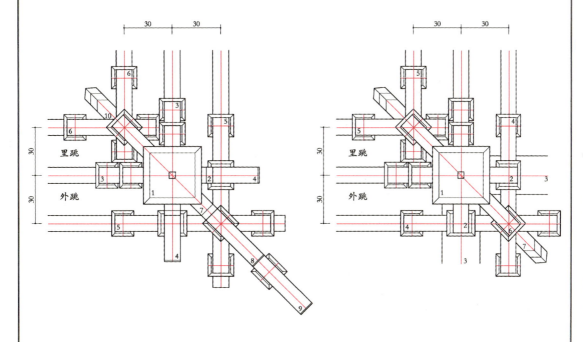

殿阁外檐转角铺作——四铺作用插昂　　　　殿阁身槽内转角铺作——四铺作出卷头

（据功限绘，里外各跳均长30分°）

(8-4g) 1. 栌斗，1只
(4g) 2. 花头子列泥道栱，2只（外跳用）
(4g) 3. 耍头列慢栱，2只（身长30分°）
(8-4g) 4. 交角昂，2只（身长35分°）
(4g) 5. 令栱列瓜子栱分首，2只（外跳用，身长30分°）
(4g) 6. 令栱列小栱头，2只（里跳用）
(8-4g) 7. 角内外花头子内花栱，1只
(8-4g) 8. 角内昂，1只（身长50分°）
(8-4g) 9. 角内由昂，1只（身长140分°）　　140=(60+40)×1.4
(8-4g) 10. 角内耍头，1只（身长84分°）
(8-4g) 11. 暗栔，2条（身长21分°）
(8-4g) 12. 暗栔，2条（身长31分°）
(8-4g) 13. 交互斗，2只
(8-4g) 14. 齐心斗，2只
(8-4g) 15. 平盘斗，4只
(8-4g) 16. 散斗，12只

(7-4g) 1. 栌斗，1只
(7-4g) 2. 花栱列泥道栱，2只（外跳用）
(4g) 3. 耍头列慢栱，2只（外跳用，身长30分°）
(7-4g) 4. 令栱列瓜子栱分首，2只（身长30分°）
(7-4g) 5. 令栱列小栱头，2只（里跳用）
(7-4g) 6. 角内第一杪花栱，1只
(7-4g) 7. 角内两出耍头，1只（身长84分°）
(7-4g) 8. 暗栔，2条（身长21分°）
(7-4g) 9. 暗栔，2条（身长36分°）
(7-4g) 10. 交互斗，2只
(7-4g) 11. 平盘斗，4只
(7-4g) 12. 散斗，12只

* 凡平面图中不可见的构件（如暗栔等）及因投影重叠无法标全的构件（如小斗等），均省略图中编号，但仍据《法式》功限顺序罗列于注文之后，下同。

附图35　四铺作外檐及身槽内转角铺作平面

殿阁外檐转角铺作——五铺作里跳用五铺作（里外并重栱计心，外跳出下昂，里跳出卷头）

（据功限绘，里外第一跳各长28分°，余跳均长25分°）

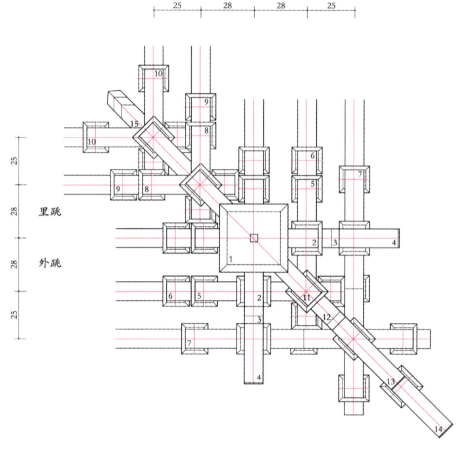

(8~4d) 1. 栌斗，1只
(8~4d) 2. 花栱列泥道栱，2只（外跳用）
(6/5d) 3. 花头子列慢栱，2只（身长28分°）
(8~4g) 4. 交角昂，2只（身长75分°）
(8~5d) 5. 瓜子栱列小栱头分首，2只（外跳用，身长28分°）
(8~5d) 6. 慢栱列切几头分首，2只（外跳用，身长28分°）
(5d) 7. 令栱列瓜子栱分首，2只（身内交隐鸳鸯栱，身长53分°）
(8~5g) 8. 瓜子栱列小栱头，2只（里跳用）
(8~5g) 9. 慢栱列切几头，2只（里跳用）
(8~4d) 10. 令栱列小栱头，2只（里跳用）
(8~5d) 11. 角内第一杪花栱，1只
(6/5d) 12. 角内第二杪外花头子内花栱，1只（身长78分°）
(8~4g) 13. 角内昂，1只（身长175分°）　175=125×1.4

(8~4d) 14. 角内由昂，1只（身长336分°）　336=240×1.4
(8~4d) 15. 角内耍头，1只（身长84分°）
(8~4d) 16. 足材耍头，2只（身长65分°）
(8~4d) 17. 衬枋，2条（身长90分°）
(8~4d) 18. 暗栔，2条（身长21分°）
(8~4d) 19. 暗栔，2条（身长31分°）
(8~4g) 20. 交互斗，4只
(8~4g) 21. 齐心斗，2只
(8~4g) 22. 平盘斗，6只
(8~4g) 23. 散斗，26只

附图36　五铺作外檐转角铺作平面

殿阁身槽内转角铺作——五铺作（里外跳并重栱计心，出卷头）

（据功限绘，里外第一跳各长28分°，余跳均长25分°）

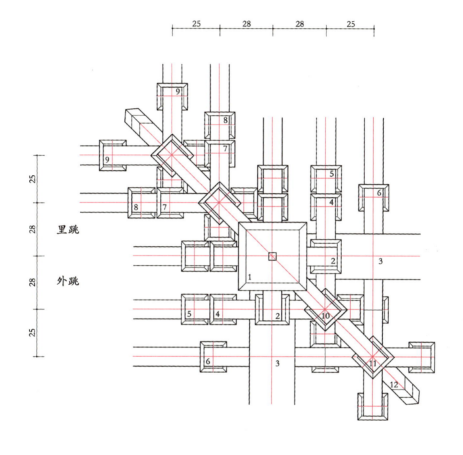

(7~4句) 1. 栌斗，1只
(7~4句) 2. 花栱列泥道栱，2只（外跳用）
(5/4句) 3. 耍头列慢栱，2只（外跳用，身长28分°）
(7~5句) 4. 瓜子栱列小栱头分首，2只（外跳用，身长28分°）
(7~5句) 5. 慢栱列切几头分首，2只（外跳用，身长28分°）
(5句) 6. 骑栿令栱列瓜子栱分首，2只（身内交隐鸳鸯栱，身长53分°）
(7~5句) 7. 瓜子栱列小栱头，2只（里跳用）
(7~5句) 8. 慢栱列切几头，2只（里跳用）
(7~4句) 9. 令栱列小栱头分首，2只（里跳用）
(7~4句) 10. 角内第一杪花栱，1只
(7~5句) 11. 角内第二杪花栱，1只（身长78分°）
(7~4句) 12. 角内两出耍头，1只（身长148分°）
(7~4句) 13. 暗栔，2条（身长21分°）
(7~4句) 14. 暗栔，2条（身长36分°）
(7~4句) 15. 交互斗，2只
(7~4句) 16. 平盘斗，6只
(7~4句) 17. 散斗，26只

附图37 五铺作身槽内转角铺作平面

殿阁外檐转角铺作——六铺作里跳用六铺作（里外并重栱计心，外跳出下昂，里跳出卷头）

（据功限绘，里外第一跳各长28分°，余跳均长25分°）

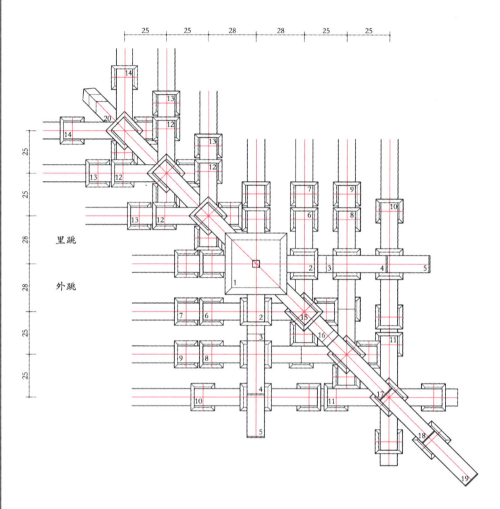

(8-4d) 1. 栌斗，1只
(8-4d) 2. 华栱列泥道栱，2只（外跳用）
(6/5d) 3. 华头子列慢栱，2只（身长28分°）
(8-4d) 4. 交角昂，2只（身长75分°）
(8-4d) 5. 交角昂，2只（身长100分°）
(8-4d) 6. 瓜子栱列小栱头分首，2只（外跳用，身长28分°）
(8-4d) 7. 慢栱列切几头分首，2只（外跳用，身长28分°）
(8-4d) 8. 瓜子栱列小栱头分首，2只（身内交隐鸳鸯栱，身长53分°）
(8-4d) 9. 慢栱列切几头分首，2只（外跳用，身长53分°）
(8-4d) 10. 令栱，2只
(8-4d) 11. 令栱列瓜子栱，2只（外跳用）
(8-4d) 12. 瓜子栱列小栱头，4只（里跳用）
(8-4d) 13. 慢栱列切几头，4只（里跳用）
(8-4d) 14. 令栱列小栱头，2只（里跳用）

(8-5d) 15. 角内第一杪花栱，1只
(6/5d) 16. 角内第二杪花头子内花栱，1只（身长78分°）
(8-4d) 17. 角内昂，1只（身长210分°）　　210=150×1.4
(8-4d) 18. 角内昂，1只（身长336分°）　　336=240×1.4
(8-4d) 19. 角内由昂，1只（身长378分°）　378=270×1.4
(8-4d) 20. 角内耍头，1只（身长117分°）
(8-5d) 21. 足材耍头，2只（身长65分°）
(8-5d) 22. 衬枋，2条（身长90分°）
(8-4d) 23. 暗栔，2条（身长21分°）
(8-4d) 24. 暗栔，2条（身长31分°）
(8-4g) 25. 交互斗，6只
(8-4g) 26. 齐心斗，2只
(8-4g) 27. 平盘斗，8只
(8-4g) 28. 散斗，36只

附图38　六铺作外檐转角铺作平面

殿阁身槽内转角铺作——六铺作（里外跳并重栱计心，出卷头）

（据功限绘，里外第一跳各长28分°，余跳均长25分°）

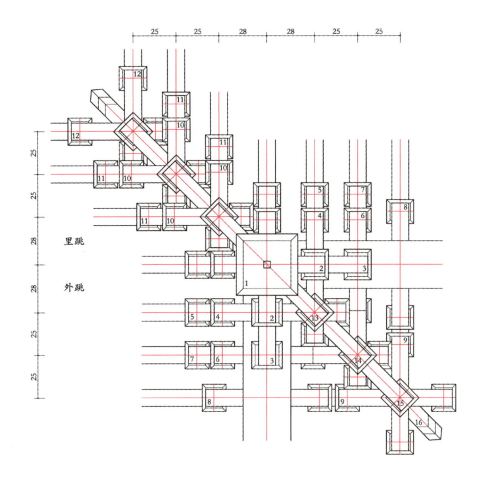

(7-4q) 1. 栌斗，1只
(7-4q) 2. 花栱列泥道栱，2只（外跳用）
(7-6q) 3. 花栱列慢栱，2只（外跳用，身长28分°）
(7-5q) 4. 瓜子栱列小栱头分首，2只（外跳用，身长28分°）
(7-5q) 5. 慢栱列切几头分首，2只（外跳用，身长28分°）
(7-6q) 6. 瓜子栱列小栱头分首，2只（身内交隐鸳鸯栱，身长53分°）
(7-6q) 7. 慢栱列切几头分首，2只（身长53分°）
(7-6q) 8. 骑栿令栱，2只（外跳用）
(7-6q) 9. 令栱列瓜子栱，2只（外跳用）
(7-5q) 10. 瓜子栱列小栱头，4只（里跳用）
(7-5q) 11. 慢栱列切几头，4只（里跳用）
(7-4q) 12. 令栱列小栱头分首，2只（里跳用）

(7-4q) 13. 角内第一杪花栱，1只
(7-5q) 14. 角内第二杪花栱，1只（身长78分°）
(7-6q) 15. 角内第三杪花栱，1只（身长148分°）
(7-4q) 16. 角内两出耍头，1只（身长218分°）
(7-4q) 17. 暗栔，2条（身长21分°）
(7-4q) 18. 暗栔，2条（身长36分°）
(7-4q) 19. 交互斗，4只
(7-4q) 20. 平盘斗，8只
(7-4q) 21. 散斗，42只

(7-6q)=(7/6q)

附图39 六铺作身槽内转角铺作平面

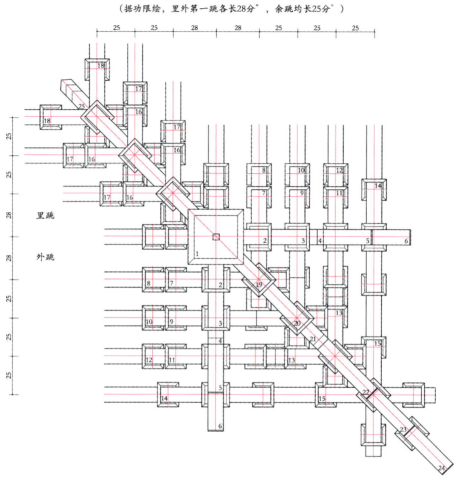

殿阁外檐转角铺作——七铺作里跳用六铺作（里外并重栱计心，外跳出下昂，里跳出卷头）

（据功限绘，里外第一跳各长28分°，余跳均长25分°）

(8~4g) 1. 栌斗，1只
(8~4g) 2. 花栱列泥道栱，2只（外跳用）
(8~7g) 3. 花栱列慢栱，2只（外跳用，身长28分°）
(8~7g) 4. 花头子，2只（身连间内枋栿）
(8~4g) 5. 交角昂，2只（身长115分°）
(8~4g) 6. 交角昂，2只（身长140分°）
(8~5g) 7. 瓜子栱列小栱头分首，2只（外跳用，身长28分°）
(8~5g) 8. 慢栱列切几头分首，2只（外跳用，身长28分°）
(8~6g) 9. 瓜子栱列切几头分首，2只（身内交隐鸳鸯栱，身长53分°）
(8~6g) 10. 慢栱列切几头分首，2只（外跳用，身长53分°）
(8~7g) 11. 瓜子栱，2只
(8~7g) 12. 慢栱列切几头分首，2只（身内交隐鸳鸯栱，身长78分°）
(8~7g) 13. 瓜子栱列小栱头，2只（外跳用）

(8~6g) 14. 令栱，2只
(8~5g) 15. 令栱列瓜子栱，2只（外跳用）
(8~5g) 16. 瓜子栱列小栱头，4只（里跳用）
(8~5g) 17. 慢栱列切几头，4只（里跳用）
(8~5g) 18. 令栱列小栱头，2只（里跳用）
(8~5g) 19. 角内第一杪花栱，1只
(8~7g) 20. 角内第二杪花栱，1只（身长78分°）78=56×1.4
(8~7g) 21. 角内第三杪外花头子内花栱，1只（身长148分°）148=106×1.4
(8~4g) 22. 角内昂，1只（身长240分°） 240=170×1.4
(8~4g) 23. 角内昂，1只（身长380分°） 380=270×1.4
(8~4g) 24. 角内由昂，1只（身长420分°） 420=300×1.4
(8~4g) 25. 角内耍头，1只（身长117分°）
(8~5g) 26. 足材耍头，2只（身长90分°）

(8~4g) 27. 衬枋，2条（身长130分°）
(8~4g) 28. 暗栔，2条（身长21分°）
(8~4g) 29. 暗栔，2条（身长31分°）
(8~4g) 30. 交互斗，8只
(8~4g) 31. 齐心斗，6只
(8~4g) 32. 平盘斗，9只
(8~4g) 33. 散斗，54只

(8~7g)=(8/7d)

附图40　七铺作外檐转角铺作平面

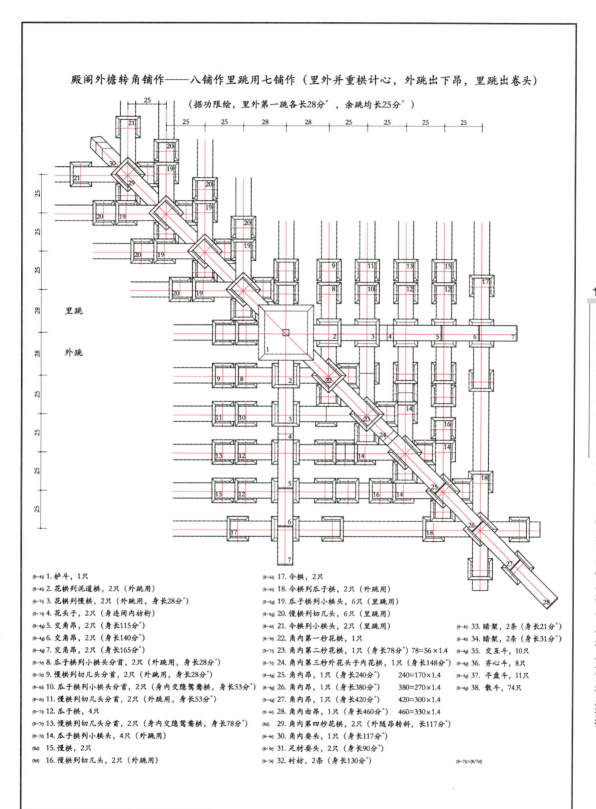

附图 41 八铺作外檐转角铺作平面

殿阁身槽内转角铺作——七铺作（里外跳并重栱计心，出卷头）

（据功限绘，里外第一跳各长28分°，余跳均长25分°）

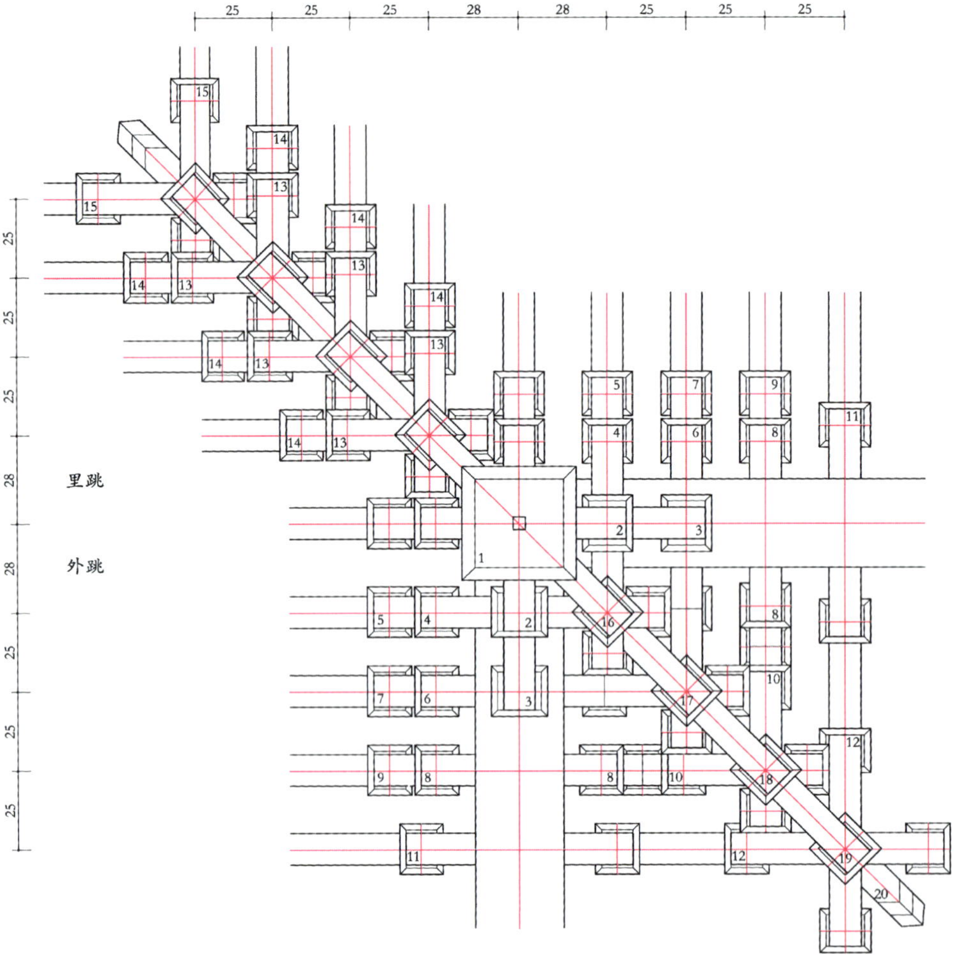

(7-4e) 1. 栌斗，1只
(7-4e) 2. 花栱列泥道栱，2只（外跳用）
(7/6d) 3. 花栱列慢栱，2只（外跳用）
(7-5e) 4. 瓜子栱列小栱头分首，2只（外跳用，身长28分°）
(7-5e) 5. 慢栱列慢栱，2只（外跳用，身长28分°）
(7/6d) 6. 瓜子栱列小栱头分首，2只（身内交隐鸳鸯栱，身长53分°）
(7/6d) 7. 慢栱列切几头分首，2只（外跳用，身长53分°）
(7d) 8. 瓜子丁头栱，4只
(7d) 9. 慢栱列切几头分首，2只（身内交隐鸳鸯栱，身长78分°）
(7d) 10. 瓜子栱列小栱头，2只（外跳用）
(7d) 11. 骑栿令栱，2只（外跳用）
(7d) 12. 令栱列瓜子栱，2只（外跳用）
(7-5g) 13. 瓜子栱列小栱头，6只（里跳用）
(7-5g) 14. 慢栱列切几头，6只（里跳用）
(7-5g) 15. 令栱列小栱头分首，2只（里跳用）
(7-5g) 16. 角内第一杪花栱，1只
(7-5g) 17. 角内第二杪花栱，1只（身长78分°）　78=56×1.4
(7d) 18. 角内第三杪花栱，1只（身长148分°）　148=106×1.4
(7d) 19. 角内第四杪花栱，1只（身长218分°）　218=156×1.4
(7d) 20. 角内两出耍头，1只（身长288分°）　288=206×1.4
(7-4e) 21. 暗栔，2条（身长21分°）
(7-4e) 22. 暗栔，2条（身长36分°）
(7-4e) 23. 交互斗，4只
(7-4e) 24. 平盘斗，10只
(7-4e) 25. 散斗，60只

附图42　七铺作身槽内转角铺作平面

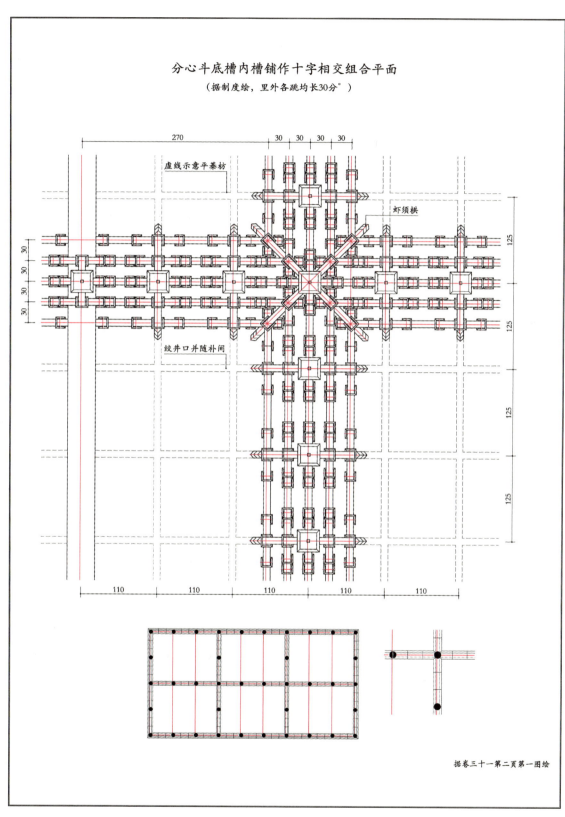

附图43 分心斗底槽内槽铺作十字相交组合平面

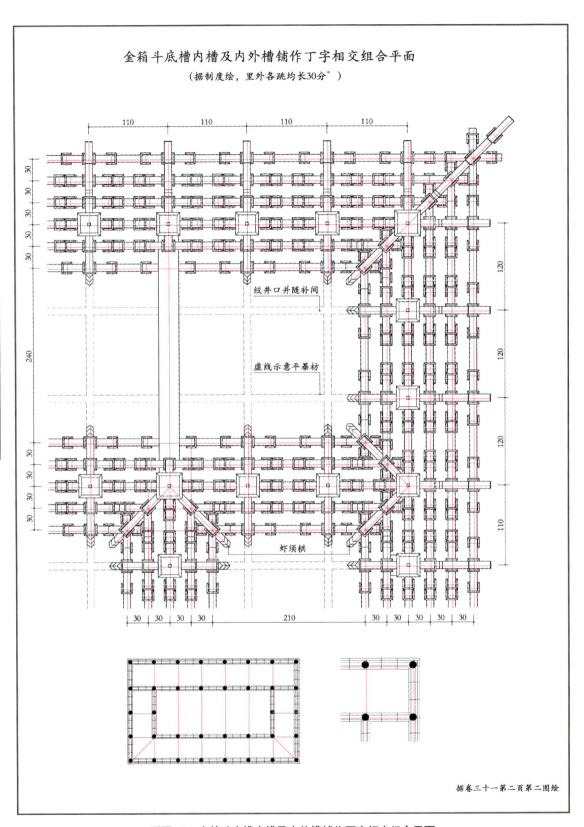

附图44　金箱斗底槽内槽及内外槽铺作丁字相交组合平面

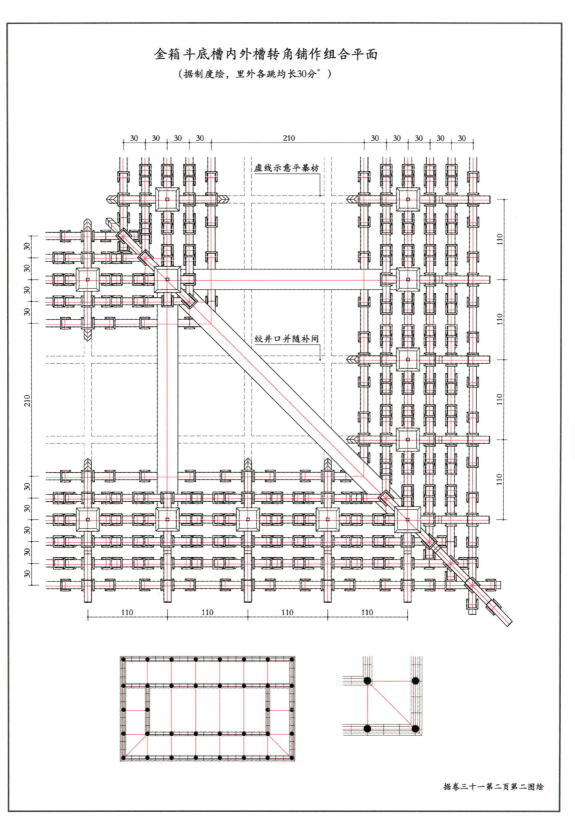

附图 45　金箱斗底槽内外槽转角铺作组合平面

有关出檐的研究

张毅捷　叶皓然　周至人

（西南交通大学建筑与设计学院）

摘要：据《营造算例》❷的记载，中国传统木结构建筑的出檐有两种做法：歇山法（大木大式做法）和硬山法（大木小式做法），歇山法的出檐与檐高的比值要大于硬山法。根据对现存遗构的分析可知，中国14世纪初之前的实例出檐做法以硬山法为主，偶有歇山法；而日本则以歇山法为主，偶有硬山法，同时日本还存在一种比歇山法出檐更深的出檐做法，显示出日本12世纪末之前的古建筑比同期中国实例出檐相对檐高更深的现象。最后通过对日本17世纪初的《匠明》❸的分析可知，至迟在17世纪初中国的出檐做法——特别是歇山法——仍然深刻地影响着日本的木结构建筑技术。

关键词：出檐，大木大式出檐（歇山法出檐），大木小式出檐（硬山法出檐），《营造算例》，《匠明》

Abstract: According to *Yingzao suanli*, a collection of small manuscripts handed down for generations of craftsmen who were engaged in official construction projects in imperial China, there are two methods to build the overhang of the eaves of timber structures: *xieshan* (hip-gable roof) style used for large-scale wood construction (*damu dashi*) and *yingshan* (flush-gable roof) style used for small-scale wood construction (*damu xiaoshi*). The eaves of a *xieshan*-style roof project deeper and are taller than those of a *yingshan*-style roof. Through analyses of extant Chinese and Japanese buildings, the author proves that in China the flush-gable roof was the most common roof type before the 14th century, while in Japan the hip-gable roof was the most common type before the 13th century. Additionally, the eaves of some Japanese roofs projected even deeper than those of a regular *xieshan*-style roof. Thus the ratio of eaves projection to eaves height in Japanese examples is higher than that ratio in Chinese examples. The study of the Japanese design manual *Shomei* (1608) further proves that no later than the beginning of the 17th century, the Chinese way of building eaves, especially *xieshan*-style roofs, deeply influenced Japanese roofing technology.

Keywords: eaves projection, eaves projection in *damu dashi* style (*xieshan*-style eaves projection), eaves projection in *damu xiaoshi* style (*yingshan*-style eaves projection), *Yingzao suanli*, *Shomei*

一、引子

梁思成先生曾在《清式营造则例》中指出："最下一步的椽子称檐椽，一端放在金桁上，一端伸出檐桁之外，谓之出檐。檐椽的外端上，除非是极小的建筑，多半加一排飞椽。出檐之远

---

❶ 2013年度国家自然科学基金青年基金项目"日本古代楼阁式木塔研究"（51308395）；2017年度教育部人文社会科学研究规划基金项目"中原、华北地区唐至宋金歇山建筑技术流变研究"（17YJA770022）；2017年度中央高校基本科研业务费专项基金科技创新项目，项目编号：2682017CX014。

❷ 营造算例[J]. 中国营造学社汇刊，1931（1）.

❸ 文献[52].

近是按檐柱高三分之一或十分之三。"[1]（图1）在这段文字中梁先生给出了"出檐"[2]的明确定义以及"出檐"的设计手法。另外在《清式营造则例·图版》中给出了另一种设计手法（图2），前者是按照檐柱高来设计出檐，后者是按照檐高来设计出檐。那么这两种手法到底何者为真？

[1] 文献[1]: 19.
[2] 《营造算例》中有言"出檐"者，亦有言"檐出"者，两者皆指同一个概念。本文从之，未加区别。

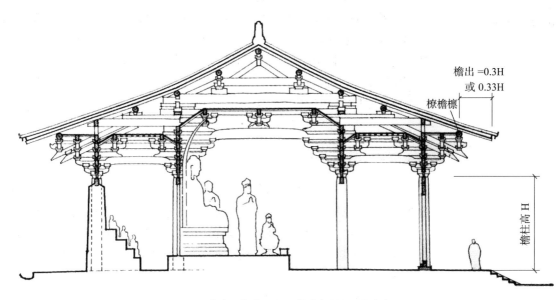

图1 《清式营造则例·檐出》（梁思成案）
（笔者据《清式营造则例》制作，底图为佛光寺大殿，来自《图像中国建筑史》）

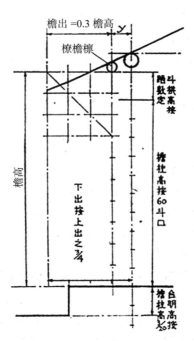

图2 《清式营造则例·图版·檐出》（梁思成案）
（笔者据《清式营造则例·图版拾五》制作）

二、《营造算例》的记载

《清式营造则例》是梁先生20世纪30年代初的研究成果[1]，其目标在于"将清代'官式'建筑的做法及各部分构材的名称、权衡大小、功用，并与某另一部分地位上或机能上的联络关系，试为注释。"[2]而这个研究的蓝本即为《工程做法则例》及《营造算例》。特别是后者是中国营造学社于20世纪20年代末搜集的匠师们的秘传抄本，该书"在标列尺寸方面的确是一部原则的书，在权衡比例上则有计算的程式"[3]，《营造算例》最早刊登在《中国营造学社汇刊》第二卷。其中第二卷第一册登载了大木做法，包括：大木大式、大木小式和大木杂式，这之中就有详细的"出檐"做法。

1. 大木大式做法

出檐，自阶条上皮，至挑檐桁檐椽上皮，通高若干，用一丈一尺二寸归除若干，每高一丈，得出檐三尺三寸，得若干，再加斗科拽架，凑即通出。

又法，自阶条上皮，至挑檐桁下皮，高若干，每高一丈，得平出檐三尺，再加拽架，如无斗科者，自阶条上皮，至檐桁椽子上皮，通高若干，按前法核算。[4]

这里给出了大木大式"出檐"的三种算法：

1）将阶条上皮至橑檐枋上皮的高度用1.12来除，再将除数乘以0.33即得出檐，再加上斗栱出跳即得通出檐；

2）将阶条上皮至橑檐枋下皮的高度乘0.3即得出檐，再加上斗栱出跳，即得通出檐；

3）如果没有铺作，则将阶条上皮至橑檐枋上的椽子上皮的高度乘0.3即得出檐。

因此大木大式的"出檐"大概是檐高（阶条上皮至橑檐枋的高度）的0.3倍。

这里有一个问题，就是在第一种算法中为什么将"檐高"用1.12来除？《算例》后文给出了解释：

除溜金举外，做法按每高一丈，出檐三尺三寸，俱按飞檐三五举，得高一尺一寸五分五厘，再加下高一丈，共得一丈一尺一寸五分五厘，即一丈一尺二寸，算通高若干，即按高一丈一尺二寸归除，得溜举一尺二寸，举下高一丈。[5]

也就是说，"出檐"的做法是先假定溜金举外的檐高为1，则出檐为0.33，如果再按飞檐举高三五举计，则溜金举为 $0.33 \times 35\% = 0.1155$，因此如果按照檐高（阶条上皮至橑檐桁上皮的通高）来计算出檐的话，就要将这个高度先除以 $1.1155 \approx 1.12$ 得出除溜金举之外的檐高，再将这个檐高乘以0.33从而得出出檐（图3）。

---

[1] 文献[1]. 前言.
[2] 文献[1]. 梁思成1934年序.
[3] 文献[1]. 前言.
[4] 文献[3]: 5.
[5] 文献[3]: 6.

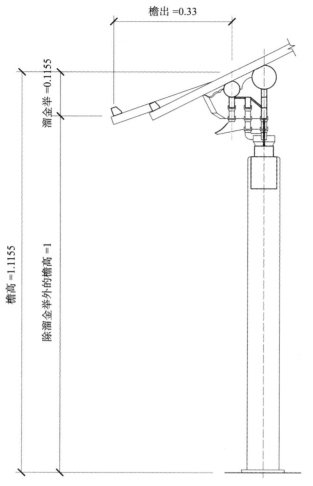

图 3 《营造算例·大木大式檐出》示意图
（笔者据《营造算例之一·庑殿歇山斗科大木大式》制作）

在《算例·大木大式》中还给出了重檐出檐的算法及快算法❶，此不在本文探讨的范围，从略。

❶ 文献 [3]: 5.

2. 大木小式做法

上檐出，每柱低一丈，得平出檐三尺，如柱高一丈以外，得平出檐三尺三寸。❷

❷ 文献 [4]: 8.

也就是说大木小式建筑的出檐是按照柱高的 0.3 或 0.33 倍来计算的，显然大木小式的出檐做法尺度小于大木大式出檐做法。

3. 大木杂式做法

《算例·大木杂式》中列出了十种建筑的做法，其中只有钟鼓楼、四脊攒尖方亭、六角亭、八角亭和圆亭给出了出檐的做法。而在这五种建筑中只有钟鼓楼提到了出檐的具体做法："平面直楼出檐，按通柱高二出，

❶ 文献 [5]: 3。
❷ 文献 [5]: 4。

❸ 文献 [5]: 7、8、10、12。

每高一丈，得平出三分之一分，得飞头长"❶，在之后的"上下檐各出檐"条中则说："按下檐檐柱高低同硬山房算法。"❷ 通观全书没有所谓的硬山房法，但是在第一部分"大木大式"的做法中有这样的标题"歇山庑殿斗科大木大式做法"，想必之后的"大木小式做法"就应该是所谓的"硬山房法"。同样的叙述见于四脊攒尖方亭、六角亭、八角亭和圆亭："无斗科按硬山法，有斗科按歇山法。"❸ 也就是说通览《算例》全书，出檐的做法只有两种：歇山法和硬山法。这两种出檐做法分别对应于有斗栱的大木大式建筑和没有斗栱的大木小式建筑。

也就是说大木大式的出檐做法（歇山法）是按照檐高（阶条上皮至檐檩枋）的 0.3 倍计，大木小式的出檐做法（硬山法）是按檐柱高的 0.3 倍或 0.33 倍来计算的。那么实例中的情况如何呢？

三、实例中的情况

首先来看一下中国 14 世纪初之前的建筑实例。

1. 中国 14 世纪初之前的实例

❹ 为了方便比较，这里仅对各建筑的下檐檐出进行比较。如果有副阶，则参与比较的是副阶檐出、副阶柱高和副阶檐高。

中国现存 14 世纪初之前的木结构建筑实例大约有 200 余栋，陈明达先生曾经整理出一份《唐宋木结构建筑实测记录表》，其中有 41 栋遗存给出了出檐的详细尺寸，下面就对这些建筑实例中数据完整的出檐❹进行分析（表 1）。为了方便比较，本文定义大木大式出檐做法为 A 类，大木小式出檐做法为 B 类。另有一类 C 类是出檐特别小的做法：檐出与檐柱高的比值小于 0.25。

由表 1 可见，这 41 例木结构建筑中绝大多数的出檐做法都为 B 类，也就是大木小式的出檐做法——出檐约为檐柱高的 0.3 倍，特别是 12 世纪之前的实例基本都是大木小式的做法。A 类做法（大木大式出檐做法）的只有三例：佛光寺文殊殿（1137 年）、甘露庵蜃阁（1146 年）、甘露庵上殿（1146—1153 年）。12 世纪之后出檐相较檐高较短的现象渐多——C 类出檐占到了这一时期实例的大多数。

2. 日本 12 世纪末之前的木结构建筑实例

日本现存 12 世纪末以前建造的木结构建筑 67 栋，其中有 57 栋有完整的数据，下面对这 57 栋实例的出檐进行分析，如表 2 所示。

纵观这 57 栋建筑的出檐类型，可以看出 8 世纪初至 12 世纪末的 5 个世纪里的遗构的出檐可以大体分为三期：

第一期：8 世纪上半叶之前，这个时期的出檐很大，出檐与檐高之比都远远超过 0.3—0.33，以出檐与檐高之比大于 0.37 的 D 类出檐为主流做法；

表 1 中国 14 世纪初之前的木结构建筑实例的出檐分析

序号	建筑实例	年代	出檐（cm）	檐柱高（cm）	出檐：檐柱高	檐高（cm）	出檐：檐高	类别[1]
1	佛光寺东大殿	857年	166	499	0.33	748	0.22	B
2	镇国寺大殿	963年	96	342	0.28	527	0.18	B
3	阁院寺文殊殿	966年	146	455	0.32	645	0.23	B
4	独乐寺山门	984年	118	437	0.27	611.5	0.19	B
5	独乐寺观音阁	984年	106	406	0.26	664	0.16	B
6	虎丘二山门	995—997年	77.5	382	0.20	469.5	0.17	C
7	永寿寺雨华宫	1008年	110	408	0.27	562	0.20	B
8	保国寺大殿	1013年	130	422	0.31	597	0.22	B
9	奉国寺大殿	1020年	162	595	0.27	843	0.19	B
10	晋祠圣母殿	1023—1031年	98	386	0.25	534	0.18	C
11	广济寺三大士殿	1024年	82	438	0.19	613	0.13	C
12	开善寺大殿	1033年	124.5	482	0.26	655.5	0.19	B
13	华严寺薄伽教藏殿	1038年	140	499	0.28	668	0.21	B
14	隆兴寺牟尼殿	1052年	102	368	0.28	523	0.20	B
15	应县木塔	1056年	128	420	0.30	590.5	0.22	B
16	善化寺大殿	11世纪	155	626	0.25	819	0.19	C
17	华严寺海会殿	11世纪	120	435	0.28	535	0.22	B
18	善化寺普贤阁	11世纪	130	503	0.26	628	0.21	B
19	开元寺观音殿	1105年	93	343	0.27	444	0.21	B
20	开元寺毗卢殿	1105年	106	410	0.26	573.5	0.18	B
21	开元寺药师殿	1105年	80	379	0.21	499.5	0.16	C
22	少林寺初祖庵	1125年	103	353	0.29	471	0.22	B
23	佛光寺文殊殿	1137年	160	448	0.36	606	0.26	A
24	华严寺大殿	1140年	192	724	0.27	939	0.20	B
25	崇福寺弥陀殿	1143年	164.5	593	0.28	801	0.21	B
26	善化寺三圣殿	1128—1143年	131	618	0.21	844	0.16	C
27	善化寺山门	1128—1143年	121	586	0.21	750	0.16	C
28	甘露庵蜃阁	1146年	108	275	0.39	380	0.28	A
29	甘露庵观音阁	1153年	93	282	0.33	416	0.22	B
30	甘露庵上殿	1146—1153年	95	198	0.48	318	0.30	A
31	甘露庵南安阁	1165年	93	320	0.29	428	0.22	B
32	玄妙观三清殿	1179年	111	493	0.23	593	0.19	C
33	甘露庵库房	1227年	55	203	0.27	260	0.21	B
34	永乐宫三清殿	1262年	126	520.5	0.24	685.5	0.18	C
35	永乐宫绳成殿	1262年	121	472.5	0.26	634.5	0.19	B
36	永乐宫重阳殿	1262年	107	397	0.27	522.5	0.20	B
37	北岳庙德宁殿	1270年	148	982	0.15	1122	0.13	C
38	永乐宫无极门	1294年	122	430	0.28	560	0.22	B
39	定兴慈云阁	1306年	96	744	0.13	856	0.11	C
40	武义延福寺大殿	1317年	95	480	0.20	610	0.16	C
41	上海真如寺正殿	1320年	87	417.5	0.21	511	0.17	C

[1] 为了方便比较，本文定义大木大式出檐做法为 A 类，大木小式出檐做法为 B 类。另有一类 C 类是出檐特别小的做法：檐出与檐柱高的比值小于 0.25。

表 2　日本 12 世纪末之前的木结构建筑实例的出檐分析

序号	建筑实例	年代	出檐（cm）	檐柱高（cm）	出檐：檐柱高	檐高（cm）	出檐：檐高	类别
1	法隆寺金堂（下层）	708—711 年	252.6	374.2	0.68	533.3	0.47	D❶
2	法隆寺五重塔	710 年	204	321	0.63	471	0.43	D
3	法隆寺回廊	709 年之前	157.6	276	0.57	—❷	—	D
4	法起寺三重塔	706 年	181	342	0.53	501	0.36	A
5	药师寺东塔	730 年	143	268	0.54	332	0.43	D
6	法隆寺东室	747 年	151.8	297.1	0.51	317.6	0.48	D
7	法隆寺东院传法堂	729—746 年	134.8	293	0.46	367.8	0.37	D
8	海龙王寺五重小塔	729—749 年	16	47	0.34	77	0.23	B
9	东大寺法华堂	8 世纪上半	117.7	252.5	0.47	290.1	0.40	D
10	唐招提寺讲堂（朝集殿）	760 年之前	176.8	411.4	0.43	497.8	0.36	A
11	东大寺转害门	757—764 年	154.8	506	0.31	657.7	0.24	B
12	法隆寺东院梦殿	757—765 年	145	413	0.35	—❸	—	B
13	荣山寺八角堂	760 年之后	178.6	428.6	0.42	514.3	0.35	A
14	唐招提寺金堂	776 年	189.4	481.1	0.39	700	0.27	A
15	东大寺本坊经库	710—793 年	113	—❹	—	451	0.25	A
16	新药师寺本堂	710—793 年	167.1	421	0.40	484.3	0.35	A
17	元兴寺极乐坊五重小塔	710—793 年	19.6	39.5	0.50	65.9	0.30	A
18	唐招提寺经藏	710—793 年	118.2	—❺	—	358	0.33	A
19	唐招提寺宝藏	710—793 年	118.2	—❻	—	452.3	0.26	A
20	法隆寺经藏（上层）	710—793 年	95.5	230.3	0.41	307.9	0.31	A
21	法隆寺东大门	710—793 年	95.6	378.8	0.25	454.5	0.21	B
22	法隆寺食堂	710—793 年	133	393	0.34	473	0.28	A/B
23	手向山神社宝库	710—793 年	122	—❼	—	371.5	0.33	A
24	海龙王寺西金堂	710—793 年	125.5	325	0.39	403.5	0.31	A
25	室生寺五重塔	8 世纪末—9 世纪初	63	152	0.41	238	0.26	A
26	当麻寺东塔	8 世纪末—9 世纪初	109	330	0.33	206	0.21	B
27	室生寺金堂	867 年之前	105	350	0.30	390	0.27	A/B
28	法隆寺纲封藏	794—929 年	135.9	568.5	0.24	470	0.29	A
29	当麻寺西塔	794—929 年	87	321	0.27	495	0.18	B
30	东大寺劝进所经库	794—929	80.6	—❽	—	318	0.25	A
31	醍醐寺五重塔	951 年	159	325	0.49	523	0.30	A
32	法隆寺大讲堂	990 年	177.3	502.5	0.35	617	0.29	A/B
33	法隆寺钟楼（上层）	1005—1020 年	119.2	234.2	0.51	315.3	0.38	D

❶ D 类出檐是比较大的出檐做法，也就是说出檐与檐高的比大于 0.37。
❷ 法隆寺回廊未设橑檐枋（檩），故没有此项数据。
❸ 法隆寺东院梦殿未设橑檐枋（檩），故无此项数据。
❹ 日本古代的仓类建筑全是累积横木架起屋顶不设柱子，因此这类建筑都没有檐柱高。
❺ 同上。
❻ 同上。
❼ 同上。
❽ 同上。

续表

序号	建筑实例	年代	出檐（cm）	檐柱高（cm）	出檐：檐柱高	檐高（cm）	出檐：檐高	类别
34	平等院凤凰堂（中堂主屋）	1053年	153.3	555.8	0.28	771.4	0.20	B
35	平等院凤凰堂（中堂副阶）		95.1	330.6	0.29	388	0.25	B
36	平等院凤凰堂（翼廊二层）		91.0	91.0	1	138.9	0.66	D
37	平等院凤凰堂（角楼上层）		57.5	177.3	0.32	258.7	0.22	B
38	平等院凤凰堂（尾廊二层）		102.7	232.1	0.44	309.4	0.33	A
39	石山寺本堂	1096年	175.7	373.2	0.47	471	0.37	D
40	净琉璃寺本堂	1107年	105.4	242.4	0.43	258.2	0.41	D
41	鹤林寺太子堂	1112年	91.5	201.5	0.45	274.2	0.33	A
42	醍醐寺药师堂	1123年	124.5	283.6	0.44	340.9	0.37	D
43	中尊寺金色堂	1124年	109.7	228.2	0.48	284	0.39	D
44	富贵寺大堂	1147年	139.5	324.2	0.43	355.7	0.39	D
45	丰乐寺药师堂	1151年	169.7	282	0.60	313	0.54	D
46	白水阿弥陀堂	1160年	134.3	279	0.48	384.9	0.35	A
47	当麻寺本堂	1161年	152.4	363.6	0.42	446.9	0.34	A
48	三佛寺奥院	1168年	89.7	140.9	0.64	189.1	0.47	D
49	一乘寺三重塔	1171年	113	278	0.40	439	0.26	A
50	高藏寺阿弥陀堂	1177年	132.8	307.1	0.43	340.6	0.39	D
51	净琉璃寺三重塔	1178年	75	224	0.34	313	0.24	B
52	月轮寺药师堂	1189年	84.8	280.7	0.30	293.1	0.29	A/B
53	教王护国寺宝藏	1086—1184年	151.5	—❶	—	427.5	0.35	A
54	金刚寺多宝塔（下层）	1086—1184年	100.6	300.3	0.33	328.3	0.31	A/B
55	金刚寺多宝塔（上层）		85.9	250.4	0.34	391.6	0.22	B
56	长岳寺楼门（上层）	1086—1184年	77.5	126.4	0.61	164.5	0.47	D
57	法隆寺妻室	1085—1184年	90.5	177.4	0.51	233.1	0.39	D

注：各建筑的檐出、檐柱高、檐高数据根据各《修理工事报告书》和《日本建筑史基础资料集成》所收实测图实测获得。各建筑的年代根据《国宝·重要文化财建造物目录》、《国指定文化财データベース》、《日本古代楼阁式木塔研究》、《日本古代佛殿研究》。

第二期：8世纪中叶至11世纪中叶，这个时期的出檐和中国遗构相似，但是出檐以与檐高之比为0.3—0.33的A类（《算例》中的大木大式出檐做法——歇山法）为主，偶有出檐与檐柱高之比为0.3—0.33的B类（《算例》中的大木小式出檐做法——硬山法）；

第三期：11世纪末至12世纪末，这个时期的出檐又呈现变大的趋势，以出檐与檐高之比超过0.37的D类为主，偶有A类和B类。

总体来讲，日本12世纪末之前的木结构建筑的出檐都相对较大，即便是中间阶段有与中国做法趋同的现象，仍然是较多采用了中国出檐较大的大木大式出檐做法（歇山法），出檐较小的大木小式出檐做法（硬山法）则非常少，而出檐与檐柱高之比小于0.25的C类出檐则完全没有。其中值得注意的是仓类建筑的出檐全部是A类出檐做法，而楼阁式木塔的出檐基本都是A或者B类，显示出这两种建筑与中国极深的渊源关系。

---

❶ 日本古代的仓类建筑全是累积横木架起屋顶不设柱子，因此这类建筑都没有檐柱高。

四、对《匠明》中的有关记述进行分析

《营造法式·卷第五·檐》中有关于出檐的记载，但是其中的记述仅涉及出檐与椽径的关系，没有论及出檐与檐高、檐柱高的相互关系。《匠明》（1608年）是东亚现存最古老的木匠世家家传的建筑技术秘籍，其中虽然没有明确规定出檐与檐高、檐柱高的关系，但是这些尺度分别都有具体的规定，因此经过分析不难看出出檐与檐高、檐柱高的关系，限于篇幅本文首先以《匠明·塔记集》中记述最为详细的三重塔为例进行详细分析。

1.《匠明·塔记集·三重塔》中的檐出分析

根据《匠明·三重塔》的记载，相关的尺度如下：

《匠·三重塔》底层出檐 =6 或 7 支

根据《匠·三重塔·木割表》，底层总开间为 32 支，则每支尺寸：

1 支 = 底层总开间 ÷32

则，底层出檐 =6（或 7）× 底层总开间 ÷32

又根据《匠·三重塔·第三条注文》，底层檐柱高（木地板上皮至普拍枋上皮）=0.6× 底层总开间，则：

底层出檐：底层檐柱高 =6（或 7）÷0.6÷32=0.31（或 0.36）

再根据《匠·三重塔·第五条注文》，假设下昂昂头的散斗的标高与第二跳华栱上的散斗标高相齐，则铺作举高（栌斗底至橑檐枋上皮）=0.7a+3×（h–0.2a）+3×0.4a+0.33a。其中 h 为散斗底到上方材方的一半断面高度处的垂直距离，a 为底层檐柱柱径（图 4）。根据第五条注文的上下文可知：

$$h-0.2a=0.6 \times 0.4a$$

因此，h=0.44a。

则铺作举高 =0.7a+3×（0.44–0.2）a+3×0.4a+0.33a=2.95a

而根据《匠·三重塔·第一条注文》，底层檐柱柱径 a=0.08× 底层总开间。

因此《匠·三重塔》的底层檐高（木地板上皮至橑檐枋上皮）= 檐柱柱高 + 铺作举高 =0.6× 底层总开间 +2.95×0.08× 底层总开间 =0.836× 底层总开间。因此，

底层出檐：底层檐高 =6（或 7）÷0.836÷32=0.22（或 0.26）。

也就是说如果底层出檐为 6 支的话，出檐：檐柱高 =0.31，出檐：檐高 =0.22，属于大木小式的出檐做法（B 类），如果底层出檐为 7 支的话，出檐：檐柱高 =0.36，出檐：檐高 =0.26，属于大木大式的出檐做法（A 类）。

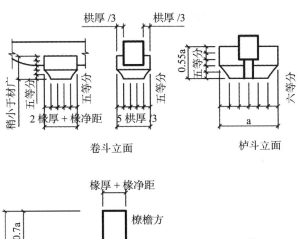

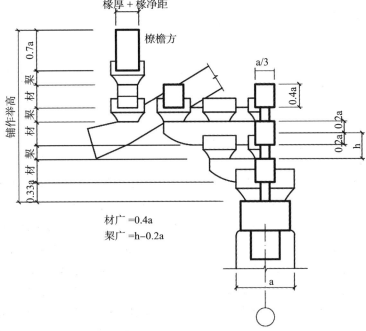

图4 《匠明·三重塔》的铺作示意图
（笔者据《匠明》、《匠明五卷考》制作）

但是不论出檐是6支抑或7支，可以肯定的是《匠·三重塔》的出檐做法接近于中国14世纪初之前的遗构中的出檐做法，而与日本12世纪以前有两个阶段出檐做法较大（D类）的现象相左。

2.《匠明》中的其他几例典型建筑的檐出分析

下面再用同样的方法分析《匠明》中详细记述的其他几例建筑的檐出（表3）：

可以看出即便是17世纪初的《匠明》中所记载的建筑，其出檐做法也基本上是中国式的大木大式的出檐做法（歇山法），仅三间四面堂为中国式的大木小式做法（硬山法），而只有书院造的"主殿"当出檐不设飞子时才会用日本式的深出檐。说明中国式的出檐做法——特别是

表 3 《匠明》中的几例代表性建筑的檐出做法分析

序号	建筑实例	出檐	檐柱高	出檐：檐柱高	檐高	出檐：檐高	类别
1	四脚门	6 × 总开间 ÷ 24	0.932 × 总开间	0.27	1.0882 × 总开间	0.27	A/B
		7 × 总开间 ÷ 24		0.31		0.32	A/B
2	向妻作一间社	7 × 总开间 ÷ 22	0.81 总开间	0.39	0.92 × 总开间	0.35	A
3	五重塔	6 × 底层总开间 ÷ 32	0.5 × 底层总开间	0.38	0.736 × 底层总开间	0.25	A
		7 × 底层总开间 ÷ 32		0.44		0.30	A
4	三间四面堂	7 × 总开间 ÷ 52	0.448 × 总开间	0.30	0.631 × 总开间	0.21	B
5	主殿	5.2 尺（不带飞子）	6.3 尺	0.83	10.08 尺	0.52	D
		2.6 尺（带飞子）		0.42		0.26	A

大木大式出檐做法（歇山法），至少在 17 世纪初仍然深刻地影响着日本的木结构建筑营造。

六、小结

根据《营造算例》可知清末民国时中国木结构建筑的出檐有两种做法：大木大式法（歇山法）和大木小式法（硬山法）。而根据对中国 14 世纪初之前的 41 栋实例的分析可知，这一时期的建筑以硬山法为多，偶有歇山法；而对日本 12 世纪末之前的 50 余栋实例进行分析可知，此时期日本的出檐与檐高之比较同期中国实例要大，尤其还出现了出檐与檐高之比大于 0.37 的深出檐做法，而 8 世纪中叶至 11 世纪中叶的日本实例的出檐做法与中国做法相近，但仍以歇山法为主，显示出日本此时期实例深出檐的特点。最后根据对 17 世纪初的日本文献《匠明》的分析可知，这部文献中所记述的几栋主要建筑的出檐做法仍然是以歇山法为主，偶有硬山法，说明至迟在 17 世纪初中国的出檐做法仍然深刻地影响着日本的木结构建筑技术。

参考文献

[1] 梁思成. 清式营造则例 [M]. 北京：中国建筑工业出版社，1981.

[2] 佚名. 营造算例印行缘起 [J]. 中国营造学社汇刊，1931（1）：1–4.

[3] 佚名. 营造算例之一 歇山庑殿斗科大木大式做法 [J]. 中国营造学社汇刊，1931（1）：1–37.

[4] 佚名. 营造算例之一 大木小式做法 [J]. 中国营造学社汇刊，1931（1）：1–12.

[5] 佚名. 营造算例之一 大木杂式做法 [J]. 中国营造学社汇刊，1931（1）：1–16.

[6] 陈明达. 唐宋木结构建筑实测记录表 [J]. 建筑历史研究，1992：231–261.

[7] 文化財保護部建造物課.国宝・重要文化財建造物目録[M].東京:文化庁,1999.

[8] 法隆寺国宝保存委員会.国宝法隆寺金堂修理工事報告[M].東京:法隆寺国宝保存委員会,1956.

[9] 法隆寺国宝保存委員会.国宝法隆寺五重塔修理工事報告書[M].東京:法隆寺国宝存委員会,1955.

[10] 奈良県教育委員会.国宝法隆寺廻廊他五棟修理工事報告書[M].奈良:奈良県教育委員会,1983.

[11] 奈良県教育委員会.国宝法起寺三重塔修理工事報告書[M].奈良:奈良県教育委員会,1975.

[12] 奈良県教育委員会文化財保存課.薬師寺東塔及び南門修理工事報告書[M].奈良:奈良県教育委員会文化財保存課,1952.

[13] 薬師寺.薬師寺東塔に関する調査報告書[M].奈良:薬師寺,1981.

[14] 奈良県教育委員会文化財保存課.重要文化財法隆寺東室修理工事報告書[M].奈良:奈良県教育委員会文化財保存課,1961.

[15] 法隆寺国宝保存事業部.国宝建造物法隆寺東院舎利殿及絵殿並伝法堂修理工事報告書[M].東京:法隆寺国宝保存事業部,1943.

[16] 太田博太郎.日本建築基礎資料集成11・塔婆1[M].東京:中央公論美術出版,1966.

[17] 奈良県教育委員会.国宝東大寺法華堂修理工事報告書[M].奈良:奈良県教育委員会,1972.

[18] 奈良県教育委員会.国宝唐招提寺講堂他二棟修理工事報告書[M].奈良:奈良県教育委員会,1972.

[19] 奈良文化財研究所.国宝東大寺転害門調査報告書[M].奈良:奈良文化財研究所,2003.

[20] 法隆寺国宝保存事業部.国宝建造物法隆寺夢殿及東院廻廊修理工事報告[M].東京:法隆寺国宝保存事業部,1943.

[21] 福山敏男,秋山光和.栄山寺八角堂[M].東京:国立博物館,1950.

[22] 奈良県教育委員会.国宝唐招提寺金堂修理工事報告書[M].奈良:奈良県教育委員会,2009.

[23] 奈良県教育委員会.国宝東大寺本坊経庫修理工事報告書[M].奈良:奈良県教育委員会,1963.

[24] 奈良県教育委員会.国宝新薬師寺本堂・重要文化財地蔵堂・重要文化財南門・重要文化財鐘楼修理工事報告書[M].奈良:奈良県教育委員会,1996.

[25] 奈良県文化財保存事務所.国宝元興寺極楽坊五重小塔修理工事報告書[M].奈良:奈良県文化財保存事務所,1968.

[26] 奈良県教育委員会文化財保存課.唐招提寺宝蔵及び経蔵修理工事報告書[M].奈良:奈良県教育委員会文化財保存課,1962.

[27] 法隆寺国宝保存事業部. 国宝建造物東大門修理工事報告書[M]. 東京: 法隆寺国宝保存事業部, 1935.

[28] 法隆寺国宝保存事務所. 国宝建造物食堂及細殿修理工事報告書[M]. 東京: 法隆寺国宝保存事務所, 1936.

[29] 奈良県教育委員会文化財保存課. 手向山神社宝庫・境内社住吉神社本殿修理工事報告書[M]. 奈良: 奈良県教育委員会文化財保存課, 1958.

[30] 奈良県文化財保存事務所. 重要文化財海龍王寺西金堂・経蔵修理工事報告書[M]. 奈良: 奈良県文化財保存事務所, 1967.

[31] 奈良県教育委員会. 国宝室生寺五重塔修理工事報告書[M]. 奈良: 奈良県教育委員会, 1979.

[32] 奈良県教育委員会. 国宝室生寺五重塔(災害復旧)修理工事報告書[M]. 奈良: 奈良県教育委員会, 2000.

[33] 奈良県教育委員会. 国宝室生寺金堂修理工事報告書[M]. 奈良: 奈良県教育委員会, 1991.

[34] 奈良県文化財保存事務所. 重要文化財法隆寺綱封蔵修理工事報告書[M]. 奈良: 奈良県文化財保存事務所, 1966.

[35] 奈良県教育委員会. 重要文化財東大寺勧進所経庫修理工事報告書[M]. 奈良: 奈良県教育委員会, 1971.

[36] 京都府教育庁文化財保護課. 国宝建造物醍醐寺五重塔修理工事報告書[M]. 京都: 京都府教育庁文化財保護課, 1960.

[37] 法隆寺国宝保存事業部. 国宝建造物法隆寺大講堂修理工事報告[M]. 東京: 法隆寺国宝保存事業部, 1941.

[38] 京都府教育庁文化財保護課. 国宝平等院鳳凰堂修理工事報告書[M]. 京都: 京都府教育庁文化財保護課, 1957.

[39] 滋賀県教育委員会. 国宝石山寺本堂修理工事報告書[M]. 大津: 滋賀県教育委員会, 1961.

[40] 京都府教育委員会. 国宝浄瑠璃寺本堂・三重塔修理工事報告書[M]. 京都: 京都府教育委員会, 1967.

[41] 太田博太郎. 日本建築基礎資料集成5・仏堂2[M]. 東京: 中央公論美術出版, 2006.

[42] 国宝中尊寺金色堂保存修理委員会. 国宝中尊寺金色堂保存修理工事報告書[M]. 西磐井郡: 国宝中尊寺金色堂保存修理委員会, 1968.

[43] 国宝白水阿弥陀堂修理工事事務所. 国宝白水阿弥陀堂修理工事報告書[M]. 内郷: 国宝白水阿弥陀堂修理工事事務所, 1956.

[44] 奈良県教育委員会事務局文化財保存課. 国宝当麻寺本堂修理工事報告書[M]. 奈良: 奈良県教育委員会事務局文化財保存課, 1960.

[45] 太田博太郎. 日本建築基礎資料集成12・塔婆2[M]. 東京: 中央公論美術出版, 1999.

[46] 文化財建造物保存技術協会. 重要文化財高蔵寺阿弥陀堂保存修理工事報告書 [M]. 東京：文化財建造物保存技術協会，2003.

[47] 重要文化財月輪寺薬師堂修理工事報告書.[M]. 佐波郡：月輪寺薬師堂修理工事委員会，1957.

[48] 京都府教育庁文化財保護課. 重要文化財教王護国寺宝蔵・大師堂修理工事報告書 [M]. 京都：京都府教育庁文化財保護課，1955.

[49] 国宝金剛寺塔婆及鐘楼修理事務所. 国宝金剛寺塔婆及鐘楼修理工事報告書 [M]. 南河内郡：国宝金剛寺塔婆及鐘楼修理事務所，1940.

[50] 奈良県教育委員会. 重要文化財長岳旧地蔵院・楼門修理工事工事報告書 [M]. 奈良：奈良県教育委員会，1969.

[51] 奈良県文化財保存事務所. 重要文化財法隆寺妻室修理工事報告書 [M]. 奈良：奈良県文化財保存事務所，1963.

[52] 伊藤要太郎，校訂. 匠明 [M]. 東京：鹿島出版会，1971.

[53] 伊藤要太郎. 匠明五卷考 [M]. 東京：鹿島出版会，1971.

[54] 张毅捷.《匠明》及其中三重塔做法 [J]. 建筑史，2013（31）：181-198.

[55] 张毅捷.《匠明》及其中三间四面堂做法 [A]. 中国建筑学会建筑史学分会. 中国建筑史学会年会暨学术研讨会2015[C]. 广州：广东工业大学建筑与城市规划学院，2015：660-683.

[56] 下出源七. 建築大辞典 [M]. 東京：彰国社，1976.

[57] 太田博太郎. 日本建築基礎資料集成4・仏堂1[M]. 東京：中央公論美術出版，1981.

[58] 陈明达. 营造法式大木作制度研究 [M]. 北京：文物出版社，1981.

[59] 张毅捷. 日本古代楼阁式木塔研究 [D]. 上海：同济大学建筑与城规学院，2011.

[60] 张毅捷. 日本古代佛殿研究 [R]. 上海：同济大学土木工程学院，2014.

[61] 梁思成. 图像中国建筑史 [M]. 北京：中国建筑工业出版社，1984.

苏州虎丘二山门尺度复原与设计技法探讨[1]

李 敏

（东南大学建筑研究所）

摘要：本文根据对二山门的三维扫描、细致调查和实测，结合文献的记载和前人的研究，对其构件进行分型分期和构件纯度探讨。在此基础上，首先利用对模数化设计方法敏感和数据准确的构件进行尺寸和份值复原，探讨二山门模数化设计方法是材份制还是斗口制；之后复原各构件尺寸或份值，利用构件与构件之间设计的关联性分析构件的设计方法；最后，以构件与空间的尺寸关联性为线索，对二山门展开整体的尺度复原与设计技法的探讨。

关键词：尺度复原，设计技术，关联性

Abstract: The article uses three-dimensional laser scanning data and on-site survey measurements to discuss the traditional (wooden) construction of the second front gate at Tiger Hill in Suzhou—combined with the information gathered from historical documents, previous studies, and a general classification and periodization of architectural components. Starting from a few modular-designed building components that have reliable measurements, the paper explores the absolute and modular dimensions of all components with the aim to determine the modular design method of the entire building (either based on *caifen* or *doukou*). Based on these conjectures, the paper then analyses the (cor)relation between different building components and their underlying design principles. This will serve to restore the dimensional proportions of the building as a whole and evaluate the design techniques used for its structural framework.

Keywords: restoration of proportional dimensions, design technology, proportional relations

苏州虎丘二山门是江南地区宋元遗构，自修建以来，历经多次修缮。其建筑构件类型繁多，最早时期构件存留纯度仅24%[2]，其中与空间尺度相关的构件仅存西山中缝屋架，甚至屋面坡度亦经修改。本文在探讨了建筑构件分型与分期以及构件纯度的基础上，进一步探讨二山门的尺度复原与设计方法。长久以来，学界对《营造法式》[3]中记载的设计技法有颇多的研究，也有许多学者致力于《营造法式》设计技法与遗构的对照研究，本文致力于探讨一个长久以来根植于笔者心中的问题，即二山门是否符合《营造法式》所记载的材份值模数化设计方法。结合笔者对苏州地区其他早期遗构进行的实地调研，以及与成书于民国、反映苏州地区地方设计技法的《营造法原》比较，对虎丘二山门的尺度进行复原和设计技法的探讨如下：

---

[1] 国家自然科学基金课题相关论文，项目批准号：51378102。
[2] 参见：李敏. 苏州虎丘二山门构件分型分期与纯度探讨 [M]// 王贵祥，贺从容，李菁. 中国建筑史论汇刊·第壹拾肆辑. 北京：中国建筑工业出版社，2017。
[3] 本文中关于《营造法式》的引用均来自：梁思成.《营造法式》注释 [M]. 北京：中国建筑工业出版社，1983。

一、二山门空间尺度复原

研究的目的和意义：二山门空间尺度的研究，即从设计技术的角度探讨宋元遗构空间设计技法和意匠。其主要由两部分所构成：设计尺寸的复原和尺度构成分析。一方面，这有利于增加我们对苏州地区宋元时期遗构设计技术的认识；另一方面，可以增加对二山门甚至苏州地区早期遗构的设计技术的认识。

研究的线索和角度：本研究的切入点是构件的分类和构件尺寸与空间尺寸的关联性。空间尺寸主要由柱头、脚平面尺寸，檐柱、内柱高度，椽架等构成。由于历次修缮所导致的更改，及构架变形与风蚀糟朽干缩等诸多因素，致使较难辨识其原有空间设计尺寸。尤其是在二山门构件更换数量超过70%，原有构件保留仅24%左右，其中与椽架相关的乳栿和劄牵大多已被更换，甚至其屋面坡度都被更改的情况下，更难判断其原有空间尺寸。是故如果不从构件分型分期的角度分析，直接以空间尺寸的均值复原其原有空间尺寸，甚至分析其空间尺度构成，是很难接近历史真实的。

1. 构件尺寸与空间尺寸关系

如果从构件的尺寸角度入手，就必须建立其构件尺寸与空间尺寸的关联性。首先，柱头、柱脚的开间尺寸与阑额（柱心到柱心）的尺寸相关联，山面前后进间进深尺寸与乳栿的长度（柱心到铺作心）相关联，相对应前后檐梢间的尺寸则与山面丁乳栿（柱心到铺作心）的长度相关联。其次是椽架，二山门总共四架；心间平柱缝第二、三架与劄牵（柱心到铺作心）的尺寸相关联；两山面第二架与丁劄牵（柱心到铺作心）的长度关联。此外，二山门转角铺作里跳挑斡结角特殊，是为转角挑斡与面阔、进深补间三挑斡不交于一点，补间挑斡与转角挑斡距离（心到心）B（图1）反映在里跳转角令栱尺寸上面。由于令栱分位与下平槫位置相关联；换句话说，转角铺作挑斡与补间铺作挑斡尾端的距离B影响到了槫架尺寸，同时也将令栱的尺寸与椽架尺寸联系起来。其尺寸关系如下：

a. 第一椽架＋第二椽架 = 山面前进间 = 乳栿（柱心到铺作心）

b. 第二椽架—第一椽架 =B

2. 建立在构件分类基础上的空间尺寸的推理与分析

（1）平面空间尺寸

二山门的平面空间尺寸是以柱头平面还是柱脚平面为准，这关系到二山门有无侧脚作法。平面空间数据的截取如下：从表1可知，柱脚通面阔约为 13025 毫米，柱头通面阔约为 12905 毫米；柱头柱脚通面阔差值约为 120 毫米，侧脚为 60 毫米。柱脚通进深约为 7010 毫米，柱头通进深约为 6930 毫米；柱脚与柱头通进深差值约为 80 毫米，侧脚约为 40 毫米。由于二山门地面向南沉降，整个构架向南倾斜，此外，后檐东梢间向西倾斜。其侧脚是构架变形所致还是侧脚作法难以判断。

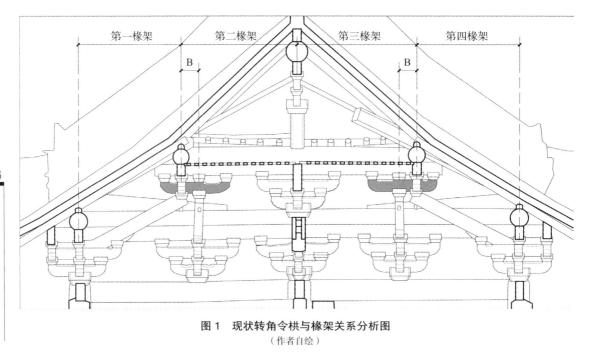

图 1　现状转角令栱与椽架关系分析图
（作者自绘）

表 1　柱脚、柱头的通面阔、通进深数值比较

柱脚数据	通面阔	柱脚数据	通进深	柱头数据	通面阔	柱头数据	通进深
前檐	12980 毫米	东山	7020 毫米	前檐	12890 毫米	东山	6920 毫米
中缝	13040 毫米	西山	7005 毫米	中缝	12930 毫米	西山	6940 毫米
后檐	13060 毫米	均值	7010 毫米	后檐	12900 毫米	均值	6930 毫米
均值	13025 毫米	—	—	均值	12905 毫米	—	—

如果从构件分类的角度分析，根据《苏州虎丘二山门构件分型分期与纯度探讨》一文中柱础类型的分类，其元式柱础实例共三个，为西山中柱与内二中柱下柱础。其础石之间的尺寸分别对应了心槽梢间尺寸和心间尺寸，其尺寸分别为 3525 毫米和 5960 毫米。再者，西丁乳栿与剳牵以及内额亦是各自类型中时代最早的案例，足见中缝西梢间与心间尺寸是最接近始建年代的平面空间尺寸的。此外西丁乳栿（柱心到铺作心）的长度亦是 3525 毫米左右，而柱头尺寸亦是 3525 毫米，剳牵长度约 1910 毫米。也就是说，从构件分类的角度切入，从构件的尺寸与空间尺寸的关联进行分析，二山门柱头尺寸与柱脚尺寸相等，没有侧脚作法。

总而言之，以构件分类为基础得到的平面空间尺寸为：前后檐心间 5960 毫米，两梢间 3525 毫米。由于二山门山面两进间与面阔方向梢间相等，故前后檐梢间亦为 3525 毫米。再者由劄牵长度与椽架的尺寸关联可知，山面第一椽架 3525 毫米—1910 毫米 =1615 毫米，山面第二椽架长度为 1910 毫米。

综上所述，从平面尺寸取均值所得到的结果，与从构件分类入手所得到的结果相比，其差异在于，前者有侧脚作法而后者无。根据现状调查，二山门的平面变形颇大，尤其是后檐的东西梢间。再者由于地面沉降等因素导致整个建筑向南倾斜，其山面进间亦变形。如果单纯截取数据取均值，得到的结果很难确定是其始建时设计的尺寸。那么，是什么原因导致建筑产生了侧脚了呢？

（2）关于原有平面重建或改建

江南建筑有在原址重建或改建的诸多案例，其中许多是在原有建筑平面尺寸甚至原有柱础上重建的。例如，甪直保圣寺天王殿❶（明成化或崇祯年间重建），其建筑仍沿用与大殿尺寸和花纹一致的宋代柱础，经过平面营造尺复原（与大殿复原营造尺 1 尺 =307.5 毫米一致），其心间 16 尺，梢间 10 尺，两山进间 11.5 尺，系其在宋代地盘平面重建（图 2）。保圣寺天王殿侧脚明显，经尺寸复原后发现，其产生如此大的侧脚，有可能是新建构架的空间尺寸设计难以与原有平面匹配所致。其表现为平面用营造尺 1 尺 =307.5 毫米，构架用营造尺 1 尺 =275 毫米。

再者，常州天宁寺，有"东南第一丛林"、"一郡梵刹之冠"的称誉，为明清时期江南著名禅宗寺院，清末被毁，亦于清末原址重建。其大雄宝殿、天王殿开间尺度巨大，柱础为形制古朴硕型柱础，亦有可能系原址利用原有柱础和地盘平面重建。

成书于民国的《营造法原》❷开脚总例中亦有"假如造屋开脚、打夯、筑砌墙垣，及磉磩照原处不动者，底脚不妨仍旧（磉磩系磉石之位置）。倘若高或升造楼房，须将原脚取出，重新打夯驳脚（驳脚即筑砌墙脚），或用乱石、塘石绞脚即可"的记载。从中可知，除升造楼房，改变原有建筑规模的情况外，是可以使用原有地盘平面的，即不改变原有平面尺寸重建。

综上所述，二山门亦有可能在某次修缮或者改建过程中，重新调整或设计过椽架，从而导致其产生侧脚。根据《苏州虎丘二山门构件分型分期与纯度探讨》一文中更换的乳栿和劄牵类型可以看出其各尺寸的差异，因此与其相关联的椽架亦被调整和设计过。再者，从二山门的屋面举折亦被改变来看，也有可能对乳栿、椽架等尺寸重新调整设计。

（3）空间尺寸复原与营造尺

根据前人对宋元遗构平面的复原与分析研究，即整数尺间制，复原尺寸见表 2。二山门心间 20 尺，梢间 12 尺，两山前后进间亦为 12 尺。根据乳栿、劄牵分类复原的第一椽架复原设计尺寸为 5.5 尺，第二椽架为 6.5 尺。合营造尺 1 尺 =293.64 毫米—299.28 毫米，其中 1 尺 =293 毫米—296 毫米的数值最多，均值为 295.49 毫米。

❶ 参见：李敏.甪直保圣寺天王殿实测调查研究[M]//贾珺.建筑史·第36辑.北京：清华大学出版社，2015.

❷ 本文中关于《营造法原》的引用均来自：姚承祖，原著.张至刚，增编.刘敦桢，校阅.营造法原[M].北京：中国建筑工业出版社，1986.

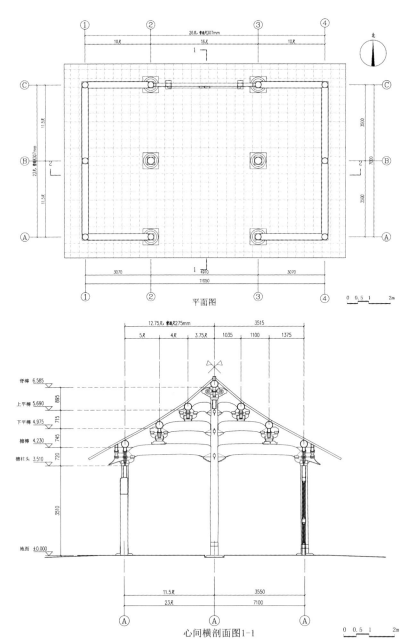

图 2 甪直保圣寺天王殿平面与心间横剖面图
（作者自绘）

表 2 空间尺寸复原与营造尺

	通面阔	通进深	心间	次间	第一椽架	第二椽架	内中柱高	檐柱高
现状数据	13010毫米	7050毫米	5960毫米	3525毫米	1615毫米	1910毫米	6285毫米	3700毫米
复原尺寸	44尺	24尺	20尺	12尺	5.5尺	6.5尺	21尺	12.5尺
营造尺1尺	295.68毫米	293.75毫米	298毫米	293.75毫米	293.64毫米	293.84	299.28毫米	296毫米

注：柱高为阑额上皮至地面。

二、二山门模数化设计方法分析：材份、斗口、尺寸

研究目的与意义：二山门的设计模数是材份、斗口或苏州地区《营造法原》记载的用材方式，抑或者是尺寸法。这对于认识宋元时期木构建筑设计技术非常重要，同样对于了解这一时期是否受《营造法式》影响，抑或反映苏州地区地方设计技术都很关键，再者对于复原营造尺的校验也是一项很重要的依据。

研究方法与视角：本节的设计方法研究是以构件分类为依据，根据与技术书模数设计方法的比较，分析和探讨二山门模数设计方法。其技术书主要有以下几部：一部是与建造时代相近的《营造法式》；一部是成书较晚，但能反映苏州地区地域性技术特点的《营造法原》，其主要设计特点是比例关系与简单尺寸法；另一部是与江南有技术渊源的清官式营造书籍《工部工程做法》❶，其中记载了斗口制。

1.《营造法式》的材份制特点

1）以栱的断面为基准：材广/材厚=3∶2，足材/材厚=21∶10。

2）材广15份，材厚10份，栔6份，足材21份；最小的单位为1份。其中材广和栔是构件高度方向尺寸的设计模数，材厚和份则是水平或横向尺寸的设计模数。

3）材份8等，度屋之大小因而用之。各材等大小如下：一等材9寸×6寸，每份0.6平方寸；二等材8.25寸×5.5寸，每份0.55平方寸；三等材7.5寸×5寸，每份0.5平方寸；四等材7.2寸×4.8寸，每份0.48平方寸；五等材6.6寸×4.4寸，每份0.44平方寸；六等材6寸×4寸，每份0.4平方寸；七等材5.25寸×3.5寸，每份0.35平方寸；八等材4.5寸×3寸，每份0.3平方寸。

4）根据《营造法式》记载分析，材份制主要模数化木构件的断面尺寸和其他的尺寸以材度量，空间尺寸仍用尺度量。

2.《营造法原》所记载的用材特点

1）其规定样式有三种：a.五七式；b.四六式；c.双四六式。以五七式斗为基准，以斗面宽命名，为方形；其斗面宽7寸，高5寸。栱高3.5寸，栱厚2.5寸。四六式，按五七式之8折，故名四六式。双四六式，是为1倍于四六式。

2）其栱高/栱厚=7∶5=1.4∶1。实栱高/栱厚=5∶2.5=2∶1。其最小单位为0.5寸。

3）升料为栱料扁作，即栱枋扁作斗。

4）《营造法原》中除牌科有规定用材法则外，其余构件尺寸设计主

❶ 本文中关于《工部工程做法》的引用均来自：王璞子.工程做法注释[M].北京：中国建筑工业出版社，1995.

要是依据比例关系和尺寸法进行设计。

3.清《工部工程做法》中斗口制模数设计特点

1）斗口制，大斗斗口断面宽度为基准。材广/材厚=1.4：1。足材/材厚=20：10=2：1。其最小单位为1斗口。

2）斗口分11等：一等材6寸；二等材5.5寸；三等材5寸；四等材4.5寸；五等材4寸；六等材3.5寸；七等材3寸；八等材2.5寸；九等材2寸；十等材1.5寸；十一等材1寸。逐等相差0.5寸。

3）斗口制模数化设计包含空间尺寸和构件尺寸。

模数设计制度与构件的尺寸关系最为敏感，故二山门的构件模数设计制度分析主要从构件尺寸分析入手。以下主要选取了栱与栌斗的数据进行对比分析。

4.二山门构件模数化设计方法探讨

1）栱

根据构件分型分期，栱D型为最早栱型。[1] 用材200—205（毫米）×130—135（毫米），足材280—285（毫米）。表3为实测栱断面数据比例关系与各种用材制度的比例关系的对比，其中实测数据栱广与栱厚比值为1.5强，足材栱广与栱厚比值为2.1强，二者均与《营造法式》记载的用材比例关系接近。那么，二山门的模数设计制度是不是《营造法式》所记载的用材制度呢？接下来通过栱长数据继续探讨（表4）。

[1] 本文所有构件分型均来自：李敏.苏州虎丘二山门构件分型分期与纯度探讨[M]//王贵祥,贺从容,李菁.中国建筑史论汇刊·第壹拾肆辑.北京：中国建筑工业出版社，2017

表3 栱断面比例关系

	材份制	斗口制	《法原》用材	实测数据
栱广/栱厚比例	1.5	1.4	1.4	1.538—1.541
足材栱广/栱厚比例	2.1	2	2	2.143—2.154

表4 栱长各模数单位复原分析

	各种模数设计制度			
	实测数据（毫米）	材份制（份）（每份13—13.3毫米）	斗口制（斗口）（每斗口130—133毫米）	《营造法原》用材制度（尺）（合苏州木工尺275毫米，最小单位0.5寸）
泥道栱（栱长）	840毫米	64.61份	6.46斗口	3.06尺
慢栱（栱长）	1245—1260毫米	94.7—95.77份	9.47—9.58斗口	4.53—4.58尺
寒梢栱（栱长）	778毫米	59.84份	5.98斗口	2.83尺
外跳令栱（栱长）	980—990毫米	74.43—75.38份	7.44—7.54斗口	3.56—3.6尺
里跳令栱（栱长）	995—1000毫米	75.19—76.53份	7.52—7.65斗口	3.62—3.64尺

注：营造尺294—298毫米；断面份数复原：每份13—13.3毫米。由于手测数据偏小，三维扫描点云所截得数据略大，加上构件受年代的风蚀、干缩等因素的影响，测得数据略小于原始数据，是故换算每份份值以较小数据13毫米为主（以下各表同）。此外，以上所选取为构成比较简单且构件数据明确的栱类。

根据表4中各种模数设计方法复原栱长设计，分析如下：

a. 泥道栱长：换算为材份制份值为64.61份，复原设计值约为65份；换算斗口制约为6.5斗口；换算为《营造法原》苏州木工尺约为3.06尺。

b. 慢栱长：换算为材份制份值为94.7—95.77份，复原设计值约为95份；换算斗口制约为9.5斗口；换算为《营造法原》苏州木工尺约为4.53—4.58尺。

c. 寒梢栱❶长：换算为材份制份值为59.84份，复原设计值约为60份；换算斗口制约为6斗口；换算为《营造法原》苏州木工尺约为2.83尺。

d. 外跳令栱长：换算为材份制份值为74.43—75.38份，复原设计值约为75份；换算斗口制约为7.5斗口；换算为《营造法原》苏州木工尺约为3.56—3.6尺。

e. 里跳令栱长：换算为材份制份值为75.19—76.53份，复原设计值约为75份强；换算斗口制约为7.5斗口强；换算为《营造法原》苏州木工尺约为3.62—3.64尺。

根据上文可知，材份制的最小模数单位是1份；斗口制的最小模数单位是1斗口；《营造法原》的最小模数单位是0.5寸。据上文有关栱长设计各种模数制复原数据分析可知：只有材份制满足其最小模数单位的设定，斗口制与《营造法原》寸法均不满足。

2）栌斗

栌斗的主要数据有：斗顶面阔，斗顶进深，斗底面阔和斗底进深，栌斗总高，以及耳、平、欹的高度。根据上文，最早时期栌斗类型为长方形A、B型（图3，表5）。

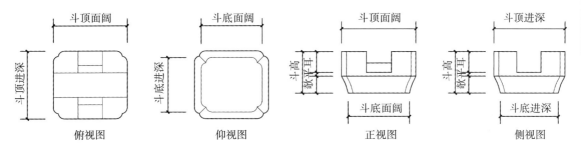

图3　栌斗数据构成图
（作者自绘）

表5　栌斗各模数单位复原分析

	柱头与补间栌斗			
	实测数据（毫米）	材份制（份）（每份13—13.3毫米）	斗口制（斗口）（每斗口130—133毫米）	《营造法原》用材制度（尺）（合苏州木工尺275毫米）
斗顶面阔	390—400毫米	30—30.08份	3—3.01斗口	1.42—1.46尺
斗顶进深	355—360毫米	27.03—27.07份	2.7—2.71斗口	1.29—1.31尺
斗底面阔	320—330毫米	24.62—24.81份	2.46—2.48斗口	1.16—1.2尺
斗底进深	290—300毫米	22.31—22.55份	2.23—2.26斗口	1.06—1.09尺
栌斗总高	220—230毫米	16.92—17.29份	1.69—1.73斗口	0.8—0.84尺

❶　该术语来自文献[5]：17，第七章殿庭总论："梁背安斗及寒梢栱，以承山界梁。"

根据表 5 中各种模数设计方法复原栌斗设计分析如下：

  a. 斗顶面阔：换算为材份制份值为 30.00—30.08 份，复原设计值约为 30 份；换算斗口制约为 3 斗口；换算为《营造法原》苏州木工尺约为 1.42—1.46 尺。

  b. 斗顶进深：换算为材份制份值为 27.03—27.07 份，复原设计值约为 27 份；换算斗口制约为 2.7 斗口；换算为《营造法原》苏州木工尺约为 1.29—1.31 尺。

  c. 斗底面阔：换算为材份制份值为 24.62—24.81 份，复原设计值约为 25 份弱；换算斗口制约为 2.5 斗口；换算为《营造法原》苏州木工尺约为 1.16—1.2 尺。

  d. 斗底进深：换算为材份制份值为 22.31—22.55 份，复原设计值约为 22 份强；换算斗口制约为 2.2 斗口；换算为《营造法原》苏州木工尺约为 1.06—1.09 尺。

  e. 斗底进深：换算为材份制份值为 16.92—17.29 份，复原设计值约为 17 份；换算斗口制约为 1.7 斗口；换算为《营造法原》苏州木工尺约为 0.8—0.84 尺。

  根据上文关于各种模数制设计方法的最小模数单位的比较，仍然是材份制比较符合虎丘二山门的模数设计方法。但是比较特殊的是栌斗顶部面宽为 3 斗口，似乎已有斗口制设计的特点。此外，仍然不能满足《营造法原》寸法最小设计单位 0.5 寸。

  综上所述，可以初步判断虎丘二山门的模数设计方法是为材份制。下文就构件尺寸复原进一步探讨和分析。

5. 营造尺校验：材尺寸复原分析

  前文中关于空间尺寸复原所得营造尺 1 尺 =293.64—299.28 毫米，其中 1 尺 =293—296 毫米的数值最多。复原其用材尺寸如表 6，考虑到材料干缩等因素，数据选取数值大的一组。复原材广 0.6683—0.6981 尺，其设计尺寸约为 0.7 尺，根据用材比例 3∶2 修正后约为 0.675 尺；复原材厚 0.4344—0.4529 尺，设计尺寸约为 0.45 尺；足材广 0.9355—0.9706 尺，其设计尺寸约为 0.95 尺强；另外有少量丁头栱足材广 0.9690—1.0046 尺，其设计尺寸约为 1 尺。

表 6 复原用材尺寸

用材尺寸	材广	材厚	足材广	
	200—205 毫米	130—133 毫米	280—285 毫米	290—295 毫米（丁头栱）
合营造尺 =293—300 毫米	0.6683—0.6981 尺	0.4344—0.4529 尺	0.9355—0.9706 尺	0.9690—1.0046 尺
合营造尺 =295.50 毫米（均值）	0.6768—0.6938 尺	0.4399—0.4501 尺	0.9476—0.9645 尺	0.9842—0.9983 尺

  根据张十庆教授"变造用材制度"❶七种材等之四等材 6.75×4.5 寸，足材 9.45 寸。根据上文分析，二山门亦可能是此等用材。此观点留与将来探讨。

三、二山门构件材份尺寸复原与设计方法探讨

  研究目的和意义：本部分对于二山门构件尺寸复原主要关系到以下两个方面：一方面是对上文模数设计制度的进一步验证，另一方面是下文尺度构成分析的基础，部分构件的复原数

---

❶ 张十庆.《营造法式》变造用材制度探析 [J]. 东南大学学报，1990（20）：8–14.

据还会对上文推定的营造尺数据进行多重验证。由于构件尺度与空间尺度之间的关联性，致使构件尺度的复原成为整个建筑尺度构成复原的关键。

研究的方法和思路：本部分的研究思路同样是依据对二山门构件的分型与分期，以及上文所推定的模数设计制度，复原构件的设计尺寸或份数。以下为复原尺寸或份数的构件类型：1）栱类：里跳令栱与里跳转角令栱，外跳令栱与外跳转角令栱，一跳华栱与二跳华栱，寒梢栱；2）小斗：散斗，齐心斗，交互斗；3）梁栿：乳栿，剳牵；4）额串：阑额，顺栿串；5）柱子：檐柱，内柱。

1. 栱类

1）里跳令栱与里跳转角令栱

里跳令栱与里跳转角令栱栱长份数关系复原：根据里跳令栱分型，栱D型为最早时期的一类构件。里跳转角令栱材份复原的关键在于其与其他令栱（非转角）设计的关联性。里跳转角令栱总栱长分为三段：A″，B，C。栱长构成见图4，数值关系见表7。

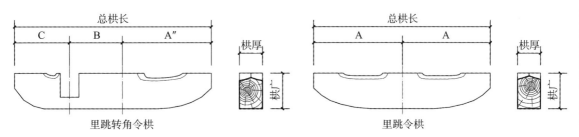

图4 里跳转角令栱与里跳令栱栱长构成图
（作者自绘）

表7 里跳转角令栱栱长份数等复原

	实测数据（毫米）	材份制（份）（每份13—13.3毫米）	斗口制（斗口）（每斗口130—133毫米）	《法原》用材制度（尺）（合苏州木工尺275毫米）
里跳转角令栱第一段栱长A″	495—505毫米	37.97—38.08份	3.76—3.81斗口	1.782—1.818尺
里跳转角令栱第二段栱长B	290—300毫米	22.31—22.56份	2.23—2.26斗口	1.055—1.091尺
里跳转角令栱第三段栱长C	305—310毫米	23.31—23.46份	2.33—2.35斗口	1.109—1.127尺
里跳转角令栱总栱长	1105—1110毫米	84.62—85份	8.46—8.50斗口	4.018—4.036尺
里跳令栱单面栱长A	497.5—500毫米	37.59—38.13份	3.76—3.81斗口	1.809—1.818尺
里跳令栱总栱长	995—1000毫米	75.19—76.54份	7.52—7.65斗口	3.618—3.636尺

根据表7，里跳转角令栱第一段栱长A″复原设计份值约为38份；里跳转角令栱第二段栱长B复原设计份值约为22.5份；里跳转角令栱第三段栱长C复原设计份值约为23.5份弱；里跳转角令栱总栱长复原设计份值约为85份弱。根据前文，里跳令栱单面长度A复原材份值为37.5强，总栱长为75份强。从表7可知，该栱构件尺寸设计仍然不符合斗口制和《营造法原》尺寸法的设计方法。

根据里跳令栱与转角令栱的设计的关联性，现将复原里跳转角令栱栱长设计构成关系分析如下：

里跳转角令栱第一段栱长 A″=38 份；令栱半长 A=37.5 份；

里跳转角令栱第二段栱长 B=22.5≈23 份；令栱总栱长 75 份强；

里跳转角令栱第三段栱长 C=23.5≈24 份；

里跳转角令栱总栱长 =A″+ B + C=38 + 22.5 + 23.5=84.5，约为 85 份；

A″—C=14.5 份，约为 15 份一材。B=22.5 份 =1 尺 =294—298 毫米；

外跳转角令栱第一段栱长 A″= 外跳令栱单面长度 A=37.5 份。

从以上构成关系来看，里跳转角令栱第一段栱长 A″ 的设计是根据令栱的一半长度来确定，因为在空间位置上，它们在视角上相对应。里跳转角令栱第二段栱长 B 的设计，其与椽架的构成相关联（见前文）。里跳转角令栱第三段栱长 C 的设计，有两种设计手法的可能：一种是确定了总栱长 85 份，确定了栱长 A″ 和 B 以后，剩下的长度就是栱长 C；另一种设计手法则是，第一段栱长 A″ 与第三段栱长 C 之间存在相差一材的设计关系，然后将三段栱长相加。

2）外跳令栱与外跳转角令栱

外跳令栱与外跳转角令栱栱长份数复原：根据对外跳令栱的分型，栱 D 型为最早时期的一类构件。外跳转角令栱材份复原的关键同样在于其与其他令栱（非转角）设计的关联性。设计构成关系见图 5，份数复原见表 8。外跳转角令栱总栱长分为三段：A″，B，C。

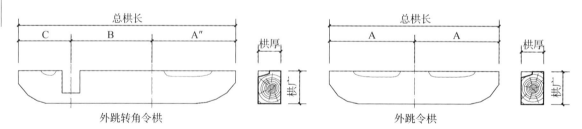

图 5　外跳转角令栱与外跳令栱栱长构成图
（作者自绘）

表 8　外跳转角令栱栱长份数等复原

	实测数据（毫米）	材份制（份）（每份 13—13.3 毫米）	斗口制（斗口）（每斗口 130—133 毫米）	《法原》用材制度（尺）（合苏州木工尺 275 毫米）
外跳转角令栱第一段栱长 A″	485—495 毫米	37.21—37.31 份	3.72—3.73 斗口	1.764—1.8 尺
外跳转角令栱第二段栱长 B	450—465 毫米	34.62—34.96 份	3.46—3.50 斗口	1.636—1.691 尺
外跳转角令栱第三段栱长 C	310—315 毫米	23.68—23.84 份	2.37—2.38 斗口	1.127—1.145 尺
外跳转角令栱总栱长	1265—1270 毫米	95.49—97.31 份	9.55—9.73 斗口	4.6—4.618 尺
外跳令栱第一段栱长 A	490—495 毫米	37.22—37.69 份	3.72—3.77 斗口	1.782—1.8 尺
外跳令栱总栱长	980—990 毫米	74.43—75.38 份	7.44—7.54 斗口	3.564—3.6 尺

根据表8可知，外跳转角令栱第一段栱长 A″ 复原设计材份值为 37.5 份；第二段栱长 B 复原设计材份值约为 35 份弱。第三段栱长 C 复原设计份值约为 23.5 份强。总栱长复原设计份值约为 96 份。以上是外跳转角令栱栱长份值复原，外跳转角令栱栱长设计构成的解析，则需要与外跳令栱（非转角）的栱长关联起来分析。外跳栱长结合前文中对外跳令栱换算份值为 75 份，第一段栱长 A=75 份 /2=37.5 份。该栱构件尺寸设计仍然不符合斗口制和《营造法原》尺寸法的设计方法。

外跳转角令栱的栱长设计构成分析如下：

外跳转角令栱第一段栱长 A″=37.5 份；外跳令栱单面长度 A=37.5 份，则；

外跳转角令栱第一段栱长 A″=37.5 份；

外跳转角令栱第二段栱长 B=35 份；

外跳转角令栱第三段栱长 C=23.5 份；

外跳转角令栱总栱长 =A″＋B＋C=37.5 份＋35 份＋23.5 份 =96 份；

A″—C=37.5 份—23.5 份 =14 份，B=35 份 = 第一跳华栱的出跳长度（图 6）；

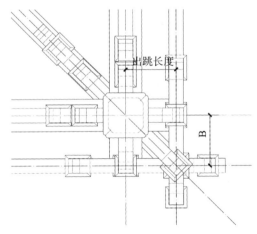

图 6　转角正缝出跳与令栱中段长度关系图
（作者自绘）

外跳转角令栱第一段栱长 A″= 外跳令栱单面长度 A=37.5 份。

从以上构成关系来看，外跳转角令栱第一段栱长 A″ 的设计是根据其他令栱的一半栱长设计的。外跳转角令栱第二段栱长 B 的设计则是由第一跳华栱外跳出跳长度所决定。

外跳转角令栱第三段栱长 C，其栱长设计同样有两种设计手法的可能：一种是先确定总栱长，然后确定第一段栱长 A″ 和第二段栱长 B，剩余部分则是第三段栱长 C 的长度；另外一种栱长设计方法则是：第一段栱长 A″ 与第三段栱长 C 之间存在相差 14 份的设计关系，然后将三段栱长相加。

3）第一跳华栱与二跳华栱

第一跳华栱和二跳华栱由于没有栱 D 型这类最早时期的构件，只能通过其与其他种类栱的关系推断其栱长设计份值以及构成关系。如其外跳出跳长度，由于转角合角 45°关系，可通过外跳转角令栱栱长获得：即一、二外跳出跳长度均等于外跳转角令栱第二段长度 B。里跳出跳长度则通过现有构件中较早的栱类 B 型和 C 型里跳长度均值获取。见图 7 及栱长份数复原数据分析表 9。

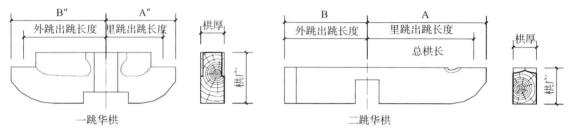

图 7　一、二跳华栱栱长构成图
（作者自绘）

表 9　一、二跳华栱栱长份数等复原

	实测数据（毫米）	材份制（份）（每份 13—13.3 毫米）	斗口制（斗口）（每斗口 130—133 毫米）	《法原》用材制度（尺）（合苏州木工尺 275 毫米）
一跳华栱第一段栱长 A″	400—410 毫米（足材）	30.77—30.83 份	3.08—3.08 斗口	1.45—1.49 尺
一跳华栱第二段栱长 B″	520—530 毫米（足材）	39.85—40 份	3.99—4 斗口	1.89—1.93 尺
一跳华栱外跳出跳长度	450—455 毫米（足材）	34.21—34.62 份	3.42—3.46 斗口	1.64—1.65 尺
一跳华栱里跳出跳长度	335—345 毫米（足材）	25.76—25.94 份	2.58—2.59 斗口	1.22—1.25 尺
一跳华栱总栱长	920—925 毫米（足材）	69.55—70.77 份	6.96—7.08 斗口	3.35—3.36 尺
二跳华栱第一段栱长 A	650—660 毫米	49.62—50 份	4.96—5 斗口	2.36—2.4 尺
二跳华栱第二段栱长 B	455—460 毫米	34.59—35 份	3.46—3.5 斗口	1.65—1.67 尺
二跳华栱里跳出跳长度	585—595 毫米	44.74—45 份	4.47—4.5 斗口	2.13—2.16 尺
二跳华栱总栱长	1105—1115 毫米	83.45—85 份	8.35—8.5 斗口	4.02—4.05 尺

根据表 9 数据分析：一跳华栱第一段栱长 A″复原设计份数约 30 份强；一跳华栱第二段栱长 B″复原设计份数约为 40 份；一跳华栱外跳出跳长度复原设计份数约为 35 份弱（参照上文与外跳令栱关系校准为 35 份）；一跳华栱里跳出跳长度复原设计份数约为 25 份强；一跳华栱总栱长复原设计份数约为 70 份。

a. 一跳华栱长设计构成关系分析如下：

一跳华栱第一段栱长 A″=30 份，一跳华栱第二段栱长 B″=40 份；

一跳华栱总栱长 = A″+ B″=70 份，A—B″=40 份—30 份 =10 份。

根据上述栱长设计构成关系分析，一跳华栱栱长由两部分构成：第一段栱长 A″为里跳栱长，第二段栱长 B″为外跳栱长。此外，外跳栱长比里跳栱长多一材厚，即 10 份。

同样根据表9数据分析：二跳华栱第一段栱长 A 复原设计份数约为 50 份；二跳华栱第二段栱长 B（见图 6）复原设计份数约为 35 份；二跳华栱里跳出跳长度复原设计份数约为 45 份；二跳华栱总栱长复原设计份数约为 85 份弱。

b. 二跳华栱长设计构成关系分析如下：

二跳华栱第一段栱长 A=50 份；

二跳华栱第二段栱长 B=35 份；

二跳华栱总栱长 =A + B=85 份，A—B=50 份—35 份 =15 份。

从以上构成关系可知，二跳华栱栱长由两部分构成：第一段栱长 A 为里跳栱长，第二段栱长 B 为外跳栱长。此外，里跳栱长较外跳栱长恰长一材，即 15 份。

综上所述，结合一跳华栱与二跳华栱复原材份份数以及栱长构成关系的分析。一、二华栱栱长关系如下：二跳华栱第一段栱长 A——一跳华栱第一段栱长 A″=20 份，即二跳华栱里跳出跳长度——一跳华栱里跳出跳长度 =45 份—25 份 =20 份。二跳华栱总栱长——一跳华栱总栱长 =85 份—70 份 =15 份（一材）。

4）寒梢栱

寒梢栱栱长份数复原：寒梢栱栱长复原方法是根据构件中最早时期的栱类 D 型的实测数据，换算为份数复原。首先，由于寒梢栱里外跳不等长，现状中同类构件中有里跳长外跳短的，亦有里跳短外跳长的。根据刘敦桢先生 1936 年[1] 所摄二山门内部构架照片，以及现存元明遗构均为里跳长于外跳的关系，现确定二山门寒梢栱其里跳长于外跳长度。其栱长构成见图 8，栱长份数复原数据见表 10。

[1] 刘敦桢. 苏州古建筑调查记 [J]. 北平：中国营造学社汇刊，第六卷第三期，1936.

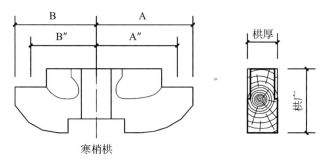

图 8 寒梢栱栱长构成图
（作者自绘）

从表 10 可知，寒梢栱第一段栱长 A 复原设计份数约为 32.5 份；寒梢栱第二段栱长 B 结合总栱长的复原份数，复原设计份数约为 27.5 份弱；寒梢栱外跳出跳长度复原设计份数约 27.5 份；寒梢栱里跳出跳长度复原设计份数约为 22.5 份弱；寒梢栱华栱总栱长复原设计份数约为 60 份。

表 10　寒梢栱栱长份数复原

	实测数据（毫米）	材份制（份）（每份 13—13.3 毫米）	斗口制（斗口）（每斗口 130—133 毫米）	《法原》用材制度（尺）（合苏州木工尺 275 毫米）
寒梢栱第一段栱长 A	425—430 毫米	32.33—32.69 份	3.23—3.27 斗口	1.55—1.56 尺
寒梢栱第二段栱长 B	355—360 毫米	26.92—27.31 份	2.69—2.73 斗口	1.29—1.31 尺
寒梢栱外跳出跳长度 A″	360—365 毫米	27.44—27.69 份	2.74—2.77 斗口	1.31—1.33 尺
寒梢栱里跳出跳长度 B″	290—295 毫米	22.18—22.31 份	2.22—2.23 斗口	1.05—1.07 尺
寒梢栱华栱总栱长	780—790 毫米	59.39—60 份	5.94—6 斗口	2.84—2.87 尺

根据以上复原栱长复原份数，其栱长设计构成关系如下：

寒梢栱第一段栱长 A=32.5 份；

寒梢栱第二段栱长 B=27.5 份；

寒梢栱华栱总栱长 =A + B=60 份，A—B=A″—B″=5 份。

综上寒梢栱份数复原以及栱长设计构成关系复原，其栱长设计特点为：总栱长由里外栱长 A 和 B 两部分构成，并且里跳栱长比外跳栱长多 5 份，即半个材厚。

5) 列栱：泥道栱与华栱相列，慢栱与二跳华栱相列。由于没有最早时期栱 D 型的构件，其份数可以由以上华栱与泥道栱、慢栱的数据推定。

2. 小斗

小斗主要包含散斗，齐心斗与交互斗。根据《苏州虎丘二山门构件分型分期与纯度探讨》一文中关于小斗分类的分析以及类型构件分期可知，小斗类型 B，E，G，H 为最早时期的小斗类型。根据其分布的位置可知，分别为：檐部散斗，内部散斗，齐心斗和交互斗（表 11）。

表 11　各小斗份数复原

		檐部散斗（斗 B 型）	份数	内部散斗（斗 E 型）	份数	齐心斗（斗 G 型）	份数	交互斗（斗 H 型）	份数
实测数据（毫米）	斗顶面阔	185—190 毫米	14.23—14.28 份	195—205 毫米	15.00—15.41 份	220—230 毫米	16.92—17.29 份	250—255 毫米	19.23—19.61 份
	斗顶进深	220—230 毫米	16.92—17.29 份	220—230 毫米	16.92—17.29 份	220—230 毫米	16.92—17.29 份	200—205 毫米	15.38—15.41 份
	总高	130—135 毫米	10.00—10.15 份	128—135 毫米	9.85—10.15 份	130—135 毫米	10.00—10.15 份	128—135 毫米	9.85—10.15 份

根据表 11，复原其各种类小斗设计份数为：檐部散斗份数 14 份 ×17 份 ×10 份；内部散斗份数 15 份 ×17 份 ×10 份；齐心斗份数为 17 份 ×17 份 ×10 份，交互斗份数为 19 份 ×15 份 ×10 份。

小斗设计方法分析见表 12，内部小斗设计用料主要有两种：15 份 ×10 份和 17 份 ×10 份；其中前者与栱枋用料同，可由栱枋扁作斗。后者用料在前者基础上加 2 份。可以推断是为减少用料种类，而以栱料为基准设计小斗尺寸，即散斗 15 份 ×17 份 ×10 份，面阔和进深相差 2 份。齐心斗面阔较散斗加两份，交互斗面阔较齐心斗加 2 份，以此类推，类似于《法式》记载之比类增减法。

表 12　各小斗份数复原

	檐部散斗	内部散斗	齐心斗	交互斗
复原设计份数	14 份 × 17 份 × 10 份	15 份 × 17 份 × 10 份	17 份 × 17 份 × 10 份	19 份 × 15 份 × 10 份

3. 梁栿

二山门的梁栿主要包含乳栿与剳牵，根据《苏州虎丘二山门构件分型分期与纯度探讨》一文中乳栿和剳牵的分类，其中乳栿 A 型和剳牵 A 型是其中最早一个时期的类型，现根据实测和点云数据复原其设计份数与尺寸（表 13，表 14）。

表 13　乳栿长度尺寸与断面份数复原

	乳栿长度（心到心）	乳栿用料（广）	乳栿用料（厚）	乳栿挖底
实测数据（毫米）	3520—3530 毫米	610—625 毫米	200—205 毫米	65—70 毫米
复原尺寸/份数	11.38—11.97 尺	46.92—46.99 份	15.38—15.41 份	5—5.26 份

表 14　剳牵长度尺寸

	剳牵长度（心到心）	剳牵用料（广）	剳牵用料（厚）	剳牵挖底
实测数据（毫米）	1905—1910 毫米	415—420 毫米	130—135 毫米	55—60 毫米
复原尺寸/份数	6.41—6.48 尺	31.57—31.92 份	10.00—10.15 份	4.23—4.51 份

根据表 13，乳栿长度复原设计尺寸为 12 尺弱；乳栿用料广复原设计份数约为 47 份；乳栿用料厚度复原设计份数为 15 份强；乳栿挖底复原其设计份数约为 5 份强。

从以上分析可知，乳栿断面广 47 份 -5 份 =42 份，即两材两栔；厚为 15 份，即一材广。

根据表 14 可知，剳牵长度复原设计尺寸约为 6.5 尺。剳牵用料广复原设计份数为 32 份弱；剳牵用料厚复原设计份数约为 10 份强；剳牵挖底复原设计份数为 4 份强。

从以上复原可知，剳牵断面广为 32 份 -4 份 =28 份，厚为 10 份，即一材厚。

综上乳栿与剳牵的设计份数，其中乳栿断面广/剳牵断面广 =42 份 /28 份 =3 ∶ 2；乳栿断面厚/剳牵断面厚 =15 份 /10 份 =3 ∶ 2。即乳栿断面为剳牵断面的 1.5 倍。此外，乳栿用料广 47 份 – 剳牵用料广 32 份 =15 份；乳栿用料厚 15 份 – 剳牵用料厚 10 份 =5 份。

4. 额串

阑额与顺栿串：阑额的份数复原同样是根据《苏州虎丘二山门构件分型分期与纯度探讨》中构件的分型与分期，其中阑额 A 型是其中最早时期的类型，现根据该类型构件的实测数据复原其构件的设计尺寸或份数（表 15）。

从表 15 可知，梢间额串断面广复原设计份数约为 22.5 份；复原设计尺寸约为 1 尺。梢间额串厚度复原设计份数约为 11 份。心间内额断面广复原设计份数约为 33 份弱；复原设计尺寸约为 1.5 尺弱。心间内额断面厚度复原设计份数约为 11 份；复原设计尺寸约 0.5 尺。从额串数据的复原可以看出，其梢间额串广 / 厚 =22.5 份 /11 份 =1 尺 /0.5 尺 =2：1；内额广 / 厚 =33 份 /11 份 =1.5 尺 /0.5 尺 =3：1。

表 15　额串尺寸与材份复原

	梢间额串断面（广）	梢间额串断面（厚）	心间内额断面（广）	心间内额断面（厚）
实测数据（毫米）	290—305 毫米	140—150 毫米	430—440 毫米	140—150 毫米
复原份数（份）	22.31—22.93 份	10.53—11.27 份	33.07—33.08 份	10.53—11.27 份
复原尺寸（尺）	0.99—1.02 尺	0.48—0.5 尺	1.46—1.48 尺	0.48—0.50 尺

综上额串的尺寸和份数复原以及断面的比例关系，额串的断面设计既可以用份数度量亦可以用营造尺度量。换句话说，在额串尺寸的设计时，调和了材份的模数设计手法和尺寸设计法；就如本文第一部分中，椽架的空间尺寸的设计在转角结角设计的时候，将空间尺寸与材份模数制设计的构件联系在了一起。也就是说，将空间尺寸所用的尺寸设计法和构件设计材份模数制结合在了一起。

5. 柱子

由于柱子多数藏于墙体中，其中能从三维点云中截出尺寸的柱子只有心间二内中柱、心间前后檐平柱。但其样式尺寸差异不大，难以分类。故此处柱子类构件尺寸复原，将其中柱子顶至地面的高度复原尺寸作为营造尺的一重校验（表 16）。

表 16　柱子尺寸与材份复原

	心间内中柱高	心间内中直径	心间平柱高	心间平柱直径
实测数据（毫米）	6280—6290 毫米	445—455 毫米	3695—3710 毫米	365—375 毫米
复原份数（份）	—	34.21—35 份	—	28.07—28.19 份
复原尺寸（尺）	21.11—21.36 尺	1.51—1.53 尺	12.45—12.57 尺	1.24—1.26 尺

根据表 16 中数据的分析，其心间内柱高复原设计尺寸约为 21 尺强；其内中柱直径复原份数约为 35 份；其直径复原设计尺寸约为 1.5 尺强。心间平柱高复原设计尺寸约为 12.5 尺；心间平柱直径复原设计份数为 28 份强；复原设计尺寸约为 1.25 尺。

从以上复原数据可知，其心间内柱高约 21 尺，内柱直径约 1.5 尺或 35 份。心间平柱高约 12.5 尺，直径约 1.25 尺或 28 份。营造尺 1 尺 =293—300 毫米。

其设计构成关系如下：

其中心间内柱高 / 柱径 =21/1.5=14，心间内柱高 / 心间间广 =21/20=1.05；

其平柱高 / 柱径 =12.5/12.5=10，平柱高 / 次间间广 =12.5/12=1.04。

由于柱子未做构件分类与分期探讨，故柱子尺寸与份数的探讨仅做参考。

四、二山门尺度设计构成分析

根据以上空间尺寸的复原以及构件材份制份数或尺寸进行尺度设计构成复原。二山门的尺度设计构成如下：二山门有两种设计方法，一是整数尺间制，即空间尺寸的设计用整数尺（用尺寸度量），其中包括面阔开间、进深和椽架。另一个则是材份制，主要用于构件的尺寸，例如斗、栱尺寸与梁栿断面等的设计。其中阑额和顺栿串的断面既可以用整数尺寸又可以用材份制度量；此外，里跳转角令栱第二段长度 B 与两椽架的差值相关联，而两椽架的差值正好是一尺；也就是用材份制设计的令栱与用尺寸设计的椽架在此结合在一起。其具体的设计构成如下：合营造尺 1 尺 =293—300 毫米。

1. 地盘平面、朵当设计构成关系

根据上文空间数据和营造尺复原可知，二山门心间 20 尺，梢间 12 尺；两山进间均为 12 尺。其心间补间铺作 2 朵，梢间补间铺作 1 朵；其中，心间朵当均等为 20/3=6.67 尺；次间朵当由于椽架相关联，两朵当分别为 6.5 尺（靠近转角）与 5.5 尺（靠近心间），两朵当相差 1 尺（图 9）。

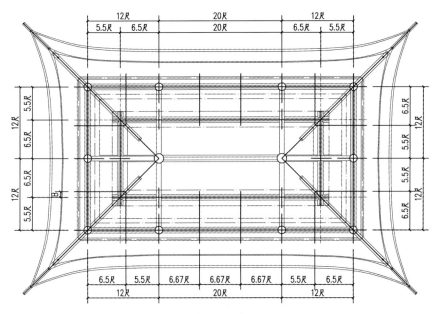

图 9 椽架、朵当配置图
（作者自绘）

2. 椽架关系

虎丘二山门椽架关系如图 10、图 11：第一、四椽架为 5.5 尺，第二、三椽架 6.5 尺。第二、三椽架较第一、二椽架长一尺。由于挑斡后尾在转角不交于一点，其正缝与角缝相差 B 为 1 尺，由于椽架与补间铺作的关系，山面南进南补间与北进北补间朵当为 6.5 尺，山面南进北补间以及北进南补间朵当约为 5.5 尺。其设计分析如下（图 12）：

1）补间挑斡与转角挑斡交于一点的时候，椽架、补间、开间中缝分位重合。其椽架 = 补间 = 梢间、进间 /2=a=6 尺；即 A=2a=12 尺，a=6 尺。

2）由于补间挑斡与转角挑斡交于一点，三向挑斡各开榫卯，对挑斡后尾支承部位破坏较大，这对于转角承受下平槫以及角梁不利。工匠可能出于分散受力的考虑，将补间铺作分位偏离开间中缝一定距离 B/2，椽架亦偏离开间缝一定距离 B/2，让转角铺作的挑斡与补间铺作的挑斡不交于一点，如此便可以减小由于三向挑斡交于一点所导致的构件支撑部位的破坏（图 10~ 图 12）。由于以上对补间和椽架分位的调整，导致椽架 a_1=6.5 尺，椽架 a_2=5.5 尺，a_1-a_2=B=1 尺，a_1-a=0.5 尺 =B/2。

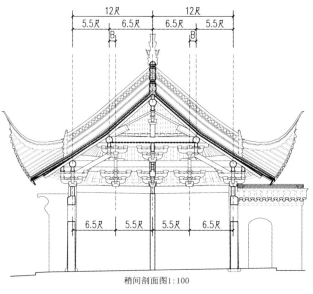

稍间剖面图 1:100

图 10 归正梢间横剖面图
（作者自绘）

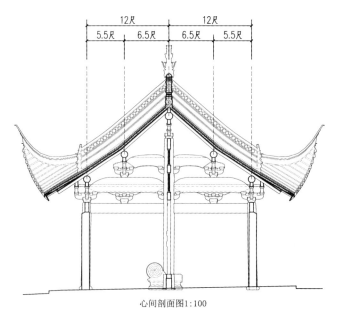

心间剖面图 1:100

图 11 归正心间横剖面图
（作者自绘）

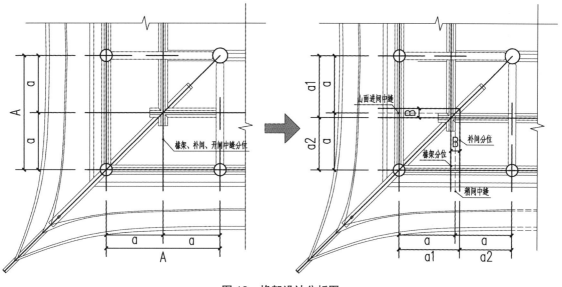

图 12 椽架设计分析图
（作者自绘）

3. 各构件之间的设计构成关系

1）栱类

首先根据受力的不同分为横栱与出跳栱。根据表17和表18可知，其中横栱几乎均以5份结尾，其中慢栱长 – 泥道栱长 =30份，令栱长 – 泥道栱长 =10份，这些差值与《营造法式》中记载的栱长差值一致。其中，通过与《营造法式》中栱长设计份数的比较，各类型栱长与《营造法式》记载的栱长接近，只是由2份结尾变成了5份结尾，似乎是为方便计算和记忆做了一些调整。出跳栱长与横栱类似，各出跳栱均以10份结尾，份数与《营造法式》记载的份数大致相同，概亦与计算有关，方便工匠换算和记忆。但出跳栱均为不对称栱，换句话说，里外栱长不等。除此之外，转角令栱亦是。从表17、表18中可以看出，里外跳相差10份、5份；转角令栱一、三段栱长则相差约为15份。从这些差值的设计以及栱长的设计角度来看，栱长最小设计单位似乎是5份，即半个材厚。

表 17 各横栱设计份数复原

	泥道栱	慢栱	里跳令栱	里跳转角令栱	一、三段栱长差值	外跳令栱	外跳转角令栱	一、三段栱长差值
横栱	65份	95份	75份	85份	15份	75份	96份	14份
《营造法式》	62份	92份	72份	—	—	72份	—	—

表 18 各出跳栱设计份数复原

	一跳华栱	里外出跳差值	二跳华栱	里外出跳差值	寒梢栱	里外跳差值
出跳栱	70份	10份	85份（里外对称100份）	10份	60份	5份
《营造法式》	72份	0份	102份	0份	—	—

2）斗类

根据表19和表20可知,斗类主要分为大斗(栌斗)和小斗(散斗、齐心斗、交互斗)。从栌斗的各种数据的设计份数来看,似乎没有如上栱类构件简洁和整数的特征。与《营造法式》记载的份数也有差异,其最有特点的是斗顶面阔的份数30份,似乎已有后世清《工部工程做法则例》记载的3斗口的设计意匠。但亦有可能是为了整数值。此外,二山门的栌斗无论柱头、补间、转角均为同一尺寸,并且均为长方形栌斗。其斗顶进深和斗高似乎都没有什么设计规律。而斗高和斗进深正好是斗料的尺寸,即斗料27份×17份,斗料广—厚=10份,斗面阔比进深多3份。二山门的小斗尺寸与《营造法式》记载的小斗份数略有不同,其中散斗有两种类型,即檐部和内部,这可能与檐部用材与内部用材有差异有关。如果从内部三类小斗的尺寸来看,散斗和齐心斗用料均为15份×10份,交互斗用料为17份×10份,即与栱断面尺寸同,与《营造法原》记载栱枋扁作斗同。除去檐部散斗外,各小斗面阔差值为2份,虽具体份制与《营造法式》记载不同,但差值却相同。

表19　栌斗设计份数复原

		斗顶面阔	斗顶进深	斗底面阔	斗底进深	栌斗总高
栌斗		30份	27份	25份	22份	17份
《营造法式》	柱头、补间	32份	32份	24份	24份	20份
	转角	36份	36份	28份	28份	20份

表20　小斗设计份数复原

	檐部散斗	内部散斗	齐心斗	交互斗
小斗	14份×17份×10份	15份×17份×10份	17份×17份×10份	19份×15份×10份
《营造法式》	14份×16份×10份	14份×16份×10份	16份×16份×10份	18份×16份×10份

3）梁栿与额串

根据表21分析,首先,梁栿用料47份×15份,劄牵用料32份×10份。相比《营造法式》中梁栿用料的记载,梁栿断面比《营造法式》略广,而厚小于《营造法式》记载。但乳栿、劄牵挖底却与《营造法式》记载一致。而乳栿断面42份×15份,劄牵断面28份×10份,乳栿是劄牵断面的1.5倍。其次是额串,梢间额串用料22份×11份,抑或1尺×0.5尺;心间内额用料33份×11份,抑或1.5尺×0.5尺。根据表22可知,与《营造法式》记载的额串比较,梢间阑额尺寸小于《营造法式》记载,心间内额广则大于《营造法式》记载。额串的断面虽与《营造法式》记载的份数不同,但广与厚的比例却与《营造法式》记载的一致,均为1/2和1/3。

表21　梁栿设计份数复原

		梁栿用料(广)	梁栿用料(厚)	梁栿挖底	梁栿断面(广)	梁栿断面(厚)
二山门	乳栿	47份	15份	5份	42份	15份
	劄牵	32份	10份	4份	28份	10份
《营造法式》	乳栿	42份	28份	5份	37份	28份
	劄牵	35份	23份	4份	31份	23份

表 22 额串设计份数复原

	梢间额串断面（广）	梢间额串断面（厚）	广厚比值	心间内额断面（广）	心间内额断面（厚）	广厚比值
二山门	22 份	11 份	2 : 1	33 份	11 份	3 : 1
《营造法式》	30 份（两材）	20 份（有补间）或 15 份（无补间）	3 : 2（有补间），2 : 1（无补间）	18 份或 21 份（一材三分或一材一栔）	6 份或 7 份	3 : 1

结论

本文首先对二山门空间尺寸进行了分析，对二山门是否有侧脚作法进行探讨；其次对二山门的构件是否有模数制设计方法进行了重点分析，在初步判定其为材份制设计方法的基础上，进一步对其他构件进行份值或尺寸的复原，并对其设计方法逐一进行了探讨。最后，综合现在空间尺寸的分析，以及构件设计材份的复原与设计方法的探讨，对二山门的尺度设计构成进行了分析。

综上，二山门的空间尺度构成与构件设计制度探讨，现已明晰以下特征：

1. 空间尺寸与尺度复原

二山门原状无侧脚，心间 5960 毫米，梢间与两山进间 3525 毫米；第一椽架 1910 毫米，第二椽架 1615 毫米。复原营造尺 1 尺 =1 尺 =293 毫米—300 毫米，心间 20 尺，梢间与两山进间 16 尺；第一椽架 6.5 尺，第二椽架 5.5 尺。

2. 构件设计制度与设计方法

综上分析，二山门构件的尺寸设计方法，大致判定是存在材份制模数化设计制度。其中，横栱均以 5 份结尾，出跳栱以 10 份结尾，不对称栱里外跳差值为 5 份、10 份、15 份。均表现为简洁和有规则的数值关系。构件具体的份数虽与《营造法式》记载的份数有差异，但其构件之间的差值却与《营造法式》一致。虽不能说是受到《营造法式》直接影响，但与《营造法式》有关联却是十分明确的。

3. 空间尺寸与构件尺寸的关联

二山门设计上非常独特的一点是空间尺寸与构件尺寸的关联性，即椽架设计与里跳转角令栱不交于一点相关联。此外，额串的断面尺寸复原亦是材份制和尺寸法均可。这种将空间设计的尺寸法与构件设计的材份制两种设计方法巧妙地结合在一起的特点，是在其他早期遗构上难以见到的设计技法。

关于二山门设计营造技法的源流以及构件用料标准化的分析，请关注笔者后续研究。在此感谢东方建筑研究室各位师兄师姐以及导师给予的帮助与支持。

参考文献

[1] 刘敦桢. 苏州古建筑调查记 [J]. 北平: 中国营造学社汇刊, 第六卷第三期, 1936.

[2] 梁思成. 清式营造则例 [M]. 北京: 中国建筑工业出版社, 1980.

[3] 梁思成.《营造法式》注释 [M]. 北京: 中国建筑工业出版社, 1983.

[4] 陈明达.《营造法式》大木作制度研究 [M]. 北京: 文物出版社, 1985.

[5] 姚承祖, 原著. 张至刚（张镛森）, 增编. 刘敦桢, 校阅.《营造法原》[M]. 北京: 中国建筑工业出版社, 1986.

[6] 傅熹年. 傅熹年建筑史论文集 [M]. 北京: 文物出版社, 1998.

[7] 傅熹年. 中国古代城市规划、建筑群布局及建筑设计方法研究 [M]. 北京: 中国建筑工业出版社, 2001.

[8] 张十庆. 中国江南禅宗寺院建筑 [M]. 武汉: 武汉教育出版社, 2002.

[9] 马炳坚. 中国古建筑木作营造技术 [M]. 北京: 科学出版社, 2003.

[10] 项隆元.《营造法式》与江南建筑 [M]. 杭州: 浙江大学出版社, 2009.

[11] 张十庆. 宁波保国寺大殿: 勘测分析与基础研究 [M]. 南京: 东南大学出版社, 2012.

[12] 张颖. 苏州云岩寺塔的形制及样式研究 [D]. 南京: 东南大学, 2008.

[13] 郭黛姮. 论中国古代木构建筑的模数制 [J]. 建筑史论文集, 1981（5）: 31-47.

[14] 张十庆.《营造法式》变造用材制度探析 [J]. 东南大学学报, 1990（20）: 8-14.

[15] 张十庆. 宋元江南寺院建筑的尺度与规模 [J]. 华中建筑, 2002（20）: 92-93.

[16] 乔迅翔.《营造法式》大木作功限研究 [J]. 建筑史, 2009（24）: 1-14.

[17] 関口欣也. 中世禅宗様仏堂の平面（1）[J]. 日本建築学会論文報告集, 昭和四十年.（110）: 30-39.

[18] 小西敏正. 建築部材の取扱いから見た解体移築保存構法検討のための枠組みづくりに関する考察 [J]. 日本建築学会計画系論文集, 1999（515）: 137-143.

建筑考古学研究

公元前 2000 年圆形生土建筑类型和技术
——内蒙古二道井子聚落遗址和跨高加索地区的亚尼克土丘（Yanik Tepe）

国庆华

（澳大利亚墨尔本大学建筑学院）

摘要：2009 年发掘的内蒙古赤峰二道井子聚落遗址（夏家店下层文化，约公元前 2000—前 1500 年），保留 30 余座房址，是目前所知国内最早、最大和最好的新石器晚期圆形生土建筑群。本文首先对存世更早的圆形生土建筑群亚尼克土丘（Yanik Tepe）（早期跨高加索时期，公元前 2100—前 1900 年）进行介绍，其次对二道井子房址的类型和技术进行描述和归类。本文的研究方法是将材料、类型和技术结合起来，通过对比，阐明二道井子的特点。期待此领域获得更多关注与研究。

关键词：生土建筑，夏家店下层文化，二道井子，内蒙古

Abstract: Erdaojingzi is a Lower Xiajiadian culture (ca. 2000—1500 BCE.) settlement located some 15 km southeast of Chifeng in Inner Mongolia, China. The settlement was excavated in 2009, and about 30 round houses made with earthen materials have been preserved. They are the earliest and best examples known so far from late-Neolithic China. The following discussion is about types and techniques of the earthen houses at Erdaojingzi. The author tried to go beyond a general description, and drawn upon a parallel example in northwestern Iran—Yanik Tepe (early Trans-Caucasian period, ca. 2100—1900 BCE.) — to highlight characteristics of Erdojingzi and to approach these issues from new directions.

Keywords: earthen architecture, Lower Xiajiadian culture (late Neolithic period), Erdaojingzi, Inner Mongolia

内蒙古赤峰二道井子聚落遗址是 2009 年中国重要考古发现之一，发掘揭示了 149 座房址，是目前保存最好的夏家店下层文化聚落（夏家店下层文化，约公元前 2000—前 1500 年），其建筑特点为圆形平面，使用的建造技术为土坯、泥条、堆泥和夯土，为研究早期生土建筑提供了丰富的资料。2010 年内蒙古文物考古研究所的发掘者在《考古》杂志发表《内蒙古赤峰二道井子的发掘》一文❶，考古报告尚未发表。

圆形建筑是夏家店下层文化聚落的普遍现象，其使用的材料为土、石。目前已发表的考古资料涉及：赤峰大山前（圆形和方形土坯房/石块房）和辽宁建平（圆形土坯房）、赤峰大甸子

---

❶ 内蒙古文物考古研究所. 内蒙古赤峰二道井子的发掘 [J]. 考古，2010（8）: 13—26.

[1] 朱延平，等．内蒙古喀喇沁旗大山前遗址．1996年发掘简报[J]．考古，1998（9）：43—49；辽宁省博物馆和朝阳市博物馆．建平水泉遗址发掘简报[J]．辽海文物学刊，1986（2）：11—29；中国社会科学院考古所．大甸子－夏家店下层文化遗址与墓地发掘报告[M]．北京：科学出版社，1998；内蒙古文物考古研究所．内蒙古赤峰市三座店夏家店下层文化石城遗址[J]．考古，2007（7）：17—27．

[2] CharlesA. Burney, Excavations at Yanik Tepe, North-West Iran. *Iraq*（British Institute for the Study of Iraq）, Vol. 23, No. 2, Autumn, 1961: 138-153; CharlesA. Burney, Circular Buildings Found at Yanik Tepe in North-West Iran. *Antiquity*, Vol. 35, Issue 139, September 1961: 237-240; Geoffrey D. Summers, *Yanik Tepe Northwestern Iran—The Early Trans-Caucasian Period Stratigraphy and Architecture*. Peeters, 2013.

（夯土墙和土坯窑）和三座店（圆形石块房）。[1]但是，它们的规模、数量和技术远不及二道井子。圆形和方形房屋是北方新石器时期聚落建筑主流，遗址包括仰韶文化时期的西安半坡（公元前4800—前3700年）、临潼姜寨和宝鸡北首岭。但是，这几处的房子主要为木骨泥墙结构。于是，笔者决定在更大地域内的早期同类生土建筑遗址中寻找研究二道井子的参照体。

在欧亚大陆版图上，圆形土坯建筑的分布范围很广，从上美索不达米亚到高加索山脉至蒙古高原。我们选择的主要参照体是亚尼克土丘（Yanik Tepe），地处现伊朗西北部，属早期跨高加索时期（Early Trans-Caucasian，简称ETC，约公元前3400—前2000年）（图1）。亚尼克土丘是英国曼彻斯特大学考古实习点，主持人Charles A. Burney，发掘工作在1960—1962年期间进行了三季。名为地层和建筑的考古报告经Geoffrey D. Summers整理于2013年出版。[2]

本文尝试对照亚尼克土丘认识二道井子，原因有二，一是公元前2000年的生土建筑状况，二是圆形生土建筑的特点。二道井子生土建筑是欧亚大陆生土建筑的一部分，依托欧亚各地的生土建筑研究来观察二道井子是一个必不可少的途径。亚尼克土丘和二道井子有可比性，但本文不做比较研究，而是对比认知，目的是从中得到问题研究的启示。本文首先介绍亚尼克土丘的主要特点，其次分析二道井子的建筑类型和技术，最后讨论屋顶形式和做法。本文将Burne和Summers的学术研究作为笔者论断的支持，根据材料和结构假定几个必要条件，从而形成建筑逻辑上的认识，通过复原这一有效途径，在此基础上进行分析研究，最后将复原结果与考古分析比照并解读。

图1　二道井子和亚尼克土丘
▓夏家店下层文化；▓欧亚草原文化带；▓跨高加索，指叙利亚－上美索不达米亚以北、高加索山脉以南、土耳其东至伊朗西的一大片地区

（基于https://www.britannica.com/place/the-Steppe，作者加标注）

一、亚尼克土丘

亚尼克土丘位于雷扎耶湖（Rezaieh，原名 Urmia）的东北方，距离大不里士（Tabriz）约 20 千米（图 2）。遗址坐落在一个山冈上，山坡平缓，最高 16.5 米，面积 8 万平方米。"Yanik Tepe" 是土耳其语，意为火烧的山冈。遗址有多处多次火灾现象。遗址上见到的陶器分两种：刻面陶（incised pottery）和光面陶（surface pottery）。

遗址没有大开挖，而是在北坡挖了一连串宽 5 米的探沟（图 3）。发掘工作在山坡中部开始，第一次发掘区分为六个部分：A，D，E，F，G 和 H，目的是为获取同一文化时期的建筑平面，发掘最深处为 3.5 米，共揭露 23 座房子和一段聚落墙及门道（注：下文将解释发掘在山坡中部开始的原因）。此处发现的陶器其时代大概指向公元前 2100—前 1900 年。土坯房互相叠压，F 区最多 7 层。墙下没有基础，可以将下层房子视为上层房子的基础。室内地面通常较室外地面略低（图 4）。遗址地表上的建筑全部为矩形，但是地表以下全部为圆形建筑，发掘者完全没有预料到这点。刻面陶与圆形建筑共存，光面陶见于矩形建筑层。可以肯定地说圆形和矩形属于两个不同的建筑文化。

1. 聚落墙和门道

在 H 区，清除堆积之后，聚落墙和门道显露了出来。墙厚近 5 米，存高最高 2 米余。门道宽 1 米。在墙内侧、门道东有一个半圆形建筑。局

图 2 亚尼克土丘的位置
（文献 [1]：图 4）

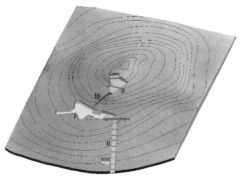

图 3 亚尼克土丘地形、发掘位置和编号
（I–III：三次发掘区）
（文献 [1]：图 8）

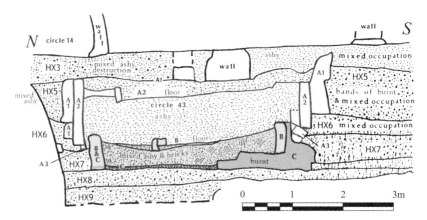

图 4 同一基址上多次重建房屋，探方 HX 东北断面（C 层为焚烧遗迹）
（文献 [1]: 205.）

部压在墙另侧的圆房 14 为晚期建造（图 5，比例见图 7）。经过两次发掘得到较多资料之后，发掘报告称：聚落墙由内外层组成，分期建成，第一期土坯墙，特点是使用模制方坯；第二期石外墙，特点是使用天然石块，石块之间施泥，墙面抹泥（图 6）。土坯墙和石块墙建在同一地层上，均

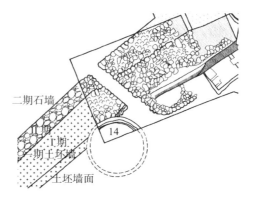

图 5 亚尼克土丘聚落墙、门道和门房（H 区）
（文献 [1]: 图 54 局部）

图 6 亚尼克土丘方坯主墙（I 期）、内侧土坯护墙、外侧石护墙（II 期）（HH 区）
（文献 [1]: 图 60）

无基础。门道两侧石造，收分。发掘者推测，门道用石块叠涩封顶，并估计墙原高4米余（与聚落内较大房屋的顶尖高度相当）；门内半圆形建筑为门房或望楼。发掘者认为，防御性围墙表明亚尼克土丘是个重要的农业定居村，但非城镇，更非重镇。

2. 双圈仓房和单圈住房

穿过聚落门道向东，经过半圆门房和一矩形房，迎面是一个宽约40厘米的院门（注：聚落门、院门和房门都很窄）。院内建筑密集，按平面可分双圈和单圈两类。一座大型双圈房，编号1号，位于院子中心，土坯造，最大直径7米余，存高2米，墙厚30厘米（墙面泥层不多，说明抹泥不频繁）。内圈被隔墙等分为4间，之间无门。隔墙为编条夹泥造（wattle and daub），厚较房墙减半（图7）。1号房的重要性还表现在它处于院子的最高点。发掘者认为它是仓库，其他为住房。在单圈房中，2号最大，直径6.9米；16号最小，直径4.75米。

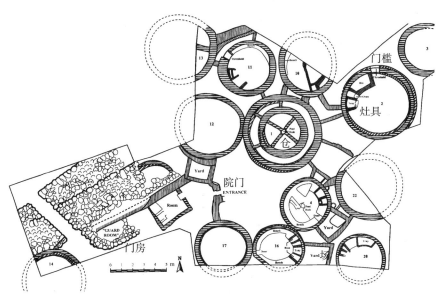

图7 探方H平面
（文献[1]：图61）

3. 灶具和布局

住房最主要的特征是贴墙建的一排灶具，包括箱式灶、柜式案、垃圾和/或储物箱。此外，还有坐台。有些圆房内的灶具和坐台沿墙围合一周（发掘者认为这是晚期现象）。坐台为土坯砌筑，灶具为编条夹泥结构。灶台和案面上抹泥，不少用石膏抹面，沿外侧有一道浅槽，中间开一个凹形吐水口，可能用来排污水（图8）。房门开设方向不定，但灶具的位置一定在进门的右手边（面朝建筑而言）。没有关于开窗的信息，遗址上发现 4 盏陶灯。

图 8　早期 45 号房内灶具
（文献 [1]：图 80）

沿墙布置灶具是标准设计，但有多灶分散布置的例子。圆房 7（探方 F，第 12 层）直径 6 米，内有中心柱洞。三个灶约等距分布：一个贴墙箱形，两个独立马蹄形（图 9）。发掘者认为灶的形状与防止火苗上串屋架有关。可以想象，风从门入，有吹起火星把房架点燃的可能。

图 9　圆房 7，三个灶、中心柱洞和碎陶罐（探方 F）
（文献 [1]：图 92）

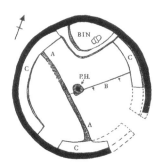

图 10　圆房 9
A-A：隔墙；B：10 厘米高地面；C：坐台；PH：柱洞
（Circular Buildings Found at Yanik Tepe in North-West Iran. *Antiquity*，Sep. 1961）

圆房空间有几种安排，以圆房 9 为例：矮墙 A-A 把室内隔成两间，厨房在大间。大间地面分高低两部分，B 高 10 厘米，C 为坐台，PH 为柱洞（图 10）。不是所有的房子都分高低地面，更不是所有的房子都内设隔墙，绝大多数房内没有任何形式的分隔。如果分区，面积大小不等，面积较小部分地面较高。

4. 院和场

住房外通常有矩形"侧室"。发掘报告认为它们用于储藏，可能无顶，故称为"storage yard"（场）。发掘者定义圆房以外，土墙围合的空间为院（courtyard）或场（yard）——一家以上使用的空间为院，仅一家使用为场。房墙、院墙和场墙全部土坯造。

亚尼克土丘有不同形状的院子和不同形式的院门。在探沟 LJ 发现 4 座圆房，编号 52—55，在发掘范围内只有 52 号完整，54 号被 53 号部分叠压。52 号房外有一侧室式的场，其入口由两侧土墙交错重叠形成。值得注意的是，52 号房门直接对外，而场与房之间无门。再来看 53 号的场和入口，进入该场的入口为简单开口（图 11）。发掘报告称形似"侧室"的结构为场，也称圆房外不规整的空间为场，这是基于它们没有屋顶的考虑。

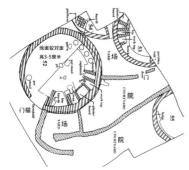

图 11　探沟 LJ 第 14 层（发掘的最底层）
（文献[1]：图 70，图 73）

5. 房外柱洞

57 号房外有柱洞，发掘者做了记录，但没有进行讨论。在探方 HX 的西南角（23 层），圆房 57 与其矩形侧室或场的一小部分被发掘出来。房墙外有两排柱洞夹一条土坡。柱洞基本垂直于房墙，平面略呈八字形。一排柱洞部分落在坡上，土坡被一条人工或侵蚀形成的小沟打破。土坡和侧室之间有一条土台（图 12）。柱洞和土坡似乎是门廊遗迹，圆房的门槛较高。笔者注意到 57 号房外柱洞现象是因为二道井子也有一例（F110）。另外，在亚尼克土丘户外和户内常见贴墙土台。这个现象在二道井子亦有（F6，F10，F12），但不甚相同。

6. 从仓房到住房

探方 HX 内的 42 号房经过修整、加建和重建。按从上到下发掘顺序和存在时间（phase），编号为 42A，42C，42D，42E 和 42F（图 13）。

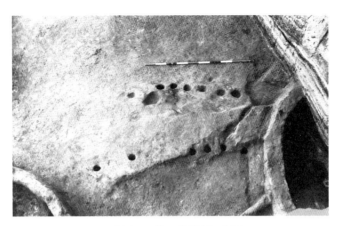

图 12 圆房 57 外两排柱洞，探方 HX
（文献 [1]：图 13）

42F 的年代最早，为双圈同心结构，内圈无门，设一隔墙，净直径 2.8 米，面积 6 平方米。外圈净直径 4.5 米。双圈墙之间的廊子净宽 0.4—0.5 米，回廊被一联系墙隔断不能走通。发掘者判断：内圈和隔墙同期建成，隔墙为原高（报告没有给出确切高度）；外圈后加。42E 显示该建筑在使用过程中加建半圈外廊——在西北和北侧形成双廊。42D 是在原址上新建的单圈房，内有灶具，外有侧室，房与室之间有门相连。42C 和 42A 显示出延续使用过程中灶具的改变、侧室的消失和重建。

42A—42F 展示出从双圈到单圈的变化。形式反映功能，外圈的功能是什么呢？又为什么是双圈呢？仓房是农业社会最重要、最基本的建筑。早期仓房的形象在埃及的壁画和模型中可以

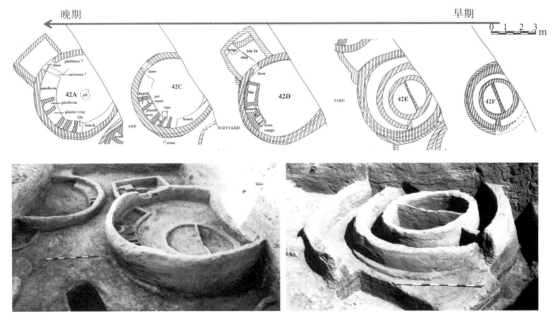

图 13 上：42 号房的发展（探方 HX）下左：42D 和 42E 内圈；下右：42F
（文献 [1]：图 11，图 15，图 20，图 22，图 25，图 27，图 32）

图 14　埃及壁画中的粮仓

（Wilkinson，J. G. *The Manners and Customs of the Ancient Egyptians*. London: J. Murray, v.2, 1841: 136.）

见到。仓房顶部和底部各开一口，人们爬梯子把粮食装入，需要时在下面取出（图14）。亚尼克土丘的发掘者认为：仓房是最早的建筑，特点是内设隔墙，外廊的作用是隔潮。他们还认为，主要建筑影响其他建筑，42号诸房反映出从仓房到住房的历史。

7. 土坯墙和屋顶

亚尼克土丘各地层出土的建筑材料均为土坯。泥里掺切碎的草或麦壳，用模子成型，晒干后使用。大多数土坯墙厚一坯，偶见厚两坯。土坯墙随高度增加均向房内略收，墙面抹泥。双圈圆房1号（探方H）外圈墙的内侧没有抹泥，我们可以看到土坯墙的砌法为：隔层平砌和竖砌（图15）。单圈房25D（探方HX）内侧抹泥，墙面见一层层凸凹相间的水平圈（图16），本文猜测其土坯砌法如1号。

图 15　土坯墙砌法：隔层平砌和竖砌（双圈圆房1号之外圈）

（Excavations at Yanik Tepe, North-West Iran. *Iraq*, Vol. 23, No, 2, 1961, 图板 LXVIII-a）

图 16　圆房25D（探方HX，第3层）墙面抹泥，内侧墙面见圈纹

（文献[1]: 图43）

几座房子内见中心柱洞，发掘者认为柱洞与房子大小和建造时期有关。非常偶然用石，仅见石柱础。关于屋顶材料和形状，遗址上没发现大木构件，也不见大量跌落的土坯，所以排除了木梁平顶和土坯叠涩顶的可能（笔者注：该地域考古资料显示矩形土坯房为木梁平顶；圆形土坯房为叠涩顶）。基于房子较大和土坯墙较薄的事实，发掘者推测屋架较轻，可能是圆锥形枝条泥顶，房子总高 4 米左右。

发掘者假设了两个复原：房 25B（探方 HX）和房 52（探方 LJ）。两者在屋顶形式和材料上相同，区别在地面和柱础。在探方 HX 内，25 号的东墙部分压在聚落墙下，揭露出来的聚落墙在发掘之后倒塌了，最后一次发掘时清除了倒塌的聚落墙。考古报告没有单独报道 25 号，也没有专门讨论，仅在报告聚落墙时提及，但提供了照片、平面和复原图。25 号分四个时期，编号 25D、25C、25B 和 25A（烧掉了）（图 17）。最早的 25D 室内没有任何固定家具，仅一个中心石础。上文提到，25D 内侧墙面见一层层凸凹相间的水平圈。25C 和 25B 丁字形土坯台将室内分成三部分：一个 1/2 圆和两个 1/4 圆形格子。半圆内沿墙设灶具和坐台（笔者注：1/4 格内填土，保持居住面高度和干燥）。复原图展示土坯墙上架圆锥形枝条屋架，中心柱支撑，屋顶抹泥，外防雨，内防火。

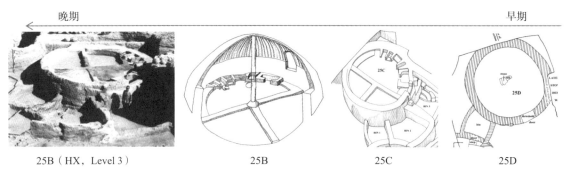

晚期　　　　　　　　　　　　　　　　　　　　　　　　　　　　　　　　　　　早期

25B（HX，Level 3）　　　25B　　　　　25C　　　　　25D

图 17　25 号房发掘现场，平面、轴测图和复原图
（文献 [1]：图 40，图 46，图 47，图 49）

在西亚有诸多资料供学者做复原参考，已知最早的手制泥块（或非模制土坯）出自公元前 8000 年的杰里科（Jericho）。[1] 圆形土坯房是哈拉夫文化（Halaf Culture，公元前 6500—前 5500 年）的建筑特色。西亚的传统圆形房屋被西方人称作"Beehive"，其考古遗迹早到公元前 7000 年。[2] Beehive 房门开在南墙上，门洞宽约 45 厘米，房子的用途有多种：住房、粮仓、柴房和畜圈。在 20 世纪 50 年代叙利亚北方，Beehive 仍在建造和使用（图 18）。

8. 建筑分期和使用时间

发掘者把亚尼克土丘分为三期：ETC I，ETC II 和 ETC III，考古集中在后两期。ETC I 的建筑特点为：圆形穴居（pit-dwelling）和窖坑（storage-pit）。例如，32 号穴居外直径 3.6 米。

---

[1] John Woodforde, *Bricks: To Build a House*. Routledge & Kegan Paul Books, 1976.
[2] Peter M. M. G. Akkermans, Late Neolithic Architectural Renewal: The Emergence of Round Houses in the Northern Levant, c. 6500‑6000 BC, in *the Development of Pre-State Communities in the Ancient Near East*. Oxbow Books, 2010.

ETC II 的建筑特点为：全部为圆形地面建筑，没有装饰，看不出等级区别。早期有中心柱洞，晚期用（石块或土台）柱础。建筑用途有住房和仓房之分。发掘者没有识别出牲口圈。在灰坑里没有发现大量动物骨头（注：如果这在整个聚落是个普遍事实，我们可以理解为亚尼克土丘拥有的牲畜不多，可能大部分草地用于耕种。这种现象在欧亚大陆其他地方也可以见到）。ETC III 的建筑特点为：全部为矩形两层建筑，土坯厚墙，木梁平顶。聚居中心移向山顶。ETC II 和 ETC III 的建筑形状和屋顶技术完全不同，在灶具方面一脉相承。两期地层存在叠压关系，但时间非连续，之间有几百年的间隔。这些现象提醒我们回答夏家店下层文化和夏家店上层文化之间的关系问题是一个挑战。

图 18　叙利亚北方的一个 Beehive 圆房村
（Copeland P.W. Beehive villages of north Syria. *Antiquity*. 1955：29，21 - 24）

关于 ETC II 使用时间，在探方 HX 内共发掘 16 层（建筑层 7 层）。发掘者根据屋顶材料和结构估计每 20 年房子翻修或重建一次，16 层共 320 年（公元前 2086 ± 104 — 前 1816 ± 63 年）。考虑各种不定因素，按双倍以上估计，最长 700 年。

发掘者认为圆房的原型是帐篷，隐含游牧痕迹。叠压的建筑显示密集的定居社会。因为发掘的面积有限，没有遗址的整体布局资料，也没有道路的信息。

二、二道井子

二道井子距赤峰市约 15 千米，遗址坐落在红山区二道井子村北部的一座山冈上（42°11′57.4″N；119°02′55.4″E），地势东高西低，南、北两侧为沟壑，西侧有一条季节性河流。遗址比河床高约 10 米。这是个被土墙和环壕围绕的圆形生土建筑聚落，其平面依山冈等高线略呈椭圆形，南北约 190 米，东西约 140 米。作坊区和墓葬区均在土墙之外，位于聚

图 19 二道井子遗址位置、地势和保存现状
（左：作者绘；中：根据文献 [2] 图 2，作者建模；右：赤峰红山区文物局提供）

落南侧。遗址处于赤峰—朝阳高速公路建设线上，2009 年内蒙古文物考古研究所进行了抢救性发掘，揭露面积 5200 平方米。后来，高速公路改在遗址下穿过，二道井子被保留了下来，遗址上可见 30 余座建筑遗迹（图 19）。

关于聚落土墙，二道井子使用两种筑墙方法：在山坡上削出梯形生土墙做主墙，在两侧垛泥或贴坯做护坡以加厚墙体，内坡较缓，外坡较陡。取土于壕，墙厚壕深，一举两得。考古发现聚落土墙被居住堆积层覆盖，而且聚落地面不断加高，形成"台城"式的环壕聚落（图 20）。

图 20 二道井子遗址土墙断面和环壕
（根据赤峰红山区文物局提供资料，作者自绘）

聚居地不断增高的原因来自两方面。其一，房子经历维修、改建和加建是常事，尤其是生土建筑。土坯房维修包括屋顶和墙面抹泥、地面垫土防潮，室内地面因此升高。其二，室外地平随着厨房垃圾、生活废物和生产废料的不断堆积而升高，导致室内地平相对降低。不断重建是同时提高房屋地面和墙体（或屋顶）高度以应付不断升高的聚落地平的有效方法。具体做法是新房建在旧房之上，旧房的墙作为新房的基础，新房在旧房之上铺新地面（图 21）。通常，重建的新房略错开原址。我们在遗址上见到室内地面塌陷的现象，当是旧房填充不密实所致。发掘者在探方 1707 和探方 1708 揭露了四层互相叠压的房屋（图 22）。据统计，遗址内文化层最多达 20 余层，居住堆积厚 8 米余。这种现象在亚尼克土丘和二道井子

图21 F73 叠压在 F88 之上；填实后的 F88 作为 F73 的基础
（二道井子博物馆提供）

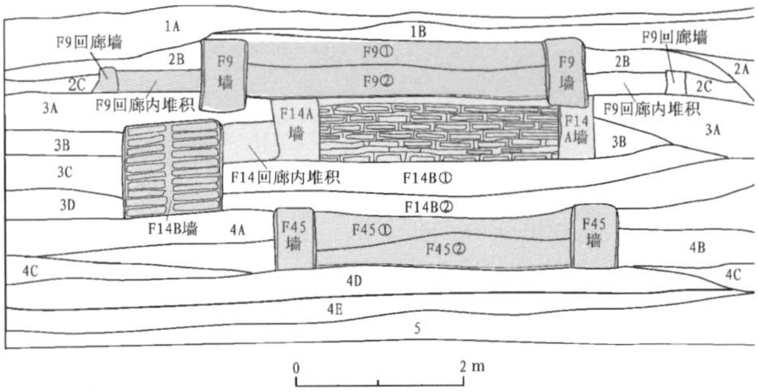

图22 建筑在同一地点互相叠压的 F45，F14B，F14A 和 F9（从下至上）。下两座为单圈房（F14B 墙厚两坯），上两座为双圈房
（文献[2]: 图3）

均存在，受封闭的聚落空间限制，人们在固定的宅地建房。

遗址中部偏北有一个双圈房，编号 F8，房门朝西南，面对空地。F8 是中心建筑，空地为公共广场，作此判断是因为它们的位置和体量（图23）。考古发掘共编号 147 座建筑（不包括四个半地穴）。除 F8 和广场外，遗址西北角堆积层中的上层或上几层建筑在发掘过程中被铲掉了，东南角的院子房揭露之后没有继续发掘。考古资料显示 F8 周围拥挤，尤其是西北角房子密集，层层叠筑。似乎聚落自西北向东南发展，密度在西北角最早达到最大。这样猜测是基于跨高加索地区聚落发展过程的一个普遍现象：自山坡向山顶发展。这是亚尼克土丘发掘工作在山坡中部开始的原因，该发掘证明聚落在山坡中部开始，然后同时向山顶和山下发展，在半坡最早达到最大密度。

在二道井子所有堆积层中所见到的建筑材料均为土和石，没有木构件保留下来。建筑构造为土坯、泥辫、垛泥和夯土造。房子圆形平面，绝大多数土坯建成，土坯之间用草拌泥粘合，墙内外两面抹泥。土坯质细不见杂物，尺寸较大，规格不等。在遗址西北部，石头用来加强早期土坯院墙的顶部；在东南部，石头用来筑晚期院墙。

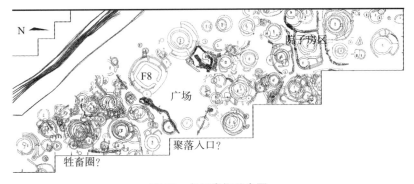

图23 各层发掘总合图
（赤峰红山区文物局提供，作者加标注）

1. 建筑类型

按平面形状，二道井子的房子可分三种：圆形、圆角方形、外圆内方。按建筑形式，遗址上见到的房子可分三类：单圈房、双圈房和院子房（图24）。绝大多数建筑为单圈圆形，附灰坑或侧室。两例圆角方形（H21、F88）❶，一例外圆（角）内方（角）(F8)。房门朝西南或南，门洞平面呈内八字形。

❶ 本文采用的编号为赤峰红山区文物局提供。F打头，意为房。H打头的编号，是笔者现场调查时使用的，H意为"house"。在房址没有文物局编号的情况下，本文用H编号。

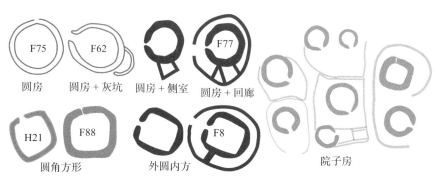

图24 二道井子建筑类型
（作者自绘）

"灰坑"是考古术语，指垃圾坑。在二道井子遗址内有很大一部分灰坑底部出土大量的植物颗粒，所以发掘者认为它们原为窖穴或者粮仓，废弃后改为垃圾坑使用或直接填埋。侧室指房旁之小屋。双圈房是单圈房外加回廊，院子房是单圈房被院墙围合，院墙界定宅地和巷道——院内是家庭空间，院外是聚落交通用地。换言之，宅地划分和街道规划相结合。院子房区位于山顶，所处地层最高。

1）单圈房

单圈房子土坯造，内径2—4.8米，墙厚两坯，少数一坯。少数房子的墙面见层层横条，形同泥条盘筑，使人联想到后世东北的拉合辫房（无专业术语，本文暂借用此名）。遗址上，三座拉合辫房保留了下来：两座圆形平面（F62，F110）、一座圆角方形（H21）（图25）。它们所处的地层较低，时代应较早。

（1）F110 墙外"柱洞"

F110 位于遗址中段靠西，曾被三层建筑覆盖（图26）。在它的墙外，东南方向35—40厘米的地面上有五六个（直径约20厘米的）"柱洞"。它们是柱洞吗？柱子支撑屋檐？遗址发掘之后，其上覆盖临时大棚保护。笔者调查期间大雨，棚顶漏雨，雨点落在地面上，在已有"柱洞"附近滴出新洞。如果不考虑诸如此类可能，只当结构痕迹看，柱洞是什么遗迹？要回答这个问题，需做多方面考虑，例如它们与门的关系和风向。柱洞的位置远离入口，因此它们不会是门斗遗迹。赤峰常年主导风向为北风和西北

房号	内直径*	墙厚	墙高**	门洞（平面内八字形）	备注	疑问
F62	4.3m, 4.4m（墙根）；3.7m, 3.9m, 4.1m（存高）	60—70cm	1.5m 泥条高10cm	门口宽：57cm（外侧）/1.02m（内），门槛高：3cm（内），8cm（外）	墙体弧形；泥条盘筑，墙面未抹泥，有火烧痕迹。房后设灰坑	如何封顶？通风口？
F110	4.86m（墙根）/4.5m（存高）	76—83cm 墙面抹泥，局部见泥条，泥条高6cm	1 m	门口宽：70cm（外）/1.5m（内），门槛高：3cm（内），8cm（外）	墙面和地面抹数层草拌泥。对着门的内侧墙上，高于地面80cm处有2个洞。墙外35—40cm的地面上有几个洞	墙上和墙外洞的用途？
H21	2.4m（墙根）/2.1m（存高）	35cm	83cm	门口宽：40cm	墙面抹泥。内侧墙下部可见泥条，泥条高10cm	

* 内径分别在墙根和存高最高处测得；** 墙高对室内地面而言，以下同。

图 25　拉合辫房主要数据
（作者自测、自摄）

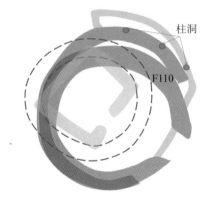

图 26　左：F110 和其上建筑的关系；右：墙外"柱洞"
（作者自绘；二道井子博物馆提供）

风，柱洞所在的方向是东南，处于下风侧。这样的结构可能是为了堆放设施、堆放柴草。我们推测 F110 外原有堆垛栅栏。在二道井子没有其他外柱洞例子保留下来。

F110 对着门洞的内侧墙上有两个柱洞，间距约 1.8 米，位于高于地面 80 厘米处，墙的上部不存。柱洞口大底小，呈锅底状。若墙上立短柱支撑屋架，为什么只有两个柱洞？它们是否为后加？这些问题我们目前还无法回答。

（2）地面灶和土坯箱

二道井子使用的灶，位于室内地面中心，为一因长期使用火而形成的方形坚硬烧烤面，考古界称地面灶。以 F56 为例，房内径 3.5 米（墙根）/3.3 米（最高处）。土坯墙厚 60—65 厘米，存高 1.05

米。地面灶约 1 米 ×1 米，略高于周围地面。可以设想人们在此生火做饭，同时取暖和照明。为通风排烟，墙上开洞，外侧直径约 10 厘米；内侧上圆下方，高 40 厘米，宽 45 厘米，下沿距室内地面 52 厘米（图 27）。

图 27　F56 室内地面灶，墙上通风口
（作者自摄）

F55 是一个重要建筑，因为它有土坯箱，还有一个土台（图 28）。土坯箱，位于进门的右侧，与亚尼克土丘灶具的位置一致，但箱内没有烧结面，也没有灰屑，因此排除了灶的可能。该建筑在发掘后被拆除了，以下信息引自《内蒙古赤峰二道井子遗址的发掘》[1]一文：F55 房径约 3.8 米，土坯墙厚 30—40 厘米，存高 60—75 厘米。土坯尺寸一般约 50 厘米 ×20 厘米 ×20 厘米，土坯之间用草拌泥粘合。墙体内外和地面草拌泥抹面，地面经过烧烤，可辨认出 6 层，厚约 15 厘米。贴墙土坯台长约 1.5 米，房子中部存约 85 厘米见方的地面灶。靠门口有一个土坯砌的空心台，平面梯形，长 40—80 厘米、宽 50 厘米、残高 45 厘米，用于放置物品。基于以上信息，本文猜测土坯箱用来储物。此猜测受亚尼克土丘的提示，不仅因为箱的位置、形式，还有功能。F55 有地面灶或移动灶和储物箱或固定家具。

[1] 曹建恩,孙金松,党郁. 内蒙古赤峰市二道井子遗址的发掘[J]. 考古: 2010 (8): 18.

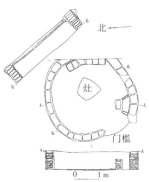 

图 28　F55 地面灶在中心，土坯箱在入口右手侧，土台在入口对面（此建筑不存）
（文献 [2]: 图 6；二道井子博物馆提供）

靠墙土台是灶具还是坐具？笔者对赤峰夏家店下层文化聚落遗址中土台的用途持有困惑，以下两个例子或可提供一些参考。三座店石城（公元前 2000—前 1400 年）房址 F9 内有一靠墙土台，长 54 厘米、宽 24 厘米、存高 24 厘米，侧面涂抹厚 2—4 厘米草拌泥（图 29，左图）。三座店发掘报告称：台前有两块平行立砌土坯（坯长 40 厘米、宽 10—14 厘米、厚 10 厘米），间距 10 厘米，其下呈红黑色烧土面，范围略呈圆形，直径 70 厘米，故结论为灶，复原图见图 29 右图。❶ 二道井子土坯房 F71 内径 2.8 米（墙根）/3 米（最高处），墙厚 70 厘米，墙存高 96 厘米。室内地面不平，近门半边下沉，深处高起。致使地面高低不平的原因是房址下面的填土下沉。对着门口有一贴墙土台，其附近墙面熏黑（图 30），无法确定这个土台就是灶。

❶ 内蒙古文物考古研究所. 内蒙古赤峰市三座店夏家店下层文化石城遗址[J]. 考古，2007（7）：24.

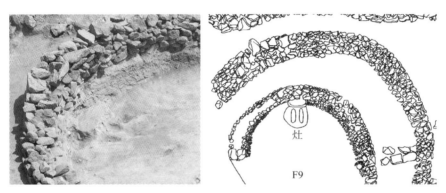

图 29　三座店 F9 靠墙土台
左：现状；右：复原
（赤峰松山区文物局提供）

图 30　二道井子 F71 土台
（作者自摄）

2）回廊房

圆房外加回廊称回廊房（图 31）。F8 是遗址中最大的回廊房。主墙外圆内方，内径 4.2 米，室内对角线长 6.39 米，墙厚三道土坯，最厚处 1 米，屋角厚48厘米，存高1.65米。回廊净宽1.4—1.7米，廊墙最厚30厘米，存高0.7—1.33米。F8是一个有台基的重要建筑，台基由两部分组成，下部石基，上部土台。发掘者认为台基经过加高加固，主体经过重建，房墙至少经过三次整修，回廊后加，并经过维修或重建。回廊内有几个柱洞，估计修缮时后加。F8建筑尺度大，所处位置较高，面对广场。广场西侧发现石路遗迹（注：石路不存）（见图23）。F8、广场和道路之间的关系和走向是非常重要的问题：广场是否通向聚落入口？从入口如何达到山下水源？目前，我们无法回答。考古发掘已经指明的是：F8是中心建筑，广场是集体空间。公共建筑和集合广场显示社会组织的存在。

除F8之外，在二道井子还可见到两座回廊房，F77和F87，分别位于遗址的南北两头。F87在北头，房外有两个相对的侧室，之间有一弧形墙。准确地说，它是个半回廊房。房子周围有窖坑，廊内一个。这个现象可能说明廊墙后建。房内有复杂的隔墙。后文将结合F87讨论隔墙房。

F77在遗址的南头，房墙和廊墙同高。回廊净宽不等，从0.5米、0.9米到1.65米。回廊中可以辨别出一个侧室。廊墙下部土坯上部石块，侧室后墙用泥条在廊墙上堆筑。这些现象显示，F77是逐渐形成的：主房首建，侧室早于回廊。回廊房的特点为：房墙和廊墙平面为两个同心圆（或近似同心圆），廊墙厚度比房墙薄，两者之间有联系墙，全部土坯造。现存房墙和廊墙的高度有相同和后者低于前者之别。本文推测廊子单坡，房子檐口高于廊子；回廊保护房墙并用作辅助空间——存储柴草等。

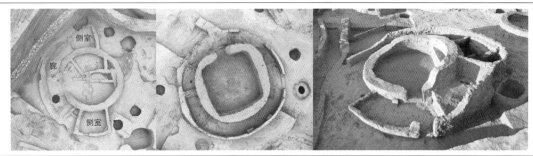

编号	房内径	房墙	回廊	门洞（内八字形）	备注
F87	4.8/5.09m（平面椭圆）	厚57—70cm；存高最高85cm	廊宽1.3m；墙厚30—40cm（最厚78）；存高38cm	现状1.8m宽	房内多道隔墙；房外两侧室之间加廊墙形成半廊
F8	4.4—5.3m（边长），6.39m（对角）	墙最厚1m，转角厚48cm；高1.5m	廊宽1.7—1.4m，墙厚30cm，墙高70cm—1.33m	门洞宽1.2m（根部）/80cm（顶部）；门槛高65cm	平面外圆内方，廊内有三个柱洞
F77	4.2m	墙厚63cm，高0.63—1.4m	廊宽50—90cm（北侧）至1.6m（南侧）；墙厚30cm	门洞宽74cm，门外有门墩（平面30cm×14cm，高30cm），房门和廊门相对	房墙廊墙同高。侧室早于回廊；侧室后墙堆砌

图31　回廊房主要数据
（二道井子博物馆提供照片；数据作者自测）

F54 引起了笔者的关注，因为这里看不到上述典型回廊，但能触摸到回廊缘起（此建筑不存）。F54 由主房、多道不规则廊墙（仍用"廊"这个术语）和侧室组成。主房直径约 5 米，土坯墙厚约 80 厘米（注：测绘图上土坯尺寸不一，故非模制），墙存高约 1 米。房中心有一个 75 厘米见方的地面灶，四周存浅槽。五道廊墙，均为薄墙，编号 Q1—Q5。从功能和施工角度看，它们为保护房墙，按从内到外顺序，逐渐形成。Q2 包在主墙北侧。Q1 三面包围主墙，可能较高；经过两次局部加固（包括 Q5），廊子不等宽，可能设顶。Q3 自 Q1 南端开始，止于房门前方，应是个半敞院子，为户外工作和堆放场。Q2 和 Q4 可能是灰坑，前者早于后者。测绘图记录了廊墙共存的情况（图 32，上）。照片是 Q1、Q4 和 Q5 拆除之后的影像（图 32，下）。

以上讨论的四个回廊房中，三个廊子没有完全封闭，不是真正的回廊。笔者开始思考回廊的形成和发展、回廊与侧室和院子的关系问题。四个回廊房回廊的形成原因和过程各不相同：一次建成或分期完成；完全或部分围合；廊墙与侧室结合，等等。廊墙的作用为：一、保护房墙，同时增加使用空间；二、限定边界。当聚落地平增长高于房屋地平时，廊墙界定边界，有效挡土，保证房屋的使用（图 33）。院墙也是界墙，院子是扩大的回廊，后文将讨论院子房。

上文谈到 F8 坐落在高台上，下有石基。还有几个房子建在台基上，台基的使用与地势有关。F1 坐在坡上，台基在坡上形成一个平台，坡地一侧垒砌护台。护台和台基均土筑，边缘用石块（图 34）。发掘者指出：F1 内的土坯坐台可能是下面房址的墙体。我们不能确定 F1 是否有意地利用下层墙体作为本层坐台。回到墙外护台问题，F6、F10 和 F12 是一组同期建筑，这里的护台与亚尼克土丘房墙外侧的坐台看起来相似（图 35）。

3）隔墙房

隔墙房遗迹在以往的夏家店下层文化中未曾见过。二道井子的 F81、F87 和 F99 内有隔墙，主墙和隔墙全部土坯造。它们建筑面积不同，空间

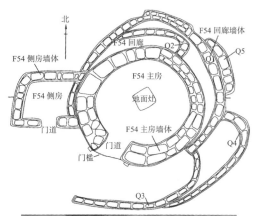

图 32　上：F54 平面；下：Q1、Q4 和 Q5 被拆除之后（东北向西南望）
（文献 [2]：图 5；二道井子博物馆提供照片）

图 33　F9 地平低于聚落地平，回廊作用如挡土墙
（二道井子博物馆提供）

图 34　F1 台基一侧建护台，边缘用石块。房内土坯坐台（建筑不存）
（二道井子博物馆提供照片）

划分各异，内无灶。无疑，它们不是住房（F81和F99不存）。

F99外有侧室或灰坑和部分廊墙遗迹。隔墙设在房子中间将空间分成两半，每半再分成两间。它与亚尼克土丘的仓房相似，可能用来储藏（图36）。二道井子有储藏建筑，发掘者在这里揭露了153个窖穴，在众多的窖穴中，一些内砌土坯墙坑口周围用土坯砌边，防止雨水灌入。发现的储藏物中包括碳化的黍、谷物、兽骨和骨器，它们代表了农耕和畜牧。在农业社会，聚落的生存取决于正确地储存粮食，仓储是非常重要的建筑。

F81由一个矩形主房和三条弧形墙组成，空间不相通。弧形墙长短不同，形成三道廊，集中在主房一侧。主房正面有入口，屋角有一土台（图37）。

F87内径4.9—5.09米，墙厚57—70厘米，存高（最高）84厘米。房内隔墙存高10—36厘米，将房子分隔成多个不规则空间。房外侧室扇形平面，东南侧室2.2—2.5米×1.9米，墙厚27—30厘米，墙存高（自室外地平）47厘米。侧室门外两侧设门墩，门墩平面20厘米×15厘米，高35厘米。廊子净宽1.3米，墙厚30—40厘米，存高38厘米（图38）。

从建筑格局反映使用功能角度出发，笔者设想F81和F87是牲畜圈，隔墙不高，但门槛高——不同的牲畜分别挤在廊内和室内过夜。换言之，隔墙房使不同种类和数量的幼畜和母畜集中在一个屋顶下的不同空间内夜宿。如此设想的另外原因是，其他考古聚落内有牲畜夜宿场，例如姜寨报告两处遗迹。

将使用功能、叠压关系和用地问题联系起来分析，推论如下：一、F87被F81叠压，两者形式相同，功能也会相同。即，房子重建，使用要求和用地性质未变。二、牲口圈在聚落的西北角——坡脚，圈外有围墙。F87/F81的地点表示聚落存在用地分区。三、遗址发现诸多种类兽骨制成的生活用品，说明家畜的存在。隔墙房的存在证明家畜饲养经济的重要。牲口可能属集体财产或联合拥有。上述情况表明二道井子的人们过着农牧生活。

笔者在与发掘者的交流中得知，他们认为隔墙房是祭祀建筑，原因是房内存在踩踏面和大量灰烬。目

图35　F6、F10和F12（均不存）
（二道井子博物馆提供照片）

图36　F99被隔墙分成四间（位置不清，不存）
（二道井子博物馆提供）

图37　F81土坯墙在房子的一侧形成三道廊
（二道井子博物馆提供）

图38　F87内墙将主房分隔成多个不规则空间
（二道井子博物馆提供）

前,本文保留自己的假说,期待详尽的发掘报告早日面世,再作讨论。

4)院子房

二道井子遗址的东南区发掘了六组院子,特征有三:一、院子围合单圈房形成一个居住单元;二、有的院墙或部分院墙形同回廊,房墙和院墙之间有联系墙,如F71。三、院子之间为公共交通空间;巷道的格局和特点是由院子布局和形状决定的。巷道宽30—70厘米,最宽约1米(图39)。没有在院墙上发现排水口。东南区是聚落的高处,地面排水靠巷道。院子房位于高地层和高地势,应是上层居住区。不同的建筑分区,反映二道井子存在不同的社会阶层。

图39 遗址南部院子房区,院墙形成巷道
(二道井子博物馆提供)

六组院子中,三号院最复杂,它由两部分组成:F69大院和F61小院。H153为储藏空间或灰坑,没有窖穴。F69内径4.1米,墙厚40厘米,存高50—70厘米,室内地面高于院子地面12厘米。F69土坯造,土坯尺寸50厘米×30厘米×20厘米(F69上面的F60被铲掉不存)(图40)。考古发掘报告[1]记录:院墙Q1—Q3夯土造,厚30—60厘米,残高0.8—1米,上部施用土坯或石块。房F61杂土夯筑,内径3米,墙厚25—50厘米,存高50—70厘米。H153黄花土夯筑,平面1.6米×1.6米,墙厚30厘米,存高50—70厘米。考古记录没有给任何夯筑信息。关于夯筑技术和程序:笔者猜测二道井子使用小版筑。具体而言,Q1两道版筑,中间添土夯实;Q2亦如此。夯土墙上用土坯或石块的原因可能是小版筑夯土墙薄,筑高墙存在技术问题。二道井子主要使用土坯建筑技术。

关于巷道墙材料的信息来自两处。在院子房区,巷道墙局部石造或顶部、底部用石块。在遗址西北角,巷道墙为土坯造,墙头圆形,无疑免积雨水(图41)。关于排水设施,在遗址东侧中部发掘出一条石砌水沟,目前不清楚它和路的位置关系。

[1] 曹建恩,孙金松,党郁.内蒙古赤峰市二道井子遗址的发掘[J].考古,2010(8):16.

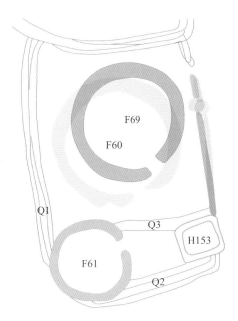

图40 三号院由两部分组成：F69和F61 + H153
初期，F61和H153；中期，H60和院墙；后期，F69
（作者自绘）

图41 土坯墙头半圆形
（作者自摄）

图42 F109土坯房墙外有石护墙
（作者自摄）

从形式角度出发，院和廊的关系可以视为从小到大、从有顶到无顶、从建筑外廊到宅地界墙的关系。沿着这个思路推测二道井子建筑类型发展次序为：从单圈到双圈，最后到院子房。

从功能角度出发，廊墙保护房墙。F109土坯墙外有半圈石墙，石墙和土墙距离很近，空间仅够一个人维修墙体的需要。显然，石墙为保护土坯墙后加（图42）。笔者推测回廊的原型有：侧室加外墙、房墙外包护墙（土或石墙），房外披厦。它们的形式不同，但功能相同。外墙和房墙之间距离加大之后产生可以使用的回廊空间。

单圈圆房是基本的建筑元素。二道井子显示这个基本元素在持续使用过程中发生相当大的发展或改变：从只有一个空间的单圈房，到一圆屋一圈廊的回廊房，最后到室内空间加户外空间的院落房。遗址中的单圈房大小相近。在布局上，回廊房和院子房较单圈房复杂。在建筑技术上，三者相似。除了居住建筑，有公共大房、粮仓、牲畜圈和窖藏。社区中心和各种仓房反映公共财产和合作关系。遗址分居住、作坊和墓地区，规划分区反映社会分工。居住区被聚落墙保护，人们在限定的空间内长期居住的结果是：密度增大、堆积层增高、整个山冈逐渐被房屋覆盖。北侧山坡建筑密集可能发展最早；半坡高地上的F8和广场为社区中心，可能通往聚落入口（北坡和半坡同期）；南侧坡上的院落和巷道共生，为后期所为。建筑类型和分区反映出二道井子的发展阶段、生活方式和社会关系。

2. 建筑技术

二道井子主要使用土坯建筑技术。房墙构筑方法两种：泥条盘筑（一般厚60厘米）和土坯墙（一般厚两坯）。院墙和聚落墙构筑方法有夯土、垛泥和贴土坯等。笔者关心的问题有：泥条如何盘筑房子？施工程序如何？土坯是否模制？建房使用干坯还是湿坯？史前泥条盘筑陶器是常识，但二道井子泥条盘筑房子是已知的唯一并最早的例子。笔者通过观察和测绘对土坯的制法产生了怀疑。土坯干法或湿法施工是笔者尝试复原F8的外圆内方技术时遇到的问题。本文不仅分析墙体，还关注门洞和通风洞的施工技术。

下面，笔者依建筑逻辑互相印证有关现象，试图通过现象找到依据。

1）拉合辫（泥条盘筑）

F62 的内、外壁表面可见层层泥条圆弧和泥条之间的凹槽，泥条宽 10 厘米，泥条的两头各向相反方向拧的痕迹明显（图 43）。建造方法如同泥条盘筑陶器——泥条层层向上堆筑直接成形，墙体随高度内收。二道井子有草拧成辫子形状的粗绳出土，本文称草辫子（图 44）。草绳裹泥加强泥的拉强，减少干缩裂缝，施工灵活。在东北，用草辫子沾泥建房叫拉合辫。

拉合辫技术在 20 世纪 50 年代的大庆油田和 60—70 年代的黑龙江生产建设兵团被大量使用建宿舍。在宿舍基址附近，备胳膊粗的草辫子，同时挖一个大坑，坑里和满了泥浆。人在坑里，双手抓草辫子放进泥里滚拧，然后将糊满泥的草辫子卷紧依次码放在房基上。在墙体的内、外侧将拉合辫水平放置，相互缠绕，墙体中间用土填实。连续盘筑的泥辫子作用如同模板。一两天下来，拉合辫墙完成了，经过几天风吹日晒硬化后，架梁搭顶、上用草辫子排成房盖。装门安牖之后，里外抹掺有碎草的大泥。

遗址上保留下来的 F110 和 H21 的拉合辫墙面抹泥找平，至今坚固不易脱落。根据二道井子发掘人孙金松发掘时解剖拉合辫墙体（该墙未保留）得出以下推论：按墙厚，先用泥条内外盘"模"，填土其中并实之。一层层逐渐内收，如此重复形成墙体。施工完成后在内、外点火烘干。

生活在中非乍得湖（Lake Chad）沿岸的玛珐人（Mafa 或 Matakam）建房（筑仓）方法与拉合辫法相似，但是，他们用的不是泥辫子而是方泥块，墙体是一块泥接一块泥，一层层盘出来的，外墙面用石块压平，使成整体（图 45）。泥块盘筑圆房的屋顶是钻尖草顶，在地面上预制，然后整体放到墙上。图 46 显示他们搬运屋顶的情形。玛珐人生活的区域在今天喀麦隆（Cameroon）、尼日利亚（Nigeria）和乍得（Chad）交会地。❶ 墙建到约一人高的时候，贴墙支简单的架，图 47 记录西非布基纳法索（Burkina Faso）使用的建筑技术。❷

---

❶ Enrico Guidoni, *Primitive Architecture*. Electa：Rizzoli，1975（7）：137.

❷ Jean-Louis Bourgeois, *Spectacular Vernacular：the Adobe Tradition*. New York：Aperture Foundation，1996.

F62

F110

H21

图 43　拉合辫墙面细部（F62 泥条粗 10 厘米；F110 和 H21 墙面抹泥）
（作者自摄）

图 44　草辫子（H55 出土）
（二道井子博物馆提供）

图 45　地面上手制方形泥块待用，层筑法建墙。玛珐，喀麦隆
（ Primitive Architecture ）

图 46　屋顶在地面上"预制"，然后整体搬到墙上。乍得
（ Primitive Architecture ）

图 47　简单的"脚手架"帮助盘筑墙的上部，布基纳法索
（ Spectacular Vernacular: the Adobe Tradition ）

2）土坯墙

二道井子的土坯房内、外抹草拌泥（黄土掺碎草）。发掘者对几个房屋的墙体进行了局部解剖，显示土坯断面黑色，长边顺墙，错缝平铺，土坯之间施一层厚约 1 厘米黄泥（图 48）。黑土和黄土土质不同，来源不同。按长度土坯可分三等：60 厘米、50 厘米和 40 厘米上下。它们的宽和厚颇接近，宽 30—25 厘米，厚 10—20 厘米。关于 F8 的建筑技术，从施工角度判断，主墙外圆内方的 F8 的圆形由土坯砌出来，方角是砌内圈时用修整的土坯直接成型的。如此来说，施工需要现场放线。对 F8 而言，施工放线至关重要（注：新石器时期建造圆形房子现场放线是常识）。随之而来的问题是：土坯是硬的还是软的？换言之，土坯是否晒过？以及，哪里取土？如何制坯？

图 48　墙体局部解剖显示黑土坯和黄泥缝（F71）
（作者自摄）

土坯是不经窑烧的生土砖。我们熟知的制坯法为：土加水再拌入碎草，然后将和好的泥放入木模中压实成形，晾干后使用。二道井子使用的土坯不是模制土坯，原因有二：一、土坯色黑质细，不见杂物。二、长方形为主，但尺寸不一（图49）。另外有形状不规则的楔形（图50）。遗址上没有发现任何工具或模具遗留下来。古今中外，土坯制法不外乎人工模制和天然取材。《中国古代建筑技术史》记录了四种土坯制法，其中天然取坯法两种：其一，制坯场地选取在低洼的平地，土质适宜的地方。先将场地放水引平，当这部分水分蒸发后，泥土处于半干状态时即切成坯块，取出晾晒。其二，在湿润的大草甸子上取坯，当草甸子半干时，直接挖取坯块，曝晒成坯。❶

❶ 中科院自然史研究所. 中国古代建筑技术史[M]. 北京：科学出版社，1985：52.

图49 土坯墙断面
（作者自摄）

图50 F88南侧叠压的墙用楔形土坯
（作者自摄）

在二道井子，最合适的泥土来自聚落西侧的河畔。河床黑色淤泥就是材料来源。河水是季节性的，因此我们推测，河水断流时节，人们在半干的河滩直接切割体积接近的长方形泥块。密度高、黏性好的淤泥块不需要模具加工夯实，直接用作建筑材料，但不排除修整工序。楔形小土坯是边料或根据需要施工现场切的。笔者认为：二道井子土坯是天然取材；土坯没有经过晒干，施工使用湿坯。

二道井子两座建筑传达出单道土坯墙向双道土坯墙发展的信息。两座房子都不大，均没有考古编号，其中一座不存，本文称保留下来的一座为H30号。第一座房子的内道为主墙，外道因加固或改造而局部砌筑（图51）。H30房内径2.2米（另一半不存）。双道土坯墙厚50厘米，存高最高60厘米。外道甚低形同坐台（图52）。早期用单道墙，晚期双道墙，符合小房用薄墙，大房用厚墙的建筑规律。

夏家店下层文化房址使用土坯具有普遍性，内蒙古喀喇沁旗大山前和辽宁建平水泉的土坯房厚一坯。大山前F28圆形（内径4米），土坯尺寸

图 51　内道土坯主墙，外道局部加固墙（此房不存）
（二道井子博物馆提供）

图 52　房 H30 的外道土坯墙形同坐台
（作者自摄）

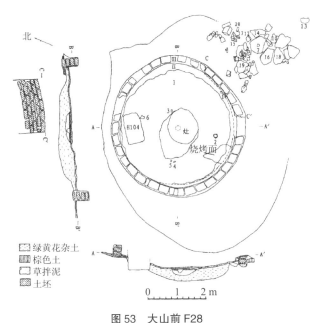

图 53　大山前 F28
[朱延平，等. 内蒙古喀喇沁旗大山前遗址 1996 年发掘简报 [J].
考古，1998（9）：43-49.]

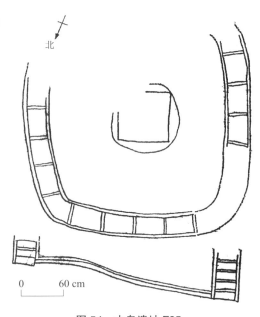

图 54　水泉遗址 F25
[辽宁省博物馆和朝阳市博物馆. 建平水泉遗址发掘简报 [J].
辽海文物学刊，1986（2）：11-29.]

规格不一：长 36—39 厘米，宽 20—24 厘米，厚 10—12 厘米（图 53）。❶ 水泉 F25 圆角方形（内边长 2 米），土坯尺寸约长 40 厘米，宽 28 厘米，厚 12 厘米；墙角土坯为异型（图 54）。❷ 使用土坯做建筑材料不仅存在于夏家店下层文化，还有湖北应城屈家岭 - 石家河文化门板湾遗址，但土坯尺寸和工艺不详。❸

---

❶　朱延平，等. 内蒙古喀喇沁旗大山前遗址 1996 年发掘简报 [J]. 考古，1998（9）：43-49.
❷　辽宁省博物馆和朝阳市博物馆. 建平水泉遗址发掘简报 [J]. 辽海文物学刊，1986（2）：11-29.
❸　关于考古发现的第一处土坯建筑，见：国家文物局 .1999 中国重要考古发现 [M]. 北京：文物出版社，2001：7-10.（注：门板湾土坯建筑发掘后回填，其上建了一个原大模型）。

一般而言，夏家店下层建筑有早期圆形、晚期方形的特点。二道井子遗址揭露的建筑为圆形（包括外圆内方），少数方形（或圆角方形），从竖向叠压关系看不出两者存在发展先后关系。从建筑技术层面看，拉合辫技术产生圆形；土坯容易摆出方角。从发掘资料可见，土坯建筑为多数，拉合辫建筑占少数。

3）垛泥墙

垛泥或称堆筑是一种筑墙方式，在已有的结构上，自下而上垛泥，靠泥土自重压实。下面看三个例子：一、F77 侧室为回廊的一部分，侧室后墙呈阶梯状。如果解剖此墙，从外向内为：回廊墙、侧室墙和两层垛泥墙，下宽上窄，表面未修整。建筑次序可以根据形状和厚度辨别，但无从判断时间（图 55）。二、东北角的聚落土墙竖向贴附土坯（图 56），与版筑相比不需模板，施工便捷。三、F95 外墙下部厚厚地贴泥一层，介于堆筑和抹泥之间。很明显外墙下部遭雨雪侵蚀易坏，需要修补（图 57）。

图 55　F77 回廊后墙堆筑
（作者自摄）

图 56　聚落土墙贴附多层土坯
（二道井子博物馆提供）

4）夯土墙

在二道井子，夯土非主要技术，主要用于建筑院墙和巷墙，使用黄花土（黄色杂土）。换言之，杂土需要夯筑。考古资料显示夏家店下层文化使用小版筑，如大甸子遗址土墙。二道井子夯土墙也应为小版筑。遗址西北角巷墙的构成为：下部夯土，上部用土坯，顶部用石块（图 58）。因为雨雪侵蚀，看不出墙体是否收分；可看到土色变化，但分辨不出夯土层。土坯与夯土相比施工方便；石块用在顶部防水；三种材料发挥各自的优势。发掘者认为该院墙三种不同技术非一次、非同时使用，展示修缮和改造的复杂历史。三号院的夯土墙，在院子房一节已涉及，这里不再重复。

5）门洞和风洞

F75 的门洞完整地保留了下来。该房为单圈房，内直径 4.2 米，墙厚两道土坯共 60 厘米，存高 0.9—1.75 米。门洞平面呈八字形；立面上窄下宽：上宽 55 厘米，下宽 70 厘米。门洞高 1.1 米。门洞外立面平整；门洞内侧上部叠涩（一小部分塌落），两侧抹角并刻凹形线角（图 59）。抹角扩大门道，并避免磨损；叠涩减少门洞上部的重量，同时抬高门口高度。人低头迈入门口之后，便可以抬头转身。

图 57　F95 外墙下部贴泥
（作者自摄）

图 58　西北角土墙
（作者自摄）

图 59　F75 左：门洞外观（上边局部损坏）；右：内观，叠涩和线角
（二道井子博物馆提供）

F75 室内地平高于室外，无门槛。关于门洞技术，笔者认为，门洞是砌墙时预留的；门洞上方由土坯叠涩而成（施工时没有使用支架）；门洞两侧线角为现场所刻。原来的门洞应比现状狭小。目前墙皮脱落，细部消失，没有门扇的信息，不知门扇如何开启。F75 墙上开通风口，下文讨论开口技术时再详述。

墙上开门减小结构整体性，门洞是房子的薄弱部位，传统解决办法有：减小门洞宽度、用扶壁柱加固门口两侧的墙体、使用门框把上面结构的重量传下来。我们不知道二道井子是否使用门框，但已知大甸子木葬具的结构和榫卯。❶ 二道井子的解决方法是用八字形门洞和扶壁柱。F78 门洞外有壁柱，壁柱有底座，均土坯造（图 60）。不是所有的门口都有壁柱，也不是所有的壁柱都由柱和座两部分组成。有几个门洞外仅有座或墩，例如 F80（图 61）。发掘者提到一个石门臼，但没有给出地点和实物信息，故无法得知门墩是否为门臼而设。F78 和 F80 均不存。

遗址上保留下来的房子中两座有"窗"，F95 在遗址的东侧，内径 2.5—2.9 米，墙厚 50 厘米（图 62）；S1 在西侧，内径 3.4 米，墙厚 40 厘米（图 63）。窗均不落地，矩形直角，宽约 50 厘米，窗台距地面 45—50 厘米。

❶ 中国社会科学院考古研究所. 大甸子[M]. 1998：47.

图 60　F78 门柱（建筑不存）　　　　图 61　F80 门墩（建筑不存）
　　（二道井子博物馆提供）　　　　　　　（二道井子博物馆提供）

窗高和细节不详，推测窗洞与门洞做法同（笔者注：发掘者认为这里看到的窗是晚期的门道）。

二道井子至少还有一种不同的门洞做法。F6为回廊房，房墙和廊墙之间设联系墙，联系墙将回廊分隔成小空间。联系墙上开门洞，连通小空间。门洞形状各异（图64）。笔者认为，这里的门洞非砌筑，而是建成后掏出来的。那么，什么时间掏？笔者认为工序为：用潮湿土坯砌出墙体，然后在其中部掏出门洞。这个假设不仅在理论上成立，且有实例支持。

图62 F95门洞和 窗洞
（作者自摄）

图63 S1的窗洞和门洞
（作者自摄）

图64 F6回廊隔墙上的门洞（建筑不存）
（二道井子博物馆提供）

F75、F56和F20的墙上开小洞口，本文称风洞（air hole）。风洞特点：墙内侧洞口大，墙外侧洞口小。F75的风洞在入口左侧；洞的内侧方形（两上角圆形），高47厘米，宽44厘米，底边距室内地面7厘米；洞的外侧圆形，直径15厘米，距室外地面35厘米（图65）。F56房子的内径3.3米（底部）—3.5米（上部），墙厚60—65厘米，墙高最高1.05米。房中心的地面灶与入口相对。风洞在入口的右侧，高40厘米，底宽45厘米，底边距室内地面52厘米（图66）。风洞的位置在门的左侧或右侧，门与地面灶相对。风洞与灶有关，内侧大口——利于通风；外侧小口——利于避雨。关于施工顺序，笔者认为，首先完成土坯墙，之后削切出风洞，最后风洞与墙体一同抹草拌泥（图67），待晾干坚固后覆盖屋顶。这种风洞仅用在单圈房。

图 65　F75 的风洞在入口左侧，近地面
（作者自摄）

图 66　F56 的风洞在门右侧，地面灶与门相对
（作者自摄）

图 67　风洞与墙体一同抹面（F20）
（作者自摄）

回廊房无法在墙上开洞，必然使用不同的方法通风排烟，此问题涉及屋架将在下文讨论。

3. 屋顶形式

二道井子建筑上部没有保留下来。关于它们的屋顶形状和结构，遗址上没有直接资料。从建筑逻辑出发，推测土坯房叠涩封顶，拉合辫盘筑收顶，均呈"穹隆"状，在墙上开口采光除烟。不排除二道井子使用木屋架的可能，尤其是大房子。回廊房主体屋顶可能如"歇山顶"，通风口设在歇山头上，廊子单坡，即，回廊房重檐"歇山"或"攒尖"。总之，单圈房和回廊房屋顶形式不同。

当推测具体形象时，可参考间接资料。间接资料来自两方面——陶屋模型和类似的建筑，均为后期并出自它处。需要面对的问题还有屋檐和屋脊。暂不考虑侧室屋顶问题。

1）拉合辫顶

F62 内、外壁均留有盘筑痕迹，设想整个房子用这种方法建成：草泥辫子一层层盘旋向上，到了一定高度内收，逐渐减薄厚度，直至封顶——墙体和屋顶不分，不需要支模，不存在屋檐。圆锥形上开一通风口（图 68）。参考资料有：陕西武功仰韶文化陶房模型❶、陕西户县仰韶文化陶房模型❷；伊朗生土冰窖的穹隆顶。❸

2）叠涩土坯顶

F75 房的双道土坯墙厚 50—60 厘米，残高 1.6—1.75 米。笔者推测上部分用土坯叠涩封顶，穹隆状。按土坯压七留三计算，顶高 2 米（图 69）。土坯叠涩和拉合辫盘筑各方面都很相似，包括屋顶高，不同处在于材料的单元形状，一个块状，一个条状。可参考叙利亚的 Beehive 圆土房，突出于门口的边框提醒我们关于二道井子门柱的认识远未完成（图 70）。

3）木肋泥顶

土坯墙上很可能设木肋屋顶，其上铺草，然后抹泥。换言之，木肋结构直接放在土坯墙上，内有中心柱支撑。笔者设想屋顶高度不大。参考资料很多，值得一提的是草肋顶，用草作肋，弯肋成拱形是两河流域的传统，在非洲仍可见到（图 71）。

---

❶ 西安半坡博物馆，武功文化馆. 陕西武功发现新石器时代遗址 [J]. 考古，1975（2）：97-98.
❷ 中科院考古所户县发掘队. 陕西长安户县调查与试掘简报 [J]. 考古，1962（6）：306.
❸ Hemming Jorgensen, *Ice Hoses of Iran: Where How Why*. Mazda Publishers, 2012.

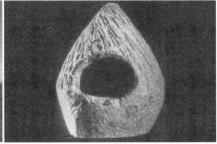

图 68　左：拉合辫墙体随高度增加逐渐内收封顶；右：陕西武功出土的陶模型（陕西历史博物馆）

（左：二道井子博物馆提供；右：作者自摄）

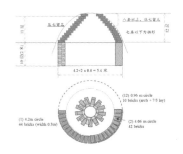

图 69　左：F75 土坯墙存高为原高；右：墙上土坯叠涩封顶

（二道井子博物馆提供照片，作者自绘）

图 70　叙利亚的圆土房（Beehive houses），外部和内部。圆锥顶上有一个洞，采光和通风

（作者自摄）

图 71　尼日尔的豪撒（Hausa）人用幼树做肋建的"穹隆"顶

（*Spectacular vernacular*: *the adobe tradition*，1996.）

4）隔墙房顶

隔墙房内的隔墙可能是矮墙，也可能其中一面是高墙。具体而言，F99的长内墙可能是承重墙，两短内墙可能是矮墙。因此，屋顶可能有正脊，出檐。

5）回廊屋顶

F107室内地面有6个柱洞，柱洞分布不规律，看不出它们反映屋架结构的逻辑性，不能排除屋架出了问题，后加柱支撑的可能。综合考古资料可以看出，早期房子有柱洞（如哈民），晚期没有柱洞遗迹（二道井子）。这个现象不能说明晚期不用柱子，而可能是柱角做法不同。亚尼克土丘土坯建筑如此（中心柱房直径6—8米）❶，二道井子亦如此。

F8屋架是参考哈民F32推测的，有几个假设条件：（1）木屋架，表面抹泥，出檐；（2）主屋架被一周土坯墙和室内四个柱子支撑；（3）圆屋盖，正脊长占直径的1/3，两头通风走烟；（4）回廊屋架搭在房墙和回廊墙上，出檐。根据测量数据，房墙存高最高1.5米，廊墙高1.33米。参考F75门洞叠涩做法和高度，F8门洞上加50厘米，房墙高度最高为2米，廊墙为原高1.33m，差为70厘米。廊檐与主体屋架分离，重檐椽子直接搭在房墙和廊墙上。房墙上部减薄，形成一个台，椽子搭在房墙台上和廊墙上（图72）。

三、结语

本文分四个部分讨论了二道井子聚落遗址。第一部分以亚尼克土丘为先导，从圆形土坯建筑的普遍性资料得到启示。本文的入门和研究方法源于此。在亚尼克土丘，仓房是最早、最重要的建筑。仓房位于院子的中心和最高点，内圈设隔墙，外圈为隔潮。住房的特点是：窄门单圈，内设固定灶具；早期有柱洞，晚期用柱础；外有侧室和（或）场。建筑材料为模制土坯。

❶ Charles Burney and David Marshall Lang, *The peoples of the Hills: Ancient Ararat and Caucasus*. London: Weidenfele and Nicolson, 1971: 56.

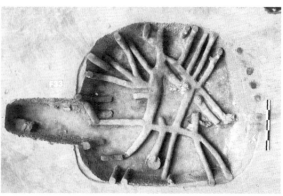

图72　左：F8圆形重檐歇山顶、屋架；右：哈民F32
（左：二道井子博物馆提供照片，作者复原；右：作者自摄）

第二部分从类型和功能两方面辨认二道井子建筑。考古发掘共揭示四种类型：单圈房、回廊房、隔墙房和院子房。它们的功能是：单圈房和院子房为家庭住房，回廊房为公共建筑，隔墙房为仓房或牲口房。发掘者按功能对遗址做了分区：居住区、作坊区和墓葬区。本文从建筑出发，窥视居住区内用地问题。居住区特点有：回廊房 F8 地位突出，上无叠压，前有广场，应一直为聚落中心。F8 及其广场两侧建筑密度大，层位上互相叠压。有街道的院子房集中在坡上。二道井子使用的时间长，房子不断废弃，不断重建，聚落是逐渐形成和逐步发展的。

上文讨论的 F54、F81 和 F87 互相叠压，事实是四层互相叠压，还有 F38。位于遗址的西北角，F54 在第二层，其上 F38，其下 F81，它们在发掘并记录之后被拆除，现存的是第四层 F87（图 73）。由此引发疑问：互相叠压的房子的功能相同吗？是同一家在同一宅地反复营建相同的房子吗？从形式和功能两方面考虑，F38 和 F54 是圆房加侧室属住房，F81 和 F87 是隔墙房属牲口圈。在同一地段建筑形式发生变化的现象很重要，考古学者把它作为分期的依据。建筑史学者面对的问题是：（1）同类建筑互相叠压是否说明二道井子存在功能分区？（2）在同一地点重建的建筑形式和功能发生变化，是否说明用地规划或所有权发生改变？种种现象告诉我们：遗址的西北角早期为公共建筑用地——仓房和牲口房，后期为私有宅地。

第三部分建筑技术，重点在土坯技术。二道井子土坯尺寸不统一，应非模制，而是自河床切割而来。切割需要工具，二道井子出土遗物中有石器和骨器。石器居多，主要是生产工具，有斧、铲、锛和钺。切割土坯的工具应是石铲。

第四部分，基于现场资料，本文利用建筑结构原理复原屋顶。考虑单圈房和双圈房开通风口的可能不同，提出两种不同的屋顶形式：单圈房攒尖顶，墙上开窗洞（低窗或高窗）；双圈房"歇山"顶，正脊两头下部开口通风。

建筑类型和技术是建筑史研究的大问题，其解决的程度取决于学科发展的程度，即理论、方法和资料所能提供的途径。我们的认识受这些方面的限制，这也是研究的难点所在。研究需要资料，基于考古材料的

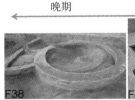

晚期　　　　　　　　　　　　　　　　　　　　　　　　　　　早期

F38　　　　　F54　　　　　F81　　　　　F87

图 73　上下叠压的四座建筑和它们的位置关系
（二道井子博物馆提供）

限制和约束，本文仅做粗线条的讨论。另一方面现有材料的质量也直接影响材料的可靠性，以及我们所得结论的深浅。粗放的材料只能支持最基本的认识，精确细致的材料才可以支持更深入的研究。❶二道井子建筑类型丰富，技术成熟，它们不是初级文化，缘起可能在其他地区。夏家店下层土坯建筑文化不是最早的，在上美索不达米亚❷、土耳其和高加索地区有更早的土坯圆房。夏家店下层建筑文化的起源和发展是多学科和跨文化圈的学术课题。

致谢

对所有提供支持和帮助的人致以最衷心的感谢。首先，感谢中国社会科学院考古研究所研究员朱延平对本次研究的多方协调和对我工作的长期支持。同时，致谢二道井子发掘队长孙金松提供合作支持，赤峰红山区文物局局长赵爱民提供建筑编号和有关资料。感谢清华大学建筑学院博士生李沁园协助现场调查。考古发掘报告未发表，资料来自我们的测绘，本文是在没有看到全部发掘资料的情况下做的解读，待考古报告发表之后，再深入研究。

参考文献

[1] Geoffrey D. Summers. *Yanik Tepe, Northwestern Iran-The Early Trans-Caucasian Period, Stratigraphy and Architecture*. Peeters, 2013.

[2] 曹建恩，孙金松，党郁. 内蒙古赤峰市二道井子遗址的发掘 [J]. 考古, 2010（8）: 13—26.

❶ 目前已经有两篇硕士论文：张冠超. 夏家店下层文化房址研究 [D]. 辽宁大学，2013；王太一. 夏家店下层文化的聚落形态研究 [D]. 陕西师范大学，2011.

❷ 伊拉克西北的高拉遗址（Tepe Gawra，公元前 5500 年—前 1500 年）的早期建筑为圆形。E. A. Speiser, *Excavations at Tepe Gawra*, vol. 1-2. University of Pennsylvania Press, 1935.

清华大学建筑学院藏二件有铭铜器检校与近世流传浅析

刘 畅 赵寿堂 李妹琳 刘佳妮❶ 刘仁皓❷

（清华大学建筑学院）

摘要：本文判断保存在清华大学建筑学院、清华大学图书馆登记注明存放于"建工系"（今建筑学院）之一鼎一卣二件有铭文青铜器分别为前人著录之宪鼎与宵卣。前者系"梁山七器"之一，后者虽有铭文拓片公之于世，但器型信息含混不确。二者均于 1948 年入藏清华大学。进而，本文尝试通过器物上粘贴、连缀的各种标签所示初步探究文物近代以来在清华大学校园之内的流传线索，并大胆推测文物得以安家于建筑学院的历史原因。

关键词：宪鼎，梁山七器，宵卣，近世流传

Abstract: The paper discusses two ritual bronzes that are currently housed in the School of Architecture at Tsinghua University and referred to as *xianding* (a type of cauldron) and *xiaoyou* (a type of covered pot) in the records of the school library. The *ding*-type vessel is designated as one of the "Seven Vessels from Liangshan"; the *you*-type vessel contains inscriptions but their meaning is not immediately clear. The two bronzes were handed over to Tsinghua University in 1948. This paper brings together the information from the bronze inscriptions and object labels; it investigates the history of the artifacts at Tsinghua University in modern times and discusses, on a purely hypothetical basis, the historical reasons for passing on such cultural relics to the School of Architecture.

Keywords: *xianding*, Seven Vessels from Liangshan, *xiaoyou*, whereabouts of artifacts in modern Chinese history

清华大学文物收藏之规模初具始于 20 世纪中叶。尔后随着 1952 年开始的全国高校院系调整、人文学科各系调出，清华大学的收藏与建馆工作停止，藏品调拨散佚。校内保存藏品之所主要为清华大学图书馆，少量收藏还陆续入藏并保存在曾经担任"文物馆委员会主席"梁思成先生所在的建筑系，即今天的建筑学院。依据 1985 年《（清华大学图书馆馆藏青铜器和骨器账目清点）说明》及《铜器（账目）》，其中"铜 64"铜卣、"铜 67"白宪❸鼎（注明"珍品"）二件之"存放地点"一栏，注明"建工系"；同时，清华大学建筑学院资料室文物档案中，有"文 -4-A-05 号""战国铜卣"、"文 -4-A-10 号""双耳铜鼎"与之对应。目录之中，二件均有提示铭文的存在，而详细著录信息亦均有待检校补充。本文依此展开研讨。

---

❶ 作者单位为清华大学人文学院。
❷ 作者单位为故宫博物院古建部。
❸ 原"宪"字误，作者注。

一、保存现状

2017年3月，清华大学建筑学院整理资料室文物收藏，笔者得以首次近距离接触此二件青铜文物。兹整理观察记录如下。

1. 青铜鼎一件（图1）

尺度：高248毫米；耳间径212毫米，对径198毫米。

保存状况：一耳残，为陈旧伤残，器物/断耳伤口有积尘；二者吻合完好。

贴签5

（1）"TH 1948.1.001"（原帖于底部，勘察中掉落，单独保存，图2，图3）

（2）"0067"，并钤"清华大学图书馆革命领导小组/校内办事用章"（互相参照确定，图4）

❶ 文中图片均为作者自摄。

图1　清华大学建筑学院藏有铭青铜鼎外观❶

图2　清华大学建筑学院藏有铭青铜鼎1号之号签细部一

图3　清华大学建筑学院藏有铭青铜鼎1号之号签细部二

图4　清华大学建筑学院藏有铭青铜鼎2号、5号之号签细部

（3）"（残）双耳铜鼎 / 战国 /23"（图5）
（4）"清华大学固定资产卡片"（图6）
（5）"美术 /A–10"（图4）

铭文：6行39字（其中叠字2，图7），局部为（3）号签所盖。

图5　清华大学建筑学院藏有铭
　　　青铜鼎3号之号签细部

图7　清华大学建筑学院藏有铭
　　　青铜鼎铭文局部

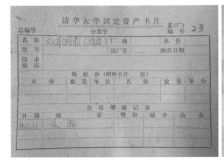

图6　清华大学建筑学院藏有铭青铜鼎
　　　"清华大学固定资产卡片"

2. 青铜卣一件（图8）

尺度：通高191毫米，盖高77毫米，器身高133毫米；腹径159毫米，对径129毫米。

保存状况：提梁残，为陈旧伤残，断梁伤口有积尘；提梁断分四段，两段连器身，另两段分置，吻合良好。

贴签五：

（1）"TH 1948.1.041"（帖于底部，图9）
（2）"0064"，并钤"清华大学图书馆革命领导小组 / 校内办事用章"（互参确定，图10）
（3）"13"（帖于底部，同见图9）

(4)"战国铜卣/(残)/22"(图 11)
(5)"美术/A-5"(图 10)

铭文:盖内 1 行 4 字(图 12);器内 1 行 4 字(图 13)。

此二件铜器已得到妥善保管:采用文物专用材料所制作之匣盒装存,以便于储藏、搬运、观摩、提取;匣盒内衬软性材料固定,以避免各类振动所带来的负面影响;器物各部分——盖、器、残件、散落颗粒物、散置标签等,均在匣盒之内相对独立固定存放,以避免相互碰撞,同时适于分别提取。

二、鉴定检校

清华大学图书馆、建筑学院分别登记造册之此二件古铜器,由于铭文的存在,可以辅以历代著录信息,探究其真实身份。本文判定,此二器皆传世真品,一为"梁山七器"之宪鼎,一为历史著录仅见铭文、未

图8 清华大学建筑学院藏有铭青铜卣外观

图9 清华大学建筑学院藏有铭青铜卣1号、3号之号签

图10 清华大学建筑学院藏有铭青铜卣2号、5号之号签

图11 清华大学建筑学院藏有铭青铜卣4号之号签

图12 清华大学建筑学院藏有铭青铜卣盖内铭文

图13 清华大学建筑学院藏有铭青铜卣器身内铭文

发表器物影像的"宵乍旅彝"卣，简称"宵卣"。二者的存在均可对现有青铜器著录集成予以补充和纠正，它们的历史价值、工艺材料，乃至锈蚀物和污染物之科学价值及其携带信息对中国早期历史研究的学术价值难以估量。

1. 宪鼎

清华大学建筑学院编号"美术/A-10"、清华大学图书馆编号（铜）"0067"号铜鼎铭文辨识如下：

　　隹九月既生霸辛
　　酉在匽侯易宪贝金
　　扬侯休用乍召
　　白父辛宝尊彝
　　宪万年子々孙々
　　宝光用大保

考诸历代金文著录，此铭历史地位颇崇，此器名"宪鼎"，属清道光咸丰年间山东出土、声名卓彰、传承有序的"梁山七器"之一。❶ 著录之中陈梦家先生所述详尽，且公布了清晰的拓片❷：

52. 宪鼎
……
　　隹九月既生霸辛
　　酉，才匽。侯易宪贝、金。
　　扬侯休，用乍召
　　白父辛宝奠彝。
　　宪万年子子孙孙
　　宝。光用大保。
……

器高 24.8，口径 19.6x21.2 厘米。梁山七器之一，曾藏钟养田、李宗岱，1948 年冬归于清华大学。器铭原为土锈所掩，因此清世以来著录摹本，不能通读全文。后经剔清，乃有较清楚的拓本。

宪鼎铭文言及西周早期召伯家世，史料价值巨大。❸《殷周金文集成》亦载之，并说明器物"现藏 北京清华大学图书馆"，拓片"来源 唐兰先生藏"。

那么建筑学院现藏是否如清华大学图书馆目录所载确实是历代著录的珍贵历史文物宪鼎呢？谨慎起见，尚需要进行愈加细致入微的检校工作。本文所做检校，起于器物铭文现状影像与刊行拓片之间的校雠。依据则是 20 世纪中叶青铜器复制、仿制水平的局限性。针对宪鼎有据可查明确纪年的一次记录是 1982 年（详见下文），而当时以故宫博物院、湖北省博物馆为代表的国内文物机构采用硅橡胶翻模法才刚刚开始。❹ 此前，传统的

❶ 文献[1]："梁山七器应是：1. 大保方鼎捃 12.5.3（见下期）钟、李、丁彦臣、端方；2. 太史友甗捃 21.42.1 泉屋 I：11 钟、李、住友；3. 白宪盉捃 21.55.1 颂续 56 钟、李、钱有山、薄伦、端方、容庚；4. 宪鼎捃 23.50.1（见下期）钟、李、陶祖光、清华大学；5. 大保簋捃 23.82.2 尊古 2.7 钟、李、薄伦；6. 大保鸮卣 遗宝附 24 遗宝 36；7. 鲁公鼎"。
❷ 文献[2].
❸ 参见：何幼琦. 召伯其人及其家世[J]. 江汉考古，1991（4）：57-58；任伟. 西周金文与召公身世之考证[J]. 郑州大学学报哲学社会科学版，2002，35（5）：59-62.

❹ 胡家喜，陈中行，张宏礼. 采用国产有机硅橡胶翻模复制曾侯乙墓编钟成功[J]. 江汉考古，1981（S1）：37-40；另有故宫博物院 1984 年为英国复制 1600 件青铜器的项目为参考。

❶ 王海阔.有机硅橡胶在文物复制上的应用[J].四川文物，1993（5）：75-77.

❷ 吴其昌.金文历朔疏证[M].北京：北京图书馆出版社，2004.（原作成于20世纪20年代）

❸ 于省吾.双剑誃吉金文选[M].（下一.六）.北京：中华书局，2009.（首次出版于1932年）

石膏翻模无法达到高精度，铭文部分尤其如此。❶ 虽然硅橡胶翻模技术可以达到高精度的纹饰复制水平，但是所得产品为铜器本体，古老青铜器表面锈蚀产物之起伏样貌亦随之铸成，复制锈迹仍是一项极具挑战的工作。简而言之，无论什么方法的复制品，咬旧、做高锈之后若要达到与原物铭文及锈迹不二的效果则是不可能的。探究现存器物与拓片之间的铭文异同、锈斑异同便是鉴定工作的主要任务。

鉴于宪鼎铭文精细、复杂，陈梦家先生著录之前尚无铭文拓片刊行——吴其昌先生的著录在"宝尊彝"和文末"太（大）保"之间略去❷，后有于省吾完整公布铭文内容。❸ 因此，现存器物保存在清华大学的前提下，铭文与发表拓片之间的吻合程度可以作为器物真伪的有力证据。

对比实物铭文影像和《西周铜器断代》拓片图像，尽管因拍摄角度、拓片比例缩缩、色彩凸凹显示相异等问题难以简单重叠验证，但是字形可逐一对应，且在第一列影像不清的前提下至少可以归纳以下七个锈斑显著惊人吻合之处（图14，图15）：

1）"酉"字左侧；
2）"易"（赐）字左侧；
3）"召"、"彝"二字之间；
4）"父"字左侧；
5）"宪"字头顶；
6）"万"、"光"二字之间；
7）"子"、"大"二字之间。

至此，可以得出肯定的答案：现藏建筑学院的宪鼎即为当年陈梦家先生经手且拓印铭文之物，当系传世"梁山七器"之中的宪鼎。

铭文照片　　　　　　　　　《断代》拓本

图14　清华大学建筑学院藏有铭青铜鼎与宪鼎铭文拓片影像对照

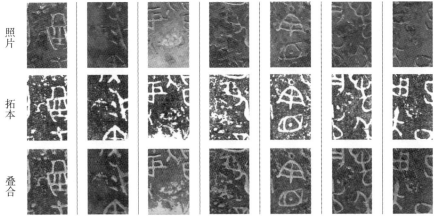

1. "酉"字左侧 2. "易"字左侧 3. "召"、"彝"之间 4. "父"字左侧 5. "宪"字头顶 6. "万"、"光"之间 7. "子"、"大"之间

图15　清华大学建筑学院藏有铭青铜鼎与宪鼎铭文拓片锈斑细节对照

2. 宵卣

清华大学建筑学院编号"美术/A-6"、清华大学图书馆编号"0064"号铜卣铭文辨识如下：

（卣盖内部）宵乍旅彝

（器身内部）宵乍旅彝

历代著录之中，提及此款之《筠清馆金文》❶、《攈古录金文》❷皆将铭文摹刻刊行，而刘体智先生的《小校经阁金石文字》❸和罗振玉先生的《三代吉金文存》❹则有拓片印行，标明"盖"、"器"，弥补了前代著录中铭文资料清晰度和精度的不足。

具体而言，《筠清馆金文》中，吴荣光、龚自珍二人对"宵"字的释读不同：龚释为"岁"字，并判断器型为"殉器瓡壶之属"，显然未见过原器；吴则认为是宵字，所见亦仅拓本；吴式芬之《攈古录金文》命名此金文所自"宵彝"，是一种回避确切定义器型的含糊做法；光绪庚辰年（1880年）进士、官至兵部主事的孙汝梅在《读雪斋金文目录手稿》中，说明"宵卣 宵乍旅彝 器盖文同 筠清馆归入彝类"❺，有针对性地指出他人器型判断不当——考虑到孙氏手稿中注明了大多器物的收藏者和/或拓印人，但是对于宵卣则不置一辞，当时的收藏情况颇令人遐想；于此形成呼应的是刘体智在《小校经阁金石文字》中明确器型为卣；而罗振玉的《三代吉金文存》则将此器物归于"彝器"——如书中所附孙稚雏《三代吉金文存辨正》所言，"三代卷六所收彝类，实际包括方彝和圈足簋两种……还有很少一部分其他的器也混入了彝类"。由于《小校经阁金石文字》印数极少，《读雪斋金文目录手稿》更只有后人影印稿传世，因此至《殷周金文集成》，则谨慎地将其列入"类别不明之器"，编号一〇五四四。❻至于"宵"字本身，甲骨之中至今未见，金文中所见者很可能仅出乎此一器。容庚《金文编》

❶ [清]吴荣光.筠清馆金文[M].道光二十二年（1842）刊本.

❷ [清]吴式芬.攈古录金文[M].光绪二十一年（1895）刊本.

❸ 载于：刘体智.小校经阁金文拓本[M].卷四.北京：中华书局，2016.

❹ 文献[3].

❺ 文献[4].第十八册：283.

❻ 文献[5].

① 容庚.金文编[M].北京：中国书店，1985.
② 汤成沅.金文字典[M].北京：中国书店，2015.
③ 清华大学出土文献研究与保护中心，编.李学勤，主编.清华大学藏战国竹简（一）[M].上海：中西书局，2010.
④ 赵平安.试释《楚居》中的一组地名[J].中国史研究，2011（1）：73-78.

言"宵"字出于"宵簋"①，其据待考，正好对应后来孙稚雏之说；汤成沅《金石字典》则引用《筠清》。②二者所据并非他器。自金文之后，清华大学收藏的战国竹简之中"宵"字屡见③，有研究者以为与秦汉简牍中的"销"相通，地名，即春秋时之郊郢。④"宵"本义，在现有文字资料基础上及器物出土传承信息不明的情况下，尚难以做出有效推论。

对于本案例而言，清晰度更高的《三代吉金文存》拓片的重要性尤其彰显，堪称判断建筑学院收藏身份的唯一参照物，诸位著录人的经历、交谊则是重要佐证。进而，器物自身所携带的材料、工艺、纹饰、造型、污染物、锈蚀物信息，更可以反过来作为器物出土、传承的参考，作为铭文解读的必要依据。科技手段支持下的研考是解读历史的必然方向。

细察之，尽管铭文拓片可能由于器物曲面、纸张错动缩胀、墨迹浸染而失真，尽管器物百年间定然存在某些变化，但是在字形、笔画基本吻合的基础上（图16），锈斑的特征——蚀凹、高锈等可以作为观察要点（图17），辅助鉴定工作。此例之中，至少卣盖铭文处显著存在2处、卣身存在4处锈斑特点，形成影像和拓片的完美对应，足资证明二者的同一性，排除了借铭造器的可能性。兹罗列观察要点如下。

1）卣盖，"乍"字右侧，大块锈斑；
2）卣盖，"旅"字下方偏左，小块锈斑；
3）卣身，"宵"字右上方，斜向小块锈斑；
4）卣身，"宵"字"宀"内，大块锈斑；
5）卣身，"宵"字左侧，邻"宀"处，大块锈斑；
6）卣身，"旅"字中部横向贯通，锈/划迹一道。

"宵卣"身份的断定，意义不可小觑。这个工作不仅澄清了道光以降的铭、器对应问题，而且将为未来"宵"字考释提供丰富的器物信息及器物上携带的相关领域的一应参考信息。

铭文照片　《三代》拓本　　　　　铭文照片　《三代》拓本
　　　卣盖铭文　　　　　　　　　　　卣身铭文

图16　清华大学建筑学院藏有铭青铜卣与宵卣铭文拓片影像对照

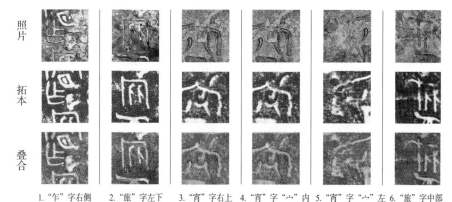

照片						
拓本						
叠合						

1."乍"字右侧　2."旅"字左下　3."宵"字右上　4."宵"字"宀"内　5."宵"字"宀"左　6."旅"字中部

图17　清华大学建筑学院藏有铭青铜卣与宵卣铭文拓片锈斑细节对照

三、号签线索

本体问题之外，二器还携带有多种号签，能够反映其近世传承——尤其是入藏清华大学以来的校园之内流传线索。需要补充说明的是，清华大学建筑学院的文物藏品之中，另有青铜器五件及陶器、瓷器、木器等其他品类的器物收藏，本文虽不做全面涉猎，但希望能够澄清宪鼎、宵卣的号签在现存文物整体号签体系中的位置，因此选择性地辅以建筑学院与此相关的其他器物藏品的代表性号签信息，以说明其时代叠压关系，探讨先后次序。

1. 宪鼎、宵卣器物号签类型小计

在前文号签统计的基础上可知宪鼎和宵卣之上合计保留号签6类，依据其种类、文字、编号、叠压关系等信息，归纳入表1。

2. 号签历史背景初探

经过多般努力走访可能的当事人，所得信息至今未能与现有收藏直接相关。于是对于此二件建筑学院收藏之近代传承问题，依然需要以号签为基础展开研究。在此将上述6类号签分别予以进一步探究。

第一类号签，为"校标＋编号"形式，见于建筑学院收藏的其他文物；青铜器上3处，分别为"TH 1948.1.001"号宪鼎、"TH 1948.1.040"号铜豆、"TH 1948.1.041"号宵卣，陶器1处"TH 50.6.□□□"；此类号签同样见于清华大学图书馆现存文物，如嵌绿松石夔纹戈"TH1950.1.008"、阳燧邑灯"TH 1951.1.005"，相类者亦如大郭刀圭"50.1.009"❶；此类号签有入藏年代、类型编号和序号，属于早期统一擘画的整理建档工作。

❶ 文献[6]：37，45，46.

此签堪称清华大学文物收藏首创时代的见证。本文所关注的二器近世传承的历史以入藏清华大学的年代为起点。当时，众多人文学者和文理兼

表 1　清华大学建筑学院藏宪鼎、宵卣器物号签统计表

编号	号签类型	所在文物	特征文字	年代	历史信息
1	重大收藏编码	宪鼎 宵卣	TH 1948.1.001 TH 1948.1.041	1948 年	纸张、墨水、胶水材质信息有待进一步考察
2	重大收藏编码	宪鼎 宵卣	0067 0064 清华大学图书馆革命领导小组 / 校内办事用章	"文化大革命"期间	纸张、墨水、印泥、胶水材质信息有待进一步考察
3	小型收藏编码	宪鼎 宵卣	(残)双耳铜鼎 / 战国 /23 战国铜卣 /(残)/22	建筑系 / 土建系 / 建工系时期	编号用圆珠笔,其余钢笔;宪鼎残缺或始自此时期
4	小型收藏编码	宵卣	13		
5	小型收藏卡片	宪鼎内	清华大学固定资产卡片 名称:双耳铜鼎(战国) 日期:82.11 摘要:文物 单位主管人章: 梁鸿文 财产管理员章: 郭德庵 刘凤兰 "清华大学 / 建筑系 / 财务□备科"	1982 年	梁鸿文、郭德庵、刘凤兰均系"文革"后建筑系美术教师;编号用墨水色深;其余字体墨水色浅
6	小型收藏编码 口取纸	宪鼎 宵卣	美术 /A-10 美术 /A-5	1990 年之后	李春梅老师参与工作

修的大家谋划在清华大学创办艺术史专业方向则是清华大学收藏文物的主要动因;而再往前追溯到 1947 年 4 月初,普林斯顿大学为庆祝建校 200 周年而举办的关于远东文化与社会的学术会议更是筹备艺术史专业的缘起。当时的核心议题是铜器、绘画和建筑;当时邀请的 60 余名相关专家中就包括中国的陈梦家、冯友兰和梁思成。❶

当时清华虽未能创办艺术史系,但是得以于 1948 年 4 月成立文物陈列室。在 1947 年 12 月至 1948 年 4 月间,清华大学已经收藏有青铜器 122 件、玉器 15 件、石器 29 件、陶器 73 件、骨器 730 件、瓷器 4 件、木器 8 件、杂器 10 件,汉代以后的瓷、木、瓦器亦分门采集。至 1949 年 9 月成立文物馆筹办委员会,及至 1950 年 7 月文物馆委员会正式成立,梁思成先生担任文物馆委员会主席,原有文物陈列室工作一概并入文物馆。此时之文物收藏已经达到 2880 件。❷

本文所涉之铜器带有"TH1948.1.001"、"TH1948.1.041"编号;同时宪鼎"1948 年冬归于清华大学"。由是可知此类"号签 2"定然晚于"文物陈列室"创建时期。另外,考虑到存在"TH50.6.□□□"、"TH1950.1.008"、"TH 1951.1.005"等号签,可以推测此类号签所携带的信息依此为:入藏年代、器物类型、(文物馆)入藏当年次序编号。其中器物类型并未按照陈梦家《清华大学文物陈列室成立经过》中"青铜器……玉器、陶器、骨器、石器、漆木器……"的次序。❸1952 年开始了全国高校院系调整,清华大学历史系、社会系、地学系、哲学系、人类学

---

❶ 文献 [7].
❷ 文献 [7].
❸ 文献 [8]: 279.

等系调出，文物馆的各项工作终止，收藏停滞。惟梁思成主持清华大学建筑系工作，一些文物收藏也因此归至迁入清华学堂的建筑系，而大多数文物得以在时任校长的蒋南翔指示下随着馆藏珍贵古籍善本等被保留下来；经历了 1959 年部分调拨中国历史博物馆等历史事件后，它们至今收藏在清华大学图书馆。❶

第二类号签可简称为"图书馆编号"，存在于建筑学院藏所有青铜器；同时见于清华大学图书馆现藏之各件青铜器，如提梁罐"0047"号、铜镰范"0062"号 ❷，且与 1985 年《(清华大学图书馆馆藏青铜器和骨器账目清点)说明》及《铜器(账目)》之编号对应；号签之"清华大学图书馆革命领导小组／校内办事用章"指示此类号签制作于 1966 年 6 月至 1976 年 10 月"文化大革命"期间，但是对于历史真实情况的准确判断尚有待于机构考证和对亲历人的走访工作。同时，图书馆革命领导小组"0067"编号与文物馆"TH1948.1.001"编号之间的号码差异远远小于文物馆成立前文物陈列室已经收藏的 122 件青铜器的数量，且在早期编号"TH1948.1.041"的宵卣"0064"之后，因此"0067"编号并非按照历年入藏铜器次序编制，当时的编号方法也无法得以揭示。

恰恰是此号签，证明建筑学院此二件重要的青铜藏品并非是 1952 年调拨到清华大学建筑系的——特别是号签上"清华大学图书馆革命领导小组"的公章。至于梁思成遗孀林洙女士写于 1973 年 12 月 29 日的资料室收藏情况说明中提到原文物馆收藏"其中少数造型美观的瓶子罐子我系美术教研组留用外，大部分属于四旧的东西一直积压在资料室"❸，则不会钤图书馆公章，更不会与其他现存图书馆收藏一起形成连续编号。

第三类为简单"钢笔号签"，配有圆珠笔编号，另有注明保存状况的"残"字和注明历史年代的"战国"、"汉"等字；此类签中的历史年代判定并不准确，且完全忽视与前代号签相关的历史著录信息；编号始于个位数，缺乏统一规划；可以判断，当时的编号工作者手中并没有任何早期档案资料。第四类号签也是简单"钢笔号签"，内容过于简略，数字编号仅见两位数，亦用钢笔；字迹与"号签 3"相仿。从"号签 3"上圆珠笔标号的现象看，呼应"号签 5"——卡片上的深色墨水的编号。考察仅保留两位数的编号系统，同时考虑到这个系统完全没有延续图书馆编号的做法，很可能标志着图书馆《铜器(账目)》中文物从清华大学图书馆转至"建工系"的过程。

这里还需要明确的是，在清华大学建筑学专业的沿革历程中，"建工系"是建筑工程系的简称，存在于 1970 年至 1980 年——前身是土木建筑系(简称土建系)，其后便是拆分建工系而成的建筑系。❹ 三四类号签信息不确，反映出来的收藏总数量不多，当成于清华大学建筑学科经过建筑系、土建系、建工系再到建筑系过程中的某个阶段，反映了当时清华人文低谷期的情况。

第五类是卡片，时代晚近，但信息最为丰富。卡片上签字的三位老师——梁鸿文、郭德庵、刘凤兰，都是清华大学建筑专业美术教研组的老师。

❶ 文献 [9]（上）: 583.

❷ 文献 [6]: 35, 41.

❸ 林洙.（资料室保存原文物馆旧物）情况说明 [Z]. 清华大学资料室档案.1973.

❹ 文献 [9]（下）: 2.

1980 年暑期之后，清华大学建筑工程系改组，分为建筑系和土木与环境工程系，而此后系里的资产、图书等划分持续了一段时间，1982 年仍在进行。❶ 卡片上"建筑系"公章、"82.11"的日期，反映的正是这次改组中的财产划分；卡片上美术老师的签字，反映的正是文物的使用归属——美术教研组。梁鸿文老师"文革"期间远赴江西，刘凤兰则是 1978 年进入清华大学建工系工作，并无提调文物的印象，侧面说明文物从图书馆调到建工系保存的时间早于 1978 年。另据刘老师的回忆，当时美术教研组的文物教具是由郭、刘二人分别掌管一把钥匙，征得梁老师同意，共同开启方能取用；更加意味深长的是，刘老师至今记得当时梁老师曾作一幅三足鼎写生，表现效果淋漓尽致，堪称佳作。刘老师对此鼎细节的描述虽与宪鼎不甚吻合，且梁老师记忆中的青铜器写生则是完成于四川，但刘老师对铜器造型的语言刻画恰非常接近建筑学院所藏之另一件图书馆编号"0079"的三足铜鼎。❷

至于第六类口取纸签，据建筑学院资料室负责人李春梅老师回忆，当为 20 世纪 90 年代初建筑学院美术教研组上交"美术教具"之前的清点工作之产物。

3. 余论

为什么文物会从图书馆转而入藏当时的建工系美术教研组呢？尽管走访在世当事人和有关老师未能得到直接信息，所幸清华大学建筑学院前院长秦佑国先生提出了很有说服力的推测——1972 年办学时调拨教具。

在清华大学建筑学专业的沿革历程中，"建工系"不仅是建筑工程系的简称，还意味着当时建筑学专业的停办。直到 1972 年——梁思成先生去世的那一年，"开始恢复招收建筑学专业学生，第一批三年制工农兵学员 35 名，二年制进修班 25 名为解放军铁道兵战士"。❸ 在重新办学的议程中，美术教育定然是建筑学专业授课的基本内容，但是美术教具却受到了物质和精神的双重制约——数年的停滞、忽视、暴力损坏是一方面❹，西方石膏像的精神代表则是更重要的方面。由于建筑学专业和文物馆、图书馆之间历史渊源的延续，从图书馆收藏中挑选中国古代器物作为教具便成为非常可行的方式。固然，从真实的教学实践来看，教师备课使用才是更内在的需求，而对学生而言进行古代器物写生的难度或许过高——静物写生的主要教具还是石膏几何形体。❺ 不过，当时对于美术教具的需求恰恰可能正是宪鼎、宵卣等带有图书馆号签的文物入藏建工系的原因。

至于最近的口取纸号签，记录了文物在美术教研组最后的日子，以及正式移交资料室统一收藏的过程。在 1990 年 11 月 14 日，时任资料室负责人的林洙女士的《关于我室保存文物情况的报告》中，明确记述"日用品：原 86 件（包括美术教研组在内），现余 11 件，美术教研组数字未计入……丢失物中有价值的有：宫扇 15 把，铜器 8 件（洗盆、手炉、脚炉等）……"❻

❶ 清华大学建筑学院前院长秦佑国教授口述。

❷ 清华大学建筑学院前院长秦佑国教授口述。

❸ 文献 [9]（下）: 2.
❹ 清华大学建筑学院原美术教研组负责人梁鸿文老师回忆，"文化大革命"早期，大量精美石膏像遭到毁坏。

❺ 清华大学建筑学院教授王贵祥先生口述。

❻ 林洙. 关于我室保存文物情况的报告 [Z]. 清华大学资料室档案. 1990.

可见移交的具体时间大致始于 1991 年，早于 1994 年建筑学院自清华大学主楼迁入现址。

至此，宪鼎和宵卣的近世流传经历可以追溯如下：

1948 年入藏清华大学文物馆筹办机构；

1952 年转入清华大学图书馆，并未随一些文物调拨至建筑学院；其后的 1959 年，也并未随一些重要文物调拨至中国历史博物馆；1952 年至 1971 年，收藏于清华大学图书馆；

1972 年，因清华大学建筑工程系恢复招收建筑专业学员，故此二件文物调入建工系；另调拨其他青铜、陶器、瓷器等文物，或以教具需求为契机，或亦有其他渊源关系，可能略有时间先后差异；

1980 年至 1982 年，建工系改组，文物明确归属建筑系，并由美术教研组继续负责保管和使用，并持续多年；

20 世纪 90 年代早期，由美术教研组上交清华大学建筑学院资料室统一保管。

初步厘清这两件文物的身份和来历仅仅是研究的开始。一如陈梦家等前人为清华大学征集文物的初衷——"古物的价值，本不在其'皮毛'之好、形式之'脱俗'与否，尺寸的大小，'字文'之有无……而收藏家以玩好为主……不知此中实有大有研究价值而遭疏忽的物品"[1]，无论宪鼎还是宵卣，它们的历史价值、科学价值至今具有巨大的挖掘潜力；而它们对于清华大学、清华大学建筑学院，情感价值更加难以估量。历史机缘给予我们保藏、观摩、认知它们的机会，今天的社会环境和大学人文科技环境能宽厚地给予我们研究它们的机会吗？

本文在此特别对清华大学建筑学院秦佑国先生缀连近代历史线索的帮助表示感谢，对组织并参加文物整理、文献检索工作的建筑学院李春梅老师，博士研究生刘梦雨、赵寿堂、李妹琳，硕士研究生徐扬表示感谢。此外，笔者衷心表达对清华大学人文学院的本科生志愿者刘佳妮同学的宪鼎铭文释读工作以及故宫博物院刘仁皓女士的文物保护技术支持工作的诚挚谢意。

参考文献

[1] 陈梦家. 西周铜器断代（二）[J]. 考古学报，1955（2）：69–142.

[2] 陈梦家. 西周铜器断代（三）[J]. 考古学报，1956（1）：65–114.

[3] 罗振玉. 三代吉金文存 [M]. 北京：中华书局，1983.

[4] 刘庆柱，段志洪，冯时. 金文文献集成 [M]. 第十八册. 香港：香港明石文化国际出版有限公司，2004.

[5] 中国社会科学院考古研究所. 殷周金文集成 [M]. 北京：中国书局，2007.

[6]《清华藏珍》编辑组. 清华藏珍 [M]. 北京：清华大学出版社，2011.

[7] 姚雅欣，田芊. 清华大学艺术史研究探源——从筹设艺术系到组建文物馆 [J]. 哈尔滨工业大学学报（社会科学版）.2006（4）：18–24.

[8] 清华大学校史研究室. 清华大学史料选编（第四卷）[M]. 北京：清华大学出版社，1994.

[9] 方慧坚，张思敬. 清华大学志（上，下）[M]. 北京：清华大学出版社，2001.

---

[1] 文献 [8]：281.

陵川县三圣瑞现塔建造初探^❶

赵姝雅　贺从容^❷

[中国矿业大学（北京）建筑系]

摘要：三圣瑞现塔是山西省陵川县现存的一座金代密檐砖塔，也是陵川县境内唯一的一座古塔。本文通过对三圣瑞现塔的测绘勘察、相关碑记的整理分析以及和晋豫交界处其他三座相似金代密檐砖塔的比较，对三圣瑞现塔的形制特征、历史沿革和名称做出分析，并由此管窥长安—潞泽这一交通路线从隋代至金代在佛教文化传播上曾起到的重要作用。

关键词：山西陵川，三圣瑞现塔，形制特征，历史沿革，三圣

Abstract: The Three Saints Auspicious Pagoda (Sansheng ruixian ta) is a tall brick building with densely placed eaves (*miyan*) dating from the Jin dynasty and the only extant historical pagoda in Lingchuan county, Shanxi province. The paper discusses the shape and construction characteristics of the building, its history and its choice of name through analysis of survey measurements, stele inscriptions and comparison with three similar Jin-dynasty brick pagodas on the boundary between the provinces of Shanxi and Henan. Located on the traffic route from Chang'an to Luze, Three Saints Auspicious Pagoda played a prominent role in promoting Buddhist culture from the Sui to the Jin dynasty.

Keywords: Lingchuan county in Shanxi province, Sansheng ruixian ta (Three Saints Auspicious Pagoda), shape and construction characteristics, historical development, the Three Saints

晋东南地区❸现存古塔一百余座，其中大型寺塔和风水塔各约占10%，其余大多是体量不大的墓塔。但在陵川县境内，没有古代的墓塔遗存，也没有风水塔。现仅存一座佛塔，即陵川县西河底镇积善村昭庆院的三圣瑞现塔，是座高约26.75米的密檐砖塔。如此高度的塔，不仅在陵川仅此一座，在晋东南地区也较为少见，2006年被列为第六批全国重点文物保护单位。关于三圣瑞现塔的建造，研究极少，只在李安保、崔正森的《三晋古塔》❹、王大斌的《山西古塔文化》❺、张驭寰的《中国塔》❻、《传世浮屠》❼和《上党古建筑》❽中对其形态结构有所介绍，未见有文献对其进行建造考证和源流分析。

《泽州府志》记载，陵川县的风俗为"质朴乐于趋善，祭不用浮屠"❾，既然祭祀不用佛塔，为何会出现三圣瑞现塔？而且这么高大的佛塔，为何会出现在陵川地区？笔者尝试通过对三圣

---

❶ 本文受国家自然科学基金项目"晋东南地区古代佛教建筑的地域性研究"资助，项目批准号：51578301。感谢陵川文物局的支持和帮助。
❷ 作者单位：清华大学建筑学院。
❸ 晋东南地区现包括长治和晋城的18个市县。
❹ 李安保，崔正森. 三晋古塔 [M]. 太原：山西人民出版社，1999.
❺ 王大斌，张国栋. 山西古塔文化 [M]. 太原：北岳文艺出版社，2000.
❻ 张驭寰. 中国塔 [M]. 太原：山西人民出版社，2000.
❼ 张驭寰. 传世浮屠 [M]. 天津：天津大学出版社，2009.
❽ 张驭寰. 上党古建筑 [M]. 天津：天津大学出版社，2010.
❾ [清] 朱樟篆. 泽州府志 [M]. 太原：山西古籍出版社，2001：95.

瑞现塔的现状勘察、历史沿革和形制的分析，探究上述问题。

一、三圣瑞现塔基本现状勘察

1. 佛塔位置

三圣瑞现塔现存于陵川县西河底镇积善村昭庆院。根据昭庆院现存碑文资料❶，三圣瑞现塔所在的昭庆院旧称"古禅寺"，金代已改称"昭庆院"，但寺院始建于何时，没有详细资料记载。清道光十八年（1838年）的《重修昭庆院碑记》上，也记"考诸碑碣，未有一言其详者，盖不知几经兴废矣"❷。

❶ 塔内第三层石壁上金大定九年的《舜都骷髅和尚记》，详见附录。

❷ 此段碑文参考了：王立新. 三晋石刻大全·晋城市陵川县卷[M]. 太原：三晋出版社，2011：237。碑文经笔者现场校对。

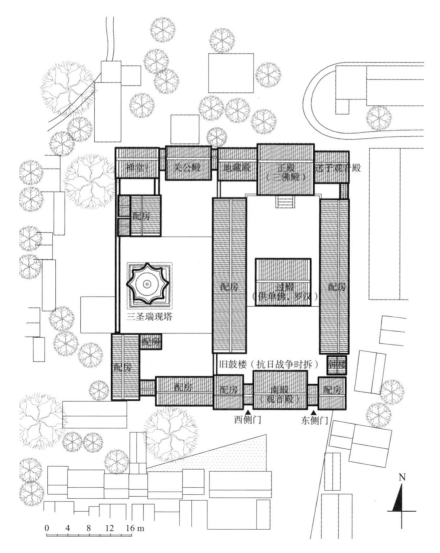

图1　昭庆院平面图
（作者自绘）

昭庆院现存院落（图1）坐北朝南，分为东、西两院，院内建筑除三圣瑞现塔外，从风格上看，皆为明清所建。东院为中轴对称的一组礼佛院落，有前后两进，院内沿中轴线列置山门（南殿）、过殿和正殿，山门辟有东、西两道门，东侧门额上写着"昭庆院"，西侧门额上则书"古禅寺"；主殿供奉"横三世佛"，即释迦牟尼佛、药师佛、阿弥陀佛。西院主要为配房，缺少西侧配殿，三圣瑞现塔位于西院内中轴线略偏西的中间位置，水平方向与东院中殿相齐平，有以塔为中心的趋势。从布局上看，西院早先应为塔院。三圣瑞现塔的体量与佛殿相差不大，但比佛殿高很多，形成了寺院内的视觉中心，虽位于西院内，但仍是寺院中的主体建筑物（图2）。

图2　昭庆院航拍
（何文轩　摄）

2. 外观造型

三圣瑞现塔是一座十三层密檐式砖塔❶，平面正方形，高约26.75米（图3~图6）。根据塔内第三层所嵌碑碣记载，三圣瑞现塔重建于金大定六年（1166年），三年后竣工。据文物部门资料记录，现塔为金代原构，基本保留了金代原貌，1949年后未有修缮。❷

地面之上，塔基之下，有两层青石垒砌的台基，四边均做成台阶状。边长约7.8米，总高约0.35米。台基之上，塔身之下，为高大的方形塔基，即塔之首层，边长约6米，檐肩高3.5米。塔基通体砖砌，南向辟门，门框石制。外壁东、西、北三侧有拱形佛龛。塔基立面上没有任何倚柱、阑

❶ 清道光十八年（1838年）《重修昭庆院碑记》将其记为"为级十有四"，即14层密檐式砖塔，应将塔基视作一层塔身，属古人误判。碑文详见附录。
❷ 山西省陵川县文物保护管理所. 三圣瑞现塔［M］. 文物局资料, 2000.

图 3　三圣瑞现塔外观之一
（王章宇　摄）

图 4　三圣瑞现塔外观之二
（何文轩　摄）

图 5　三圣瑞现塔外观之三
（何文轩　摄）

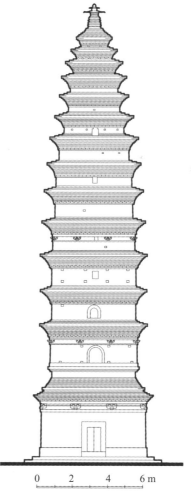

图 6　三圣瑞现塔南立面图
（作者自绘）

额的迹象，但在2.5米高处通身遍施砖砌普拍枋，每面普拍枋上置四朵砖砌斗栱，间距均匀，都是一斗三升的样式，斗栱上托檐口枋，明显是仿木构的做法，尺度也与木构近似。檐口枋上部，先做菱角牙子两重，再用两层叠涩悬挑出檐，檐口由一皮砖砌。檐口之上，由四皮砖阶梯状向内收分，收至塔身之下，形成塔基的屋顶坡面。

塔基上承13层密檐塔身。

塔身第一层（图7）边长5米，高3.8米，造型上可以分为檐部、塔壁、须弥座三部分。须弥座下部由十皮砖砌成台阶状收分，中部束腰平直而素面无装饰，上部由两皮砖砌叠涩出挑，两皮砖砌檐口，两皮砖砌收分。塔壁素平，只南向中心设有拱形佛龛，佛像已毁，佛龛四周均匀分布七个方形小洞，上层三个，下层四个，东向和北向塔壁下部均开两个方形小洞。佛龛上沿紧贴着普拍枋，每面普拍枋上均置四朵斗栱，斗栱形制均与底层相仿，但坐斗口出耍头，算是有点变化。斗栱上托檐口枋，檐口枋角部斜出一皮砖，与水平呈45°角。檐口枋上部，先做菱角牙子两重，角砖则逐层略微向外突出。菱角牙子上，再用七层叠涩悬挑出檐，檐口由两皮砖砌。檐口之上，由三皮砖阶梯状向内收分，收至二层塔身之下。

塔身第二层边长4.9米，高2米，造型上可以分为檐部和塔壁两部分。塔壁南向中心设一拱形佛龛，佛像已毁。佛龛西侧偏上的位置有一方形小洞。北向塔壁中心开一方形龛。紧贴南向小洞先用一层叠涩悬挑出檐，再做菱角牙子两重，上层菱角牙子角部的四皮砖与其他砖角度略有不同。菱角牙子上用七层叠涩悬挑出檐。檐口由两皮砖砌。檐口之上，由三皮砖阶梯状向内收分，收至三层塔身之下。

塔身第三层边长4.8米，高1.9米，造型上可以分为檐部和塔壁两部分。塔壁南向中心稍偏上的位置开一方形窗洞，窗洞四周均布八个方形小洞，上下分别四个，东向塔壁下部开两个方形小洞，左右各一个。北向塔壁中心偏上的位置有一方形窗洞，右下方开一方形小洞。西向塔壁开两个小洞，中心偏左下的位置一个，塔壁右上角一个。紧贴南向上层小洞先用一层叠涩悬挑出檐，再做菱角牙子两重，其上再用七层叠涩悬挑出檐。檐口由两皮砖砌，檐口之上，由三皮砖阶梯状向内收分至四层塔身之下。

塔身第四层边长4.7米，高1.87米，造型上可以分为檐部和塔壁两部分。塔壁南向中心偏右的位置有一方形小洞，在0.48米高处通身遍施砖砌普拍枋，每面普拍枋上置四朵砖砌斗栱，间距均匀，斗栱样式与一层塔身相同。斗栱上托檐口枋，同样是仿木构的做法，檐口枋上部，先做菱角牙子两重，再用七层叠涩悬挑出檐。普拍枋下部至菱角牙子上部的高度与四层塔身底至普拍枋底部距离基本相等。檐口由两皮砖砌，檐口之上，由三皮砖阶梯状向内收分至五层塔身之下。

塔身第5层至第8层（图8），高度上逐层向上变小，边长逐层向上收分，但造型相似，均包括檐部和塔壁，檐部在菱角牙子上由砖砌叠涩出挑构成，塔壁素平。第6层塔壁南向中心稍偏上的位置开一方形窗洞，窗洞上缘在出檐的第一皮砖一半高的位置。第8层塔壁南向中心开一"凸"字形窗洞，窗洞的下缘在第7层塔身从上至下第二皮砖下边缘的位置，可由此从塔内爬出。另外还有几层也开有方形小洞，第5层开一个，第7层开两个，第8层开四个。各层塔壁上的菱角牙子层数也略有区别，第5层为两重，第6到第8层都是一重。

塔身第9层至第13层（图9），塔壁高度逐渐降低，第11层至第13层的塔壁仅一皮砖高。塔壁之上先用一层叠涩悬挑出檐，再做菱角牙子一重。第9层和第10层再用六层叠涩悬挑出檐，第11层用五层，第12层用四层，第13层用三层。檐口由两皮砖砌。檐口之上，由两皮砖阶梯状向内收分至上层塔身之下。塔身第13层，由七皮砖阶梯状向内收分至塔刹之下。

塔刹呈圆锥形，13层相轮之上覆盖八边形铁质宝盖，上承铁制葫芦形宝珠，宝珠腰部亦有铁质圆形伞盖，造型比较简朴（图10，图11）。

3. 内部结构

三圣瑞现塔塔内中空，基座平面呈"回"字形（图12），从南向门进入后，正对一砖砌佛龛（图13）。龛后有通道，仅容一人通过，循通道到达佛龛后部，有紧挨两壁的塔梯，但台阶年久失修，表面凹陷且光滑，轮廓亦模糊不清，且第一级踏步距地面约0.8米高，不易攀登（图14）。关于塔身内部结构（图15，

图7 三圣瑞现塔一层塔身
（作者自摄）

图8 三圣瑞现塔第5层至第8层塔身
（何文轩 摄）

图9 三圣瑞现塔第9层至第13层
（何文轩 摄）

图 10　塔刹顶部
（王章宇　摄）

图 11　塔刹
（王章宇　摄）

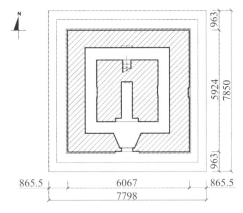

图 12　塔基平面示意图
（作者自绘）

图 13　塔底层砖砌佛龛
（作者自摄）

图 16），昭庆院内清道光十八年（1838 年）《重修昭庆院碑记》中司舒锦曾有生动的描述：

> 予奇其高而登之，至第三级，仰视之，空洞直达，状若倒悬之井，不知其几寻尺也。旁穴外通，上下错迭，吞纳风声，殷然如雷。想登其巅者，搔首问天，直不作人间想，亦大快矣。辛以磴棱模糊，辄易失足，欲尽登之而未果也。怅怅然返至第三级，而殷然如雷者犹在耳焉。予乃低回，留之而不能去。❶

这段话大致是说，作者因惊讶于塔的高度而想穷尽之，但因塔内台阶形状模糊容易失足不得不怅然而返。从第 3 层仰视塔顶，有空洞直达，形状似倒悬之井。塔的上下层由竖井道相连，方位错落变化，当有风吹过时，通道内隆隆作响。虽然"殷然如雷"、"搔首问天"、"直不作人间想"的描述略显夸张，但却生动地反映出塔的高度与登塔竖井的狭窄对比之强烈。作者描述的爬到第 3 层向上看，如一口倒悬之井，确实是在第 2 层塔身内腔中仰视塔内的情景。

张驭寰先生在《中国塔》中将三圣瑞现塔的结构，称为"扶壁攀登式"，大致意思是说，塔壁上设有 14 厘米高的登孔（图 17）和扣手，可以从东、西、南、北四个方向攀登而上。登塔

---

❶ 此段碑文参考了：王立新. 三晋石刻大全·晋城市陵川县卷 [M]. 太原：三晋出版社，2011：237。碑文经笔者现场校对。

图 14　塔基内通道（上图）及台阶（下图）
（作者自摄）

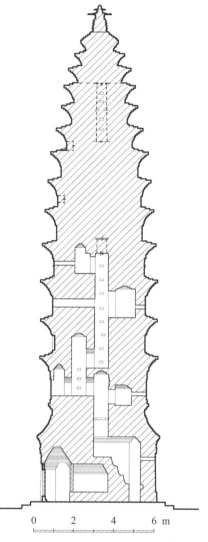

图 15　三圣瑞现塔剖面示意图 ❶
（根据勘察作者自绘）

❶ 受勘察条件所限，暂未进行精确测量。

图 16　塔内部结构
（作者自摄）

❶ 张驭寰. 中国塔[M]. 太原：山西人民出版社, 2000: 169.

方式有两种，一种是脚踩登孔，手攀扣手，逐步升至塔顶；一种是手拉塔顶中心部位铁环下的粗绳，两脚反复踩登孔而上，此种方式只用脚登不用扣手。❶ 塔内结构崎岖，旁穴列通，由底层台阶攀登至第一个竖井后便再无踏步。笔者实际攀登时，只能手脚并用，双脚先分别踩在两侧塔壁的登孔上，双手再向上抵住塔壁，借用四肢的力量支撑身体向上。登孔的位置设计极为精巧，任何一处需要调整姿势的地方都有相应的着力点，因此实际攀登时并不十分费力，只是年代久远，登孔表面光滑，给攀登带来一定困难。这种"扶壁攀登式"的结构，攀爬时手扶四壁，手脚并用，姿势有点接近今天的攀岩运动。然塔腔较窄，且越到上面越狭窄，上下很不方便，一次只能容一人攀爬，在竖井道的方向变化处，转身也不容易。与唐代空腔式塔不同的是，为防止登塔时够不着扣手与蹬脚洞，空筒直径不能过大，虽然给攀爬带来一定难度，但这样也可以缩小塔腔内径，增加结构强度。

4. 细部做法

三圣瑞现塔外观简朴，甚少装饰。塔身部分仅在一层、四层、八层四周设一斗三升栱出耍头和普拍枋，一层和二层南向设拱形佛龛，三层、四层、六层、八层南向设方形窗洞，各层塔檐下设一层或两层菱角牙子，各层塔身均不见倚柱、雕刻等做法。

塔基南向辟门，石制门框内侧有线刻龙形、花卉。从门进入，正对一砖砌佛龛（图13），龛之门框为石制，上部有"玉泉龙宫宝藏"字样，下部有金大定七年（1167年）的《佛铭之记》。龛顶砖砌，由七皮砖砌叠涩和三皮菱角牙子出挑砌成藻井状（图18），龛内佛像为石制。塔基外壁四周遍施普拍枋，其上均置一斗三升栱，普拍枋下，东、西、北三侧有砖砌拱形佛龛。其中东西两侧佛龛位于中心偏下的位置，分别内置一佛二菩萨像，大体比例犹存，但表面风化较严重，细部已难辨认。北侧佛龛中心偏

图17　塔内登孔
（作者自摄）

图18　塔基顶部砖砌藻井
（作者自摄）

图 19　基座外壁东侧，西侧和北侧佛龛
（作者自摄）

上，紧贴普拍枋，龛内佛像已毁（图19）。

根据现场勘察，大致获得这样一些认知：

1. 造型上，三圣瑞现塔具有简洁明显的密檐塔形制，外观古朴大方，有唐塔之风，没有烦琐的装饰。

2. 内部空间上，在唐代空腔式塔的基础上有所发展，缩小了腔体进深，增加腔体两侧的辅助壁室，腔体与壁室之间的结构过渡多用拱门，壁室顶多用四面叠涩，同时塔腔内不用连贯的楼梯，而采用少见的"扶壁攀登式"，形成更加稳定的结构。

3. 全塔细部极少，除了表达仿木结构（斗栱、普拍枋等）的砖饰，就是佛龛、佛像，底层佛龛龛门石柱上还刻有《佛铭之记》，此塔应是一座纯粹的佛塔。

二、三圣瑞现塔历史沿革考

1. 与三圣瑞现塔相关的四篇碑文 ❶

❶ 碑文经作者据寺中存碑整理校对。

关于三圣瑞现塔的历史，寺中有四篇碑文提及。

第一篇为塔内第3层所嵌金代石碑（图20）碑文：

图 20　第三层所嵌金代石碑
（苏彦杰 摄）

"舜都骷髅和尚记

大人之生于也行止出处始终不同，或幼入空门，及其壮也，为一岁以汩罜列之民者多矣。或初列四民，悟三乘之托来释子者。有□□骷髅和尚者，俗姓王氏，本舜都荣河孙麟居村人也。于大金正隆六年，弃家云游玉泉山，□□舍利三粒。大定二年蒙□□皇恩得削发，礼楼嵓寺僧永先为师，训名曰智彦。六年冬，行化至濩泽延川积善村昭庆院，始欲即至，值雪故，留宿方夜，分持诵次，忽□院西金光数丈，持旦□村□□士□其起□□王公□李公□□地□□于□求之获一石龟，中乃肉髻珠一粒，背刊‘古禅寺三圣瑞现塔’，腹刊‘大隋仁寿元年僧丰彦藏’字，然其侧旧列数石，浮图内乃李唐开元二十年，苏清周施地一十亩，记二公。意谓昔日寺地也，遂为□其地□由当□□□□永仍将前郎收□□□舍利同藏于下，上起宝塔十三级，□□□□□□□

时大定九年岁次已□孟夏中旬日记石匠李□刊”

根据这段碑文，可以获得三层信息：

1. 金大定六年（1166 年），有舜都[1]僧人“骷髅和尚”（训名智彦[2]）在此建塔，三年后建成；

2. 骷髅和尚建塔的机缘，是从昭庆院西掘出了藏有肉髻珠的石龟，骷髅和尚将旧得舍利三粒和石龟一同埋在地下后，将新塔建于其上；

3. 石龟背面刊有“古禅寺三圣瑞现塔”，腹部刊有“大隋仁寿元年僧丰彦藏”的字样，从刊文来看，昭庆院旧称“古禅寺”，之前即建有塔，已称“三圣瑞现塔”，塔至金大定年间已倾覆。

这通碑文对于骷髅和尚发现石龟一事，增加了“忽□院西金光数丈”的细节，这种说法大概是后人的杜撰，以渲染骷髅和尚发现石龟并建塔这一事件的祥瑞。

第二篇碑文为嵌于塔底层内部佛龛龛门两侧的《佛铭之记》：

“佛铭之记

夫以法称广济，为庶品之医王。佛号能仁，作群生之慈父。欲使人目之起恭生信，则无如隆塔。昭庆院者，大定四年，敕赐之也。

僧崇信主之，有僧智彦飞锡自西而来，寓于此院，精勤行道，里人王珍、李□□议曰：福田难遇，一施塔殿三门地基，一施塔殿地基，□□于是藏□□佛于舍利宝龟。于下藏之日，阖村众□俱崇□，愿塔□□施净财□，俱□□不为易，俟功成植碑，历记姓名，今姑序其本，先刊施地人姓名于右，庶有劝于后云耳。

大定七年岁次丁亥五月初八日记”

这段碑文，对训名“智彦”的骷髅和尚建塔之事作进一步补充，从中可以获得两层信息：

1.“昭庆院”的名称是在金大定四年（1164 年）由皇帝敕赐而得；

2. 寺院由僧崇信主持，僧智彦自西而来在此修行，并主持建塔，择日藏舍利和宝龟于塔下，下藏之日村民群众纷纷出资捐献。

[1] 舜都，古称蒲坂，今永济，位于山西省西南端。

[2] 训名，又称学名。旧时世家、门阀的儿童，入学受教育时也会由父亲、老师或其他长辈，取一个“训名”，供老师称呼，有别于小名、表字。

第三篇碑文为昭庆院内清道光十八年（1838年）的《重修昭庆院碑记》，原文重点摘录如下：

"院西为三圣瑞现塔，高插云表，望之生怖。询其创建之由，岁月之远，若近其不可考。……予奇其高而登之，……偶北面，恍惚见悬壁横排：'骷髅和尚记'五字。踏磴逼视之，乃一石碣，五字则其额也。额字大如鸡卵，额下字小于额字数倍，尘封不可辨认。于是吹之，拭之，别之，湿之，乃得而卒读焉。其略曰：金大定六年，骷髅和尚行化至积善村，偶留昭庆院。夜半持诵，忽观院西金光数丈。诘旦，就其处掘之，获一石龟，中藏肉髻珠一粒，背刊'古禅寺三圣瑞现塔'，腹刊'隋仁寿元年僧丰彦藏'字。□由是骷髅和尚将旧得舍利三粒同藏于下，建宝塔于其上焉。据此观之，塔本为藏舍利而设，实创始于隋仁寿而重建于金大定者也。窃意汉明帝时，佛法始入中国，至六朝崇好更盛，兰若浮屠几遍天下。此塔之创，去其时极近。噫！何其古也？然塔缘古禅寺为名，则寺又古于塔者，今之昭庆院，其即古禅寺之变名也与。"❶

这段碑文提到了第一通碑，并对其有所解读：

作者司舒锦认为三圣瑞现塔本为藏舍利（肉髻珠）而设，创始于隋仁寿而重建于金大定年间，三圣瑞现塔的初建时间与大力推崇佛教、寺院佛塔几乎遍布天下的六朝时期相去极近。

第四篇碑文，民国4年（1915年）的《重修昭庆院碑记》，原文重点摘录如下：

"一日，忽相谓曰：吾乡积善村有昭庆院，院西有三圣瑞现塔，塔上有石碣，碣上有'骷髅和尚记'五字，下载金大定六年，骷髅和尚行至积善村，偶留昭庆院。夜半诵经，忽睹金光数丈，乃掘之，得一石龟，中藏肉髻珠一粒，背刊'古禅寺三圣瑞现塔'，腹刊'隋仁寿元年僧丰彦藏'字。由是，骷髅和尚将旧得舍利三粒同藏于下，建塔于其上，今且数百载矣。岁久失修，渐虞倾圮。爰倡始捐资，得钱数百串。虽未能蔚为美观，而振刷一新，得保存古迹，以昭□来，许是亦吾乡人责也。……"❷

这段碑文同样提到了第一通碑，同时对三圣瑞现塔的修缮状况做出说明：

由于年久失修，塔逐渐倾圮，乡人捐资刷塔使之焕然一新，以此来保存古迹。由"振刷一新"可知，三圣瑞现塔在当时只是被重新刷过，未有大的修缮。

❶ 此段碑文参考了：王立新．三晋石刻大全．晋城市陵川县卷[M]．太原：三晋出版社，2011：237。碑文经笔者现场校对。全文见附录。

❷ 此段碑文参考了：王立新．三晋石刻大全·晋城市陵川县卷[M]．太原：三晋出版社，2011：330。碑文经笔者现场校对。全文见附录。

四篇碑文的内容都集中记录了建塔的情况，其中比较统一确定的内容是：

1. 现塔是金代重建，之后未有大的修缮；
2. 建造人是自西行化到昭庆院的骷髅和尚；
3. 骷髅和尚从昭庆院西掘出了藏有肉髻珠的石龟，根据石龟上的刊文，得知这里旧存有塔，便将旧得舍利和石龟一同埋于地下，在其上重新建塔。建造者的履历都有记录，这应是源于塔内两则确凿的铭文。

但是有三个关于塔之初建的问题语焉不详：

1. 仅根据石龟上记载的"隋仁寿元年僧丰彦将肉髻珠藏于石龟中"一事，将塔的初建时间确凿记录为仁寿元年，但当时的建造者、建塔原因和佛塔样式均未提及。
2. 陵川县祭祀不用浮屠也不兴建塔，在"祭不用浮图"的陵川，怎么会出现三圣瑞现塔？三圣瑞现塔最初为何而建？
3. 将肉髻珠藏于石龟的做法，似乎与将舍利藏于宝函的普遍做法不相符，已倾颓的旧塔中，为何藏有的是肉髻珠，而不是舍利。

下面笔者试通过文献分析对其进行解释和推测。

2. 塔之初建

根据上述碑文，金代骷髅和尚在昭庆院西掘出的石龟内藏肉髻珠一粒，腹刊"隋仁寿元年僧丰彦藏"字样。刊文中明确记录了藏肉髻珠的僧人姓名和时间，较为可信。肉髻珠是佛祖肉髻前的宝珠，与舍利同属佛身之物，三圣瑞现塔将肉髻珠藏于塔下的作用应与藏舍利类似。

背刊"古禅寺三圣瑞现塔"，说明隋仁寿元年僧丰彦所藏的石龟和肉髻珠上，已建有佛塔，名字是否为三圣瑞现塔暂先不提。中国古代早期的佛塔舍利放在塔刹，南北朝渐兴在塔下埋藏舍利。最初只是将放有舍利的宝函直接埋于佛塔地下，以后逐步发展为建造地宫埋藏宝函。隋代塔基虽未出现地宫，但已与北魏直接埋石函于夯土中的情况有所不同，在石函外砌了护石围墙。隋文帝敕建的舍利塔，以石函、铜函、玻璃瓶瘗埋舍利，"七宝"供养，有墓志式的塔下铭，这无疑是代表着当时瘗埋舍利的制度。到唐代武则天时期，瘗埋舍利的制度发生了划时代的变革，地宫正式出现，盛装舍利用金棺银椁。❶

虽然隋仁寿元年的塔尚未有地宫，但根据碑文所记，隋仁寿元年，僧人丰彦将石龟和肉髻珠藏于三圣瑞现塔下。将石龟作为舍利的容器埋于塔下的做法，在隋代并不罕见，如《续高僧传》记载有仁寿二年释宝安将石龟改造成石函藏舍利一事❷，《大正藏》记载了释法总于仁寿元年护送舍利至隋州（今随州）智门寺，当掘地三尺时，获神龟一枚。❸ 僧丰彦用石龟藏肉髻珠的做法与此相仿，时间上比释宝安造石龟函略晚一点。

刊文所载隋仁寿元年僧丰彦藏肉髻珠一事应属可信，但石龟背面"古

❶ 徐苹芳. 中国舍利塔基考述[J]. 传统文化与现代化，1994(3)：61-62.

❷ [唐]释道宣. 续高僧传. 卷二十八. 隋京师净影寺释宝安传三十二. 北京：中华书局，2014.

❸ 大正藏：第52册[M]. 石家庄：河北省佛教协会印，2005.

禅寺三圣瑞现塔"刊文应是后人所刻,而非僧丰彦为之。据《大宋高僧传》中怀海的本传,"系曰:自汉传法,居处不分禅律,是以通禅达法者,皆居一寺中,院有别耳。至乎百丈立制,出意用方便,亦头陀之流也。矫枉从端,乃简易之业也。所言自我作古。"❶在怀海之前,禅、律是不分寺的,混杂在一座寺院中,只是其中可能有"禅院"而已,自怀海始,才有了"禅寺"之设。百丈怀海圆寂于唐宪宗元和九年(814年),因此禅宗专设寺院应不早于代、德之际,亦即780年前后。❷而石龟所刊"古禅寺三圣瑞现塔"将其寺称禅寺且犹号古,故石龟上的文字应不早于晚唐时期,昭庆院在隋代并不叫"古禅寺",原塔在隋代时可能也不叫"三圣瑞现塔"。

民国4年(1915年)的《重修昭庆院碑记》中在分析石龟上的刊文时提到,"当骷髅和尚莅此院也,固已名为昭庆,及其掘地得石龟也,又载有'古禅寺'三字,是在金之时已有昭庆,而在隋犹号'古禅'。"根据碑文,此院无疑在金代骷髅和尚到来时已名"昭庆",但隋代称"古禅寺"的证据并不充分。

虽然石龟背上的刊文并非隋代所刻,塔最初建造时的名称也不能确定,但以中国古代佛塔地宫建造的意义来看,佛塔建造的主要目的,很可能就是为了收藏这份珍贵的石龟和肉髻珠。至于建塔时间,根据隋代建塔举行舍利入函仪式,随后陆续完成塔基与塔身的建造❸来看,僧丰彦埋藏石龟后建的那座塔,很可能与石龟腹刊的藏宝时间相同,始建于隋仁寿元年。因此笔者认为,道光年间的碑文中"创始于隋仁寿而重建于金大定者"的判断基本正确。

仁寿元年,的确是一个值得注意的时间。

3. 仁寿年间建塔盛况与三圣瑞现塔的位置关联

隋文帝重视构塔建寺,自仁寿元年(601年)至仁寿四年(604年)的短短四年内,因舍利之缘,于一国之内"前后建塔百有余所"。❹舍利塔共110余座,于仁寿元年、仁寿二年和仁寿四年分三批建造,遍及全国范围之内。这些塔均在仁寿年间建造,故称"仁寿塔"。由此看来,当时修建舍利塔十分流行且是一种国家行为。陵川的这座三圣瑞现塔也在仁寿元年藏有类似佛舍利的肉髻珠,它与隋文帝修建的仁寿塔之间,会存在什么关联呢?

1)第一批仁寿塔

关于第一批仁寿塔的建造,《法苑珠林》和《广弘明集》中均有详细记录。仁寿元年(601年)六月十三日,隋文帝在其生日那天,为修营福善,追报父母之恩:

"故延诸大德沙门,与论至道,将于海内诸州,选高爽清静三十处,各起舍利塔。皇帝于是亲以七宝箱,奉三十舍利,自内而出,置于御座之案,与诸沙门烧香礼拜……乃取金瓶、琉璃各三十,以琉璃盛金瓶,

❶ [宋]释赞宁. 大宋高僧传. 卷十. 习禅篇第三之三. 唐新吴百丈山怀海传. 大正新修大藏经本:111.

❷ 王贵祥. 中国汉传佛教建筑史[M]. 北京:清华大学出版社,2015:490-491.

❸ 傅熹年. 中国古代建筑史. 第二卷[M]. 北京:中国建筑工业出版社,2009:212.

❹ [唐]释道宣. 续高僧传. 卷二十八. 隋京师大兴善寺释道密传一. 北京:中华书局,2014.

置舍利于其内。薰陆香为泥，涂其盖而印之。三十州同刻十月十五日正午，入于铜函石函，一时起塔。"❶

皇帝亲自盛好舍利之后，由诸大德沙门送至各州。《法苑珠林》详细列出了这些立塔的佛寺和其所在之州：

隋文帝立佛舍利塔（二十八州起塔，五十三州感瑞）

雍州仙游寺　岐州凤泉寺　华州思觉寺　同州大兴国寺　泾州大兴国寺

蒲州栖岩寺　泰州岱岳寺　并州无量寿寺　定州恒岳寺　嵩州闲居寺

相州大慈寺　廓州连云岳寺　衡州衡岳寺　襄州大兴国寺　牟州巨神山寺

吴州大禹寺　苏州虎丘山寺

右此十七州寺起塔，出打刹物及正库物造

泰州　瓜州　扬州　益州　亳州　桂州　交州　汝州　番州　蒋州　郑州

右此十一州随逐山水州县寺等清净之处起塔，出物同前也。❷

因《法苑珠林》同样有"三十州同刻十月十五日正午入于铜函石函"❸的记录，故第一批建塔的州确信为 30 州，但这里只记载了 28 州，其他 2 州未能考证，感瑞的 53 州也未有详细记录，但可考的 28 州都是当时的大州，陵川应未包含在内，所以三圣瑞现塔应当不是第一批仁寿塔。

作为第一批护送舍利的 30 位僧人，隋文帝要求他们必须"谙解法相兼堪宣导"❹，因此所挑选的皆是当时的高僧大德，他们不但要深通佛法，还要善于宣讲，能被选中实为荣幸之至。

隋王诏的《舍利感应记》记载了高僧们奉送舍利之盛况：

"诸沙门各以精勤。奉舍利而行。初入州境先令家家洒扫覆诸秽恶。道俗士女倾城远迎。总管刺史诸官人。夹路步引。四部大众容仪齐肃。共以宝盖幢华台像辇佛帐佛舆香山香钵种种音乐。尽来供养。各执香华或烧或散。围绕赞呗梵音和雅。依阿含经舍利入拘尸那城法。远近翕然云蒸雾会。虽盲老病莫不匍匐而至焉。"❺

舍利入函时的仪式也十分隆重：

"舍利将入函。大众围绕填噎。沙门高奉宝瓶巡示四部。人人拭目谛视共睹光明。哀恋号泣声响如雷。天地为之变动。凡是安置处悉如之。真身已应灵塔常存。天下瞻仰归依福日益而无穷矣。"❻

在第一次分舍利建塔之后，各州表瑞，臣民庆贺，使得全国沸腾，那些未分舍利之州，人人翘望，大家都希望本地亦能分得一份舍利，同沾佛光。❼ 于是仁寿二年（602 年），隋文帝又在 53 州起塔，与第一次建塔的仁寿元年十月十五日时隔不过半年。

2）第二批仁寿塔

关于第二批仁寿塔的兴建，《广弘明集》记载：

---

❶ [唐] 释道宣. 广弘明集. 卷十七. 佛德篇第三之三. 舍利感应记. 上海：上海古籍出版社，1991.

❷ [唐] 释道世. 法苑珠林. 卷四十. 舍利灾第三十七. 感应缘. 北京：中华书局，2003.

❸ 同上.

❹ 大正藏：第 52 册[M]. 石家庄：河北省佛教协会印，2005.

❺ [唐] 释道宣. 广弘明集. 卷十七. 佛德篇第三之三. 舍利感应记. 上海：上海古籍出版社，1991.

❻ 同上.

❼ 杜斗城，孔令梅. 隋文帝分舍利建塔有关问题的再探讨[J]. 兰州大学学报（社会科学版），2011，39（3）：24.

"仁寿二年正月二十三日，复分布五十三州，建立灵塔。……期用四月八日午时，合国化内，同下舍利，封入石函。"❶

《法苑珠林》中还详细列出了这第二批敕建舍利塔的州名和其感瑞的情况，虽标记为53州，原文所列实为54州❷：

所感瑞应者，别录如左：

恒州 泉州 循州 营州 洪州 杭州 凉州 德州 沧州 观州 瀛洲

冀州 幽州 徐州 莒州 齐州 莱州 楚州 江州 潭州 毛州 贝州

宋州 赵州 济州 兖州 寿州 信州 荆州 兰州 梁州 利州 潞州

黎州 慈州 魏州 沈州 汴州 梓州 许州 豫州 显州 曹州 安州

晋州 怀州 陕州 洛州 邓州 秦州 卫州 洺州 郑州 杞州

右总五十三州。四十州已来皆有灵瑞，不可备列，具存大传。❸

由此观之，建造舍利塔是当时举国之盛况，高僧护送舍利宣扬佛教荣幸之至，百姓亦虔心向佛。

3）三圣瑞现塔与仁寿塔的位置关联

第一批建造仁寿塔的蒲州、同州、华州和第二批建造仁寿塔的陕州、洛州、怀州、晋州、潞州，均在从隋都大兴到陵川的交通路线上。佛教建筑的分布往往受到政治因素和交通因素的影响。政治中心通常是佛教中心，而一个地区距离政治中心的远近和交通难易在一定程度上决定着其佛教兴盛的程度。三圣瑞现塔所在的陵川县西河底镇与泽州府首府相去不远。泽州和潞州，古代合称潞泽，与隋代都城大兴（唐时称长安）保持有比较密切的联系。对此，严耕望在《唐代交通图考》中，曾考证了两条从长安至潞泽的重要道路：

其中一条道先走长安—洛阳交通道，再走洛阳—太原驿道，整条道路从长安开始，经过华阴、潼关、陕城、洛阳、怀州，至泽州后北上经过高平再到潞州。❹

第二条道先走长安、太原道，再由乌岭道从晋、绛东通潞州，整条道路由长治经同州、蒲州、绛州、晋州、乌岭、冀氏县、刁黄岭到长子县和上党县。❺此外，其南部绛、泽两州间亦有通道，

---

❶ [唐]释道宣.广弘明集.卷十七.佛德篇第三之三.舍利感应记.上海：上海古籍出版社，1991.

❷ 关于第二批所建仁寿塔的州是53州还是54州，王贵祥先生在《中国汉传佛教建筑史》第232页做出探讨，原文如下：如上各州原文因是按照其所感瑞应现象排列，故并未按地域范围划分，此处移录，只是原文实际所列实为54州，而其行文确为53州，似是作者当时误数所致。但从《全唐文》所收篇文帝于仁寿元年（601年）六月乙丑所颁《立舍利诏》中亦有："'分道送舍利'下云，先往蒋州栖霞寺，洎三十州次五十三州等寺起塔。"故两者中总有一个是有误的，或是《法苑珠林》作者多列了一个州名，或是隋文帝仁寿二年虽预先拟在53州起塔，但真实情况下，实际在54个州造了舍利塔。

❸ [唐]释道世.法苑珠林.卷四十.舍利灾第三十七.感应缘.北京：中华书局，2003.

❹ 《唐代交通图考.第一卷京都关内区》第18页："由长安略沿渭水南岸东行，经华阴，出潼关，再沿黄河南岸东行至陕城，自陕以东，离开黄河东行经新安至洛阳，此古今之通道也。"和第129页："由东都东北行一百四十里至怀州（今沁阳），又北上太行关一百四十里至泽州（今晋城），又北微东一百九十里至潞州（今长治）。"参见：严耕望.唐代交通图考[M].上海：上海古籍出版社，2007.

❺ 《唐代交通图考.第一卷京都关内区》第91页："此道大略取渭水北岸东经同州（今大荔），由蒲津渡河至蒲州（今永济），再东北循涑水河谷而上，至绛州（今新绛）。又由同州有支线东北行至龙门，接龙门、绛州道。绛州又循汾水河谷北上，经晋州（今临汾）。"和《第五卷河东河北区》第1411页："其道由晋州东行七十八里至神山县（今浮山）。……又东四十四里至乌岭。又由绛州之翼城县（今县东南十五里）东北行七十五里亦至乌岭（约E112°、N35°55′或稍东山交村）。……下岭又东三十里至冀氏县（今岳阳县东南一百二十里，约N36°稍南），……又东行五十八里至刁黄岭，岭道约三十余里。下岭又东五十里至长子县（今县），又东北五十里至金桥，又二里至潞州治所上党县（今长治）。"参见：严耕望.唐代交通图考[M].上海：上海古籍出版社，2007.

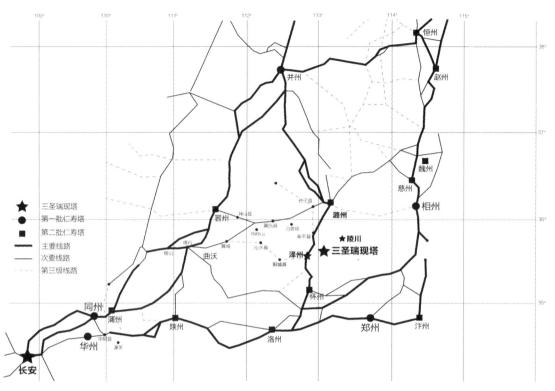

图 21 长安至潞泽的交通路线及沿途的仁寿塔
（作者根据严耕望《唐代交通图考》绘制）

从绛州经曲沃县、翼城县、沁水县、阳城县至晋城县❶（图 21）。

三圣瑞现塔所在的西河底镇，西部与泽州、高平接壤，是陵川的"门户"，塔所在的积善村村北有通向高平的要道，从大兴一路到泽州、高平后，要走这条道路才能进入陵川境内。相传该村古名大送村，因这条道上夜间常有歹徒出没，居民为使客商安全通过，常轮流值班护送，旧称此举为积德行善，故改名积善村。❷

从大兴到陵川的交通路线上，怀州（今称沁阳）的仁寿塔，是今沁阳天宁寺三圣塔的旧址。天宁寺始建于隋代，时名长寿寺，唐武后时易名为大云寺❸，金代又易名天宁寺，同时重建舍利塔，称"三圣塔"。根据《续高僧传》记载："释灵璨。怀州人。……仁寿兴塔。降敕令送舍利于怀州之长寿寺。初建塔将下。……仁寿末年。又敕送于泽州古贤谷景净寺起塔。"❹为长寿寺护送舍利的高僧灵璨，又于仁寿四年为泽州景净寺护送舍利并起塔，可见这一交通路线在佛教文化传播上的重要作用。

---

❶ 《唐代交通图考.第五卷河东河北区》第 1415 页："全程四百四十里。由绛州正东行渡汾水五十里至曲沃县（今县），县南二里有晋都新田故城。由县又正东五十里至翼城县（今县东南五十里），又东行一百四十里至沁水县（今县），又东南九十里至阳城县（今县），又正东一百二十里至泽州治所晋城县（今县）。翼城、沁水之间当乌岭山脉之南间，故此道与乌岭有关。"参见：严耕望. 唐代交通图考[M]. 上海：上海古籍出版社，2007.
❷ 陵川县志编撰委员会. 陵川县志：1997—2007[M]. 北京：中华书局，2009：45.
❸ 沁阳市博物馆院内的唐大足元年（701 年）《大云寺皇帝圣祚之碑》载："河内大云寺者，本隋文皇帝所置长寿寺也。"
❹ [唐]释道宣. 续高僧传. 卷十. 隋西京大禅定道场释灵璨传十二. 北京：中华书局，2014.

4.三圣瑞现塔初建的可能性

靠近第一批建塔的蒲州、第二批建塔的怀州，而且就在高僧护送舍利宣扬佛教的路径上，陵川无疑会受到这份佛事盛况的感染。据《法苑珠林》的《舍利感应记》："蒲州栖岩寺立塔。地震山吼。钟鼓大声。又放光五道。至二百里皆见。"❶ 蒲州建塔的祥瑞方圆二百里。但第一批敕塔名单中，并没有陵川。换位思考一下，在举国建塔这一盛事的背景下，能被选中护送舍利是僧人荣耀之极的事情，陵川没有敕塔，也没有护送的僧人，这对当地的官员、僧众难免是种遗憾。蒲州到陵川300千米，见不到佛塔，或也是地区百姓的遗憾。怎么能弥补这么重要时刻的遗憾，应和仁寿塔建造的殊胜呢，是不是有这种可能：为了附会这一国之盛事，在当地官民的支持之下，僧丰彦藏肉髻珠而建塔。

陵川这座三圣瑞现塔下隋仁寿元年的肉髻珠，由僧人丰彦藏，能将名字镌刻在石龟上的僧人，在陵川应不是等闲人物。但丰彦的僧名不见经传，在《高僧传》和《续高僧传》等史料上均不见记载，大抵是地偏、影响力较小的缘故，试想一位在当地很有影响却在大区域名不见经传的高僧，在当地官民的支持下建塔弘法、扩大影响完全合乎情理。从另一个角度看，僧丰彦藏的是肉髻珠而不是舍利，也恰恰说明他当时无舍利可藏，那么，选择肉髻珠而代之，以附会仁寿元年建塔之盛事，则成为一种很合时宜又不僭越的可能。肉髻珠同为佛身之物，在信徒们的眼中，地位不输舍利。另外，收藏肉髻珠，也符合陵川县"祭不用浮屠"的风俗。

因此，从建造时间以及仁寿年间敕建舍利塔的位置来看，三圣瑞现塔似乎与仁寿年间建塔盛况有关。

《泽州府志》记载，陵川县的风俗为"质朴乐于趋善，祭不用浮屠"❷，祭祀不用佛塔，所以陵川地区很少建塔，尤其是墓塔舍利塔。《泽州府志》、《陵川县志》、《三晋石刻》等文献中都未找到陵川其他关于建塔的记载，历史上未见其他塔（包括寺塔、僧人墓塔、风水塔等），现存也仅有三圣瑞现塔一座佛塔，更显出三圣瑞现塔建造原因之特殊。

关于三圣瑞现塔在隋仁寿年间的建造形制，若为响应隋仁寿元年的殊胜佛事，则有可能参考了隋仁寿塔的样式。❸

三、四座相似密檐砖塔的比较

有意思的是，在这条从长安到陵川的交通线上，在晋豫交界处，恰恰分布有四座金代建造的高层密檐砖塔（图22），三圣瑞现塔是其中最早的一座。这四座塔，高度接近，层数相等，形制相似，均重建于金大定年间，而且外观造型颇有唐风。

这四座金代重建的砖塔，除了三圣瑞现塔外，另外三座是：沁阳天宁

❶ [唐]释道世.法苑珠林.卷四十.舍利灾第三十七.感应缘.北京：中华书局，2003.
❷ [清]朱樟纂.泽州府志[M].太原：山西古籍出版社，2001：95.
❸ 日本学者小杉一雄和张驭寰先生曾对隋仁寿舍利塔的样式做出较为细致的研究。小杉一雄所著《中国佛教美术史的研究》的第一章，对隋仁寿舍利塔的样式特征、建塔的意义、舍利的容器和其安放的位置、舍利塔铭做出综合论述，并根据常盘大定、关野贞《中国文化史迹》原书名为《支那文化史迹》。其中"支那"似有对中国不敬之意，故改为《中国文化史迹》。——编者注 中对栖霞寺舍利塔、永泰寺砖塔和仁寿舍利塔的关联的论述，结合《悯忠寺重藏舍利记》，判定隋仁寿舍利塔是5层木塔，具体样式应与日本奈良法隆寺五重塔相去不大。刘敦桢先生评价"虽所论尚待实物印证，要发前人未发之覆，足资参考。"参见：刘敦桢.刘敦桢文集第二卷[M].北京：中国建筑工业出版社，1984：430。张驭寰先生复原的样式是三层木塔，复原过程详见：张驭寰.关于隋朝舍利塔的复原研究[J].故宫博物院院刊，2001（05）：13-17.该样式符合傅熹年先生"降低塔身高度而加大底层面阔"的判断，但《全唐文》卷九八七所载《重藏舍利记》，"舍利本大隋仁寿四年甲子岁幽州刺史陈国公窦抗于智泉寺并木浮图五级，安舍牙于其下"表示，仁寿四年的木浮图为五级，但张驭寰先生之复原样式是三级，故笔者认为小杉一雄的复原样式更加可信。

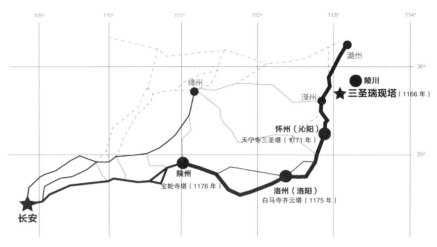

图 22　晋豫交界处四座佛塔的地理位置
（作者根据严耕望《唐代交通图考》绘制）

图 23　三圣瑞现塔、河南沁阳天宁寺塔、洛阳白马寺齐云塔和陕县宝伦寺塔之一
（洛阳白马寺齐云塔为张晶玫摄，其他均为作者自摄）

图 24　三圣瑞现塔、河南沁阳天宁寺塔、洛阳白马寺齐云塔和陕县宝伦寺塔之二
（从左至右依次为：王章宇摄；作者自摄；张晶玫摄；作者自摄）

寺三圣塔、洛阳白马寺齐云塔和陕县宝轮寺塔（图23，图24）。

天宁寺本隋文帝所置，时称长寿寺，三圣塔的初址是第一批建造的仁寿塔，现塔为金大定十一年（1171年）重建。值得注意的是，三圣塔与三圣瑞现塔，同为舜都骷髅和尚所建。根据三圣塔内《舜都栖岩寺骷髅和尚铭》❶，"大定七年，到□州延川积□材（村？）起塔。大定十年功毕，来天宁寺□建宝塔。"骷髅和尚于大定七年到"□州延川积□材（村？）起塔"，大定十年建成后又来天宁寺建宝塔，从建塔的时间和位置来看，碑文中"□州延川积□材（村？）起塔"应指在泽州积善村起三圣瑞现塔，虽然建造时间的"大定七年"与三圣瑞现塔内第三层石碑所载"大定六年"略有差异，但竣工时间分别记为"大定十年"和"大定九年"，耗时均为三年，差别不大。塔的建造时间仍以昭庆院内石碑所载"大定六年"为准。

齐云塔位于白马寺东南约300米的齐云塔院内，根据金大定十五年（1175年）的《重修释迦舍利塔记》，齐云塔创建于宋太祖开宝年间，北宋末年遭"劫火"焚毁后，于金大定十五年（1175年）由临济宗僧人栖岩彦公重建❷，本称"释迦舍利塔"、"金方塔"或"白马寺塔"，清代如琇根据汉明帝创建齐云塔的记载改用其名。

宝轮寺舍利塔位于陕州旧城内东南隅的宝轮寺旧址上，又名"三圣舍利塔"，据《直隶陕州志》，"宝轮寺，州东南隅。唐僧道秀建；金僧智秀复置砖塔。"❸宝轮寺塔始为唐僧道秀所建，金大定十七年（1177年）僧人智秀重建。寺院早毁现仅存一塔。

❶ 详见：杨宝顺，邓宏里. 河南沁阳金代三圣塔调查报告［J］. 中原文物，1983（1）：60.《舜都栖岩寺骷髅和尚铭》。

❷ 洛阳市地方史志编撰委员会. 洛阳市志 第十五卷［M］. 郑州：中州古籍出版社，1996：66.

❸ 杨焕成. 杨焕成古建筑文集［M］. 北京：文物出版社，2009：364.

1. 外观形制

1）基本形制

将这四座塔的基础勘察绘制如图（图25~图27），基本情况列表如下（表1）：

表1 三圣瑞现塔、三圣塔、齐云塔、宝轮寺塔基本情况比较

名称	建造时间	基本形制
陵川昭庆院三圣瑞现塔	金大定六年（1166年）	方形平面，砖砌，十三级密檐，高26.75米，有基座。内部为扶壁攀登式结构，有台阶，进门后需绕至塔后攀登
沁阳天宁寺三圣塔	金大定十一年（1171年）	方形平面，砖砌，十三级密檐，高32.76米，无基座。内部为扶壁攀登式结构，无台阶，从正对塔门通道进入内部
洛阳白马寺齐云塔	金大定十五年（1175年）	方形平面，砖砌，十三级密檐，高25.52米，无基座。内部为扶壁攀登式结构，无台阶，从一层塔身南向窗洞进入
陕县宝轮寺舍利塔	金大定十六年（1176年）	方形平面，砖砌，十三级密檐，高26.5米，有基座。内部为扶壁攀登式结构，有台阶，进门后需绕至塔后攀登

这四座金塔具有非常显著的共同特点：

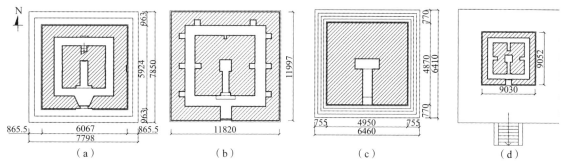

图 25　三圣瑞现塔、河南沁阳天宁寺塔、洛阳白马寺齐云塔和陕县宝伦寺塔平面示意图

（从左至右依次为：作者自绘；作者根据杨宝顺《河南沁阳金代三圣塔调查报告》绘；作者根据山西省古建筑设计有限公司资料绘；作者自绘）

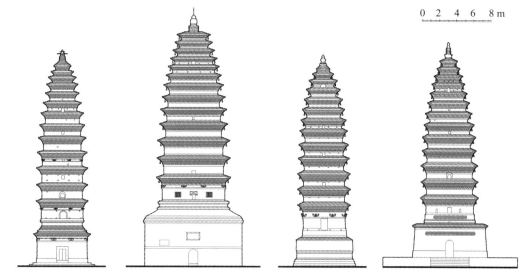

图 26　三圣瑞现塔、河南沁阳天宁寺塔、洛阳白马寺齐云塔和陕县宝伦寺塔的立面比较

（作者自绘）

❶ 因测绘条件和资料所限，尚无宝轮寺塔剖面示意图。

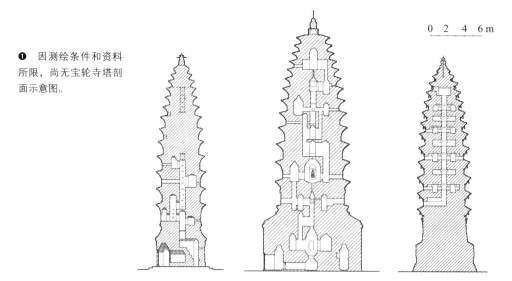

图 27　三圣瑞现塔、河南沁阳天宁寺塔和洛阳白马寺齐云塔剖面示意图 ❶

（从左至右依次为：作者自绘；作者根据杨宝顺《河南沁阳金代三圣塔调查报告》绘；作者根据山西省古建筑设计有限公司资料绘）

1. 都是方形平面的叠涩密檐式砖塔，高度在 30 米左右。

2. 塔身少有雕刻，在个别层上设有门窗，上下相对。每层正反叠涩出檐，檐下施一层或两层菱角牙子，其下再施普拍枋。有些层再施斗栱。

3. 面阔自下而上逐层收分，塔身收刹刚柔有度、遒劲，轮廓与线条十分美观。

4. 塔身用长 36 厘米、宽 17 厘米、厚 5.5 厘米或长 36 厘米、宽 17 厘米、厚 6.2 厘米的青灰条砖（砖之尺寸与唐、五代相近）砌筑而成，采用不岔分的砌法，灰缝较细，砖与砖间用白灰浆粘合。❶

刘敦桢先生在考察洛阳白马寺塔时说道："在当时河南一代，八角形砖塔，流行已逾二百年，仅它与三圣塔，仍然墨守旧法，真可谓为难能可贵。"❷ 刘敦桢先生当时似乎尚未见到陕县宝轮寺塔和三圣瑞现塔。这四座塔外观均带有唐风，究其原因，大抵是参考了中原地区唐代建塔之旧式。

这四座塔也有各自独立于其他几座的特点：

1. 三圣瑞现塔层高收分较其余几座更明显，水平方向的收分不如其他几座显著，塔身最纤细，视觉上也最优美；塔基的面阔与底层塔身相差也不大，在视觉上不如其他几座突出；立面开洞最不规律，南立面开洞略显随意；每层菱角牙子层的角部均施斜置砖（图 28），而其他三座塔菱角牙子层角部均简化成平置砖；

2. 天宁寺三圣塔的体积在这几座塔中最庞大，比例较其他几座更加敦厚；塔身一层每面均施直棂窗，而其他几座塔均无直棂窗的迹象；塔顶极为平坦，与塔刹间无叠涩过渡；

3. 齐云塔的基座不设门，基座最下部施须弥座，其他三座塔均无须弥座；

4. 宝轮寺塔的建造时间最晚，形制也最为程式化，塔身轮廓曲线略显生硬，每层的檐部曲线也不似其他三座明显；塔身通体不设斗栱；基座下有宽大的台基，增加了仪式感。

2）与唐代密檐塔的比较

唐代砖砌密檐塔的外形大体具有一些共同特点：塔身比例纤细，平面方形，塔檐采用叠涩出檐的做法，层数在 11 至 16 层不等。比如长安荐福寺塔（小雁塔）、嵩山法王寺塔、永泰寺塔（图 29），与北魏嵩岳寺塔相比，形态更加朴素，外观甚少装饰，各层塔身均不见倚柱、雕刻等做法。

在这些方面，三圣瑞现塔与河南三座金塔的外观非常符合。但同时，晋豫交界处的这四座金塔也有独立于唐代普遍做法的特点：

1. 三圣瑞现塔和宝轮寺塔塔身下施基座，而唐塔无基座；

2. 塔身底层高度略低于塔身面宽，而非法王寺塔和永泰寺塔的底层高度大于塔身面宽的做法；晋东南地区的两座唐代密檐塔：丈八寺塔和金禅寺舍利塔（图 30）底层塔身的高度同样小于面宽，这可能是晋豫交界地区建塔之惯用手法。

❶ 杨焕成. 杨焕成古建筑文集 [M]. 北京：文物出版社，2009：69.

❷ 刘敦桢. 刘敦桢文集 第二卷 [M]. 北京：中国建筑工业出版社，1984：382.

  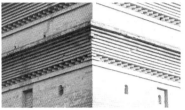

图 28 三圣瑞现塔转角处斜置砖与天宁寺三圣塔、宝轮寺塔转角处平置砖
（自左至右：何文轩摄；作者自摄；作者自摄）

图 29 永泰寺塔，法王寺塔，荐福寺塔
（河南省文物局.河南文化遗产（一）[M].北京：文物出版社，2011：79，80；雷行，余鼎章.西安[M].北京：中国建筑工业出版社，1986：123.）

图 30 丈八寺塔、金禅寺舍利塔
（作者自摄）

图 31　嵩岳寺塔立面图
(刘敦桢. 中国古代建筑史（第二版）[M]. 北京：中国建筑工业出版社，1984：92.)

3. 塔身外部轮廓的宽度逐层递减，卷杀曲线单向收分，沿袭了北魏嵩岳寺塔的做法（图31），而上述几座唐代密檐塔的卷杀在中段比较突出而顶部收杀比较缓和，以第5层檐左右为塔身最粗处，卷杀曲线呈上下收杀状，因此看起来更加挺拔。❶

2. 内部结构

从内部结构（图27）来看，三圣瑞现塔是扶壁攀登式结构，其他几座塔也都设有壁体登孔和扣手，攀登方式类似。天宁寺三圣塔塔内各层结构皆不相同，每层室、洞、龛的平面布局有很大差异，内部设有盘旋井道可达第10层，若要登临塔顶，需从洞口爬出从外部登至13层，塔的登孔均设在东西壁上；白马寺齐云塔与天宁寺三圣塔类似，也是由壁体登孔攀登至第10层，向南辟门（俗称南天门），出门向上可登塔顶；陕县宝轮寺塔内部也辟有塔心室和迂回的砖石井道，壁体也设有登孔。❷ 三圣瑞现塔和宝轮寺塔进门后需要绕至塔后部，先攀登几级台阶再"扶壁攀登"，而

❶ 傅熹年. 中国古代建筑史·第二卷[M]. 北京：中国建筑工业出版社，2009：537—538.

❷ 杨焕成. 杨焕成古建筑文集[M]. 北京：文物出版社，2009：307-308.

天宁寺三圣塔和齐云塔可直接从塔身正面的通道进入，不需要上台阶，"扶壁攀登式"的结构更加纯粹。但总的来说，都有塔内辟迂回曲折的直壁竖井道、内有砖筑塔心室、外壁砌佛龛、可攀登眺望等结构特点。

三圣瑞现塔和天宁寺三圣塔均由舜都骷髅和尚所建，形制结构均相似，但天宁寺三圣塔的立面比三圣瑞现塔规整许多，塔内更加宽敞，基座内通道的宽度可同时容纳两人，丝毫不觉拥挤，攀登方式是纯粹的"扶壁攀登式"，可从正对塔门的通道直接进入塔内的竖直井道，摒弃了三圣瑞现塔先从后部上台阶的不便。整座塔非常舒展大气，这大概是骷髅和尚在建成三圣瑞现塔，总结了经验及不足后，建造技艺的升华。

宋代以前的大形砖塔，多在内部挑出砖叠涩以承托木楼板，各层间用木楼梯相连，由于木材不易长存，因此千年后的今天形成空腔状的内部结构。内有回廊、塔内壁和塔心室，用砖砌楼层的新型砖塔出现在五代时期，不过此种结构首先被运用在楼阁式砖塔上，例如苏州虎丘塔和杭州雷峰塔❶，至宋代才被运用到密檐塔上。宋代砖塔进一步发展，在塔心室内壁上部用转角铺作和补间铺作将塔心室和外壁紧密地连成一体，提高了砖塔的强度和整体性。一些宋金时期的砖塔，檐部加砌一层或两层菱角牙子，起到了近现代建筑中的圈梁作用，加强了塔身壁体的整体性和抗震性，因此比唐塔更加稳固。❷

3. 内因分析

晋豫交界处的这四座金塔：三圣瑞现塔、沁阳三圣塔、洛阳白马寺齐云塔、陕县宝轮寺塔，外观沿袭唐制，但塔身下施基座，檐下增施菱角牙子和斗栱作装饰，砖与砖间用白灰浆粘合，塔内结构特点显著，不但因袭宋制，与河南省内济源延庆寺舍利塔、滑县明福寺塔、尉氏兴国寺塔等诸多宋塔相似，而且有新的发展，具有这几座金塔自身的特征。❸ 由此观之，这几座塔应在参考中原地区唐代建塔之旧式的基础上，又借鉴了宋代更加稳固的内部结构，并结合一些地区做法而建成。

相似的特征反映出了金代当地流行的样式。这几座塔集中在晋豫边界附近，亦可见这种流行样式在当地的传播线路。

从距离上看，陵川与河南交界，历来文化上与河南关系密切，这一点在三圣瑞现塔和天宁寺三圣塔由同一僧人所建即不难看出。三圣瑞现塔与另三座塔相去不远，完全有可能在佛塔样式上相互交流借鉴。沿着上文论述的交通路线，这四座塔很可能存在着一脉相承的关系。

从时间上看，三圣瑞现塔建于金大定六年（1166年），沁阳天宁寺三圣塔建于金大定十一年（1171年），洛阳白马寺齐云塔建于金大定十五年（1175年），陕县宝轮寺塔建于金大定十六年（1176年），建造时间从早到晚，恰巧是沿着上文论述的交通路线由东向西顺延（图22），三圣瑞现塔从时间上早于其他三座，其造型和结构很可能为其他三座塔提供了参考。

---

❶ 傅熹年. 中国古代建筑史·第二卷 [M]. 北京：中国建筑工业出版社，2009，682.

❷ 杨焕成. 杨焕成古建筑文集 [M]. 北京：文物出版社，2009：285.

❸ 杨焕成. 杨焕成古建筑文集 [M]. 北京：文物出版社，2009：68.

从建造僧人来看，三圣瑞现塔和天宁寺三圣塔均为舜都栖岩骷髅和尚所建，样式相似不足为奇，白马寺齐云塔由栖岩僧人彦公所建，彦公与骷髅和尚同属栖岩寺，同一寺院的僧人，建塔时样式互相交流借鉴，也不奇怪，且彦公"自浊河之北底此"❶，浊河即浊漳河，是潞泽地区最大的一条河，彦公从浊河之北出发至洛阳，大抵也是沿着潞泽至长安的这条交通路线，一路经过了陵川和沁阳，建白马寺塔时可能对三圣瑞现塔和沁阳三圣塔的样式有所借鉴。

那么为什么这一地区的金塔不像其他地区一样，建成仿辽式的呢？

金代统治者对佛教采取的是相对冷淡的态度，金世宗大定十四年（1174年），"四月乙丑，上谕宰臣曰：'闻愚民祈福，多建佛寺，虽已条禁，尚多犯者，宜申约束，无令徒费财用。'"❷大定十八年（1178年），"己酉，禁民间无得创兴寺观。"❸大定二十七年（1187年），金世宗对其宰臣谈道："人皆以奉道崇佛设斋读经为福，朕使百姓无冤，天下安乐，不胜于彼乎？尔等居辅相之任，诚能匡益国家，使百姓蒙利，不能身享其报，亦能施及子孙矣！"❹金世宗似乎更多受到儒家治世安邦理念的影响，对佛教多少采取了抑制的态度。在缺少官方助力的情况下，佛教建筑的兴建通常是参考前代样式。且骷髅和尚是"大善知王祖翁之孙"，也曾承蒙皇恩自立门户❺，这样一位得道高僧要兴建一座佛塔，借鉴前代样式似乎是最好的选择。

晋豫交界处未曾被划入辽朝版图，只能参照唐、宋建塔之旧样，而宋代建塔多在南方，中原地区的遗存不及唐代多，且宋塔外观较于唐塔更加繁杂，需要更多的资金建造。晋东南地处黄土高原，降雨量少，多山且交通不便，土地贫瘠，植被较差，自然灾害频繁，经济较为落后。在这样特殊的地理环境下，人们养成了节俭的生活习惯。正如《泽州府志》所载："土瘠民贫，勤俭质朴，忧深思远，有唐尧遗风"，"俭朴而敦本，有唐晋之遗风。"❻这种节俭的生活风俗，加之自身经济条件的限制，影响着人们建塔的形制。三圣瑞现塔仅在基座、一层和四层塔身的檐下用砖雕有普拍枋与一斗三升栱，每面四朵，与唐塔的通体素平相比略有装饰，但与外观秀丽活泼的宋、辽佛塔相比要古朴很多，总体而言，塔身是十分简洁的。

晋豫交界的这四座金代密檐砖塔，不但形制相似，而且有三座名称也很接近：陕县宝轮寺塔又名"三圣舍利塔"，与陵川三圣瑞现塔和沁阳天宁寺三圣塔均与"三圣"有关，下文对"三圣"的含义做出探究。

四、西方三圣还是华严三圣

从寺院形制来看，三圣瑞现塔所在的昭庆院，旧称"古禅寺"，即是一座禅宗寺院，根据金大定十一年（1171年）的《舜都栖岩寺骷髅和尚铭》❼，骷髅和尚建塔的另一座寺院——沁阳天宁寺，在金代也是一座"万寿禅院"。从建塔僧人所属派别来看，虽然没有资料明确指出骷髅和尚的宗派，但根

❶ 引自《重修释迦舍利塔记》，详见：洛阳市地方史志编撰委员会. 洛阳市志 第十五卷[M]. 郑州：中州古籍出版社，1996：66.

❷ [元]脱脱，等. 金史. 卷七. 本纪第七. 世宗中. 世纪. 百衲本景印元至正刊本：72.

❸ 同上：77.

❹ 同上：91.

❺ 详见：杨宝顺，邓宏里. 河南沁阳金代三圣塔调查报告[J]. 中原文物，1983（1）：64.《舜都栖岩寺骷髅和尚铭》.

❻ [清]朱樟篆. 泽州府志[M]. 太原：山西古籍出版社，2001：93.

❼ 详见：杨宝顺《河南沁阳金代三圣塔调查报告》中《舜都栖岩寺骷髅和尚铭》.

据金大定十五年（1175年）的《重修释迦舍利塔记》，重修白马寺塔、与骷髅和尚同属栖岩寺的彦公和尚，属禅宗五家之一的临济宗，由此推测，骷髅和尚很可能也是临济宗高僧。

一位禅宗僧人在禅寺中建塔并不奇怪，但塔怎么会称作与净土宗的西方三圣或者华严宗的华严三圣有关的"三圣塔"呢；此外，由上所知，三圣瑞现塔很可能始建于隋，为附会仁寿年间举国建塔之佛事而建，但石龟上的刊文"古禅寺三圣瑞现塔"并非隋代所刻，那么"三圣瑞现塔"这一称呼始于何时？此"三圣"究竟是哪三圣？

净土思想的核心是对西方三圣的神秘观想，即一佛二菩萨观：佛观、观音观、势至观。西方三圣指的是阿弥陀佛、观音菩萨和大势至菩萨，最早将这三者联系在一起的，是南朝畺良耶舍所译《观无量寿经》："说是语时，无量寿佛，住立空中，观世音、大势至，是大二士，侍立左右。"❶ 也正是这部佛经最早向人们介绍了西方三圣的思想。佛教建筑中与"三圣"有关的，除了三圣塔，还有三圣殿，虽然现未有"西方三圣殿"的遗存，但在敦煌唐代壁画中，以及山东青州龙兴寺出土的北朝石刻中，已经出现了"西方三圣"的画像和石造像，在唐代、甚至南北朝时期的寺院中，大致已经有了专门奉祀西方三圣的三圣殿。

汉地佛教至宋代，禅净两宗最为盛行，且出现了以净土信仰为主的禅寺，禅净双修也始于宋代。如《咸淳临安志》中就提到了一处净土禅寺："净土禅寺，在县南二里。显德中吴越王建，号光孝明因寺，大中祥符元年改今额。"❷ 宋代文人苏东坡也提到了这座"净土禅寺"："《咸淳临安志》，净土禅院在临安县南二里，显德中吴越钱氏建，号光孝明因寺，详府中改今额。"❸

从陵川县的碑文资料中，可知此地在宋金时期，禅、净两宗均很流行，如宋天圣八年（1030年）《南吉祥院碑文并序》的落款有"禅匠人常用度"❹；金大定三年（1163年）的《龙岩寺记》出现了"西方世界"的字样；宋庆历六年（1046年）的《新修崇安寺三门碑》提到了"西方多宝之佛"、"盖净土之依凭也"。❺

华严三圣的信仰随着《华严经》的弘传而扩散。《华严经》最初由东晋僧人佛陀跋陀罗所译，唐武则天时期僧人释法藏参与了"《华严》新经"的编译工作，且对《华严经》的弘传贡献最大。以"华严"为寺命名，南北朝就已开始，但直到法藏之后"华严三圣"信仰才开始普及。唐代长安、洛阳、杭州、五台山等地均设华严寺，但供奉"华严三圣"的三圣殿，最早见于文献者，仅有大同辽金时代所建的善化寺，其大殿的"三圣殿"，供奉的即华严三圣：释迦牟尼佛与文殊、普贤二菩萨。且现存实例仅有此一例。❻ 另外，华严寺的布局特征应是文殊、普贤二阁对峙，昭庆院为禅寺，其配置似乎并无文殊阁、普贤阁的迹象。此外，晋东南地区的14个市县，也未见有文殊阁和普贤阁的记录，仅在长子县崇庆

❶ ［后秦］鸠摩罗什译. 佛说阿弥陀经. 大正新修大藏经本［M］. 第12卷. 台北：新文丰出版有限公司，1983：347.

❷ ［宋］潜说友.（咸淳）临安志. 卷八十三. 寺观九. 清文渊阁四库全书本：784.

❸ ［宋］苏轼. 补注东坡编年诗. 卷七. 古今体诗五十首. 清文渊阁四库全书本：138.

❹ 王立新. 三晋石刻大全 晋城市陵川县卷［G］. 太原：三晋出版社，2011：14.

❺ 王立新. 三晋石刻大全 晋城市陵川县卷［G］. 太原：三晋出版社，2011：20，15，16.

❻ 王贵祥. 中国汉传佛教建筑史［M］. 北京：清华大学出版社，2015：443-447，456-467.

寺三大士殿的佛坛上，供奉有文殊、普贤、观音三大士像。

由此观之，与"华严三圣"有关的佛教建筑数量少且出现较晚，现存仅有大殿一座，仅出现在辽代。而"净土三圣"的出现可早至北朝时期，又多见于石刻壁画，说明其在佛教建筑上的应用更广泛。且在晋东南地区，宋金时期多为禅寺或净土宗寺院，华严信仰始终不普及。昭庆院是一座禅寺，而修建三圣瑞现塔的骷髅和尚，很可能也是禅宗五家之一的临济宗僧人，结合宋金时期出现的净土禅寺，三圣瑞现塔位于一座禅寺内，其名称的"三圣"，应指净土宗的西方三圣。

昭庆院内金天会十年（1132年）的《泽州陵川县三泉里积善村三教堂记》，对陵川县的三圣信仰稍有提及，"崇三圣之设教，虔诚贤像……"❶，而"瑞现"两字，大抵是指在当地出现了三圣的瑞像或某种祥瑞，结合三圣信仰后，将塔名之。"瑞现"两字最早见于敦煌莫高窟第61窟西壁的"阿育王瑞现塔"（图32），壁画绘于10世纪，即五代至北宋年间。后来又有北宋"苏州瑞光禅寺"和"瑞光寺塔"，南宋"淮口瑞光塔"、"安海瑞光塔"，明清"富川瑞光塔"、"屏南瑞光塔"等案例出现。从字面上来看"瑞光"应与"瑞现"含义相同，而且，"瑞光"和"瑞现"的说法在北宋之前并未见到，到宋金时期就有"苏州瑞光禅寺"、"瑞光寺塔"、"淮口瑞光塔"、"安海瑞光塔"和"三圣瑞现塔"等多个例子出现了，因此推测，"三圣瑞现塔"这一称呼应不早于北宋时期，大抵在宋金之际，或与骷髅和尚建塔的时期相契。沁阳三圣塔同为骷髅和尚所建，其名称大概与"三圣瑞现塔"含义相似。晋豫交界这条线路上的宝轮寺塔，又称"三圣舍利宝塔"，从这一带在宋金时期流行禅宗和净土宗来看，此三圣应当也指西方三圣。

❶ 王立新. 三晋石刻大全 晋城市陵川县卷[G]. 太原：三晋出版社，2011：17.

图32 阿育王瑞现塔

（敦煌文物研究所. 敦煌莫高窟 第5卷[M]. 北京：文物出版社，1982：图版61.）

结语

三圣瑞现塔始建于隋，重建于金大定年间。根据三圣瑞现塔相关碑文，隋仁寿元年（601年），僧丰彦将石龟和肉髻珠藏于地下并起塔，旧塔倾颓后，金大定六年（1166年）骷髅和尚发掘石龟，将旧得舍利和石龟重新埋于地下，并在其上重建三圣瑞现塔。仁寿年间，隋文帝亲自下发舍利，并在全国范围内指定州寺分三批建塔，三圣瑞现塔所在的陵川县位于佛教传播的路线上且在仁寿塔的辐射圈内，与敕建的仁寿塔在建造时间上亦相吻合，因此笔者认为三圣瑞现塔最初可能是陵川僧众受到举国建塔这一佛事的感染后而建。

重建后的三圣瑞现塔与晋豫交界处的另外三座金代密檐式砖塔形制结构相似，外观有唐风而内部借鉴了宋代的结构形式，同时又有新的发展，形成这一地区金塔的特征。这几座塔均在长安至陵川的交通线上，建造时间由东向西依次顺延，建塔僧人也有密不可分的联系，它们共同勾勒出金代这一地区禅、净两宗佛教文化传播的途径，同时为严耕望先生论证的长安—潞泽交通路线提供了新的证据，印证了这条线路在古代佛教文化传播中的重要作用。

三圣瑞现塔至清代已带有风水塔的性质，昭庆院内清道光年间的《重修昭庆院碑记》有"殆与，院等父老，但相传为镇西北之煞云"❶的描述，说是在父老乡亲们的相传中，三圣瑞现塔是为了"镇西北之煞云"而建。虽然实际并非如此，但从中可以看出，三圣瑞现塔在不同时期被人们赋予了不同的意义。

附录　三圣瑞现塔相关碑文整理

昭庆院内现存碑10通，一通嵌于塔底层内部佛龛龛门两侧，一通嵌于塔内第三层石壁上，两通现存于东院后殿前檐下，两通捐款碑镶嵌于后殿东侧院墙内壁上，三通现镶于钟楼东壁上。与三圣瑞现塔相关的碑文有四篇，陵川县文物局赵灵贵先生曾大致整理过碑文提交《三晋石刻》编委会，《三晋石刻》登录了其中两篇碑文，个别字和标点有讹误，笔者对碑校对后整理文字如下：

1. 金大定七年《佛铭之记》，嵌于塔底层内部佛龛龛门两侧：

佛铭之记

夫以法称广济，为庶品之医王。佛号能仁，作群生之慈父。欲使人目之起恭生信，则无如隆塔。昭庆院者，大定四年，敕赐之也。

僧崇信主之，有僧智彦飞锡自西而来，寓于此院，精勤行道，里人王珍、李□□议曰：福田难遇，一施塔殿三门地基，一施塔殿地基，□□于是藏□□佛于舍利宝龟。于下藏之日，阖村众□俱欢□，愿塔□□施净财□，俱□□不为易，俟功成植碑，历记姓名，今姑序其本，先刊施地人姓名于右，庶有劝于后云耳。

大定七年岁次丁亥五月初八日记

---

❶ 此段碑文参考了：王立新. 三晋石刻大全·晋城市陵川县卷[M]. 太原：三晋出版社，2011：330。碑文经笔者现场校对。

2. 金大定九年（1169年）《舜都骷髅和尚记》，嵌于塔内第三层石壁：

舜都骷髅和尚记

大人之生于也行止出处始终不同，或幼入空门，及其壮也，为一岁以汩罡列の民者多矣。或初列四民，悟三乘之托来释子者。有□□骷髅和尚者，俗姓王氏，本舜都荣河孙麟居村人也。于大金正隆六年，弃家云游玉泉山，□□舍利三粒。大定二年蒙□□皇恩得削发，□楼嵓寺僧永先为师，训名曰智彦。六年冬，行化至潧泽延川积善村昭庆院，始欲即至，值雪故，留宿方夜，分持诵次，忽□院西金光数丈，持旦□村□□士□其起□□王公□李公□□地□□于□求之获一石龟，中乃肉髻珠一粒，背刊"古禅寺三圣瑞现塔"，腹刊"大隋仁寿元年僧丰彦藏"字，然其侧旧列数石，浮图内乃李唐开元二十年，苏清周施地一十亩，记二公。意谓昔日寺地也，遂为□其地□由当□□□□永仍将前郎收□□□舍利同藏于下，上起宝塔十三级，□□□□□□□

时大定九年岁次已□孟夏中旬日记石匠李□刊

3. 清道光十八年（1838年）《重修昭庆院碑记》，现存于昭庆院东院后殿前檐下西侧：

积善村昭庆院，陵川名刹也。予与村之外翰奠唐郭君游，因造而观焉。规制颇宏敞，而粉暗丹陈，势且渐圮，心窃危之。考诸碑碣，未有一言其详者，盖不知几经兴废矣。院西为三圣瑞现塔，高插云表，望之生怖。询其创建之由，岁月之远，若近其不可考。殆与，院等父老，但相传为镇西北之煞云。塔制为角四，为级十有四，门南向。予奇其高而登之，至第三级，仰视之，空洞直达，状若倒悬之井，不知其几寻尺也。旁穴外通，上下错迭，吞纳风声，殷然如雷。想登其巅者，搔首问天，直不作人间想，亦大快矣。卒以磴棱模糊，辄易失足，欲尽登之而未果也。怅怅然返至第三级，而殷然如雷者犹在耳焉。予乃低回，留之而不能去。偶北面，恍惚见悬壁横排："骷髅和尚记"五字。踏磴逼视之，乃一石碣，五字则其额也。额字大如鸡卵，额下字小于额字数倍，尘封不可辨认。于是吹之，拭之，刷之，湿之，乃得而卒读焉。其略曰：金大定六年，骷髅和尚行化至积善村，偶留昭庆院。夜半持诵，忽观院西金光数丈。诘旦，就其处掘之，获一石龟，中藏肉髻珠一粒，背刊"古禅寺三圣瑞现塔"，腹刊"隋仁寿元年僧丰彦藏"字。□由是骷髅和尚将旧得舍利三粒同藏于下，建宝塔于其上焉。据此观之，塔本为藏舍利而设，实创始于隋仁寿而重建于金大定者也。窃意汉明帝时，佛法始入中国，至六朝崇好更盛，兰若浮屠几遍天下。此塔之创，去其时极近。噫！何其古也？然塔绿古禅寺为名，则寺又古于塔者，今之昭庆院，其即古禅寺之变名也与。……下塔白郭君，郭君不胜惊喜，如获宝物。谓："昔人藏此以待后人，而后人竟莫之知也。而今乃知之意者，显晦亦有时与。"予默然良久，相与挥手而别，时道光十年六月中旬也。越一年，又诣积善视郭君，昭庆院忽大兴土木。郭君谓予曰："自子见塔碑，村人士闻之，争先快睹，咸有抚今思昔之忱。谓今之见石碣，亦犹昔之见石龟也。昔见石龟而塔因以复，今见石碣，而院忍听其圮乎？共愿捐资重修，以重古迹。予与诸君子共图之，故有是举。昔规模草创，未足偕吾子一观耳。"予因问所以图之者。郭君曰："基欲甃以石，视向之瓴甋则固也；殿门欲易以楄，视向之板扉则明也；塔欲围以别院，视向之露处则密也；且关帝欲移祀别院之正殿，视向之东殿则尊且严也。其他补葺之完，变易之宜，彩绘之章，皆意所必欲遂而势所不容已者，不识吾子以为然焉否也？"予曰："闻子言已，令人应接不暇，此身浑疑到拉撒诏矣，复何能置二辞乎？异日落成，幸得与寓目焉，不知又作何境象也。"既而，郭君忽捐馆舍，相为悼惜者久之。十八年九月二十日，积善诸生姜逢之诣予，谓郭君弃世，昭庆院功已垂成。后诸首事继之，拮据不懈。今告竣矣，谨遵郭君遗言，浼先生为文以纪之。予询及院之规制，一如昔之郭君所云者。因为述其巅末，若此是役也。总理某继总理某分理某理宜备书

  例授文林郎

  敕授修职郎壬午科举人乙未科大挑二等代州五台县儒学教谕前署平阳府曲沃县教谕高邑司舒锦敬撰❶

4. 民国4年（1915年）《重修昭庆院碑记》，现存于昭庆院东院后殿前檐下东侧。

  仆宰陵之次年，有积善诸生姜君继伋为予佐治。一日，忽相谓曰：吾乡积善村有昭庆院，院西有三圣瑞现塔，塔上有石碣，碣上有"骷髅和尚记"五字，下载金大定六年，骷髅和尚行至积善村，偶留昭庆院。夜半诵经，忽睹金光数丈，乃掘之，得一石龟，中藏肉髻珠一粒，背刊"古禅寺三圣瑞现塔"，腹刊"隋仁寿元年僧丰彦藏"字。由是，骷髅和尚将旧得舍利三粒同藏于下，建塔于其上，今且数百载矣。岁久失修，渐虞倾圮。爰倡始捐资，得钱数百串。虽未能蔚为美观，而振刷一新，得保存古迹，以昭□来，许是亦吾乡人责也。今既落成，愿为纪其事。仆闻其言，不惟嘉姜君之能保存古迹，且嘉姜君能使此院不废，而一乡之人均可资以观，感其获福至无穷也。何言之，仆亦不知是院昉自何时。当骷髅和尚莅此院也，固已名为昭庆，及其掘地得石龟也，又载有"古禅寺"三字，是在金之时已名昭庆，而在隋犹号"古禅"。夫以隋时犹命为古，是隋以前即有此院，可知特未名为"昭庆"耳。古人命名之初，曷言昭庆，殆言其乡积善，必昭然有庆也。《易》曰："积善之家，必有余庆。"一家如是，一乡亦罔不如是。古人之建此院，与今人之修此院殆同。此与人为善之心，初□必徵然于富贵利禄之间，而富贵利禄无不随之，而至理固然也，然则此院之有关系可知，即姜君之修此院，其关系更可知矣。仆以此举有关风化，是焉可以不记。

  营务处衔署□陵川县调署绛县知事孙启椿谨撰
  前清附生姜继伋书
  （捐输姓名略）
  时中华民国四年岁次乙卯9月上浣❷

❶ 此段碑文参考了：王立新. 三晋石刻大全·晋城市陵川县卷[M]. 太原：三晋出版社，2011：237。碑文文经笔者现场校对。

❷ 此段碑文参考了：王立新. 三晋石刻大全·晋城市陵川县卷[M]. 太原：三晋出版社，2011：330。碑文经笔者现场校对。

建筑文化研究

揭阳古城营建的历史与文化

吴庆洲

（华南理工大学）

摘要：广东揭阳是一座具有 800 多年历史的古城。揭阳古城地处潮汕平原中部、榕江中游的水网地带，是一座地地道道的水城，也是具有潮汕文化风情的城市。本文探讨揭阳古城的选址、营建的历史、古城营建的特色和中国传统风水文化对城市营建的影响，以及揭阳古城作为浮水葫芦城、水上莲花城的水文化特色和潮汕文化特色。文中还介绍了揭阳丰富多样的建筑、文化遗产和风景名胜。

关键词：古城，选址，营建，历史文化，风水

Abstract: This paper investigates the construction history and culture of Jieyang, an old city with a history of more than 800 years. Located at the middle reaches of Rongjiang River, Guangdong province, it is a typical water town of the Chaoshan Plain intersected by canals. The paper explores the historical site selection and city planning and construction process, and discusses the urban design in terms of *fengshui* influence and resemblance to a bottle gourd or lotus flower floating in water, as well as Chaoshan culture in general. Jieyang's rich architectural and cultural heritage and beautiful landscape are also discussed.

Keywords: historical city, site selection, planning and construction, historical culture, *fengshui*

一、历史地理概况

揭阳县位于广东省东部（图 1），榕江流域中下游，东与潮州接壤，西南与普宁相邻，南与潮阳及汕头市郊交界，北连丰顺，西接揭西，是广东最古老的县份之一。县城榕城镇，中心位于东经 116°23′，北纬 23°24′。

揭阳是著名的侨乡，现有海外华侨、港澳同胞 75 万多人，占本县人口的一半以上。揭阳属亚热带海洋性气候，北回归线穿过县境东南部，气候温和，雨量充足，年平均气温 21.5℃，1 月平均气温 13.1℃，7 月平均气温 28.5℃，年平均降水量 1701 毫米，主要雨季为 5—9 月。

揭阳地势自西北向东南倾斜，北部山高岭峻，西部和西北部以丘陵地带为主。平原占本县总面积一半以上，分布在中部和东部。水网如织，主要河流榕江，分为南河、北河两大干流，分由揭西、丰顺入境，在炮台"双溪嘴"汇合后经汕头出海。

揭阳水陆交通方便，境内公路总长 350 千米，以榕城为中心，横贯南北的 206 国道和联结闽粤的公路干线交叉走向，沟通各县市和境内乡镇的公路已形成完整的网络。从榕城经汕头出海的榕江水路，可通千吨轮船，是粤东内河主要航道之一。

揭阳具有悠久的历史。在新石器时代晚期，人类活动已几乎遍及全县各乡镇。商周时期的揭阳，是"浮滨类型"文化的主要分布区域之一。春秋战国时期的遗址和墓葬也分布极广，出土了不少青铜器。

---

❶ 国家自然科学基金"中国古城水系营建的学说及历史经验研究"资助项目（项目号：51278197）。

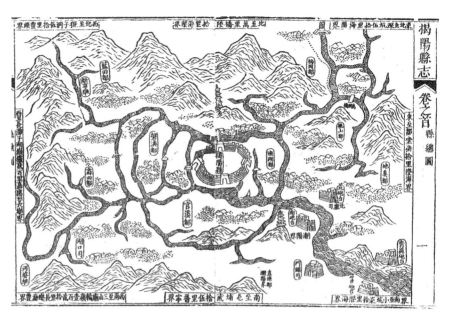

图 1　揭阳县总图
（[清]刘业勤，修．凌鱼，纂．（乾隆）揭阳县志[M].卷首.疆域图.乾隆四十九年（1784年）刻本.）

揭阳因古五岭之一的揭阳岭而得名，见之史乘已有2000余年。秦置岭南三郡，在今潮汕、梅州及闽南龙溪、漳浦一带置揭阳县（一说揭阳戍守区），隶属南海郡。

东晋咸和元年（326年），揭阳改隶东官郡。五年后分揭阳县为海阳、潮阳、海宁、绥安四县，今揭阳县为海阳县地。直至北宋宣和三年（1121年）割海阳县之永宁、延德、崇义三乡复置揭阳县。南宋绍兴二年（1132年）撤销建制，全境重新并入海阳县；八年后复县，辖原三乡十三都，县治设在玉窖村（今榕城镇）。明嘉靖四十二年（1563年）割龙溪都（今潮州市庵埠一带）归海阳，割延德乡的鮀江、鳄浦、蓬州三都（今汕头市郊）及海阳、饶平的一部分置澄海县。至此，揭阳辖三乡九都。清乾隆三年（1738年）割蓝田都之九、十图共二十七村（今汤坑一带）与海阳的一部分合置丰顺县。此后至中华人民共和国成立初期，揭阳县建制、疆域均无变化。

自北宋复县，今揭阳县的建置已有890多年的历史了。自宋代以来，揭阳经济繁荣，人口增殖，文风日盛，贤人辈出，被誉为"海滨邹鲁"。❶

二、揭阳古城的选址（图2）

选址，是城市营建最重要、最关键的问题，是城市能否持续、健康地发展的重要保证。揭阳古城是如何选址的呢？

据潮州知府陈瑄的《城池记》记载：

❶ 广东省文物管理委员会．广东历史文化名城[M].广州：广东地图出版社，1992：125-126.

图2 揭阳古城址示意图
（据广东省文物管理委员会.广东历史文化名城[M].广州：广东地图出版社，1992：120 图改绘）

"夫城池，所以固国家，安社稷，资民居，宅民心，为亿万斯年计，先王之制重焉者，岂细故哉。图经揭阳，在汉隶南海，至宋隶潮州，始卜留黄村，不果，惟今之玉窖村食焉。黄岐山镇乎北，笔架山耸乎南，桑浦山屹乎东，瘦牛岭环乎西，潮通南北二溪，旦夕来朝，三乡十二都，悉为统会。山川胜概，道里适均，民且富，俗可厚。绍兴己未，置县于兹，城未有也。"[1]

但陈瑄所云"始卜留黄村，不果"与《宋史》记载不合。《宋史·地理志》："揭阳。宣和三年，割海阳三乡置揭阳县。绍兴二年，废入海阳。八年复，仍移治吉帛村。"[2]吉帛村即今天的渔湖京岗村，位于榕江干流南河和主要支流北河的汇合处——双溪嘴之傍。宋时这里商业较繁荣，朱熹在《隐相堂序》一文有过形象的描述：

"眺望乎南溪之畔，有厥里居，树木荟翳，车马繁盛。询之父老，繫谁氏之族也？父老曰：京冈，孙氏居焉。"

而且当时的揭阳县第一任县官姓孙名乙，京岗既是孙姓大族的集居地，孙乙要依附地方同宗势力，保住乌纱帽，势必有向朝廷提出择此为县治之议。但此地为冲积平原，接近江海，海寇出没，难以防守，且僻处一隅，交通不便，不利于与全县各地联系。因此吉帛建治虽有初议，终未付诸实施。玉窖村即榕城镇，这里地处榕江中下游的中心地带，背靠连绵山脉，面向广阔平原，为水陆交通要冲。有识之士定此为县治，自必顺理成章了。从宋绍兴十年（1140年）建治算起，这八百五十多年的榕城镇发展史，正好证明这一说法的正确性。[3]

[1] [清]刘业勤,修.凌鱼,纂.（乾隆）揭阳县志[M].卷八.艺文上.乾隆四十九年（1784年）刻本.

[2] [元]脱脱,等.宋史[M].卷九十.志第四十三.地理六.广南东路.北京：中华书局，1977.

[3] 陈一粟.揭阳县历史沿革的争议问题[M]//贺益明.揭阳县志（1986—1991）（续编）.广州：广东经济出版社，2005：509-510.

笔者认为，孙乙选址于此建揭阳县城，是很有远见的，其城址有如下优点：

1.山川形胜，交通便利，为风水宝地。

正如陈瑄《城池记》所云：

> 黄岐山镇乎北，笔架山耸乎南，桑浦山屹乎东，瘦牛岭环乎西。潮通南北二溪，旦夕来朝。三乡十二都，悉为统会。山川胜概，道里适均。

2.城建于南北二溪之间，以天然的河川为护城壕，利于军事防御。

3.城址距榕江入海口约45千米，有潮汐之利，又可减少台风暴潮之灾。

城址选于榕江南河、北河之间的葫芦形的葫芦口部，距海较远，约有45千米。京冈在榕江下游，在葫芦形的底部，距海口仅30多千米，虽有潮汐之利，但却有更多的台风暴潮灾害风险。可见，孙乙弃京冈而选现城址是正确的。

《乾隆揭阳县志》明确指出：

> 揭治无井，以潮汐为血脉，回澜沓浪，舟楫往来便焉。……又春夏之交，飓风间作，潮多泛滥，破屋冲舟，颓山溃岸，其害不一。❶

笔者统计揭阳古城古代近代受台风暴潮灾害有记载共七次，列成"揭阳古城古代、近代台风暴潮灾害一览表"（表1）。

❶ [清]刘业勤，修.凌鱼，纂.（乾隆）揭阳县志[M].卷之一.潮汐.乾隆四十九年（1784年）刻本.

表1 揭阳古城古代、近代台风暴潮灾害一览表

序号	朝代	年月	台风潮灾概况	资料来源
1	明	正德十七年（1522年）	广东海阳、揭阳、饶平县夜暴风雨，坏官民庐舍、城楼、山川社稷坛，人畜没死者无算	明实录·武宗实录，卷127
2	明	万历四十四年（1616年）八月	秋八月飓发海溢，城内水深三尺。水中恍惚有火光。漂庐舍，淹田禾，溺死民物，村落为墟	乾隆揭阳县志，卷之七，事纪
3	明	万历四十六年（1618年）十一月	两广总督许弘纲奏："粤东潮郡，八月初四日飓风大作，暴雨中火星烛天，海水涌起数丈。潮阳、澄海、揭阳、饶平、普宁等县人民漂没以数万计，衙守、城垣、堤岸、田园溃决无算。"	明实录·武宗实录，卷576
4	清	乾隆四十年（1775年）六月	（六月）二十一日飓风复作，至二十三日，水泛滥入城，涨深四五尺，船可到县堂前阶畔。城中房屋多坍塌。霖田、河婆等处，水从地涌出，淹没民人铺舍无算。至二十四日夜方退	乾隆揭阳县志，卷之七，事纪
5	清	同治三年（1864年）七月	（七月）十三夜复涨。至十四夜，飓风大作，城内外一望汪洋。城南水及门楣。县署内浸至阶上。城中人以门板作舟相往来。或登楼阁，或赁船为屋。至十七八日，水势渐落。	光绪揭阳县志，卷之四，灾祥
6	清	光绪三十四年（1908年）九月	九月大飓。二十日晨十时，风雨交作……海潮乘风势暴涨，平地水深数尺。翌日天明风息。……揭阳南门水高丈余	民国潮州志，大事志
7	民国	民国11年（1922年）8月	8月2日下午3时风初起，傍晚愈急，9时许风力益厉，震山撼岳，拔木发屋；加以海汐骤至，暴雨倾盆，平地水深丈余，沿海低下者且数丈，乡村被卷入海涛中；已而飓风回南，庐舍倾塌者尤不可胜数。灾后淹及澄海、饶平、潮阳、南澳、惠来、汕头等县。……计澄海死者二万六千九百九十六人，饶平近三千人，潮阳千余人，揭阳六百余人，汕头二千余人，统共三万四千五万余人。庐舍为墟，尸骸遍野	民国潮州志，大事志

从上文可以看出，台风暴潮是古城的重要灾害。越是靠海近的城市，其灾患风险就越大。以1922年的台风暴潮灾害为例，澄海死亡26996人，饶平3000人，潮阳1000多人，汕头2000多人，揭阳最少，但也有600人。澄海、饶平、潮阳、汕头均是临海城市，其台风暴潮的风险自然就大。揭阳古城离海有一段距离，该风险相对就小些。

4. 城址地面标高现为2.2—3.6米（黄海基面，下同），历史上有记录的最高潮位为2.98米（1969年7月28日），为50年一遇的台风暴潮❶，所以城址比周围地面略高，一般情况可以避免洪潮灾害。

可见，揭阳古城选址也考虑了防御洪潮灾害的问题，城址比周围地面高些，可不受一般洪潮灾害的袭击。但台风暴潮仍然是城区的灾害。比如，20世纪50年代以来，县城发生了多次洪潮灾害，较严重的有四次，即1960年洪水、1969年台风暴潮、1970年洪水和1986年洪潮。洪水成因多为台风暴雨。由于县城地势低平，洪水受海潮顶托，洪潮灾害往往具有受淹范围广、持续时间长的特点。例如1986年洪潮，县城最高潮水位2.87米，城内50.2%的房屋受淹，持续时间达74小时。❷

在古代，由于城外筑海堤，城内有城墙保护，即使有台风暴潮，城内仍有可能不受水灾。

5. 城址用地较适于工程建设

传说孙乙选址时，注重都邑的脉络形势，考虑了水陆交通和军事防御，还注重城址是否适合工程建设，采用了风水术中的"称土法"，在欲置城池之地取土，四面方一寸，称之，重九两以上者为吉地，五至七两为中吉，其下为次。❸

查现揭阳城区的工程地质资料，用地为Ⅰ类用地（山前平原）和Ⅱ类用地（河口平原），前者适于工程建设，后者经采用建筑桩基本可用于建设。❹榕城城址位于榕江河口平原中部，地处水网地带，能有这Ⅰ、Ⅱ类用地，实在难得，孙乙选址用了"称土法"的传说有一定的可信度。

事实证明，孙乙选揭阳城址是很成功的。

孙乙字次木，金陵高邮州（今江苏高邮）人。宋徽宗朝（1101—1125年）进士，官至承务郎。绍兴间授揭阳县令，复创揭阳，以治所未定，先选址吉帛村（今京冈）为临时住所，十年割海阳县境三乡正式置县，以玉窖村（今榕城）为治址。建县衙，置儒学，拓马路，辟市集，徙民户等，使揭阳县城初具规模。任间政清宽和，为民拥戴。后立籍渔湖京冈，次子大美，四子大经世居之，子孙繁衍，今京冈、榕城孙姓为其后裔。孙乙晚年偕夫人梅氏从长、幼子终老漳州。

孙乙任县令之后，经数年努力而城镇初具规模，为纪念孙乙的功绩，当地民众以每年夏6月24日榕城建置之日为"开市日"，酬神庆祝，至今不衰。因他在任政尚宽和，百姓拥戴，自南宋之后，历朝皆优免孙乙在揭阳的后人入学考泮费，以褒其创县之功。❺

❶ 中国城市规划设计研究院汕头规划设计部，广东省揭阳县城镇规划领导小组办公室.揭阳县城（市区）总体规划说明书（1991—2010）[Z].1991: 103-104.

❷ 中国城市规划设计研究院汕头规划设计部，广东省揭阳县城镇规划领导小组办公室.揭阳县城（市区）总体规划说明书（1991—2010）[Z].1991: 103-104.

❸ 林壁荣.京冈访古[M]//贺益明.揭阳县志（1986—1991）（续编）.广州：广东经济出版社，2005: 561.

❹ 中国城市规划设计研究院汕头规划设计部，广东省揭阳县城镇规划领导小组办公室.揭阳县城（市区）总体规划说明书（1991—2010）[Z].1991: 2-3.

❺ 孙寒冰.榕城镇志[M].卷十四.人物志.榕城镇地方志编纂办公室，1990；孙淑彦.揭阳（南）宋元明清知县录//贺益明.揭阳县志（1986—1991）（续编）.广州：广东经济出版社，2005: 588.

三、揭阳古城池之营建

揭阳古城由首任县令孙乙于南宋绍兴二年（1140年）选址于玉窖村，当时建了县衙与学宫，但未建城池。

城池是古城重要的军事防御和防洪设施，是城中军民生命财产安全的保障，不可不营建。

据陈瑄《城池记》：

> 元至正壬辰，达鲁花赤答不歹因海寇作耗，始砌内城二百丈，筑外城八百余丈。越丙申年，土人陈逐复治如制。❶

由上记载可知，元至正十二年（1352年），达鲁花赤答不歹始砌内城200丈，筑外城800余丈。内城为环县衙建的石城（图3），至今犹存。外城为土筑。❷

至明代，元筑内、外城已逐渐毁坏。天顺五年（1461年）知县陈爵重修内外城：

> 其内城之东北，旧增修一百丈，通三百丈，高一丈五尺，阔一丈四尺，砌之以石。县廨与岭东道在内也。嘉靖戊戌，重建岭东道。道之周围，城石易以垣。外城之西北，旧增修七百余丈，通一千六百丈，高俱丈二尺，阔一丈六尺。城外有濠，内有栅。开四门，曰南、北、东、西。浚三窦，曰南、北、马山，俱砌之以石，盖之以楼。又架石梁于

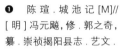

❶ 陈瑄.城池记[M]//[明]冯元飚,修.郭之奇,纂.崇祯揭阳县志.艺文.
❷ 林奠明.揭阳市地名志[M].北京：人民日报出版社,2002：11.

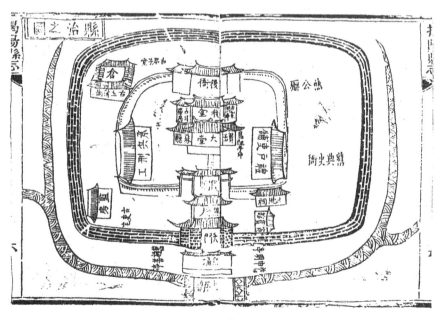

图3 县治之图
（[清]陈树光.（雍正）揭阳县志[M].卷一.图.雍正九年（1731年）刻本.）

各门外，以便人行。环石柱于各窨口，以备贼舸。其工程浩大，制度周密。视前不啻百倍矣。兴事于天顺辛巳正月望，是年六月朔落其成也。时海寇猖獗攻围六七次，而不能侵者，以城之高，池之深，而守之固也。天时地利人和兼得矣。❶

过了四十多年，天顺五年（1461年）所修的外城，又已逐渐毁坏：

> 我揭有城旧矣，夫惟厥土涂泥。双溪夹于南北，城基环周表里皆水，风涛日啮于外，水潦日浸于内加以时方有风痴海溢之异，双溪暴涨巨浸弥旬，城不没者数版。以少腴之基，负重石载，高城宜其或裂或沦，摩颠及址，而未已也。是故今岁修之，明岁则坏。此处完之，别处复隤。❷

因此，正德二年（1507年），陈琳重修城池：

> 正德二年，我陈公讳琳，以督学台臣，来丞我邑。深睹其民害之大者，独在于此。固其基址，示以规模，内外马路，各增二丈。水之滨，密楗以巨椿。椿之内，比砌以长石。石之内，则拌匀其土，而杵坚之。土之面，复纵横其石，与椿内之所砌者，俱灰其缝而密之。以溜潦水，而悍风涛。然后城之里层暨面，悉甃以砖。而障其中之土，而走其上之雨潦。厥土日坚，而承载者日固。❸

嘉靖七年（1528年），主簿季本又重修内外腰城百余丈，马路600余丈，城楼、窝铺俱重修。

嘉靖三十四年（1555年），沿海寇警，岭东道饬修四门月城。

万历十八年（1590年），城垣坍塌，知县李楩重修，增高城5尺。

天启元年（1621年），知县曾应瑞于东、北两门上下建学宫，重辟一门名进贤。

崇祯二年（1629年），因海寇屡警，直抵城下，知县冯元飚锐意修葺。周围原设垛眼2628个，烟墩9座，分9坊，各设窝铺，安弁兵守御。另筑铳柜11座于城下各要处。

崇祯五年（1632年），知县陈鼎新筑铳城二座，南坐观音阁边，北坐马牙罗家田界，后俱毁于寇。

环城内外俱有深壕。元至正间（1341—1368年）浚壕长1600丈，阔1丈，深6尺。外濠1600余丈，阔2丈，深1丈。

明弘治元年（1488年），加砌以石。弘治十一年（1498年）又修。万历十八年（1590年）又修。

清顺治三年（1646年），九军乱，塞进贤门。

康熙三十九年（1700年），知县蔡毓志重辟进贤门。

雍正八年（1729年），知县陈树芝以东关外、西关外钓鳌桥两旁灰窟有妨外壕，令悉去之，并培县龙入首之脉，通邑士民德之，请勒石永禁焉。❹

❶ 陈瑄.城池记[M]//[明]冯元飚,修.郭之奇,纂.崇祯揭阳县志.艺文.

❷ 郑一初.重修城池记[M]//[明]冯元飚,修.郭之奇,纂.崇祯揭阳县志.艺文.

❸ 郑一初.重修城池记[M]//[明]冯元飚,修.郭之奇,纂.崇祯揭阳县志.艺文.

❹ [清]刘业勤,修.凌鱼,纂.（乾隆）揭阳县志[M].卷之二.建置志.城池.乾隆四十九年（1784年）刻本.

四、揭阳水城的水系与桥梁

潮州知府林杭学在康熙二十六年（1687年）的揭阳县志序中指出：

> 揭于十一邑中，独为水道要区。潮、澄有其汪洋，而舳舻之湾泊不得加焉。以风涛之飘忽，而澳口不得利便也。海邑有其经流，而外港之舟楫不得至焉。以沙汕之浅阁而妨桨碍舵，有所难行也。独揭水无此患。❶

❶ [清]刘业勤,修.凌鱼,纂.(乾隆)揭阳县志[M].卷首.旧序.乾隆四十九年(1784年)刻本.

在清代的《揭阳古城图》（图4）中，揭阳古城好比一个浮在水上的大葫芦。该图取材于乾隆二十六年（1761年）代理知县黄大鹤编绘之揭阳八景图，经揭阳知名书画家林登美参照原图画意润饰而成。原图长1.3米，宽2米。现刊于《广东历史文化名城》一书之中，为我们研究揭阳古城提供了十分形象的历史资料。

图4 揭阳古城图
（广东省文物管理委员会.广东历史文化名城[M].广州：广东省地图出版社，1992：124.）

古人称榕城为水上莲花，浮水葫芦。❷

❷ 广东省文物管理委员会.广东历史文化名城[M].广州：广东地图出版社，1992：130.

❸ 吴庆洲.建筑哲理、意匠与文化[M].北京：中国建筑工业出版社，2005：379-402.

这座建于榕江冲积平原水网地带的水上莲花城、浮水葫芦城（图5，图6），除营建城池这一重要的军事防御和防洪的基础设施外，还必须营建古城的水系以及水系上的桥梁等基础设施，发挥城市水系的供水、交通运输、溉田灌圃和水产养殖、军事防御、排水排洪、调蓄洪水、防火、躲避风浪、造园绿化和水上娱乐、改善城市环境的十大功用❸，这座岭南水城才能生机勃勃，繁荣发展。

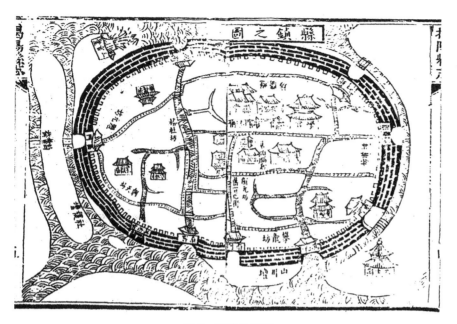

图 5　揭阳县镇图
（[清]陈树光.（雍正）揭阳县志[M].雍正九年（1731年）刻本.）

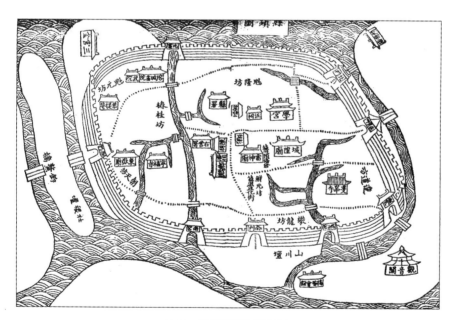

图 6　清乾隆揭阳城坊图
（[清]刘业勤，修.凌鱼，纂.（乾隆）揭阳县志[M].乾隆四十九年（1784年）刻本.）

查阅历代揭阳县志，对古城水系的营建未有详述，只是叙述了玉窖溪的疏浚、管理。幸有揭阳学者郭伟忠著有《揭阳城坊志》，对古城水系的来龙去脉有详述，成为本文的重要参考资料。

据《揭阳城坊志》，揭阳城的水系由如下部分组成：

1. 南北窖河、溪

a. 南北窖河

原称玉窖溪，古玉窖村因以得名。河全长1030米。古制面宽4丈，两旁官路各1丈，沿岸遍植榕树、绿竹，以资保持水土，真是古城独钟玉溪绿了。两窖一水相连，横贯城区中枢南北，两端通榕江南北河，具有为榕城通气、排污的意义。河为城区水流主动脉，前人谓"两窖是通城河流之经，城河是通城河流之纬，各处溪河分支，皆与经纬贯串。"岭南名臣郭之奇，榕城东门人，又号玉溪子，既表明他认识此溪之通气排污意义，又不忘名溪"钟灵毓秀"之恩。

b. 方厝前河

方厝，今丁氏光禄公祠，其地明时为乡绅方百万的府第，故名。后来又是黄奇遇进士的宅第，俗叫"黄家大厝"。南北窖水从北窖南流不百丈，分小支西流，经方厝桥与丁厝桥，流经清代进士许登庸故居（俗称大书斋许），西过林德墉居处的状元巷口，北上经玄真庙前，分一支折向北流汇入内城河；一支西经榕江书院（今一中）前桥，北折汇菱角池水入内城河。真是"城廓家家水道连，官绅府宅耸河边"了，此为其特色。

c. 猛水河

南北二窖水至新街桥下偏南而会，水涨时互相冲击成旋涡。偏西转变处有桥，高1丈3尺，宽2丈，舟船过此，其速如箭，故桥、河皆以猛水名。河水西流经郑家祠前，过丘厝池、王厝池、陈厝池，越清风桥下通八傲庵，水过林厝地，越关桥至西城基，有季雨南桥，水折入内城河。丘厝池西分支流而南，越丹凤衔书桥，经新庵头及郭厝埕，过东岳宫前至榕树脚林，流入市尾池，汇内城河。两窖争舟入水涯，自古榕城多名桥，便是猛水河的特色。

d. 沟仔墘河

旧时衙署及大型寺庙宗祠四周皆环水，如揭阳城内之县衙、双峰寺、太史第皆然。沟仔墘河传为衙署背面之外护河。沟一义为田间水道，在这里取特义为护城河。其流经沟仔墘路口分支：一北向流经北城脚林茂利大厝前池，水越城河入榕江北河；一南向经韩祠溪与学宫泮河贯通。后韩祠溪填为韩祠路。

e. 杉浮溪

瓜籽池内通北关帝庙前之溪。与瓜籽池同为水运对外运输的焦点，浮泊着大批通潮州府城与棉湖为主的城船和棉湖墟船，为此溪染上商贸、运输的特色。

f. 谢义和祠前河

该河段为衙署护河之过水口。水经谢义和宗祠前小池，南北分叉为衙署两侧护河。北绕金城后而南折，至考院侧接东护河；南稍折往东走，经衙署谯楼前太平桥，过考院前而与北叉之流汇合，形成围绕衙署一周之护河。它与沟仔墘河一道，使县衙有金城汤池之固，军事色彩浓郁。

2. 马山窖河、溪

a. 马山窖河

马山窖因面南河对岸有马山村，故名。该河外经内、外城河而达榕江南河。内直经观音仔至车公祠侧，与前学宫泮河汇流。西可迂回通南北窖。东入进贤门城河。昔日丁日昌由福建巡抚病休寓揭县城时，自备小电船经马山窖河往还于公馆、絜园及丁府间，此河也叨光其洋务运动之政绩了。

b. 庄家祠前河

由马山窖河西侧之庄氏家庙南弯至照壁余前。岭南名臣郭之奇童年时便就读于河尾之"思无邪"家塾以成才。

c. 泰兴河

在马山窖河东侧之双峰寺后陈泰兴，水过陈泰兴祠东西分向，西接沟角河流向东城河，东经桐坑巷绕莲花心，正合郭之奇诗句"一湾流水日西东"之意境。

d. 柯厝头河

东向经丁公馆（今红旗小学）前，稍弯直下而达城河，中间一支与泰兴河汇流。

e. 陈厝仓前河

流自马山窖河柯厝头段西行，过陈厝仓北折而至雷神庙前，另南折绕蟹地罗厝池仍通马山窖，明代尚有分支通照壁余前河，已废。

f. 田尾溪

横贯城隍庙前，今城隍庙旧属田尾街。

g. 城隍后河

自观音仔河段车公桥侧西向流入，沿城隍庙后径直而过，使该庙与居民分隔。

3. 学宫泮河

学宫棂星门内之池称之泮水，"伫立棂星赏浮池"、"浮水明堂昭旭日"，这是陈锦雄、李志浦咏句。泮水外有河称泮河，又称学前溪，孙少楷描它"杰阁巍峨俯碧流"，这"碧流"分东西侧衍播文明。泮河西侧水往北绕学宫西侧，经韩祠溪至路尾与沟仔墘河通，并有一流接高地而入韩祠路西畔河流。泮河东侧之水分三支流淌：流经车公祠角东南分支，东支通进贤门城河；南支经观音仔河而通马山窖；东流又一支倒迁，至学宫侧破门楼郑之"源头活水"而流入城河，捷和工厂主要领导人之一郑翼之先生即诞生于学宫泮河东支流之岸边民房里。

4. 护城河

a. 内护城河

内护城河环城基萦绕一周，流经进贤门内仓颉庙（榕江旅社门市址，已拆毁）前，北流过埔上李池、祜记池、元顺池、石鼓李池。过走钱桥，又北流，经北门桥至后畔溪茂利池。越北窖水至西城，水过都司塭前，西流越菱角池、明顺池、市尾池而直趋南窖。水再东流越马山窖，经后溪墘池。过催生娘宫前桥，又北过后埔池、黄厝池、高厝池（后填建成百货大楼），回环达进贤门内一周。内、外护城河各长1600丈。

b. 外护城河

外护城河围绕城的东、西、南三面，城北倚北河，以北河为天然北外护河。水东出进贤门北流，经北门门口之北镇桥，再北流入北河。西流达西门之西清桥，通外溪汇流于钓鳌桥，此为水城西出隘口。河水东折流至南门。经南津桥东出东门，经观音堂桥、浮屿桥，至迎恩桥。外护城河水回环达进贤门外一周。

内、外护城河夹拱之陆地为环城路，植以榕、竹诸树，遂成双碧夹一绿之罗状景观。❶

有了纵横交错的河溪水网，就必须有桥梁以实现水城的立体交通：船在水中行，穿桥洞而过；人和车、马在桥上行，水、陆交通均十分便利。

明嘉靖二十六年（1547年）郭春震《潮州府志》，载桥15道。据邑今人陈成宪先生考证，明代崇祯年间，城里已有石桥22座，小板桥更多。清乾隆四十四年（1779年）刘业勤《揭阳县志》比明府志增5道，即共20道，《榕城镇志》增补17座，即共37座，比明崇祯时多了15座。至1985年底统计，榕城现有桥梁87道（包括石拱桥、石板桥、钢铁桥、钢筋混凝土桥），符合经济、文化发展的规律。还有名称有趣的蜻蜓桥、狗母桥、蟹地罗桥、虎头宫桥、菱角池桥、水棉脚陈桥、弥勒佛巷桥、挨面桥等。❷

正是揭阳古城建设了纵横交错的环城水系，水系上众多的桥梁千姿百态，才让历代诗人骚客触景生情，写下赞颂水城的动人诗篇。潮州府同知车份《玉窖桥》诗云："北窖通南窖，前溪接后溪。暗随潮上下，分绕县东西。"

潮州知府邱齐云《咏揭阳景》诗中有"城中竹树多依水，市上人家半系船"之句。

宋代大诗人杨万里《过揭阳诗》赞颂榕城：

地平如掌树成行，野有邮亭浦有梁。昔日潮州底处所，今朝风物胜江南。

❶ 郭伟忠. 揭阳城坊志[M]. 郑州：中州古籍出版社，2000：10-14.

❷ 郭伟忠. 揭阳城坊志[M]. 郑州：中州古籍出版社，2000：20.

五、古城水系之管理

古代揭阳是一座河渠纵横的岭南水城。众多的河渠，如果没有人的管理，就会被豪强霸占，或自然湮没。

黄仕凤《浚河记》云：

> 环揭皆水也。三窖之水，为经周城之水，为纬，百折千派，旋绕流通。然地泥淤，不堪凿井，居民群饮于河。流恶扬清，亦惟河是赖。然则水利之于揭，视他邑尤宜亟。然故吏兹土者，往往以导河为己功。府主叶公，县主王公，主簿侍御季公，县主侍御登南潘公宏嘉，万历间相继疏浚，不遗余力，岂好劳也哉？值河流湮塞之日，不得不通其变也。由潘迄今，又三十年。所傍河之民，仿效填占，日寸尺而岁寻丈，亦渐积之势然也。致今河流不洁，而民饮艰，河身塞涩而舟楫阻，地脉不宣而人文郁，此之为害岂曰浅鲜。❶

由上文可知，万历年间（1573—1620年），揭阳各任官员，曾多次浚治城内外河道。万历三十年至三十七年（1602—1609年）揭阳县令汪起凤又大浚河道，并记录丈尺，作为今后浚治河道的依据：

> 父母汪侯悯焉，乃讨邑乘稽往牒，博询父老之言与民约法，开复旧址，百姓欢欣鼓舞，趋事赴工，不日告成。书云：以丕从厥，志侯有之，于是，父老等徵不佞，记之不佞乐观厥成者，敢以不文辞故记诸今，将以垂诸后者也。不谐不公，何以为记。谨按志：南北二窖河面宽四丈，两旁路各一丈，今既开复，他日河路不足此数，占也。其横亘四桥，志载：各三间，见存中一间，独东桥二间，念历年滋多不欲以利民者，劳民也。今桥仍旧。马山窖志载：马山桥宽二丈五尺，河面宽窄不等，志亦不载。岂水势汇则广且深，水势峻则窄且浅？与今既开复，窄处三丈许，宽处四丈许，他日宽窄不足此数，占也。马山桥上为田尾桥，亦窖水经流，但离窖渐远，河面渐窄，不在此限。周遭城濠志载：河面宽二丈，城脚地一丈。今既开复，他日地不足此数，占也。间河地各有甚宽处，不在此限。猛水桥志载三间，中间宽二丈，河面宽窄不载。今既开复，河面宽二丈，两旁小屋亦已拆卸。他日河不足此数及临水盖屋者，占也。桥仍一间，儒学后水由西徂东，学尽水止。相传迤东十数武水沟一条，今居民呈愿粮地开沟引水，绕东城濠，沟面准照原盖铺。然既开沟，则属之官矣。他日沟路塞而河流不通者，占也。❷

玉窖溪清初又塞。康熙三年（1664年）总兵栗养志浚之，只完成一半。

康熙十六年（1677年），窖道又堵塞，兵备道仇昌祚两次督官民开浚，只完成十之二、三而止。

康熙二十六年（1687年），知县郑濂疏浚玉窖溪，以利舟楫。

日久，民于沟上占作市廛，玉窖溪又堵塞。

❶ 黄仕凤.浚河记[M]//[清]刘业勤,修.凌鱼,纂.(乾隆)揭阳县志[M].卷八.艺文志.乾隆四十九年（1784年）刻本.

❷ 黄仕凤.浚河记[M]//[清]刘业勤,修.凌鱼,纂.(乾隆)揭阳县志[M].卷八.艺文志.乾隆四十九年（1784年）刻本.

乾隆四十二年（1777年），知县刘业勤饬令拆毁沟上违禁建筑，疏浚玉窖溪，又通舟楫。❶

道光十一年（1831年）至十三年（1833年），许联升曾率兵民浚通揭阳河渠，道光三十年（1850年）潮汕大水，唯揭邑未遭水害，都赖许令之功。❷

光绪十四年（1888年）玉窖溪又堵塞，县令王崧令疏浚，并将沿河占筑的违章房屋、商店一律拆毁，工作刚开始，即被卸职，事遂中止。❸

六、揭阳古城风水上的举措

揭阳古城有许多风水上的举措。孙乙选址，如何看山水龙脉，记载不详。但城河的疏浚，则是与风水相关的大事。周光镐所作《汪侯祠记》就指出：

> 揭号泽国，玉窖清流环绕县治，望之如带。民居半临水际，近取而足，且便舟楫，不知有负载之劳。年久湮淤，兼侵于豪有力者。而榕江几局为汙渎。形家谓水脉通塞，大关气运与文运。侯征志浚复之。波澄流驶，似咽喉之乍开。❹

关于疏浚水道之事，为风水上与气运、文运相关的重要举措，上文已述。下面是揭阳古城与风水相关之另一些举措。

1. 重开进贤门

进贤门是专为揭阳学宫而建的，该门通抵学宫，取增进贤士之意。宋兆礽《重开进贤门记》云：庠之左为进贤门。进贤门，古门也，其道环学而西通甲卯乙之气，为生，为旺，为光，为明。即进贤门向东，东为青龙之位，日出东方，代表生、旺、光、明。这都是风水上的吉位。该门通向学宫，希望能增进贤士，文运兴旺。该门在揭城五门中最为壮丽，是古城一道亮丽的景观。正如宋兆礽所云：而兹门尤挽运兴衰之远绩也。揭东西朔南为门四，凡得此而五，而三窖不与焉。此门居东北二门之央，突而起，遂甲诸门，宁惟侈壮丽哉。远山东列，供我媚明，乃荐双尖门纳其髻。登斯楼也，极目渔湖，连城而东，环都皆水，界两河而尽头，如岛在海，如舟在江。而我时从楼船，一指顾之也。南眎茂林，蔚蔚葱葱，如屏如云，如岩如滴者，非凤围之乔柯积翠龙嵸而回抱者乎？围外青山，塔冈大尖，重重可数。转而东南，则有龟山孤峙，蔡坞福堂，迩者议大兴浮屠，于门为选，又与兹添一形胜焉。大都地气欲回，美事类聚，门开其先，则后来者皆为门献采也。北循郊坰，人烟匪之，绕城而尽，微见江端，澄练一足，岐山当户，水不能流，尔乃盱衡城市，瞻眺宫墙，与侯所重建东璧垣及魁星阁者相望，揖让而立，互为主宾。外引阛阓，稠烟次鳞，极目坤隅，菁缥际之。苍茫断处，略献碧波一抹，如掌呷天，而西远浦孤舟，反在城末。此则之门，之楼，之大致也。若夫青帝震出，祥霭东来，春何气而不达，

❶ [清]刘业勤,修.凌鱼,纂.(乾隆)揭阳县志[M].卷之一.山川.乾隆四十九年（1784年）刻本.

❷ 贺益明.揭阳县志（1986—1991）(续编)[M].广州：广东经济出版社，2005：613.

❸ 贺益明.揭阳县志（1986—1991）(续编)[M].广州：广东经济出版社，2005：619.

❹ [清]刘业勤,修.凌鱼,纂.(乾隆)揭阳县志[M].卷之八.艺文上.记.乾隆四十九年（1784年）刻本.

气何春而不开？惟虞门之既辟，况潘县之亲栽，肆伊减而惟匹，爰定中以成材。揽黄岐之秀丽，絜紫峯而崔嵬。郁地运其久塞，知哲人所由回。憩甘棠而思召，瞻俎豆以俳徊。淑斗山乎东壁，颂德位于三台。❶

进贤门是专为学宫而设，取增进贤士之意，既是为科甲出人才之意，也是风水利科甲之意。

2. 建巽方涵元塔

涵元塔在渔湖都界潮阳客埠山上，为县之巽方。天启七年（1627年），知县冯元飚倡建，以增形胜。有联云："印光西渡，浴南离瞻璧曜奎躔瑞应当年舟楫；魁垒东骞，仪北斗首烽销橪息淳还满地桑麻。"工未竣而去，崇祯十三年（1640年），邑令倡率绅士落成，凡七级，高16丈，广18丈，并建庵于山椒。有诗铭，见艺文。❷

3. 石狮桥

石狮桥，明郭春震《潮州府志》称北窖桥。长7米，宽3.7米。桥东侧刻一石狮像神祀，故名。堪舆家称揭阳山川形势，有龙脉自西南来，至钓鳌桥嘴建一"接龙亭"。灵气一冲至北窖桥，置兽中之王狮像面西座镇，阻住灵气飞越。石桥石狮，具有"关锁"之意。将吉气、旺气、财气留住揭阳城内。❸

4. 甲东桥

甲东桥架于东门莲花心担水门的内城河上。长3.1米，宽1.3米。为何取名"甲东"？桥边的阴刻书有答案："考其位于震东之地，名之曰甲东桥。"桥边石又阴刻书曰："崇祯拾壹年岁次戊寅，敦祥花月上章协洽之日，郭宅重建。……铭之曰：'出乎震东者，甲之位，木德逢，驱石代木，出木有功，乃朱明驾青龙，居者名之以舆行者同'"。此桥丰义有二，一是此时为郭之奇因母逝而回籍守制，冬，服除。修桥惠民之举或与郭之奇有关，文当过其目。二是此桥石旁刻文一百六十七字，这于粤东文化史实属罕见。❹

5. 飞凤衔书桥

桥对岸为凤归林大屋，故又名凤归林桥。凤归林大屋为凤地，溪为带，桥为书。飞凤衔书桥，故此桥不但有史味，且以形状表义，造型奇特，蕴含哲理为邑人所乐道，绱徉其间。❺

6. 莲花心池

在县城东门街。池呈莲花状，"心"即为明武英殿大学士郭之奇的府第。莲池之南面为麒麟埕，有香炉麒麟照壁，乃潮汕一奇景和建筑艺术一奇葩。❻

❶ 宋兆礽.重开进贤门记[M]//[清]刘业勤,修.凌鱼,纂.(乾隆)揭阳县志.卷八.艺文志.乾隆四十九年(1784年)刻本.

❷ [清]刘业勤,修.凌鱼,纂.(乾隆)揭阳县志[M].卷之一.古迹.乾隆四十九年(1784年)刻本.

❸ 郭伟忠.揭阳城坊志[M].郑州:中州古籍出版社,2000:21-22.

❹ 郭伟忠.揭阳城坊志[M].郑州:中州古籍出版社,2000:22.

❺ 郭伟忠.揭阳城坊志[M].郑州:中州古籍出版社,2000:25.

❻ 郭伟忠.揭阳城坊志[M].郑州:中州古籍出版社,2000:33.

7. 占奎巷

西为史巷直街，东至巷底北折。巷长30米，宽1.5米。占奎巷原名龟巷，因巷里建筑物数作龟壳八卦点似"洛书"之状。龟人为周礼春官之属。占龟就是殷人灼龟见坼裂之文以兆吉凶，它表明殷人从盲目崇拜鬼神的精神世界中摆脱出来，羼进了人的理念意识，这应是一个进步。后人把"占龟"易名为"占奎"。奎为二十八宿星名，意比龟雅。❶

8. 十八天井

十八天井建于明嘉靖年间（1522—1566年），占地面积3900平方米。整座建筑物共有9个厅堂，18个天井，故名。其建筑物数布局为五、十居中，为中厅。一、六居上，即面南俯史巷横街，中为大门。三、八居左即西向，邻史巷直街。四、九居右东向，邻右营游击署（今中山街道办事处）。二、七居下北向，连占奎巷。布局颇似"河图"之状。占奎（龟）巷之布局则似"洛书"之状。《水经注》载文："黄帝东巡，备坛沉璧，受龙图于（黄）河，龟书于洛（水），赤文篆字。"十八天井和邻接的占奎巷，其建筑数理依据八卦学说，十八天井和占奎巷是潮汕古民居和古建筑文化的精华，其颐应探，其址应护。❷

9. 莲花巷

西至五社街，东至巷尾，长40米，宽2米。巷门上有一四瓣莲花雕塑。以名城标志莲花之名物作地名，榕城有三处，即东门之莲花心、西门之莲角池（又作菱角池），和进贤门五社之莲花巷。名人自需名人扶，莲花心出了岭南名臣郭之奇，莲角池出了个榕江才子郭笃士，莲花巷其有待乎！❸

10. 接龙亭

《榕城镇志》载：清"雍正八年（1730年），知县陈树芝重建接龙亭于桥（指钓鳌桥）东岸以南，培县龙入首之脉，永禁该处建灰窑。"亭身倚古榕，旁晒清流，屋脊石雕，飞檐翘角，四柱擎顶，直栋横梁，高可七尺，宽五尺余。中植石碑，上嵌匾额。亭斜对岸原有接龙祠一座，陈树芝重修碑石一方，今尚嵌于阔嘴伯爷庙左民舍壁间。亭南有一涂窟溪，侧有西宁庙，庙以溪上架之西宁桥名。揭阳民间传说清朝亲王率败军息此，捏造《大战西宁桥战报》上奏皇帝云。❹

11. 六吉堂

堂名六吉，取《易经》中乾坤卦名七爻内各有三吉爻之意。为名医林布南（1878—1958年）之医寓。林布南祖籍潮阳，数代业医，幼仰庭训，

---

❶ 郭伟忠. 揭阳城坊志[M]. 郑州：中州古籍出版社，2000：73.

❷ 郭伟忠. 揭阳城坊志[M]. 郑州：中州古籍出版社，2000：74-75.

❸ 郭伟忠. 揭阳城坊志[M]. 郑州：中州古籍出版社，2000：79.

❹ 郭伟忠. 揭阳城坊志[M]. 郑州：中州古籍出版社，2000：92-93.

长而勤学，中年之后，对医道有所悟，以幼科、妇科治验誉称，名知一时。年过花甲，撰《幼科证治旨要》，成稿于1934年。❶

❶ 郭伟忠.揭阳城坊志[M].郑州：中州古籍出版社，2000：95.

12. 水道诗碑

诗碑全称为《正山禅师开通仙湖寺水道诗碑》，在揭阳桂竹园岩古寺中，碑长100厘米，宽50厘米，碑文照录如下：

古寺依岩披，堪舆术未衰，
乾方泉始达，甲口水咸涞，
本是辛壬格，缘向虎兔冲，
坤申才引入，坎兑遂相通。
己巽潆洄蓄，火金禄为同，
精心调地脉，妙手补天工，
仵见回三味，从兹议八功，
曾杨遗范在，奕祀恪尊崇。

碑末识文为：

奉题蓝桥生员郑麟山先生为正山禅师开通仙湖寺水道以识不忘
古溪生员陈诚撰
嘉庆十九年孟秋
敦派孙主人生员陈以宁❷

❷ 张宗仪，张秀清.揭阳文物志[M].揭阳博物馆出版，1985：103-104.

七、揭阳古城市街的形成

揭阳重新置县在南宋时期，国家处于偏安的局势，经济财政窘迫，县城只围以土墙，集市以日中为市的墟集为主。

经历元代之后，终元朝之世90年间，整治又不稳定，统治者采用暴力统治，残暴镇压汉族，穷兵黩武，并实行海禁，使"片板不许入海"，致全国田园荒芜，经济凋敝，各地人民群起反抗，战乱频仍，社会动荡，呈现一派凄凉的景象。

至明成祖朱棣永乐三年（1405年），国家才发展贸易经济，内修水利，垦殖耕种，降低税收，鼓励商运，恢复农业经济，又开放海禁，向外派遣了三宝太监郑和出使西洋，规模60—100艘的巨大船队，出发下西洋7次，国家经济大力扩展。揭阳当时的经济发展也较快。

明代英宗天顺年间（1457—1464年），开始建榕城内外护城河各长1600丈。正德三年（1508年），又重新修建城墙，墙易以砖石垒砌，并分内外两重，墙高2丈多，厚1丈多，故当时有"邑地负山阻海，势若长蛇，外环雉堞"之形势。天顺年间在城基之下，开辟三窖水门，即南窖、北窖、马山窖，窖上有窖楼以司机键，楼上有铁索木杠于两端，楼基开缺口，入昏堕木杠横下窖门，以阻船只出入。货舶乘时入窖河，躲避风寒与宵小偷盗，借以保护商旅。唯渔舟则多泊于马山窖口外护城河的天后宫后河中，以便在夜潮起落出渔，于是就有"南浦渔歌唱晚"的雅颂。北窖之内石狮桥西边（北窖桥旁有石狮像神祀，故别称石狮桥）设北市，至现在的北市小学一带；南窖至南窖桥旁设南市（现仍有南市巷的旧址）。沿绕内护城河一带，又多沟池的河湾内渚，为潮水涨落调蓄水位，以便居民用水与水运的通畅，也可防止兵火而固城守，沟池之旁遍植水杉与果木，铺绿荫翠，颇饶景致，基本形成市肆的规模。

北窖通北河流域的山村，生产繁盛，故北市贸易较发达。进窖门之内，东边为柴街，从北河运入大木材的锯块，便于入窖即卸入窖溪，俟潮退之后，再锯成木器幼材，制造犁、耙、水车等农具及家具，因此为木具制作坊的集中地，称为柴街。沿窖溪向南过石狮桥，就是草街的所在了。农村运来的稻草，就卸在溪边集卖，午后售完，溪边只剩下一片空场地，草街系指沿溪墘一带。柴草二物，既占地广，又笨重，只能在北市外围制作与售卖。至于北窖之内的西边河岸，在明代有黄奇遇的宅地濒临溪边，市肆只得在南至石狮桥旁成市，市的南端就有打铜街，是制作铜用器皿的作坊，家用的铜壶、铜锅、铜面盆以至铜镜、水烟筒、旱烟筒嘴、铜匙、银花头饰等用具，无不齐备。

南窖之内，窖门沿西边为灰粉堆街，是农船进城收集居民灶灰、堆集之后由船运出城以肥农田之所在。后来城市日渐繁荣，灰堆逐渐南移出窖门外，沿用至今已迁至南河之滨。原灰堆对岸的昭灵宫前，则为番薯埠，农船运入甘薯在此售卖。

南窖进入货船，最多的是渔湖米船，船到窖溪的中段，有史巷口的起卸码头，米担上岸直趋至大街（中心马路）售卖，最热闹场地称总爷巷口（史巷将转入大街弯角有总兵衙门）。总爷巷口米街之南端，叫竹篾街，是买卖民间竹器的商市，竹制的晒谷篾席（俗叫谷橐）、畚箕、蓑、笠、簸箕、米筛、蔑苫、竹帘以至扁担、筐箩、渔筌，无不具备。总爷巷口往东，现为城隍前街，旧时叫菜脯场，就是在米街之旁，售卖萝卜干的地方。史巷渐成街市，后来专售卖家私，家具店林立，方便农民选购家具，后可在史巷街口随身带回上船。当时木工店业务兴隆，别称家私街。为纪念鲁班巧匠，就在史巷横街进入新街口处，建一"巧圣爷宫"，即鲁班庙。

城市继续繁荣，后来发展至城中心地带，再辟东西向的新街和店街，售卖百货布匹、粉饰、妆奁、头饰等物品，同时成为钱庄汇兑的集中点。由是街中的首尾出口处，设有栅栏扃柱门斗，夜间关栅上扃加锁，以防偷盗撬门抢劫。连大街往南的横街巷，夜间也设栅栏，如布街、永丰街、南市巷、卓厝巷、宝锡巷等，有的巷道如宝锡巷旧栅栏的门斗以至户枢，至今还隐约可见其痕迹，可见当时榕城集镇经济的繁盛。

其后集市逐渐扩至北关城厢内外，叫天福市，以关公庙前为集中点，庙旁为瓜籽池，水运通潮州府城与棉湖为主的城船和棉湖墟船，都集中在此。池内通关帝庙前为杉浮溪,为水运对外运输的集散点,如这里有市集黄麻布街,就是因北河流域丘陵红壤地带,多种植黄麻、菠萝麻等,织成黄麻布,在城里北关的黄麻布街集卖(现街名犹存,只成小巷道)。天福市与外地往来贸易增多,特别是与府城的潮州,既有水运,又有陆运的往来,且极为频繁。因此在北门城内外街中,又多经营旅行用具,如城里现北马路以前就叫雨伞街,沿街多制作油纸雨伞,供远途跋涉行旅应用;城门外又有钉屐街,专业钉制木屐,供城里及乡村人户应用。那时城里商人,大多兼营自制或加工的商品,昼间在店里不出户外,而多赤足劳动,夜间才穿上木屐,因此全城在晚间,到处可听到拖曳木屐之声,因有屐板街绰号。天福市东边瓜籽池旁又有生果街,是水果牙行麇集成街,收购或代售农村直接运来的水果。再往东是铸鼎街了,铸制鼎器多污染,因在市的边缘地方。

此外进贤门内外街,则多经营渔湖的苎纱,城外有揪布排街,经营苎纱加工,经过一系列工序,晒干后揪束卷成纱锭再织成夏布。揪布排街实际上就是渔湖夏布制作的作坊。❶

明清揭阳古城市街一片繁荣兴旺景象。

八、尊师重教,地灵人杰

揭阳自宋时起就尊师重教,建学宫、建书院、为县学宫专辟一进贤门,都体现了其尊师重教的传统,文风浓郁。

宋代,随着经济、文化的较快发展,揭阳可谓是人文荟萃、英才辈出。据清乾隆《揭阳县志》载:宋代揭阳以"贤良方正,经学优深,详娴吏治"三科而先后中进士者,即有陈希伋、郑国翰、袁熙等19人之多。其中,陈希伋以吏治、文行卓著驰誉遐迩,人称"广南夫子",他晚年在黄岐山开设书院授徒讲学,开揭阳"士知向学"之风,影响甚大;郑国翰与朱熹为同榜进士,致仕后在汤坑飞泉岭筑蓝田书庄课徒,朱熹曾亲临讲学;王中行生平以兴学崇化为首务,他编修的《潮州图经》为最早的一部潮州史志。宋代自外地来揭阳为官或客居的官员、文士如袁琛、彭延年、孙乙、朱熹、杨万里、梁克家、魏延弼等,他们对于传播中原文化、促进揭阳发展都作出了积极的贡献。孙乙任南宋揭阳复县后首任知县时,几经勘查,选择了今榕城为县治,后来又落籍渔湖京岗乡,至今子孙繁衍,成为揭阳一大宗族。朱熹、杨万里等人博大精深的学识,给揭阳人民以很大影响。近年揭阳还发现了朱熹的一篇佚文《隐相堂序》,用词简练意深,描述生动形象,是研究朱熹和宋代文化南迁的宝贵资料。

明清二代,揭阳文风更盛,中进士者达43人之多,其中以明代为盛,有33人。嘉庆年间兵部尚书翁万达,"南平登庸,北惩俺答,筑边城八百里,赈饥民二十万","文足以经邦,武足以戡乱",亦卿亦帅,被誉为"岭

❶ 贺益明.揭阳县志(1986—1991)(续编)[M].广州:广东经济出版社,2005:559-560.

南第一名臣",为一代典边名将。正德十二年（1517年）进士薛侃,字尚谦,世称中离先生,官至行人司司正。他曾在江西师事王阳明,深谙其致良知之学,后来回到岭南,四处讲学,其学说世称"薛氏学"。还有以不畏权势出名的薛宗铠,被《明史》称为"大家之裔,科甲之家,学识文胆,法崇誉高"的王昂。明末"戊辰四俊"郭之奇、黄奇遇、宋兆祁、辜朝荐,不仅以忠贞爱国闻名,也各以诗文著称,其品行情操、诗文别集至今仍为民间广为传颂。许国佐、罗万杰等人的诗文也影响了其后的揭阳文化。

清代揭阳著名人物有,总纂《潮州府志》的杨钟岳,他曾为福建学政,闽人至今尚思念之;吴日炎曾任刑部员外郎,"卓有政声";郑大进因富吏识之才而官至直隶总督,显赫一时。著名洋务派政治家丁日昌,晚年寓居揭阳,和揭阳结下了不解之缘。此外,揭阳尚有专治训诂学的郭光、专攻诗词学的林景拔,陈升三、许希逸、卓宗元等人,也各以文名吏治闻于一时。林德镛则于康熙年间以臂力过人而勇夺武状元,是广东历代四位武状元之一。

在反抗统治阶级的斗争中,揭阳也出现了不少值得后人纪念的人物。他们之中,有明末清初率领号称"九军"的农民起义军配合郑成功抗击清军的刘公显,有为太平天国农民运动立下卓著功勋的林凤祥、罗大纲,有追随孙中山先生革命的何子英、林守笃、孙丹崖等。

清末民初,揭阳曾出现了很多较有影响的诗人、画家。曾习经、丁惠康、周了元、杨柳芳、林亦华、孙裴谷、王逊、林天均、许元雄等人,或诗或画,都在很大程度上推动了岭东诗坛或画坛的发展。曾习经更被誉为"近代岭南四诗家"之一,丁惠康则与谭嗣同等人同为戊戌维新人物。

纵观揭阳历史,可谓精英代出、人文蔚茂,诚如志书所称:"邹鲁之流风、韩赵之遗泽,历代不替。"❶

❶ 广东省文物管理委员会.广东历史文化名城[M].广州:广东地图出版社,1992:128–129.

九、揭阳八景之演变

揭阳地处揭岭之南,榕江之滨,风景秀丽,胜迹繁多。

揭阳向为岭东巨邑,历史悠久,山川钟灵毓秀,境内胜景星罗棋布,故在明朝洪武年间,县有八景,时邑令蔡善记曰:

两溪明月,黄岐晚翠,南溪渔歌,钓鳌仙迹,紫峰春晓,玉窖乔榕,双峰晚钟,谯楼晓角。

此八景名称,一直经历了几乎整个明朝,约近260年之久。迨至崇祯五年（1632年）,知县陈鼎新与乡史郭之奇、邑庠生袁年、王阳春、黄梦选诸人,在编纂县志时将八景更名为:

金城榕色,玉窖棉荫,紫陌春晴,黄岐晓翠,两溪明月,双洞疏烟,元塔登高,鳌桥钓浪。

此后,又55年,至清圣祖康熙二十六年（1687年）,知县郑濂与罗国珍（举人，蓝田人）、佘元起（举人、渔湖人），在编纂邑乘时，增入"飞汉鸣泉"、"桑峦砥柱"二景，同时删去"金城榕色"、"玉窖棉荫"二景；并将"黄岐晓翠"的"晓"字更为"晚"字，时八景名是：

两溪明月，飞汉鸣泉，桑峦砥柱，紫陌春晴，黄岐晚翠，双洞疏烟，鳌桥钓浪，元塔登高。

又历75年，至清高宗乾隆二十七年（1762年），署县黄大鹤于辛巳秋月来县握篆期间，受前令王殿之嘱，谓"揭乘不修，为未逮之志"。大鹤乃秉承其意，即纂修邑乘，斯时，遂"爰设校仇之局，网罗散轶，以阐幽微，考献征文，罔遗其旧"。黄鉴于乾隆三年分邑之蓝田都九、十、二十七村（今汤坑一带）合置丰顺县，认为飞泉岭已隶属丰顺，应去掉"飞汉鸣泉"一景；"桑峦砥柱"一名，近于牵强；"元塔登高"一景，另换为"南溪渔歌"，但"溪"字则与"两溪明月"又同有一个"溪"字，乃将"南溪渔歌"改成"南浦渔歌"。时将"双洞疏烟"也更为"双峰晚钟"，又见"双峰晚钟"与"黄岐晚翠"同有一"晚"字，遂将"黄岐晚翠"中之"晚"字，更改为"夕"字、经数月进行咨询考究之后，景名基本仍与明代初时蔡令所记略同。时景名谓：黄岐夕翠、南浦渔歌、钓鳌仙迹、紫陌春晴、两溪明月、双峰晓钟、玉窖乔榕、谯楼晓角。❶

1. 黄岐夕翠 ❷（图7）

黄岐夕翠在县城北郊2千米处的黄岐山名胜保护区，文物荟萃，胜迹繁多。黄岐山主峰海拔292米，林木葱郁，为揭阳八景之一。宋、元以来，

❶ 刘锦辉.明清年代揭阳八景更名记[M]//贺益明.揭阳县志（1986—1991）(续编).广州：广东经济出版社，2005.

❷ 广东省文物管理委员会.广东历史文化名城[M].广州：广东地图出版社，1992：130.

图7 黄岐夕翠

（[清]刘业勤，修.凌鱼，纂.（乾隆）揭阳县志[M].乾隆四十九年（1784年）刻本.）

山上就有九庵十八岩。耸立在山巅的明代黄岐山塔，平面八角形，五层楼阁式空心石塔，高20米，壁厚1.5米，造型雄伟。此外还有崇光岩、竹岗岩、栖云洞、陈夫子岩、飞凤岩等胜迹和历代名人的多处摩崖石刻。环境幽静，景色宜人。

　　黄岐晓翠　　何超文

　　榕城四面远峰连，北望黄岐景色妍。向曙危峦青似染，含风岚彩碧如烟。

　　云间时露山尖塔，松下常流石罅泉。最是花明游览会，奚囊诗草满前川。

2. 南浦渔歌（图8）

南浦渔歌为揭阳古八景之一。在南门街口、马山窖外，昔日为一片河边浅滩，荷城临水，为渔人泊舟之处。此处河面宽阔，水流平缓，凤尾鱼（俗名刺鱼）群集，渔人捕之。日间渔舟数十，设计围捕，由远而近，敲木柝、击船板，仿佛吆喝之渔歌，然后众网渔鱼。晚间渔民则集中滩地，摆卖鱼鲜，灯火点点。舟上则弦曲渔歌悠然悦耳。揭阳名士林士雄有《南浦渔歌》诗咏之。❶

诗云：

　　江皋远近闻渔歌，南浦风轻水不波。响可遏云声上下，光从钓月影婆娑。

　　晨烟船载笠蓑志，暮雨网添蟹虾多。海晏斯欣河又静，既经灭害斩蛟鼍。

❶ 郭伟忠.揭阳城坊志[M].郑州：中州古籍出版社，2000：17.

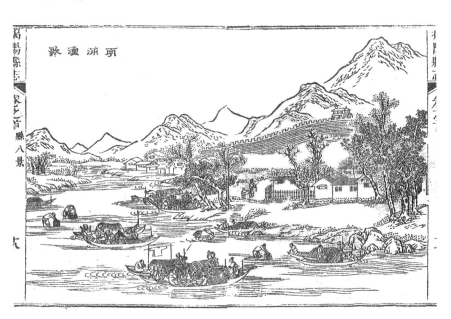

图8　南浦渔歌

（[清]刘业勤，修.凌鱼，纂.（乾隆）揭阳县志[M].乾隆四十九年（1784年）刻本.）

3. 钓鳌仙迹（图9）

钓鳌桥在县城西门外。据清《一统志》记载："城西二里为南北二河之襟带，当春潮逐浪，舟楫过往，似箭离弦。"据说唐时吕洞宾成仙后，曾现舟于此，题诗于桥边云："桃花浪暖禹门高，平地雷声惊怒涛，愿借天家虹万丈，垂钓直下钓金鳌。"故先贤以"钓鳌仙迹"名景，为揭阳古八景之一。也说明建县（南宋绍兴十年即1140年）前已有桥。置县后建成五孔石桥。后历经兴废，从木桥、三孔石拱桥到二墩石桥。由于南北二河水差高低，北水南泻，群鱼逆水而上，傍桥垂钓者甚多，故邑贤郭之奇易景名为"鳌桥钓浪"，明郭之奇、曾敬和清罗万善等有《鳌桥钓浪》诗咏之。❶

　　鳌桥钓浪　　郭之奇
　　溪城如岛水环之，西驾东流此一丝。万里海风浮汉彩，百重山色压虹眉。
　　於秋倍觉潮声壮，有月常窥钓影垂。龙伯何人休袖手，南溟咫尺是天池。

❶ 郭伟忠.揭阳城坊志[M].郑州：中州古籍出版社，2000：24.

图9　钓鳌仙迹
（[清]刘业勤，修.凌鱼，纂.（乾隆）揭阳县志[M].乾隆四十九年（1784年）刻本.）

4. 紫陌春晴（图10）

城南紫峰山，三峰突起，林木葱茏，流水潺潺，景色幽深。东有明状元林大钦与翰林郑一统读书处；山阴有紫峰庵，山阳有龙珠岩、大湖岩、桂竹园岩（绥福岩）和仙湖古寺，以及"曲水流觞"等石刻。❷

❷ 广东省文物管理委员会.广东历史文化名城[M].广州：广东地图出版社，1992：130.

图 10 紫陌春晴
([清]刘业勤，修.凌鱼，纂.(乾隆)揭阳县志[M].乾隆四十九年(1784年)刻本.)

紫陌春晴　郑濂

春郊晴望日迟迟，立马褰帷问俗宜。初缘小桥杨叶短，新红古院杏花垂。

几村鸡犬疏篱隔，十亩原田薄雾滋。处处枝头啼布谷，但教深耨起疮痍。

5. 两溪明月（图11）

两溪即南、北两溪，为八景之一。观景之地在炮台镇西面的榕江南北河合流出海处，俗称双溪嘴。这里水阔江宽，气势磅礴。据清人郑昌时《韩江见闻录》记载，每年中秋之夕，潮汛上涨，月亮从桑涌山顶石龟尖出现时，可在这里见到南北双月，堪称奇景。❶

两溪明月　郭之奇

双溪垂带曳榕城，最爱潮光涌晚生。半落市埃分皓白，平开天镜下孤清。

遥山助色烟云扫，近野浮空藻荇迎。长忆元晖如练语，更添月意作江情。

6. 双峰晓钟（图12）

双峰寺为潮汕三大丛林之一，是揭阳规模最大的寺院，旧址在磐溪都之双山，故名。宋绍兴十年（1140年），僧人法山所创建。后移于榕城之马山巷，占地面积27000平方米。清雍正六年（1728年）寺被飓风摧毁，

❶ 林奠明.揭阳市地名志[M].北京：人民日报出版社，2002：460.

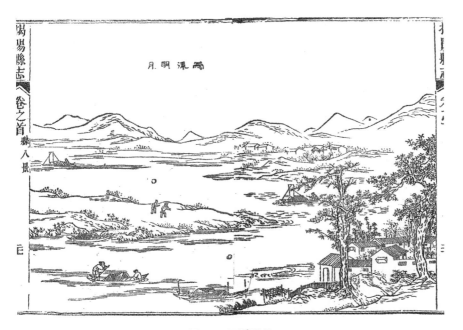

图 11 两溪明月
（[清]刘业勤，修.凌鱼，纂.（乾隆）揭阳县志[M].乾隆四十九年（1784年）刻本.）

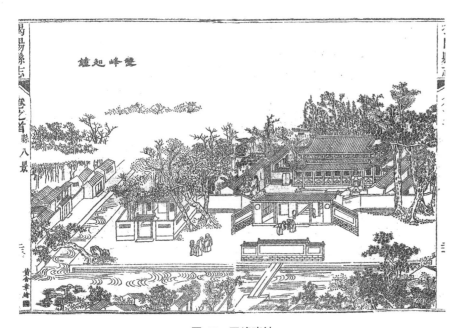

图 12 双峰晓钟
（[清]刘业勤，修.凌鱼，纂.（乾隆）揭阳县志[M].乾隆四十九年（1784年）刻本.）

知县陈树芝庀工修复。寺四合院式布局，正殿重檐歇山顶。双峰寺之所以遐迩闻名，与其拥有五奇胜有关。除皇帝联、陈抟碑、观音珰和睇溪竹外，晚钟韵即"双峰晓钟"，被列为揭阳古八景之一。昔时寺内，笤竹修篁，庭树垂荫，曲径通幽，每当夕阳西下，鸟雀归巢，钟鼓铎钹，木鱼笃笃，梵经阵闻，别有一番情趣。至其敲 108 钟，击 108 数，揉 108 佛珠，则宣扬佛教去人世 108 烦恼也。可见双峰晚钟乐韵中深涵哲理。❶

7. 玉窖乔榕（图 13）

玉窖即北窖。初建于宋末，明代修城时，改建为三孔石拱桥，并设开关，形成水上城门，清代改建成单孔拱桥。窖之近河处，有二株大榕树，盘根交错，翁郁繁荫，状如华盖，气势雄伟，自成一胜。明末古榕近枯，周围另长高大挺拔之木棉数十株，播红放火又成一胜，称为玉窖棉荫。❷

　　玉窖棉荫　　陈鼎新
　　环城奇树傲群峯，栽入清溪翠影重。夜月荫高招舞鹤，雪涛秋捲吼吟龙。
　　居然汉史称千植，不向秦时美五封。我倩橐驼移越土，明湖一为蹑仙踪。

❶ 郭伟忠. 揭阳城坊志 [M]. 郑州: 中州古籍出版社, 2000: 90.

❷ 郭伟忠. 揭阳城坊志 [M]. 郑州: 中州古籍出版社, 2000: 18–19.

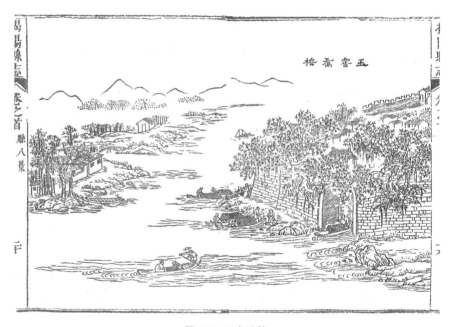

图 13　玉窖乔榕
（[清] 刘业勤, 修. 凌鱼, 纂.（乾隆）揭阳县志 [M]. 乾隆四十九年（1784 年）刻本.）

8. 谯楼晓角（图 14）

进贤门城楼，坐落在儒学前街路口。揭阳县城原有四门，明天启二年（1622 年）为直抵县学宫而增辟一门，取增进贤士之意，故名进贤。城楼巍峨，为三层楼阁式建筑，八角攒尖琉璃顶，高 20 米。上有清雍正县知事陈树芝"海滨邹鲁"题匾（民国 10 年拆除），"当年翰墨遗人间"（杨一知诗句）。楼四周配以花窗活牖，朱漆画栏，极为雅致。下层为瓮城，深 8 米。该楼形制、结构别具一格，壮丽堂皇，居榕城五门之冠。它标志着揭阳卓越的文明。明、清时期，这里为全城击柝施更之所，每当残月西斜，晨曦初现，报号声随风飘送，驱散星月，迎来朝晖，故有揭阳古八景之一"谯楼晓角"的美称。❶

❶ 郭伟忠.揭阳城坊志[M].郑州：中州古籍出版社，2000：60-61.

八景之每一景，均有许多名士诗人为之题吟，今录其中一小部分，以飨读者。

双洞疏烟　郭之奇

烟霞有意日相求，双洞林光竞远投。青霭春来如迸发，白云秋去尚群游。

郁纡遥结山灵祕，冥漠中开佛象幽。试看今朝松竹影，方知千载色空留。

金城榕色　郭之奇

乔木森森望郁苍，相传岭国古榕乡。四时霜盖烟疏密，一片云丛绿混茫。

道左何年歌杕杜，召南此日诵甘棠。天为炎土垂休息，故使余荫百里凉。

元塔登高　宋兆礿

人文地气翕然升，雁塔方高岂计层？便待参云惟此级，何曾插汉不容登。

平畴拔地明孤起，远嶂临江欲共凭。若问题名元字在，海天空阔赋鲲鹏。

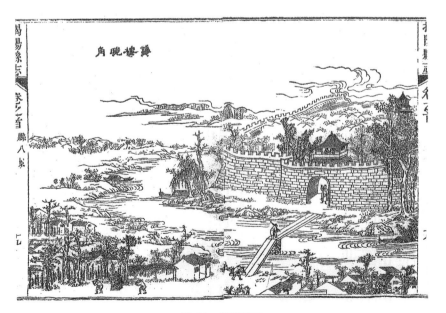

图 14　谯楼晓角

（[清]刘业勤，修．凌鱼，纂．（乾隆）揭阳县志[M].乾隆四十九年（1784年）刻本.）

不仅榕城有八景,而且榕城中的书院、园林、风景胜地均有自己的八景。下面介绍榕江书院八景。

榕江书院位于榕城西门书院巷北侧。创建于清乾隆八年(1743年),时揭阳县令为张熏。占地4600平方米。有房屋18间。初名为榕城书院。乾隆三十二年(1767年),知县刘业勤在院后空埕建奎光楼一座,改名为榕江书院。乾隆四十年刘业勤创立武院,称榕江新院,建起厅堂亭榭,辟置射圃(靶场),形成榕江书院八景(射亭竹韵、方池鳞跃等)。榕江书院为清代童生课读和准备科举的场所,每年录取童生100多名。光绪三十四年(1908年)文武两部改办为榕江师范和榕江高等小学堂,总称为榕江学堂。辛亥革命后改为榕江中学。民国20年起易名为揭阳县立第一中学。❶

❶ 郭伟忠.揭阳城坊志[M].郑州:中州古籍出版社,2000:101.

奎楼览胜(图15)凌鱼
危楼云气接蓬莱,曲槛谯门次第开。拔地奇峰当海立,拍天银浪抱城来。
共舒远目穷千里,应有鸿章烛上台。好是文翁宏乐育,泮林别养栋梁材。

奎楼览胜 刘业勤
文芒作作动星楼,景物无边一望收。隔浦绿云排岫起,夹溪明月涌江流。
尽夸桃绶栽潘岳,那似牛刀奏子游。公暇偶来弦诵地,夜深灯火出城头。

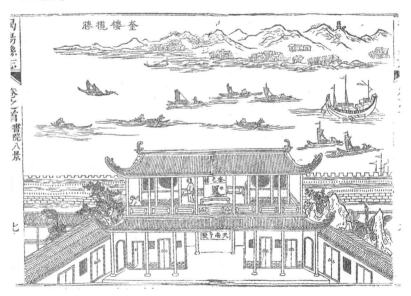

图15 奎楼览胜
([清]刘业勤,修.凌鱼,纂.(乾隆)揭阳县志[M].乾隆四十九年(1784年)刻本.)

蓬岛听泉（图16）凌鱼

㳅流瀺瀺洞中鸣，写入方塘一鉴青。危石喧豗龙起蛰，沓潮汹涌雨新晴。

回风浪作靴纹皱，试茗香随蟹眼生。何用别寻方外去，此间幽韵即蓬瀛。

蓬岛听泉　刘业勤

榕西精舍接江浔，石咽流泉氹好音。浇浇暗谐孙楚耳，渊渊疑鼓伯牙琴。

养蒙且自沿山下，有本终当到海深。领取寒潭秋水净，蓬壶仙路在平林。

图16　蓬岛听泉

（[清]刘业勤,修.凌鱼,纂.（乾隆）揭阳县志[M].乾隆四十九年（1784年）刻本.）

曙院书声（图17）凌鱼

江城晓角曙光徐，多士吟声切太虚。挟策自应争萤暮，读书难值好居诸。

琅琅肆雅随晨鼓，了了谭经似石渠。我亦晨兴怀董子，几时文史足三余。

曙院书声　刘业勤

晓起谯楼鼓未鸣，好风先送读书声。劳形久叹无奇字，砭耳今如听早莺。

难息屋墉穿鼠雀，尚凭风雅壮江城。断断仿佛成邹鲁，不负韩公旧日情。

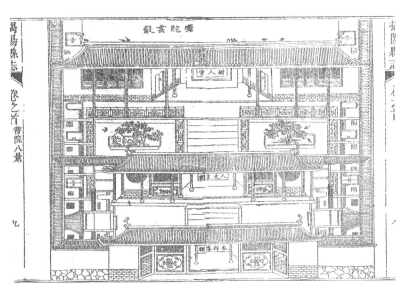

图 17 曙院书声

([清]刘业勤，修.凌鱼，纂.(乾隆)揭阳县志[M].乾隆四十九年（1784年）刻本.)

射亭竹韵（图18）凌鱼

课余游艺学穿扬，射圃修修夏亦凉。已辟泮林栽械朴，更开平野长箢筥。

桃枝弄影梢云叶，桂箭含风引凤吭。共爱此君能破俗，几人移簟听新篁。

射亭竹韵 刘业勤

炎天何处弄声寒，射圃林于玉作竿。巨黍分曹欣中鹄，细风当座恍闻鸾。

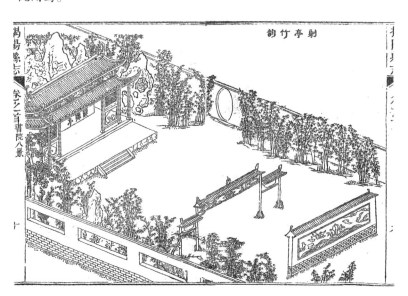

图 18 射亭竹韵

([清]刘业勤，修.凌鱼，纂.(乾隆)揭阳县志[M].乾隆四十九年（1784年）刻本.)

涛生绣簜流水潭，响出云梢扫药栏。安得湖州馋太守，拂笺为写画图看。

方池鳞跃（图19）凌鱼

何须持钓向江头，鳞甲方池养巳稠。荷动尽疑珠出浦，萍开争讶月为钩。

夜凉逐队乘潮起，日午扬鳍喈雨浮。相美个中烧尾者，等闲飞上禹门游。

方池鳞跃 刘业勤

凿得方池一水澄，修鳞时跃出香菱。倾淮别驾新来滕，都讲先生自此升。

文鲔岂徒堪作馔，灵鲲行见化为鹏。尚虞野外留颁尾，未敢时来曲槛凭。

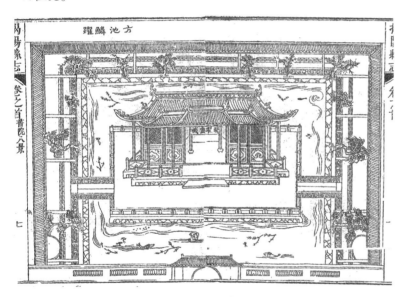

图19 方池鳞跃
（[清]刘业勤,修.凌鱼,纂.(乾隆)揭阳县志[M].乾隆四十九年（1784年）刻本.）

曲沼荷香（图20）凌鱼

无边芳气入书帷，种得新荷满曲池。傍树风摇香柄柄，迎潮波荡绿差差。

丹腮映日光逾洁，翠盖擎天暑不知。相对移时花欲语，可无高会继南皮。

曲沼荷香 刘业勤

公余为过横经地，喜见朱华冒绿池。正是一帘疏雨后，恰逢长夏细风时。

亭亭渐觉眶眸转，冉冉潜将鼻观移。何用涉江劳画桨，此间幽意胜湘蓠。

图 20 曲沼荷香
（[清]刘业勤，修．凌鱼，纂．(乾隆)揭阳县志[M]．乾隆四十九年（1784年）刻本．）

芳庭挹翠（图21）凌鱼

天然物色霭芳庭，坐挹歧峰未了青。绮石珑松连海岱，崇兰高介汜风馨。

鸟窥人静行书案，蜂趁花香入画楹。最喜地偏尘鞅绝，主翁无事问惺惺。

芳庭挹翠 刘业勤

不须携榼探奇芳，青送岐峰过女墙。无数珍禽啼灌木，几多名卉护回廊。

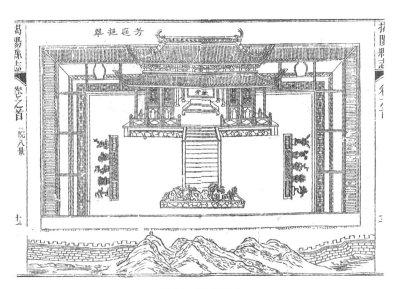

图 21 芳庭挹翠
（[清]刘业勤，修．凌鱼，纂．(乾隆)揭阳县志[M]．乾隆四十九年（1784年）刻本．）

闲来始识诗书贵，静去方知日月长。为语诸生频努力，外间容易有斯堂。

嘉树停云（图22）凌鱼
榕江水木本清华，亭馆幽深树倍嘉。莺转枝头时引鹤，云栖林表间成霞。
从龙待作甘霖去，触石先将烈日遮。会得卷舒同澹荡，奇文芳意望来奢。

嘉树停云　刘业勤
蓊葱佳树蔚西亭，接叶交柯一院青。漫说出门流水住，且看如盖碧云停。
扶疏得地蟠根厚，暧曃垂天作雨灵。最是息深求道处，好随鸣鹤养丰翎。

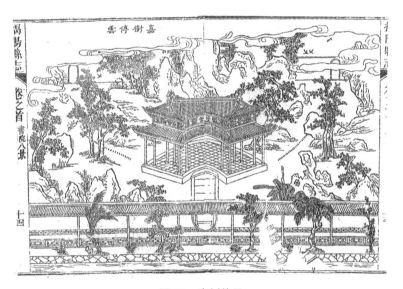

图22　嘉树停云
([清] 刘业勤,修 . 凌鱼,纂 .（乾隆）揭阳县志[M]. 乾隆四十九年（1784年）刻本.)

中离山十八景　季本
迎仙桥
览遍离山好洞天,杖黎到处尽云烟。中离此日藏修地,应作人间胜迹传。
九华三岛客来频,洞口云毡作主人。伦药谈元酬酢处,薛痕苔色共车巾。
登云阶
上上云阶步步平,云阶百尺接壶天。登云且作栖云客,入洞还为出洞仙。
中离洞
二实中涵一太虚,乾坤万古自如如。取将各洞缘天造,谓有真人向里居。

石壁岩
一石两石耸云烟,千山万山匝洞天。风月半帘悬太古,图书满榻对先贤。
云中屋
白云堆里一楹存,两窦虚明日月奔。万壑千峰浑脚底,考槃独寤世稀伦。
偃月窝
万古乾坤此月明,人间何许夜迷人。窝中终日蟾光照,谁识窝中不夜春。
观海亭
潋渺连天自有津,日知多少往来人。在山亭子当潮立,直看沧溟欲变尘。
仰离室
中离洞里中离老,仰离台上仰离人。瞻依已遂依归愿,携瑟应同舍瑟春。
活水亭
泗水涓涓一脉流,向来闭塞几经秋。如今浚出源头活,任派乾坤万古流。
钓鱼矶
一泓疑是古蟠溪,水色天光浸石矶。月作钩儿萝作线,垂竿意不在夫鱼。
龙睡岩
龙卧离山睡欲吟,石床天巧跨松阴。他年若际风云会,起作苍生四海霖。
后岩
井石峰头八面飞,擎天石下见柴扉。书籍药裹披霜磴,碧草琼葩映翠微。
东岩
叠石东峦敞石矸,琴书一榻自仙家。鹤翻老干窥晴曙,花放幽香簇晓霞。
西岩
丹崖翠壁耸岩扉,荒草疏枫映夕晖。久住高人忘水石,相将鹿豕日同归。
北元岩
白云飞我北元天,中有谈元不世人。住久浑忘寒与暑,四时风月四时春。
连云径
一径千峰透白云,往来都是卧云人。野夫亦欲穿云去,一掬收回六合春。
叠石岩
三石分明品字函,上奇下偶自天缄。中开玉洞迎仙侣,此是离山第一岩。

十、丰富的历史文化遗产（图23）

揭阳为粤东古邑，历史悠久，文化发达，保存在地上地下的文物古迹极为丰富。

1982—1984年的文物普查结果表明，揭阳全县已查明登记的文物点共258处，计有古遗址、古墓葬171处，重要的古建筑20处，摩崖石刻20处，碑记匾额18处，革命遗址和纪念地29处，其中载入《中国文物地图集·广东分册》的达98处，居汕头市各县之冠。

图 23 榕城文物分布图

(广东省文物管理委员会.广东历史文化名城[M].广州:广东地图出版社,1992:120.)

1. 揭阳学宫

古建筑是揭阳古代文物的重要组成部分。位于县城韩祠路口东侧的揭阳学宫(孔庙)(图24~图29),始建于南宋绍兴十年(1140年),历经多次重修,现存建筑为清光绪二年(1876年)所改建,具有明清两代建筑风格。现存主体建筑有照壁、棂星门、泮池、大成门、大成殿、明伦堂、崇圣祠和东西两庑、东西斋,占地面积5526平方米,为广东省现存同类建筑物中规模较大、保存较完整的一座。现为省级文物保护单位。

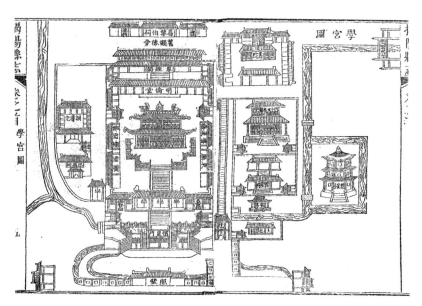

图 24 学宫图

([清]刘业勤,修.凌鱼,纂.(乾隆)揭阳县志[M].乾隆四十九年(1784年)刻本.)

图 25　揭阳学宫棂星门
（吴庆洲　摄）

图 26　揭阳学宫照壁
（吴庆洲　摄）

图 27　泮池和大成门
（吴庆洲　摄）

图 28　揭阳学宫大成殿
（吴庆洲　摄）

图 29　大成殿屋顶上脊饰
（吴庆洲　摄）

2. 城隍庙

位于县城中山路的城隍庙始建于宋，明洪武二年（1369年）重修，占地面积1781平方米。大殿为悬山顶，面阔三间，平面布局上较好地保留了早期的做法，具有浓郁的地方特点。梁架上的木构装饰古雅稳重，刀法简洁明快，遒劲雄浑。现存主体建筑仍为洪武二年（1369年）原貌。

3. 进贤门城楼

进贤门城楼，坐落在县城新兴路口。揭阳县城原有四门，明天启元年（1621年）为直抵县学宫而增辟一门，取增进贤士之意，故名进贤（图30）。城楼为三层楼阁式建筑，八角攒尖琉璃顶，高20米。四面配以花窗活牖，朱漆画栏，甚为雅致。下层为瓮城，深8米。该楼形制，结构别具一格，壮丽堂皇居榕城五门之冠。明清时期，这里为全城击柝施更之所，每当残月西斜，晨曦初现，报号声随风飘送，驱散星月，迎来朝晖，故有揭阳古八景之一的"谯楼晓角"之称。

4. 禁城

位于县城中心的禁城是县衙所在（图31），是元至正十二年（1352年）为防范农民起义军而在县衙四周修筑的。城墙用石条交错砌筑，贝灰勾缝，雄伟粗犷。现高4米，周长660米，是广东现存较好的元代石城墙之一（图32，图33）。

图30　揭阳进贤门城楼
（吴庆洲　摄）

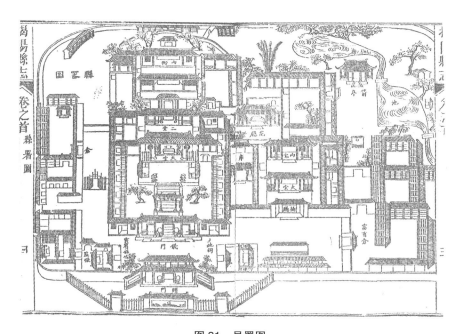

图31　县署图
（[清] 刘业勤, 修. 凌鱼, 纂. (乾隆) 揭阳县志 [M]. 乾隆四十九年（1784年）刻本.）

图32　禁城石城墙现状（左）
（吴庆洲　摄）
图33　石城墙基础砌法（右）
（吴庆洲　摄）

5. 关帝庙

坐落在县城北门天福市街的关帝庙，始于明万历二十九年（1601年），清乾隆四十二年（1777年）扩建。正殿重檐歇山顶，配以脊兽和石湾人物陶塑，以及花鸟嵌瓷。前厅平棊的"斗八藻井"，图案繁缛，雕刻细腻，颇具匠心。庙前有扩建时增修的戏台，为潮汕地区现存规模较大的古戏台建筑之一。

6. 双峰寺

县城双峰寺，是揭阳规模最大的寺院。始创于宋绍兴十年（1140年），清雍正六年（1782年）重建，四合院式布局，正殿重檐歇山顶。现建筑物为近年在原址重建的，占地面积27000平方米，寺内有"寿"、"虎"碑刻。

7. 青屿汛城遗址

地都镇石港村清屿山上的青屿汛城遗址，建于清顺治十三年（1656年）。青屿山前临榕江，孤峰突起，高约40米，状如卧狮。汛所城与南安的石井象山炮台并峙守卫江面，故称"狮象守海口"。所城墙用贝灰三合土夯筑，周长400余米，墙高3.5米，主要建筑有城楼、敌楼、三进官署，以及大小营房30余间，为昔日揭阳的水陆要塞，是一处重要的兵防遗址。

8. 明清府第和祠堂建筑

明清府第和祠堂建筑是揭阳古建筑的一个重要部分，也是较有地方特色的一部分。

太史第，位于县城东门莲花心，为明武英殿大学士郭之奇的府第。坐北朝南，三进深，俗称"四马拖车"，主体建筑均为硬山顶，穿斗抬梁混合式梁架结构；山墙用小灰砖错缝平铺，厚达40厘米，墙基垫石条，形制古朴。主座大门前原有阳埕、莲池，池之南面为麒麟埕，有香炉麒麟照壁，乃潮汕一奇景。郭之奇（1607—1661年），崇祯元年（1628年）进士，为"潮州七贤"之一，历任福建提学参议、詹事、南明桂王礼兵部尚书、武英殿大学士，后被俘，在桂林慷慨就义。

郑大进府，位于玉窖镇仙美村，分新老二府。老府建于明代，是郑氏祖居，府前有象征郑大进官品级的石狮和旗杆斗座。新府建于清乾隆年间，内外宽敞，依山而建，前面一派平畴，后面小山为靠，风景幽雅。郑大进，乾隆元年（1736年）进士，累官至直隶总督，加太子少傅衔，亦工诗文。

丁日昌府，位于县城北窖街，清光绪年间丁日昌所建。坐北朝南，

图34 丁日昌像
（吴庆洲 摄）

占地面积约6100平方米，布局考究，俗称"百鸟朝凤"，分四直巷，二进厅二天井，左右对称，总平面呈"舆"字形，象征财丁兴旺。大厅面阔三间，抬梁与穿斗混合式结构。丁日昌（1823—1882年）（图34），字禹生，丰顺人，后寓居揭阳，曾任江苏、福建巡抚，加总督衔会办南洋水师兼理各国事务大臣等职。

古溪陈氏家庙，位于仙桥镇涂库村，建于清康熙年间，三进院落四合院式布局，有三门，门与门之间砌四通石壁。正厅为硬山顶，面宽五间，进深三间。庙中梁柱、驼峰、瓜柱等构件雕刻图案甚多，技艺精湛，内容丰富。

9. 近现代文物

揭阳的近现代文物数量也较多。主要有：

商民协会旧址，位于县城考院东侧。1927年9月27日，周恩来、贺龙、叶挺、彭湃、郭沫若等在此楼开会部署"汾水战役"。

炮台"三日红"旧址，位于炮台墟内关帝庙。

潮揭丰边人民行政委员会旧址，即新亨镇五房小学，原为一清代祠堂，1949年，揭阳大部分地区已成为解放区或游击区。因此，潮（安）揭（阳）丰（顺）边人民行政委员会在此成立并以此作为办公地点，以加强解放区的政权建设。

揭阳革命烈士纪念碑，在榕江公园内，建于1958年。❶

十一、揭阳古城的现状（图35）

揭阳古城在近现代的发展中，许多历史文化遗产遭到破坏或拆除，古城水系也有许多被填占，令人痛心。

❶ 广东省文物管理委员会. 广东历史文化名城[M]. 广州：广东地图出版社，1992：126-128.

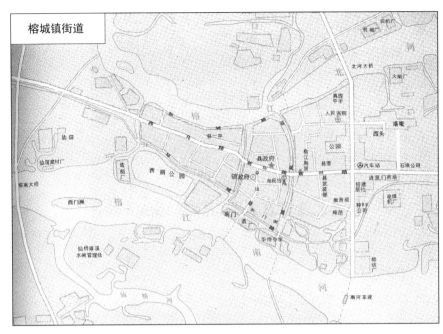

图 35　榕城镇街道图（1989 年）

（广东省地图出版社.武汉测绘科技大学制图系编.广东省地图集：47.广州：广东省地图出版社，1989.）

1. 城墙

揭阳古城的外城墙（图 36），在明天顺四年（1460 年）至崇祯二年（1629 年）的近 200 年间曾七次重建、扩建，建成石砌城墙，设东、西、南、北、进贤五座城门。民国 27 年（1938 年）拆外城城墙，改建为环城马路，路宽 5 米，四座城门也被拆除，仅余进贤门。❶ 内城禁城石城墙保存完好。

❶ 林奠明.揭阳市地名志[M].北京：人民日报出版社，2002：70.

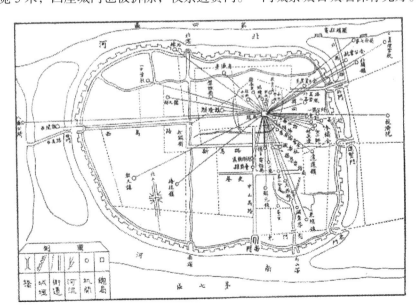

图 36　民国时期榕城区域代图

（黄健文，徐莹.揭阳榕城区旧城形态特色要素及保护思路初探[C].中国建筑史学会年会暨学术研讨会，2014：图 4.）

2. 古城水系

揭阳古城的水系，除南北窖和护城河等主要水道外，还有纵横交错的水巷和宅前水塘，体现了岭南水城的特色。

现在古城水系的南北窖、东风河等主要水道仍存，但大部分水巷和宅前水塘已被填占。水城特色部分已丧失。

据揭阳市规划局提供的资料，古城范围1.6平方千米内，河渠水面面积现有8.85公顷，湖池水面面积11.75公顷，榕江水面面积120.8公顷。水面占城区的46%。

城区河渠长6.2千米，榕江水岸长5.2千米，共11.4千米，城区河道密度达7.1千米/平方千米。

3. 城市肌理的改变（图37）

a. 街道肌理

揭阳旧城的街道网络与河涌水网是两套紧密相依、相辅相成的城市空间系统，全城主要步行街道多为骑楼街，与水道交错脱开，形成前为骑楼、后为水道的水陆两栖通行网络。骑楼街用小巷或小桥连接，以便雨天出门即使不带雨伞也可以通行全程。由于许多水巷和一些骑楼被破坏，前骑楼、后水巷的肌理正在消失。

此外，街道格局的另一特色是至今仍然保持着历史上形成的"丁"字街街道格局和尺度，是城市格局与气候特征相结合的重要体现。揭阳位于广东东南沿海地区，自古以来在每年夏秋间就常受强热带风暴袭击，据有关学者统计，"清代268年间共发生台风灾害516次，……平均每年发生1.93次"。❶揭阳旧城内路网系统主体为"丁"字街加环路，即历史形成

❶ 吴志峰，黄燕华. 略论明清广东台风灾害的特点及危害[J]. 五邑大学学报（社会科学版），2011（1）：41.

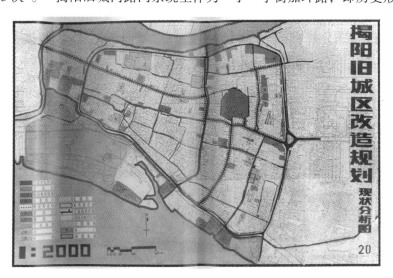

图37 揭阳旧城区改造规划现状分析图（1992年）
[揭阳市人民政府. 揭阳市总体规划文本（1991—2010）[Z].]

的以西马路、打铜路、新马路、中山路、韩祠路、北马路等道路构成的"丁"字街与环城路相连接。骑楼街路口全为丁字形路口，无十字路口，当台风来时通过丁字形路口实现对风的缓阻和引导，有效降低街内风速，保障行人安全。❶

目前，揭阳古城内的丁字形路口已大为减少。

b. 水岸节点

揭阳旧城之中还有一种潮汕地区特有的水岸节点空间形态，一般在祠堂或者传统民居宅群的前面，有一个至少和祠堂或宅群等宽的长方形广场，广场由其他相邻建筑形成三侧空间界面，并且用圆形或半月形水池和照壁共同对广场空间加以围合，当地居民称之为"埕"（图38）。"埕"的广场地面一般使用花岗石铺地，花岗石广场上有大树、石椅等小品，还有竖井等生活设施，日常作为老人小孩户外活动休憩的主要场所。面积较大的"埕"一般称为"广埕"，在隆重节庆的日子里，这里是乡人祭祀神灵并且邀请戏班唱戏的场所，并衍生了具有浓郁地方色彩的"广埕戏"。"广埕戏"的出现与旧城河涌水网密布的格局密不可分，同时也是潮汕地区滨海民俗文化的集中体现。据文献记载，清代节庆时令，乡民为了祈祷顺风顺水、避开风暴，百舸汇集船旗高升，锣鼓震天灯笼通亮，主要的大船上有敬请而来的供奉神像，也有各处请来的乐班，在城内水网中穿梭往返，并在"广埕"上登岸表演，乡民在此听曲听乐挤得水泄不通。"广埕"前面的水池在城内密布，成型于清代并繁盛于民国，这一现象在近代榕城水系示意图中得到了清晰的再现。

"埕"这种水岸节点空间的存在，实际上离不开特殊的地域防灾需求。广东东南沿海地区属于地震活动频繁区域，"揭潮汕地区又是广东省地震

❶ 黄健文，徐莹. 揭阳榕城区旧城形态特色要素及保护思路初探 [M].2014.

图38 揭阳"埕"水岸节点空间典型示意图
（黄健文，徐莹. 揭阳榕城区旧城形态特色要素及保护思路初探 [C]. 中国建筑史学会年会暨学术研讨会，2014：图 10.）

高烈度区，地震烈度Ⅶ—Ⅷ度，历史上曾多次发生 6—7 级地震。沿海附近有南澳地震丛集区，并受到台湾海峡地震活动的影响，在东南沿海地震带东段其他地震活动强度大、频度高、引人注目，该区存在发生地震灾害的潜在危险性。"作为地震时的应急避难场所，"埕"不仅让周边居民迅速疏散并汇集于此，而且"埕"前的水池为地震次生的火灾提供了扑救的水源。由此可见，"埕"是一种节庆、休憩与防灾兼备的地域适应性水岸节点空间形态。❶

尽管"埕"这样的水岸节点还有部分保存下来，但由于道路的不畅通和水体的污染，其原先功能也难以充分发挥。

4. 石牌坊

翻开乾隆《揭阳县志》，所记录的牌坊有 58 座，其中有 20 座在古城内。牌坊是儒家宣扬教化的旌表建筑物，一是宣扬功名政绩，二是褒扬节孝、贞烈、义善、耆寿。

明永乐时各科举人杨顺、洪添、郑志谨先后立有攀桂坊、凌霄坊、登云坊，还有为举人许训、董源禄、谢仕、黄源寿、郑敏合立的五桂坊，为明永乐、天顺进士洪廉、徐虔、陈仕宝分别建的进士坊，为兵部尚书翁万达立的"万里长城坊"，为康熙辛丑六十年（1721 年）武状元林德镛所立的状元坊等，这类牌坊计有 30 座，另一类牌坊计有 28 座。❷ 现在这 58 座牌坊存者已寥寥无几了。

5. 园林

广设园林，是榕城的又一特色。明嘉靖年间城东的园林已有野亭辍耕、棉桥风咏、岐山西翠和榕江清流四景。到了清代，园林建设规模扩大，庭院式园林崛起，更与书香结缘，高雅别致，有榕江书院、绕绿书庄、惠迪书庄、在湄书庄、一隅草堂、百洲草堂、榕石园、菽园等十余处。这些园林，寓意深远，小中见大，曲径迂回，颇具江南园林的风格。20 世纪 50 年代建设的西湖和榕江花园两个大型的公共园林，更使古城备添秀色。❸

经"文化大革命"和城市建设的冲击、破坏，这些古园林也损失巨大，遗存寥寥。

6. 榕城西湖

令人欣慰的是，在近现代城中水体逐渐被填充湮灭之时，揭阳榕城还建立了一个西湖（图 39）

西湖，位于榕江西南之南榕江畔，原为江边冲积洲滩。1958 年围堤植造，建为公共园林区。已故江苏省画院院长钱松嵒游此，咏之："割取榕江一泓水，倩他四季映花红。"今人刘克楚描述："昔日河洲荒辟地，今朝宛似碧瑶宫"。笔者为其凑齐湖中日间胜景有八：①泳池浪花。奥运跳

❶ 黄健文，徐莹. 揭阳榕城区旧城形态特色要素及保护思路初探 [C]. 中国建筑史学会年会暨学术研讨会，2014.

❷ [清]刘业勤，修. 凌鱼，纂.（乾隆）揭阳县志 [M]. 卷之六. 坊表. 乾隆四十九年（1784 年）刻本.

❸ 广东省文物管理委员会. 广东历史文化名城 [M]. 广州：广东地图出版社，1992：130.

图39 榕城西湖湖心亭
(吴庆洲 摄)

水冠军孙淑伟曾在成才摇篮的游泳池里龙腾虎跃,"燕形先逞飞翔巧,蛙式迳成泅泳功"(林士雄《西湖初咏》)。②红宫春暖。红宫一座,冠冕堂皇,霁色晴光,人在槛中。③长堤晓风。这里,江拥芳堤堤绕湖,晓枝踏鸟风轻微。④丹亭向日。丹亭即湖心亭。它倒影凌波植湖中,依彤彤日霭春融。⑤九曲卧波。九曲桥由亭以桥向左右伸展,桥道盘桓如九龙卧波。⑥双象喷玉。水厂前有双象雕塑,溅珠喷玉,凉意习习。⑦乐园游转。多少老人携孙游此,孙辈争乘飞龙转场一周,仍游兴未阑。⑧轩名亦奇。亦奇轩的对联,为游客勾画了一幅"水光潋滟晴方好;山色空濛雨亦奇"的美景。至于西湖夜色,最美的要数湖心亭。就在这天光水色的绿净中,它像在冷浸一天寒玉的镜里悬着。霞散浦边云锦裁,月升湖面镜波开,这时,湖心亭变成了"月点波心一颗波"。二度登临,伊人为此陶醉。正是:吾乡亦有西湖美,不必杭州色始娇。❶

❶ 郭伟忠.揭阳城坊治[M].郑州:中州古籍出版社,2000:31.

十二、结语

揭阳现为广东省级历史文化名城。笔者有幸多次到榕城考察,接触到榕城的历史文物,风景名胜,因此查阅史志,研究这座水上葫芦城的选址、营建,分析其历史文化内涵,并对其在近现代城市建设中被填后的水体、被毁坏的文物古迹感到痛心,希望能保护好这座岭南水城,让她持续发展,重新焕发青春和美丽。

古代园林研究

清代青州偶园研究

贾 珺 黄 晓
（清华大学建筑学院）

摘要： 偶园前身为明衡王奇松园，清初大学士冯溥重建为偶园，此后一直属冯氏所有。冯溥在北京建有著名的万柳堂，偶园假山具有典型的"山石张"风格，推测可能与万柳堂同出张南垣之子张然之手。万柳堂今已不存，偶园及园中假山则有幸保存至今，是山东现存园林中叠山艺术最为突出的一座。另一座保存至今的"山石张"假山为张鉽改筑的寄畅园八音涧，偶园假山在风格和手法上与其有近似之处，但又表现出北方和江南的区别；南北方的区别也体现在园中的理水、建筑和植物上，具有重要的历史价值和艺术价值。

关键词： 青州偶园，冯溥，山石张，山东园林，北方私家园林

Abstract: The predecessor of Ou Garden (Ouyuan) was a Ming-dynasty garden named Qisongyuan that was reconstructed and renamed by the Grand Secretary Feng Pu in the early Qing period.The garden continued to be owned by the Feng family until 1949. Zhang Ran, a famous early-Qing gardener who also designed Feng Pu's Wanliutang Garden in Beijing, was probably responsible for the design. Ou Garden has been preserved until present, but Wanliutang has vanished. The rockery of Ou Garden is the best example among the gardens in Shandong province still extant. Its style is similar to that of Jichang Garden designed by the famed garden designer Zhang Shi, a successor of Zhang Nanyuan. However, the differences between them reflect the different garden styles of the north and south, which can be seen in the shapes of water pools, buildings and plants.

Keywords: OuGarden in Qingzhou, Feng Pu, Zhang Ran, private Garden in Shandong province, private garden in North China

青州位于山东省中部，为《禹贡》所划"九州"之一，因位于东方，"其色为青，故曰青州"[3]。从大的地理范围看，青州东北临渤海，西南倚泰山，即《禹贡》"海岱惟青州"所称的"海"与"岱"。受此影响，青州地势西南高、东北低，城外西、南的驼山、云门山属泰山余脉，城东的弥河蜿蜒向北流入渤海，另有小清河、淄河等穿境而过。山川秀丽，古迹众多，著名的如驼山（云门山）石窟、田齐王陵、真教寺、衡王府石坊、程家沟古墓和龙兴寺遗址等，皆为全国重点文物保护单位。

青州历史上是名贤荟萃之地，以宋代最为兴盛，寇准、王曾、富弼、范仲淹、欧阳修等先后担任青州知州，被后人誉为"十三贤"。他们在当地多有园亭兴建，如范仲淹在府城西建造的井亭，"阳溪侧出澧泉，公（范仲淹）构亭泉上，郡民感思，俱以范公名之。环泉古木蒙密，尘迹不到，欧阳文忠诸贤多赋诗刻石"，此亭保存至今，已扩建为范公亭公园。欧阳修在府城东部濠上建水磨亭，题诗曰："多病山斋厌郁蒸，经时久不到东城。新荷出水双飞鹭，乔木成阴百啭莺。载酒未妨佳客醉，凭高仍见老农耕。史君自有林泉趣，不用丝篁乱水声。"富弼在城西瀑水涧旁

---

[1] 本文在研究过程中得到国家自然科学基金（项目批准号51778317）资助。
[2] 作者单位为北京林业大学园林学院。
[3] [唐] 杜佑. 通典 [M]. 卷180. 州郡10. 清文渊阁四库全书.

建造祷雨亭，欧阳修题诗曰："巉崿高亭石涧隈，偶携佳客共徘徊。席间风起闻天籁，雨后山光入酒杯。泉落断崖临壑响，花藏深崦过春开。麋麑禽鸟莫惊顾，太守不将车骑来。"王曾在府城西南建造矮松园（在今青州一中）作为读书处，有《矮松园赋》传世。❶ 北宋对青州后世的造园有很大影响。

明清时期青州作为府治和益都县治所在地，同时还是衡王的封地，园亭建设更为繁盛。成化年间知府李昂改建矮松园，供祀范仲淹、欧阳修等十三贤。明代尚书赵秉忠（1573—1626年）在城内东北隅建软绿园，"亭石草树，池沼台榭，结构新异，而名人题句画图，出人意表"；清初左都御史房可壮（1578—1653年）在北关花巷口建偕园，"有奇石数株"❷。衡王在府治西南建紫薇园，以6株松树著称，北面2株为衡王所植，南面4株相传为宋代古木。入清后此园归谢氏，后来北面两松被居民砍伐，仅留南面四松，咸丰八年（1858年）知府毛永柏、知县徐顺昌重修为四松园，有《四松园记》传世。❸ 经历了晚清民国的战乱，青州园林仅有冯氏的偶园保存下来。

偶园为康熙年间大学士冯溥所建，前身是明代衡王府奇松园，此后直到1949年前一直为冯氏所有，传承有序。冯溥在北京建有万柳堂，由造园名家张然主持，冯溥常与公卿名士雅集酬唱，名重天下。由冯溥和张然的密切关系及园中假山风格推断，偶园很可能同样由张然设计，园内假山体现了明末清初由张南垣开创的"山石张"叠山风格，与无锡寄畅园张鉽改筑的假山有异曲同工之妙，具有重要的历史价值和艺术价值。王建波《青州偶园小考及园林艺术初探》一文对此园已有深入研究，本文在此基础上进一步梳理偶园的历史沿革，探讨其园林布局和造园意匠。

一、历史沿革

偶园位于青州旧城西南，其历史沿革可分为四个阶段：前身为明代万历年间建造的衡王府奇松园；清代康熙年间冯溥改建为偶园；此后直到1949年前都属冯氏所有，称冯家花园；1949年后收归国有，先后辟为人民公园、博物馆等，近年加以修复，仍称偶园。

1. 明代衡王府奇松园

偶园及其前身奇松园的历史，康熙二十二年（1683年）李焕章所作《奇松园记》记载甚详。文称："奇松园，明衡藩东园之一角也。宪王时以其府东北隙地，结屋数楹，如士大夫家。青琐绿窗，竹篱板扉，绝不类王公规制，盖如宋之艮岳，元之西苑也。中有松十围，荫可数亩，尽园皆松也，故园以松名。效晋兰亭流觞曲水，管弦丝竹，吴歈越鸟，无日无之，亦吾郡之繁华地也。"❹ 李焕章（1614—1688年）字象先，号织斋，青州乐安（今

---

❶ 以上皆见[清]毛永柏，修.李图，刘燿椿，纂.青州府志[M].卷24上.古迹考.咸丰九年刻本.

❷ [清]张承燮，修.法伟堂，纂.益都县图志[M].卷12.古迹志上.光绪三十三年刻本.

❸ 以上皆见[清]毛永柏，修.李图，刘燿椿，纂.青州府志[M].卷24上.古迹考.咸丰九年刻本.

❹ [清]李焕章.织斋文集[M].卷5//清代诗文集汇编·45.上海：上海古籍出版社，2010.

东营市广饶县）人，为明代诸生，博览群书，明亡后不复仕进，遍游名山大川，肆力于古文诗词，有《织斋文集》传世。记中提到偶园前身为奇松园，位于明代衡王府所附东园之东北角。

成化二十三年（1487年）明宪宗封第七子朱祐楎（1479—1538年）为衡王，就藩青州府。弘治八年（1495年）始修衡王府，四年后建成，与兖州鲁王府、济南德王府共称明代山东三大王府。李焕章称，宪王时在王府东北角建奇松园。宪王为第六代衡王朱常㵄（1569—1627年），明万历二十四年至天启七年（1596—1627年）在位，园林应即建于这一时期，以松树众多并有一株粗约十围（1米多）的古松，得名"奇松园"。

朱常㵄及其后的末代衡王朱由棷时期为奇松园的盛期，"流觞曲水，管弦丝竹"，令人想见园中的雅集、歌舞之盛。入清后有大量诗词追忆衡王府的胜迹风流，如顾炎武《衡王府》、徐添《过故衡藩废宫有感》、冯灏《过衡藩东苑》、钟世楷《衡藩旧宫怀古》、张鸿烈《春日过衡藩故宫二首》和刘季震《衡藩故宫》等。晚清邱琮玉《衡藩宫词三十首》有两首写到府中园林，第14首曰："藩宫旳旳足花容，国色名园以类从。怪底君王偏所好，奇松园里尽栽松"，特意强调了园中的奇松和美人；第15首则是对园中美人的想象："流觞池畔小勾留，偷检花枝折绣毬。忽地举头忙住手，君王正在望春楼。"❶

清初清军攻克青州，末代衡王朱由棷降清。顺治三年（1646年）清廷以私藏印信、谋图不轨为由，将朱由棷处死，并查抄拆毁衡王府。安致远（1628—1701年）《青社遗闻》描写了清初衡王府的壮丽和没落后的凄凉："青州衡藩故宫，最为壮丽。予初应童子试时，年始十有一岁，见有宫监数人守门，予略为窥探而已。继甲申以后，衡王已被逮北上，予偕都人士历游其中。其正殿七级，王座尚有朱髹金龙椅在其上。西甬道旁紫薇成行，垂露摇风，红紫映日。拱北亭外，名花周匝，望春楼下，清沼回环。楚王章华之盛，梁苑平台之游，拟斯巨丽，未为远过。不数年间，奉符拆毁，铲夷盖造兵房，仅占一隅。余则瓦砾成堆，禾黍苍然。回首繁华，已成昔梦。奇花怪石，全归侯门。画栋朱梁，半归禅刹。子山江南之赋，少陵玉华之歌，无以写其悲凉矣。"❷

衡王府被毁时，奇松园因偏处一隅，幸免于难，即《奇松园记》所称："迨府第毁后，兹园赖其地处偏隘。园亭池沼，颇有烟霞致，又老松虬枝霜干，日长龙鳞，故国乔木，人所美仰。郡丞朱公以其值买之，以饷四方之宾客。"❸康熙初年此园售与青州府同知朱麒祥，作为署园接待宾客。

2. 康熙朝冯溥佳山园

冯溥（1609—1692年）字孔博，号易斋，山东益都（青州）人。顺治四年（1647年）进士，累官至刑部尚书、文华殿大学士，在顺治、康熙两朝深受知遇。康熙十八年（1679年）朝廷开博学鸿儒科，冯溥为主

❶ 清人及邱琮玉诗皆见：王宪明.衡王府与红楼梦[M].北京：中国档案出版社，2007：213—230。

❷ 安致远.青社遗闻[M]//青州史料笔记四种.青岛：青岛出版社，2010：11.

❸ [清]李焕章.织斋文集[M].卷5//清代诗文集汇编·45.上海：上海古籍出版社，2010.

考官之一，所取之士皆自谓"冯氏门生"，冯溥成为一代文宗。

冯溥佳山园与奇松园的关系亦见于《奇松园记》。记称："后朱公去转，售之今相府，深锁重关，游人罕至矣。念斯园自旧朝来，隶帝子家，辱于阉竖舞女歌儿，其后胥徒啬夫，皁圉夏畦，皆过焉。幸未有文人骚客，载笔携筒，拈韵赋诗，以遨以游，骋目娱心如王逸少所云，仰观宇宙之大，俯察品类之盛，反不若平田芜陌，一望萧然，兴铜驼金人之感，为有致也。园存而不存，幸而不幸，可胜叹哉。癸亥夏闰六月二十八日雨中记。"❶ 可知朱麒祥转任后，奇松园被冯溥购得，即记中所称"今相府"。而冯氏家族与衡王府的渊源，还要更为久远和复杂。

明嘉靖十三年（1534年）临朐冯氏一世祖冯裕（1479—1545年）致仕后定居青州，宅第就在衡王府东。冯裕与当地士绅结为海岱诗社，称"海岱七子"，第二代衡王朱厚熿与诸子多有来往，冯裕还在朱祐楎薨后作《祭衡恭王文》。嘉靖四十一年（1562年）冯裕第四子冯惟讷任《青州府志》第一总纂，志中《封建传》对衡王府记载极为详细。冯溥为冯裕六世孙，当时冯氏已成为名播齐鲁、影响海内的"东海世家"。冯溥对这座一墙之隔的王府旧园想必印象深刻，为后来购下作为归老之所埋下伏笔。

据光绪《益都县图志》记载，朱麒祥担任青州府同知在康熙二年至八年（1663—1669年）❷，而冯溥从康熙九年（1670年）起就一再上疏求退❸，直到康熙二十一年（1682年）第五次上疏才获允致仕，由此推断，冯溥购得奇松园应在康熙九年前后；园中主厅佳山堂有"庚戌仲秋吉，奉易斋老先生命书"的落款，庚戌为康熙九年，正与这一推断相合。但冯溥购园后一直未能如愿还乡，可能因此而导致"深锁重关，游人罕至"。

《益都县图志》称冯溥于"（康熙）二十一年，复乞休。……抵里之日，知与不知，夹道拜迎，至拥挤不得行。时值《文宗皇帝实录》告成，加太子太傅。辟园于居第之南，曰偶园，筑假山，树奇石，环以竹树，优游其中者十年。三十年十二月卒，年八十三。赐祭葬，予谥'文毅'"。❹ 可知他正式筑园是在康熙二十一年（1682年）还乡后，题名"偶园"。康熙六年（1667年）冯溥曾在北京夕照寺旁建造"亦园"，并因园中主堂而称"万柳堂"❺。秦松龄《亦园记》提到："人问其所以成是园者，曰：'偶然耳，吾去则将舍之，以遗之后之人。'"❻ 冯溥在青州所建"偶园"，应即此"偶然"之意；园中主堂为佳山堂，故也称"佳山堂园"或"佳山园"。在名称上偶园与亦园呈现出呼应关系。

在冯溥及其知交门生的诗文中，最经常提到的是佳山堂，并以此指代该园。正如他在北京的亦园主要以"万柳堂"闻名。这一传统可上溯至唐代裴度的午桥庄别墅，以庄内主堂"绿野堂"闻名。而康熙在赐归冯溥时，正是将他视为唐代的名相裴度和李德裕，赠诗称："草堂开绿野，别墅筑平泉"❼，将冯溥家乡的园林比作绿野堂和平泉庄。

冯溥的诗集题作《佳山堂集》，其中的《佳山堂诗二集》收有不少吟

---

❶ [清]李焕章. 织斋文集[M]. 卷5 // 清代诗文集汇编·45. 上海：上海古籍出版社，2010.

❷ [清]张承燮，修. 法伟堂，纂. 益都县图志[M]. 卷18. 官师志四. 光绪三十三年刻本.

❸ 康熙朝前期满汉冲突激烈，《冯溥年谱》中记载了不少冯溥与满族权臣的辩争，康熙七年（1668年）他担任都察院左都御史时，四大辅臣之一的鳌拜欲取回已发六科的红本，冯溥抗争不可，鳌拜欲害冯溥，幸赖康熙帝护才获免。之后冯溥反复求辞或与倦于朝争有关。冯溥与满臣的争执，又见：清史稿. 卷250. 冯溥列传.

❹ [清]张承燮，修. 法伟堂，纂. 益都县图志[M]. 卷37. 冯溥列传. 又见咸丰《青州府志卷46·人物传·冯溥传》："(冯溥)既归，辟园于居第之南，曰偶园。蓁石为山，佐以亭池林木之观，优游其中者十年。"

❺ [清]毛奇龄《易斋冯公年谱》康熙六年（1667年）条："建育婴会于夕照寺……就其傍买隙地，种柳万株，名万柳堂。暇则与宾客赋诗饮酒其中。"冯溥万柳堂的建造时间另有康熙十二年（1673年）之说。

❻ [清]秦松龄. 苍岘山人文集[M]. 卷3. 清代康熙五十七年（1718年）刻本.

❼ [清]毛奇龄《易斋冯公年谱》康熙二十一年（1682年）条，康熙全诗为："环海销兵日，元臣乐志年。草堂开绿野，别墅筑平泉。望切岩廊重，人思霖雨贤。青门归路远，逸兴豁云天。"

咏偶园之作，大多以佳山堂为题。如康熙二十一年（1682年）所作《初归游佳山堂园》："园行策杖更扶孙，笑指松筠旧植存。老去云山欣再睹，醉来俯仰竟忘言。漫愁薄殖田无获，且喜闲居道自尊。回首尘劳筋力尽，谁知养拙是君恩。"《小阁》："云晴小阁倚朝晖，馥郁梅香暗入衣。谢傅闲情棋尚睹，沈郎痴虑带重围。"《春日饮佳山堂》："花树参差莺燕娇，闲云浮动欲遮桥。高峰隐约含朝雨，小阁低回听晚箫。酿就醇醪迟杖屦，翻将书传纪渔樵。东山丝竹资陶写，泉石于今足药苗。"《冬日佳山堂有感》："寒风瑟瑟木萧萧，手策枯藜过小桥。雁齿横空当石磴，龙鳞耸干抱山腰。间阎揖让山来少，□□丰姿凤见招。春色明年谁最早，移家更欲问渔樵。"❶ 康熙二十二年（1683年）所作《春日题佳山堂（有叙）》："易斋老人行年七十有五矣，童心未化，幻质犹存。皇恩既许其悠游苍穹，复假以岁月。园林景色，扶杖观来，时序推迁，真心任去……""燕舞莺啼喜客归，晴云低绕树头飞。何当沐浴春风便，尽与山人脱垢衣。""一园春色似京华，彭泽南山正是家。莫写闲情食作赋，无端触忤旧烟霞。"❷

在冯溥的知交门生中，有康熙二十九年（1690年）❸潘耒所作《佳山堂四首》："结想兹堂胜，今来惬旷观。林光浮壁润，岚翠滴衣寒。吐瀑池清泚，蒸云磴曲盘。过淮修竹少，夏玉此千竿。""奇石惊天落，玲珑卓数峰。垂垂舞袖女，袅袅篆文重。斫就夸娥手，飞来琼岛踪。百回看不厌，尽日倚苍松。""层楼舒远啸，踊跃众青来。劈岭双崖削，云门一镜开。秋心霞外断，海色雁边回。怀古无穷意，宫墙十丈苔。""吾师休暇日，一榻坐忘年。把臂南泉老，披襟绮里仙。追攀容下士，觞咏及凉天。最美王文度，庞眉在膝边（长公虞臣年六十矣）。"

冯溥致仕后还重修了冯惟敏传下的位于青州七里溪的东庄，作有《春日催儿辈七里溪庄种树》、《十月建东庄草亭》和《阴雨不辍是日偶晴至七里溪庄作》等诗。❹ 但他大部分时间都在偶园度过，除了教子弄孙，享受天伦之乐，还与门生钱塘吴农祥、海宁徐林鸿、仁和吴任臣、王嗣槐、萧山毛奇龄、宜兴陈维崧等交游酬唱，六人合称"佳山堂六子"。佳山园因冯溥和众多名士而成为一座齐鲁名园。

3. 清代及民国冯家花园

康熙三十一年（1692年）冯溥去世后，宅园由其子孙继承，又称冯家花园。直到嘉庆年间偶园仍保存较好，晚清民国始呈现颓败之态，但一直是青州重要的名胜。

康熙三十四年（1695年）赵执信（1662—1744年）来访，与冯溥之子冯协一（1661—1737年）订立儿女婚约,并作《冯文毅公别业古柏》："公今游戏仙人乡，手折若木攀扶桑。却挥龙骑返故里，碧鬣苍鳞欲飞起。化为老树当庭蹲，排突云窟盘山根。要将直干留天地，岂为清阴覆子孙。我来俯仰三叹息，何必新甫之巅锦官侧。吁嗟乎！门前几日不霜风，君看万

❶ [清]冯溥.佳山堂二集[M].卷5//清代诗文集汇编·29.上海：上海古籍出版社，2010.

❷ [清]冯溥.佳山堂二集[M].卷8//清代诗文集汇编·29.上海：上海古籍出版社，2010.

❸ 诗末注："长公虞臣年六十矣"指冯溥长子冯治世，生于崇祯四年（1631年），康熙二十九年（1690年）60岁。

❹ 依次见：[清]冯溥.佳山堂二集[M].卷1、卷3、卷5//清代诗文集汇编·29.上海：上海古籍出版社，2010.

柳何颜色。"❶ 康熙五十六年（1717年）冯协一由台湾知府卸任回乡，居住在偶园，其《友柏堂遗诗选》收有不少园居诗作，如《春日归怀》、《小斋落成》等。

乾隆年间冯协一长孙冯时基作《偶园记略》，是研究偶园的重要文献，可据以了解该园鼎盛时期的风貌："存诚堂，先文敏公居宅也。对厅之东，门北向，颜曰'一丘一壑'。入门东转，为问山亭。再东即园门，西向，颜'偶园'二字。门内石屏四，镌明高唐王篆书。屏后，石阑依竹径，东行达友石亭，亭前太湖石奇巧，为一方之冠。石南鱼沼，沼南竹柏森森，幽然而静。北出为云镜阁。阁西而北有幽室，曰绿格。阁北而东，楼台参差，别为院落。阁后太湖石横卧，长可七八尺，为园之极北处。友石亭西一小斋，斋西有池蓄鱼。亭东南石台陡起，有阁曰松风，下为暖室，乃冬月游憩处。循台而南，入楮绿门，大石桥跨方池。桥尽西转，即佳山堂。堂南向，正对山之中峰。堂前花卉阴翳，阴晴四时，各有其趣。西十余武，幽室向北，有茅屋数椽，曰一草亭，亭前金川石十有三，游赏者目为十三贤。室南近樵亭，饰以紫花石，下临池水，南对峭壁，引水作瀑布注于池。循山而东，流水上叠石为桥，度桥入石洞，东行西南折，渐上至山腰，为山之西麓。东陟登峰顶，为山之主峰，近树远山，一览在目。峰东北临水有石窟，俯而入，幽暗不辨物，宛转西行，豁然清爽，则石室方丈，由石罅中透入日光也。出洞南转，仰视有孔，窥天若悬壁。三面皆石磴，拾级而登，则中峰之东麓。东横石桥，下临绝涧，引水为泉，由洞中曲屈流出，会瀑布之水，依东山北入方池。涧北即山阿，为小亭，曰卧云亭。亭后石径崎岖，攀援而升，为山之东峰。北下，山半有斗室，曰山茶山房。房前缘石为径，北登松风阁，阁后下石阶十余级，为友石亭之左。"❷

乾隆四十五年（1780年）山东学政程世淳来游，作《游冯氏园林小记》。❸ 嘉道年间冯时基三弟冯时陛的长子冯钤撰《蕉砚录》，提到少年时代曾在偶园读书十余载，可知嘉庆年间园林保存尚好。

道光元年（1821年）临朐人李廷枢（1769—1831年）来访，作《记游冯文毅公佳山园》，提到松风阁其上如平台，倾圮之余非复旧观；卧云亭有亭址，山茶房废坞仅存一壁，可谓遗址仿佛耳；其他花卉竹树，略无留根荄，只剩湖石十余与石几磴、石屏障和石栏楯等。❹ 到光绪年间，《益都县图志》称园中"山石树木大概虽存，而荒芜殊甚，今犹为冯氏世守。"❺ 可知晚清时期偶园仍属冯氏所有，但山石虽在，已非常荒芜。

1935年七月周贵德（1898—1984年）作青州四日游，在《青州纪游》中详细描写了民国时期的偶园，也提到园林的荒废，不过他将偶园作为全程最后一站，仍可见出当时此园的声望地位，文称："甫进院，则败瓦颓垣，满目荒凉。东行入门，额云'偶园'，为吕宫所书。北壁石镌佳山堂诗，为吾邱李中简题。南壁石刻小楷，工整秀媚，琳琅满目，有山东督学使者程世淳《游冯氏园林小记》，及安丘十二岁童子路德迈等诗词多首。门内

❶ [清]赵执信. 饴山堂诗文集[M]. 诗集. 卷6. 四部备要. 集部. 康熙三十四年（1695年）秋，赵执信"经临淄，访冯协一于庄，居留之数日。复述欢言，始有婚姻之约。"赵执信第四子配冯协一第四女。见：李森文. 赵执信年谱[M]. 济南：齐鲁书社，1988：32-33.

❷ [清]张承燮，修. 法伟堂，纂. 益都县图志[M]. 卷12. 古迹志上. 光绪三十三年刻本.

❸ 周贵德《青州纪游》提到，偶园门两侧曾嵌有程世淳《游冯氏园林小记》的刻石。

❹ [清]李廷枢. 巨平文集[M]. 益都印刷局，1935.

❺ [清]张承燮，修. 法伟堂，纂. 益都县图志[M]. 卷12. 古迹志上. 光绪三十三年刻本.

古柏下有石屏四，两面篆刻谏院题名记，字大数寸，遒劲绝伦。下署'万历九年岁次季夏吉岱翁孙翊镶勒石'。有篆印二，一曰'皇藩明亲'，一为'皇明宗室宪宗之孙衡恭王子高唐王书'，盖衡府遗物也。复前进，有石雕栏杆，花纹精美，回环曲折，强半已倾斜。有山石三，南北罗列，高逾寻丈，玲珑剔透，形态不一。以福禄寿三字名之，已半没草莱中。"以上为北园部分，民国时期已毁坏较多，但尚存门额、题刻、石屏、石栏、湖石等，如今则仅存湖石。接下来为南园部分，保存较好，与现状也较为相合："迤逦而南，渡楮绿桥，山石矗立，蜿蜒于南东两面。上植古柏数十章，粗可数圈，枝干蟠屈，叶色苍翠，随山势起伏，隐现于层峦叠嶂间。清风徐来，簌簌作声，偃卧其下，神清气爽，乐陶陶也。登东山北上，则松风阁也。阁高数丈，青石平铺，远眺全园，了如指掌。南有月明楼遗址。复南行，越山石，山半坳有平坡，小桥通焉，所谓七星楼遗址也，西与卧云亭遥遥相对。亭在园西南隅，山石之阴，前临荷池，已涸竭。相传文毅公燕客时，由山阳汲水井中，顺流北下，经由山石罅隙，灌注荷池，奔流恣肆，如水银倒泻，蔚为奇观。池水满，则曲折而亭旁，而桥下，以注于全园中，全园花木，胥受其灌溉矣。亭为四角式，尚完整，中铺方石，黄红赭白，青蓝紫黑，花色斑斓，光可鉴人，俗所呼为槟榔石者也。正面巨厦三楹，匾书佳山堂大字，上题'庚戌仲秋吉奉易翁老先生命书'，下署'渤海弟戴明说'。时则宗鉴、声甫等，或盘桓树下，或危坐山石，听蝉鸣，挹清风。觉万虑全消，悠然怡然，咸以羲皇上人自居也。流连久之，觉天色渐晚，乃联袂出园。"❶

4. 1949 年后人民公园

1949 年后偶园收归国有，1950 年辟为"益都人民公园"，在宅院中设"益都博物馆"。"文革"时期，园中多株明代古柏被伐。1980 年博物馆迁出，拆除了宅院的对厅和东厢房。1983 年陈从周到青州考察偶园，对假山做了抢救性保护；1985 年又亲临现场，指导清理了假山溪涧，并在《鲁中记行》❷中对园林布局和造园意匠进行了分析，为此后偶园的保护奠定了基础。

明清两代偶园历经改葺，变化较大，但南部庭院和部分奇石有幸保存至今，作为园景的精华部分，仍能从中窥见其独特的造园匠心。

二、园林布局

乾隆年间冯时基《偶园记略》和民国时期周贵德《青州纪游》详细记载了偶园不同时期的园貌，是了解该园的重要文献。王建波《青州偶园小考及园林艺术初探》对偶园作了深入考证，并绘制了"偶园复原总平面图"，具有重要的学术价值。本文以此为基础，论述偶园的园林布局。

偶园是座宅第附园，从复原图看，西部为住宅，东部为园林；园林又

❶ 周贵德. 青州纪游[M]// 青州史料笔记四种. 青岛：青岛出版社，2010：384-385.

❷ 陈从周. 春苔集[M]. 广州：花城出版社，1985：55-58.

包括南北两区，北区仅余基址，南区保存较好（图1）。住宅大门在西侧，朝向今偶园街，20世纪80年代拆除，近年复建（图2），为三开间硬山顶，左右带耳房。大门所对的偶园街是青州主街道，街上有宋代所植古槐，南北立有太保坊、大宗伯坊、柱国坊、大学士坊、一门科第坊等牌坊，纪念邢玠、陈经、冯裕、冯惟讷等明清的名臣贤士。偶园位于路东，路西则分布着基督教堂、天主教堂、培真书院等近代建筑。

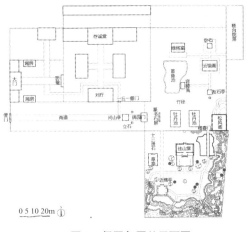

图1　偶园复原总平面图
（笔者据《青州偶园小考及园林艺术初探》图12重绘，略有改动）

图2　复建后的宅第西门
（黄晓　摄）

住宅部分由东西两院组成。从西门进入，是一座东西向小庭院，迎面东侧正对影壁，南北各有一座厢房，北厢房东侧设月洞门通向北部附院，影壁稍南辟门通向主庭院。主庭院为南北向，北部是主厅存诚堂（图3），五开间硬山顶，左右带耳房，两侧有东西厢房，正南为对厅。这组建筑在20世纪也被拆除，近年重建。对厅东侧原来辟门通向偶园，上题"一丘一壑"匾额。以上与《偶园记略》开篇的记载基本相合。

《偶园记略》继而写到偶园北区，穿过"一丘一壑"门，折而向东为问山亭，亭东是朝西的偶园门。与宅第入口平行的南侧，有马车仆从出入的便门，门内是长长的甬道，甬道尽端即偶园门，近年重建，歇山顶，体量小巧（图4）。门内原有四架石屏，镌刻明代高唐王朱翊镶[万历十六年（1588年）袭封]的篆书，可能是奇松园遗物。绕过屏风，是两座牡丹石阑花池，对称布置。其北有一道竹径，向东通向友石亭。偶园搜集了大量奇石，友石亭前的太湖石为全园之冠，亭南还有座小鱼池，映出湖石翠竹的倒影。友石亭向西为容膝斋，斋西有座大鱼池。亭北为北区主体建筑云镜阁，阁

图3　正在复建的主厅存诚堂
（黄晓　摄）

西北为绿格室，东北为楼台院落，正北为东西横卧的太湖石，2米多长（七八尺），殿于全园最北。在友石亭东南角，是二层的松风阁，下层为石砌暖室，供冬日使用（图5）；上层为木构楼阁，可登高览胜。以上北区各景多已不存，仅保留下松风阁的下层石室；另有多块形态特异的单株湖石，其中"福、寿、康、宁"为四尊古石（图6），风姿秀丽，如今在牡丹花台北部沿南北一线布置。

图4　甬道与新建偶园门
（黄晓　摄）

图5　偶园北区松风阁一层石室
（黄晓　摄）

图6　偶园北区"福寿康宁"太湖石
（黄晓　摄）

由松风阁向南，穿过月洞门为偶园南区（图7），目前保存得最好，是园林的精华所在，《偶园记略》的介绍也最详细。偶园南区四周设围墙，上开漏窗，透出园景。入口位于松风阁西侧，是一座圆形门洞，上题"楷春门"三字（图8）。入门即见一池横亘，轮廓接近方形，局部以弧线勾勒。池上跨一座三孔石平桥，尺度较大，雕饰精美，符合王府的规格，应是奇松园遗物（图9）。桥西为园中正厅佳山堂（图10），三开间硬山顶，东西山墙上开圆形窗洞，略具四面厅之意。佳山堂坐北朝南，北侧沿院墙叠有少量湖石，与竹丛相映；南侧辟平台，有晚期所砌的漏砖护栏，周围尚存一些石雕基座构件和湖石小品，传为明代衡王府遗物。西厢位置原有一座茅屋，称"一草亭"，近年重建，亭前曾有十三块金川石，象征范仲淹、欧阳修等十三贤。西南角为近樵亭（周贵德称卧云亭）（图11），是一座三开间攒尖顶方亭，用紫花石装饰。

图 7　偶园南区现状平面图
（贾珺　绘）

1. 松风阁　2. 楷春门　3. 石平桥　4. 佳山堂　5. 山茶山房遗址　6. 卧云亭　7. 假山中峰　8. 近樵亭

图 8　偶园南区楷春门
（黄晓　摄）

图 9　偶园南区石桥与方池
（黄晓　摄）

图 10　偶园南区佳山堂
（黄晓　摄）

图 11　偶园南区近樵亭
（黄晓　摄）

偶园南区最精彩的，是环绕在西、南、东三面的假山瀑洞。

水系入口在西墙下，入园后沿山脚东流，折而向南，汇入近樵亭南侧的水池。池南是一道峭壁，有瀑布自上而下注入池中，近樵亭为隔池赏瀑的最佳之所。登山道路也位于溪水入园处，有石块架在溪上（图12），穿过后是一面石壁，紧贴西墙砌起，磴道掩映在石壁间（图13）。循阶而上是一座平缓的土丘，仅在临溪一侧用块石立砌为陡壁式。穿过土丘，东侧有磴道下到一处平台上，可望见东侧山间的石洞（图14）。以上为第一段西山部分，水趣虽佳但山势平缓，主要用作铺垫。

近樵亭南侧的池水流出后，向东盘绕着山脚蜿蜒而去。水池东南不远，有石板架在溪上，为第二处登山入口（图15）。过桥左转，突然出现一座山洞，洞不深，穿洞从南侧出来，恰与西山过来的道路汇合。向东又是一座山洞（图16），宽度仅60厘米左右，但极为深邃，在洞中东行西折，渐升渐高，偶尔石罅会透入光亮（图17），出洞已到达位于山坡的中峰西麓。向东不远便是最高峰，与主厅佳山堂正对，既能俯瞰全园景致，又能眺望周围的村舍远山。过中峰下山也有一处洞窟，入窟后光线幽暗目不辨物，摸索前行一段，豁然开朗，进入透入日光的石室中。石室向南的洞顶开有一孔，向上望石壁嵚崚，有如坐井观天。孔洞三面都有石阶，拾级而上为中峰东麓。这处洞窟今已堵塞，仅能找到窥天孔洞（图18）。以上为第二段中峰部分，洞穴宛转，峰峦耸拔，达到高潮。

图12　偶园南区水系入口
（黄晓　摄）

图13　偶园南区西山入口
（黄晓　摄）

图14　偶园南区由西山望中峰石洞
（黄晓　摄）

图15　偶园南区近樵亭南侧的水池、峭壁（图左为中峰入口）
（黄晓　摄）

图 16　偶园南区中峰西麓的石洞
（黄晓　摄）

图 17　偶园南区中峰石洞内景
（黄晓　摄）

图 18　偶园南区中峰东麓的石洞
（黄晓　摄）

图 19　偶园南区中峰与东峰间的溪涧及
卧云亭
（黄晓　摄）

由中峰东麓向下，靠近东墙处横架一座石桥，桥下有泉水形成溪涧，流到山脚与东来的瀑水汇合，然后绕着东山向北流入方池。桥下的溪涧是中峰与东峰的分界线，溪北平地上建卧云亭（周贵德称七星楼）（图19），六角攒尖顶，亭北有曲折的道路通向山顶，是为东峰。翻过山峰向北，半

图 20　偶园南区东峰主峰与山房遗址　　　　图 21　偶园南区东峰北部通向松风阁的山路
　　　　　（黄晓　摄）　　　　　　　　　　　　　　　　（黄晓　摄）

山腰建有山茶山房（周贵德称月明楼），平面为方形，仅存基址（图20）。以上为第三段东峰部分，山水亭台，别有幽趣。继续向北还有石径通向松风阁二层（图21），可在阁中回望园景。阁北曾筑有石阶下到友石亭，既作为游山的收束，又形成完整的游线。

三、造园意匠

偶园为冯溥晚年所建，据前文所引秦松龄《亦园记》推测，应是取"偶然成园"之意；冯溥在北京的万柳堂又称"亦园"，两者都含有谦逊之意。此外，《益都县图志》引《蕉砚录》称："未园，亦冯氏园也。在城东三里庄，今夷为蔬圃，惟余太湖石一，高丈余，气势突兀，上有王湘客若之镌二字曰：'起云'。"[1]据传未园也是冯溥所建。由这三处园名，可见冯溥不事张扬、以园逸老的思想。偶园、亦园、未园，简洁直率，比三园建造时间稍晚的另外两座山东名园——苋园和十笏园，也含有谦卑之意，但更为文雅委婉。

"偶园"主要是对外的谦称，在冯溥和亲朋知交的诗文中，更多是自豪地称作"佳山堂"。佳山堂是偶园主堂，所谓"佳山"，便是环绕在堂前西、南、东三面的假山。这组假山造型浑朴自然，在位置布局、空间营造、山水结合和堆筑手法等方面都极为精彩，堪称清代叠山的上乘之作，置于江南园林中亦毫不逊色。

青州古城西、南、东三面环山（图22），佳山堂前的假山宛如城外远山在园内的同位缩微，于堂内可近赏假山如屏，在山上则可远望群山如带。这组假山注重画意营造，紧靠园墙堆叠，与主堂的距离适中，在堂内自西向东观看假山，恰如自右向左展开一幅长卷（图23）；山势以水平为主，成平坂小冈之态，偶有起伏形成峰涧，打破单调之感；与之相应，山石的纹理也为横向，象征绘画的皴法，强化了水平的动势（图24）。尤为巧妙的是，虽然中央主峰仅4米多高，但在堂内却看不到山顶，只见群山连绵，林木阴翳，引发深山密林的联想。

[1]［清］张承燮，修．法伟堂，纂．益都县图志[M]．卷12．古迹志上．光绪三十三年刻本．

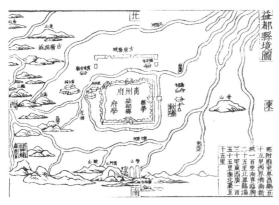

图22 青州府山水形势图
（文献 [8].）

图24 偶园南区假山近景
（黄晓 摄）

图23 偶园南区假山全景
（文献 [11].）

画意欣赏构成偶园假山"可望"的一面，蹬道、洞穴、溪涧则提供了"可游"的路径。与望山一致，游山也是从西侧开始，如前文所述，一路向东经过西山、中峰和东峰三段。西山较为平缓，作为铺垫；中峰洞壑宛转、山势陡峻，进入高潮；东峰逶迤绵延，作为收束。山景的妙处，在于同水景的结合。第一处山水节点是西山北侧的峭壁瀑布，向北隔池面对近樵亭；佳山堂距离假山较远，以静观为主，近樵亭则临近峭壁，瀑布飞溅入池，尽显动态之美（图15）。第二处山水节点在中峰与西山交界处，跨涧石桥紧贴水面，略具滩头之意，迎面是粗壮的古树，左转则是洞穴入口，空间变换极为丰富（图24）。第三处山水节点在中峰与东峰交接处，卧云亭背倚东峰，前绕溪水，对望中峰，周围林木葱翠，如在万山丛中（图19）。此外，三座假山下有溪水从西向东一线贯穿，略具"海上三山"之意；循山而行，脚下溪水叮咚，面前石壁崔嵬，头顶乔木参天，与张钺的寄畅园假山有异曲同工之妙，俨然是半壁八音涧（图25）。

图25 左：偶园南区假山溪涧；右：寄畅园八音涧
（黄晓 摄）

就石材而言，偶园假山中峰最佳，主要为青石叠成，石块多经斫削加工，形态敦厚，近于黄石；西山次之，以土为主，石壁尚可；东峰多为碎石，散乱堆砌，较为逊色，结合旁边被毁的山茶山房推测，应是后世破坏所致。粗朴的石材和简率的干砌手法，体现了粗犷雄浑的北方风格，使此山兼具南北方的特点。

南北方的交融也体现在偶园的布局和游线中。偶园是较为典型的北方园林，正堂与假山中峰形成明显的中轴线，建筑数量不多，布局四平八稳；东北角的方池和大体量的石桥，都反映了北方和早期造园的特点。园林的游线设计，如《偶园记略》描述的，入园后经石桥抵达主堂，向西在一草亭观看立石，再向南从近樵亭游赏假山，最后向北登上高处的松风阁。以楼阁作为游园的结束，是古典园林尤其是江南园林常见的布局，如童寯《江南园林志》总结的："初入园，有朱栏回廊，渐见亭台，然后到池，而以楼及假山殿后，登其高处，顾盼全局，由小及大，由卑至高，斯经营位置之定律也。"❶ 晚明弇山园的缥缈楼、寄畅园的环翠楼都是这类建筑，偶园松风阁正是秉承了这一传统，作为殿后的高耸建筑，对内可收一园之胜，对外可借山色村光。

最后值得一提的是偶园的花木。偶园继承自衡王府奇松园，因此园内有大量的松柏，尤以高大的圆柏和侧柏为多。这些松柏主要分布在三座假山之间，高下错落，推测是先有土山和树木，后来围绕树木叠石筑洞，形成山石林木紧密结合的景致（图26）。园中现存的明代迎春和桂花盆栽，推测也是奇松园旧物。佳山堂西南有一株丁香，春天花开似锦。此外，《偶园记略》还提到园中有大片的竹林，形成幽静的竹径；冯溥诗集中则专门提到牡丹，《喜曹州刘兴甫送花》曰："君家近洛阳，名花实繁夥。我乞数株栽，君云无不可。不惮人力劳，千里亲封裹。策蹇君自来，惠我数百颗。天竹珊瑚珠，黄梅异凡朵。花王领群芳，种植分右左……"❷ 道光年间李廷枢来游时，见园中牡丹广及一亩，仍为偶园的重要景致。

❶ 童寯. 江南园林志·杂识 [M]. 北京：中国建筑工业出版社，1984：42.

❷ [清] 冯溥. 佳山堂诗集 [M]. 卷 1// 清代诗文集汇编·29. 上海：上海古籍出版社，2010.

图 26　偶园南区假山上的松柏
（贾珺　摄）

四、结语

青州偶园历史悠久，虽然始建时间较曲阜铁山园略晚，但园内的古松石桥皆为建园初期的见证，是山东明清四园中保留实物最古的一座。偶园现存的格局较为简单，空间远不及潍坊十笏园丰富，但园中假山却是清初期叠山风格的重要遗存，被陈从周先生誉为"今日鲁中园林最古之叠石"，叠山家"模鲁山之特征，运当地之石材"，形成迥异于江南的突兀苍古的北方风格。❶

目前假山西半段保存较好，但中峰东麓的石窟已经塌陷，东峰的山石散乱，应在深入研究的基础上妥善修复。建造偶园的冯溥为顺康年间的文坛领袖，影响巨大，据传张然曾为冯溥绘《亦园山水图》，青州博物馆今藏有康熙二年（1663年）张萃稚所绘《冯文毅公冶园图》和康熙十七年（1678年）周洽所绘《冯溥佳山堂消暑图》，应在考证真伪的基础上，对冯溥与文士的交游酬唱和园居生活做进一步的研究。

❶ 陈从周. 春苔集 [M]. 广州: 花城出版社, 1985: 57.

参考文献

[1] [清] 冯溥. 佳山堂诗集·佳山堂诗二集 [M]// 清代诗文集汇编·29. 上海: 上海古籍出版社, 2010.

[2] [清] 李焕章. 织斋文集 [M]// 清代诗文集汇编·45. 上海: 上海古籍出版社, 2010.

[3] [清] 毛奇龄. 易斋冯公年谱 [A]// 刘聿鑫. 冯惟敏、冯溥、李之芳、田雯、张笃庆、郝懿行、王懿荣年谱. 济南: 山东大学出版社, 2002: 15-28.

[4] 曹立会. 冯惟敏年谱·附冯惟敏著作 [M]. 青岛: 青岛出版社, 2006.

[5] [清] 冯协一. 友柏堂遗诗选 [M]. 清乾隆刻本.

[6] [清] 冯钤. 蕉砚录 [M]. 济南: 华东印刷公司铅印本, 1939.

[7] [清] 李廷枢. 巨平文集 [M]. 益都印刷局, 1935.

[8] [清] 毛永柏, 修. 李图, 刘燿椿, 纂. 青州府志 [M]. 咸丰九年刻本.

[9] [清] 张承燮, 修. 法伟堂, 纂. 益都县图志 [M]. 光绪三十三年刻本.

[10] 周贵德. 青州纪游 [M]. 高密: 大同印刷社, 1935.

[11] 贾祥云, 戚海峰, 乔敏. 山东近代园林 [M]. 上海: 上海科学技术出版社, 2012.

[12] 王建波, 阮仪三. 青州偶园小考及园林艺术初探 [J]. 建筑师, 2009（4）: 83-90.

[13] 王宪明. 衡王府与红楼梦 [M]. 北京: 中国档案出版社, 2007.

无锡近代王氏蠡园研究[1]

黄 晓 刘珊珊[2]
（北京林业大学园林学院）

摘要：蠡园位于无锡太湖沿岸，20世纪二三十年代先后由工商业资本家王禹卿、王亢元父子主导兴建，为中国近代时期的重要园林。蠡园反映了近代中西文化的碰撞与交融，体现在造园思想、总体布局、造园意匠和园中活动等各个方面。本文借助文献资料，结合实地考察和测绘，梳理蠡园的历史沿革，并从中西交流的角度，分析园林的布局、思想和意匠，进而探讨近代园林对中国传统的继承和对西方文化的吸收。

关键词：无锡近代园林，太湖，蠡园，王禹卿，王亢元

Abstract: Li Garden (Liyuan) is a famous modern garden located near Lake Tai (Taihu) in Wuxi. It was constructed under the direction of Wang Yuqing and Wang Kangyuan during the 1920s and 1930s. The design of the garden reflects the dialogue between Chinese and Western culture that took place in the modern era in China. Modern design ideas are found in the overall layout and in individual element slike rockeries, buildings, and plants. The activities in the garden also follow the recreation trends of modern China. This paper analyses the garden history including its architectureand activities based on historical literature and the results of modern survey and measurement.It discusses the Sino-Western cultural exchanges during the time of construction of Li Garden and reveals the underlying design ideas and artistic concepts.

Keywords: modern gardens of Wuxi, Lake Tai, Li Garden (Liyuan), Wang Yuqing, Wang Kangyuan

一、引言

蠡园、渔庄位于无锡旧城西南约5000米的蠡湖北岸，蠡园在东，渔庄在西，毗邻相继而建，皆为无锡近代时期的著名园林（图1）。

蠡湖是太湖伸入陆地的内湖，古称漆湖、五里湖。湖虽"名五里，实则十里而遥"[3]，北面通过犊山门、浦岭门两个水口与太湖相通，南面通过长广溪与太湖相连。蠡园周围风景优美，无锡人常将其与杭州西湖并提，如明代华淑《五里湖赋》称："苍巘周遭，堆蓝撮秀，大类武林西湖。西湖之胜以艳、以秀、以嫩、以园、以堤、以桥、以亭、以祠墓、以雉堞、以桃柳、以歌舞，如美人焉。五里湖以旷、以老、以逸、以莽荡、以苍凉，侠乎？仙乎？"[4]华淑将杭州西湖比作秀艳娴雅的淡妆美人，无锡五里湖则如旷放豪迈的仙人侠客，呈现出一种粗犷的男性之美。

---

[1] 本文得到国家自然科学基金青年基金项目（编号51708029）和"2014年江苏省建设系统科技指导项目《中国无锡近代园林研究》"（编号2014ZD67）资助。
[2] 作者单位为北京交通大学建筑与艺术学院。
[3] 文献[3]. 卷6.
[4] 文献[3]. 卷6.

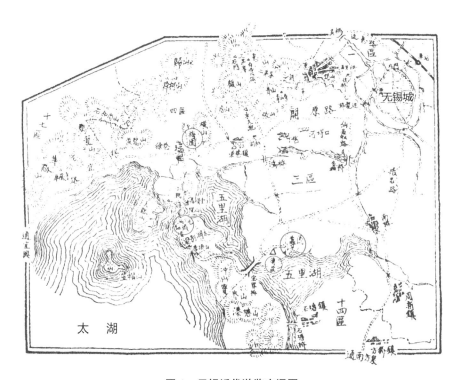

图 1　无锡近代游览交通图
（图中可见蠡园、渔庄、梅园和鼋头渚等近代园林与无锡城和五里湖、太湖的位置关系）
（芮麟，等．无锡导游[M]// 无锡文库．第 24 册．南京：凤凰出版社，2011．）

从唐代起无锡人就在诗文中提及太湖，如著名诗人李绅有《泛五湖》（五湖为太湖别称）长诗。到明代开始大量出现描写五里湖（蠡湖）的诗文，表明此地已成为邑人的游赏胜地；同时沿湖还建造了众多园亭别业，其中最著名的是东林党领袖高攀龙的可楼水居。

民国时期，随着荣氏家族和杨氏家族在太湖沿岸对梅园、鼋头渚的开发建设，蠡湖周边也因其优美的景致被民族资本家王禹卿、陈梅芳等相中，成为理想的造园基址。王氏蠡园和陈氏渔庄先后开工兴建，争奇斗妍，成为点缀在蠡湖北岸的两颗明珠。本文主要借助文献资料、实地测绘和现场考察，对建造较早的蠡园做一系统研究。

二、历史沿革

近代蠡园的建设经历了三个阶段，先后由虞循真、王禹卿、王亢元（图 2）主导。

民国时期蠡湖一带在行政区划上属于无锡县扬名乡青祁村（巷）。蠡湖沿岸原为芦苇荡，青祁人虞循真做了初步的修整，沿湖修筑堤坝、种植桃柳、建造茅亭，形成梅埠香雪、桂林天香、柳浪闻莺、曲渊观鱼、南堤春晓、东瀛佳色、枫台顾曲和月波平眺"青祁八景"，显然有效仿杭州西湖之意；同时在大路上立"山明水秀之区"标志牌，是为蠡湖风景区的初创。后来王禹卿建造蠡园，陈梅芳建造渔庄，都是在虞循真"青祁八景"的基础上展开的。

王禹卿（1879—1965年）也是青祁人，少年时期家境贫寒，前往上海做学徒，1903年进入荣氏开设在上海的茂新公司，成为得力干将。1914年他请荣氏兄弟赞助，共同作为股东创建了福新面粉厂。由于经营有方，他的面粉厂陆续扩增至8处，获利丰厚。❶20世纪20年代，王禹卿投入巨资，在家乡青祁建造了蠡园。

图2　王禹卿（中）、王亢元（左）和王炳如（右）祖孙三代合影
（文献[15]: 180.）

王禹卿兴建蠡园的时间，有民国16年（1927年）和民国17年（1928年）两种说法。前者见于1939年王禹卿的《六十年来自述》，称"丁卯49岁，筑园于蠡湖之滨"❷，丁卯为1927年，是年王禹卿49岁。后者见于1936年前后的《蠡园记》，称："经始于戊辰，告成于庚午，悉由禹卿先生精心擘划，遥制经营而董其事。"❸戊辰为1928年，庚午为1930年，即造园时间为1928—1930年，由王禹卿在上海遥控指挥。第二种说法也能从当时的报纸报道得到印证。1928年10月1日《锡报》载孙肇圻《青祁蠡园涵碧亭联》的案语称："王君禹卿近辟蠡园于扬西青祁，广凡20余亩，景殊清幽，现正在规划布置中。"❹《蠡园记》和《青祁蠡园涵碧亭联》案语时间较早，《六十年来自述》则是王禹卿的亲述，都具有很高的可信度。综合分析，推测应是1927年王禹卿决定造园，经过筹划准备，1928年正式开工，1930年初步告竣，是为蠡园的第一期工程，奠定了蠡园的基本格局。园林占地30余亩，东部以假山为主，西部以水池为主，南部与湖面相接处隔以长廊，并建有湖上草堂、景宣楼、诵芬轩、寒香阁和涵碧亭等8座亭子。

王禹卿兴建蠡园得到时任无锡第三区区长虞循真的大力协助，虞氏帮他聘请了留日工程师郑庭真，共同主持园林的设计和施工；花木栽种则主要由王禹卿的长子王亢元负责。王亢元酷好园艺，曾追随上海园艺大师黄岳渊（1880—1964年）学习。1949年王亢元赞助发行了黄岳渊的《花经》，他在序言里提到："亢元梁溪人，向在锡麓西乡之青祁，随家君从事蠡园之筑，游人诧为名胜。其中花木之栽植排比，多蒙丈亲临指教，遂克臻此。"❺可知黄岳渊曾亲自到无锡，指点蠡园的花木栽植，成效极佳，得到游观者的赞誉。

1936年王亢元将蠡园扩至49亩（约33000平方米），是为第三个阶

❶ 关于王禹卿的生平，参见王禹卿自撰《六十年来自述》，见文献[15]: 362-368。

❷ 王禹卿自撰《六十年来自述》，见文献[15]: 362-368。

❸ 《蠡园记》提到王禹卿的初建和王亢元的扩建，由此推测，应作于1936年前后。转引自文献[9]: 100。

❹ 转引自文献[1]: 102。

❺ 见文献[13]: 21。1985年上海书店的影印本仅保留了周瘦鹃、郑逸梅的序言。

段。从长廊中段向南接出长桥，在湖中建晴红烟绿水榭，于水榭东南建5层凝春塔。同时又在蠡园北部拓地10余亩（约7000平方米），建造颐安别业，改建诵芬轩，添设舞池、泳池等，使蠡园的布局更加完善。❶

❶ 参见《蠡园记》，转引自文献[9]: 100。

1930—1937年间，陈梅芳在蠡园东侧建造了渔庄。1949年后，市政府于1952年将园中长廊向西接出，沿堤岸一直通到渔庄假山，称"千步长廊"。其后又将东部假山及颐安别业、凝春塔、景宣楼等划归外事部门（今湖滨饭店），割裂了蠡园山、水两区的关系。"文革"时期蠡园改称红旗公园，对公众开放。1978年将原蠡园和渔庄之间的2.4公顷荒地辟为新区，建成"层波叠影"景区。2006年"蠡园及渔庄"被列为江苏省级文物保护单位。

今日统称的蠡园，其主体实为当年的渔庄，民国时期的蠡园仅有西部池区被包括在内，东部假山皆已划出园外，这种割裂影响到对蠡园的历史研究和价值评判。本文尝试以民国时期的蠡园为研究对象，探讨此园近代时期的造园思想、园林布局、造园意匠和园居生活（图3）。

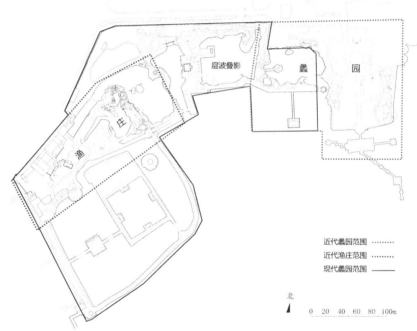

图3 蠡园、渔庄总平面图
（戈祎迎、高凡、冯展、张淮南 等合绘）

三、造园思想

王禹卿父子的造园思想，集中体现在园林和园景的命名上，主要表现为两点：一是颂扬王氏祖辈的恩德，二是宣扬以商济世的精神，两者紧密交织在一起，相辅相成。

王禹卿造园秉承了其父王梅生的遗志，即《蠡园记》所称："以其先君子梅森公（王梅生）在日，尝志大夫（范蠡）之志，出则膏泽及民，退则湖山终老为怀。故筑园湖滨，藉大夫之名名之，示不忘也。"园内有诵芬轩，取自西晋陆机《文赋》："咏世德之骏烈，诵先人之清芬"，王禹卿借轩名称颂祖辈的恩德；此外他还种植梅花，建造寒香阁，"壁间刻石有梅森公像志，阁上则公之遗像悬焉"，梅花、"寒香"与"梅生"、"梅森"呼应，用以纪念他的父亲。在造园之初，王禹卿还曾计划题名"槐园"。王氏先祖可上溯到北宋的王祐，苏轼曾为王祐作《三槐堂铭》，传至后世为"三槐王氏"。王禹卿希望借"槐园"之名彰显祖荫之厚，并展示与一代文豪的联系。从这些方面都可看出王禹卿对家族传承的重视。后来其子王亢元在园林北部建造颐安别业，"以为迎养之所。寻复改建诵芬轩为阶庐，中辟幽室，专以娱亲，是亦继禹卿先生之志也"，颐安别业和阶庐作为养老和娱亲之所，正体现了同一精神的延续。

王禹卿将个人的成功归结为两点，一是祖荫庇佑，二是以商起家，他最后将园名定为蠡园，便是为了向商界的始祖范蠡致敬；园中主厅称"湖上草堂"，表示追慕范蠡的睿智和逍遥。《蠡园记》开篇提到："昔范大夫蠡用越沼吴，功成身退，扁舟浮五湖入齐。故老相传曾过此湖，游息而去，遂臆称曰蠡湖。湖上有青祁村，村人禹卿王尔正先生概慕范大夫之为人，既师其殖货以起家，后效其散财以治乡。"蠡园所对的湖泊，相传为范蠡功成身退后的泛舟之处。❶范蠡经由此湖进入齐国，通过经商致富，世称"陶朱公"，他后来"尽散其财，以分与知友乡党"❷，被树为历代商人的典范。王禹卿受父亲的影响，自幼敬仰范蠡，他致富后也希望效仿范蠡"散财治乡"，让乡亲们同受其惠。因此他在家乡建造蠡园，既是对范蠡泛舟此地的纪念，也是为了实现个人的济世理想。

《蠡园记》最后着重强调了王禹卿对青祁的贡献："综其（王禹卿）致力于乡治兴学，至今逾二十年。筑路自蠡园经仙蠡墩达西城，长凡十数里，抑且建蠡桥、设医局、数赈灾、时平粜、施衣给米、任恤掩埋，历计所费殆将倍徙于斯园。然则斯园之构，特其小焉者耳。"除了兴建蠡园，20多年来王禹卿还修筑公路、建造桥梁、设置医局、赈济灾民……与他在公益事务上的花费相比，造园只能算小宗。然而蠡园虽小，仍有其独特的意义。《蠡园记》结尾称："有斯园则西乡之文明日益启，锡邑之声华日益隆。不独仅事显扬，抑足增光乡邑，其关系不亦重哉！"修路造桥等能够让乡人直接受益，建造蠡园则既可提高故乡声誉为无锡增光，又能引入西洋文明以启蒙民众。

热衷公益、造福桑梓正是无锡近代资本家的共同特点，此前荣德生建造梅园（1912年）、杨瀚西建造横云山庄（1918年），都怀有这种理想。王禹卿在荣德生的建议下兴建蠡园❸，实乃荣氏打造太湖风景区的重要一环；同时蠡园之名又与"以商济世"的范蠡遥遥呼应，正可作为以荣氏为首的无锡近代资本家"义商"精神的最佳诠释。

❶ 文献 [3]. 卷 6："（五里湖）为范蠡扁舟处也。"

❷ [西汉] 司马迁. 史记·越王勾践世家第 11. 清文渊阁四库全书.

❸ 黄茂如《无锡市近代园林发展史料访谈记录》（个人资料）记载，1988年他采访王禹卿之子王亢元，王氏称其父曾在青祁"办过一所培本小学，十年后开运动会，填平芦荡滩地作操场。荣德生劝禹卿运动会后场地废弃，何不像他一样造一园。"可知王禹卿造园受到了荣德生建造梅园的影响。

四、园林布局

近代蠡园的建设分为一、二两期工程。王禹卿主导的一期工程较多地继承了中国传统园林的风格,王亢元主导的二期工程则更多地体现出西洋的影响。❶《蠡园记》委婉地概括为:"园之南部宜古,北部宜今,游焉息焉,各得其所。"当时的报刊则直接点破,称蠡园颇有"中西参混之病"❷。

由于是分两期建成,前后的主导思想并不相同,蠡园的格局颇为混杂。《蠡园记》也未遵循古代园记的常见写法,沿游赏路线描写园景,而是按照建造时间先后加以罗列:王禹卿的一期工程,"有长廊,有曲梁,有土岭;为堂一,曰湖上草堂;为楼一,曰景宣;为轩一,曰诵芬;为阁一,曰寒香。……为亭凡八,其他景物不胜备举";王亢元的二期工程,"于湖中添建水榭,额曰晴红烟绿;又筑浮图,题曰凝春,以点缀西南。复开园北隅,拓地十数亩,营建别业,曰颐安,以为迎养之所。寻复改建诵芬轩为阶庐,中辟幽室,专以娱亲。"

1949年后蠡园屡经改建,园记中的一些景致,如湖上草堂、景宣楼、寒香阁等已难以确指。本文结合园记、老照片和现状分析,推断近代蠡园包含东、西两区,东区以假山为主,西区以水池为主,两区原有水、陆两处入口(图4)。

❶ 黄茂如《无锡市近代园林发展史料访谈记录》(个人资料)提到王亢元自述:"造蠡园时青祁虞循真主张要古式,王亢元则要求新式,虞拗不过园主,就说不管了,随你们去。故后来做的都带洋式,设计师是在日本留过学的陈工程师,绍兴人,对日本很熟悉,园里种的杜鹃花就是他弄来的。"

❷ 1930年6月19日《锡报·副刊》载艺芝《青祁近况谈·湖庄近况》,转引自文献[1]:128-129。

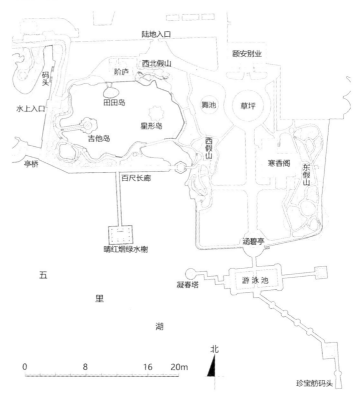

图4 近代蠡园平面示意图
(戈祎迎、毕玉明、褚一伟 绘)

图 5　蠡园西区鸟瞰
（蠡园管理处提供）

　　陆上入口位于北侧，当年应设有园门，派专人管理售票。王禹卿在门外修筑了公路，通向仙蠡墩和无锡城，方便城里人前来游赏。入门后向东南行为东区，北部居中是一座两层五开间洋楼，今称景宣楼，实际应为王亢元建造的颐安别业。颐安别业确立了东区的南北主轴线，其南沿轴线依次为圆形草坪、笔直的道路、八角形涵碧亭和伸入湖中的游泳池。轴线两侧，草坪西部是圆形的露天舞池。道路东、西原各有一座建筑和假山，东侧建筑为寒香阁，高两层，歇山顶（见图7），近年改建后已非原貌，阁东的假山较小，以石为主；西侧建筑推测原为景宣楼，现已拆除，其西的假山较大，以土为主，两座假山上皆点缀亭子。轴线尽端的游泳池，东西分设男、女更衣室，东侧还接出一段折桥，通向5层的凝春塔。

　　入园门向西南行为西区，中央巨大的水池占据了大部分面积，建筑、亭廊、桥岛皆沿池布置（图5）。水池北岸较为平直，其他三岸则相对曲折，东南、西南两角各有一桥，一为三拱长桥，一为单拱木桥，形成对比。主厅诵芬轩位于池北，原是一座单层中式建筑，王亢元改建为二层的西式小楼，称阶庐。楼东堆筑假山，山内空间丰富；楼南有两座小桥通向池中的田田岛，岛上建圆形的荷叶亭。田田岛与其他两座小岛构成传统"一池三山"的格局。此外，环池还点缀了几座造型各异的亭子，丰富了池区的观景层次。南侧的长廊界于水池和外湖之间，保证了池区景致的完整性和私密感。长廊中部向南架设长桥，通向湖中的晴红烟绿水榭。

　　西区需要辨析的是水池西岸的入口空间。1929年钱雪盦《游蠡园七绝六首》提到："扁舟买得横溪渡，击楫高歌送暮春。……身在孤舟浑不觉，沙鸥列队喜相迎。"❶孙揆均联曰："一舸来时，正春水犹香，好山未老"，陈宗彝联曰："轻舸到青祁，看湖光潋滟，峦影空漾，畅好似圣因风景"，都表明民国时期游人常经由水路前往蠡园。这处水上入口应位于池西。从老照片看，这里原有一座门屋，西式屋身，中式屋顶，为典型的近代建筑。屋北原为白色实墙，墙西设码头，应为当年的水路登岸处。屋南

❶ 1929年6月25日《锡报》载，转引自文献[1]：113–114。

图6 左：蠡园入口旧貌，右：入口现状
（左：文献[14]: 298；右：蠡园管理处提供）

是一道长廊，廊西为实墙，廊东墙上开漏窗，透出园景。1978年辟建"层波叠影"新区时拆除了门屋，将城内水仙庙戏台迁建于此，并改造了屋南的长廊，在屋北实墙上辟月洞门，改变了这处水路入口的面貌（图6）。

近代蠡园东为山院、西为水院的分区，土山、石山的堆筑，一池三山的布局以及塔亭廊榭的造型，都延续了中国传统的风格；而东区的轴线布置，颐安别业、阶庐的西洋造型、小岛的几何平面，以及舞池、游泳池等时尚设施，则体现了西方文化的影响。这其中既反映了王禹卿、王亢元父子两代人的审美差异，也呈现出中国园林在近代的演变历程。虽然蠡园被当时人批评为"中西参混"，但园林文化传承和创新的活力，正体现在园中混杂交融的不同元素中。

五、造园意匠

本节从选址借景、山水花木和建筑小品三个方面分析蠡园的造园意匠，讨论其中体现的中国传统和西洋影响。

1. 选址借景

王禹卿将园址选在蠡湖北岸，除了希望美化建设家乡和响应市政府、荣氏的太湖风景区规划，更重要的，是相中了蠡湖优美的借景。

蠡园南依五里湖，开阔的湖面东西铺展，其南遥对长广溪口，其西的漆塘山、宝界山、充山南北绵亘，轮廓优美，提供了不可多得的自然借景。当时的诗文提到蠡园，首先关注的便是园中所借的湖山胜景。如《蠡园记》称赞该园"濒湖面山，胜景天然"，民国文士孙砚滴称"是园濒临五里湖，三面环水，一碧无垠，颇饶胜概也。"❶ 陈天倪《蠡园》诗曰："溶溶五里湖，澹澹千顷碧。浮光入层楼，芳波凑绮陌。"❷

蠡园临湖的建筑主要是为方便借景而设，最重要的有三处：涵碧亭、百尺长廊和晴红烟绿水榭。

❶ 1928年10月1日《锡报》载，转引自文献[1]: 102。

❷ 陈天倪（1879—1968年），湖南益阳人。曾执教于东北大学、无锡国专、中山大学、民国大学、湖南大学。有《尊闻室剩稿》存世。

图 7　左：蠡园东区寒香阁、涵碧亭旧影；右：涵碧亭现状
（左：文献 [7]：71；右：黄晓　摄）

涵碧亭位于东区南端临湖处，是一座八角形攒尖亭，体量很大，当时作为主要的宴游场所，屡见诗文提及（图 7）。该亭于 1928 年建成，孙肇圻题名"涵碧"，并为其撰一联，描写在亭中所见的湖上风光："眼前风景不殊，宛披摩诘画图，别墅辋川开粉本；湖上秋光如许，可有渔洋诗笔，夕阳疏柳写新词。"❶ 1929 年钱雪盦《游蠡园七绝六首》第三首专咏涵碧亭："波光溺溺摇飞阁，柳影丝丝拂石栏。安得藜床共一夕，且留此景月中看。"1930 年远游客《蠡园新咏》称赞："涵碧亭中奇绝景，月来红绿紫青黄。"❷ 1932 年名动一时的蠡园饯春大会也是在涵碧亭举行，戢盦《〈蠡园饯春图〉歌》序称"三月廿八日张君补园约为饯春之会，偕王峻崖、胡汀鹭、诸健秋、张潮象、孙伯亮、沈伯涛、徐育柳买舟载酒至蠡园，并招虞循真于涵碧亭小饮"，戢盦诗曰："乍停桡处绿阴浓，涵碧亭开面远峰。岚翠波光落杯酒，人影一重花一重。"❸ 涵碧亭只是座普通的古典风格建筑，本身并无特出之处，能得到如此多的关注，显然与此亭所对的岚翠波光、奇绝风景有关。近年于原址重建涵碧亭，位置未变，但样式已非旧貌。

百尺长廊位于西区南端临湖处，界于内池和外湖之间。临池的廊北墙上开漏窗，透出内部幽深的池景，面湖的廊南不设围墙，敞向开阔的湖面，游人漫步廊中，可同时欣赏内外的水景。❹ 长廊与涵碧亭分处两区，廊为"动观"，亭为"静观"，构成对比。当时不少诗文都提及这处长廊。1930 年《蠡园小沧桑》称："该园素以长廊驰名，廊下旧有十数石刻，嵌于壁间，上镌《蠡园记》全文。"❺ 园记对于宣扬主人的名声至为重要，因此镌刻在游人最盛的长廊间，为优美的风景增添了人文的趣味。此外，蒋士松"百尺爱长廊，风景宛如游北海；四时饶胜概，烟波不再忆西湖"，华昶"千步回廊闻风吹，两山排闼送青来"，涤俗《金缕曲·暮春游青祁蠡园作》："几曲长廊堪踯躅，够销魂，门外垂杨柳，娇舞态，尽相诱"，高翔"万顷漾澄波，正微雨晴初，曳将坡老筇杖，六曲回廊杨柳岸；九峰浮远渚，趁夕阳明处，著个放翁艇子，数声柔橹水云乡"等，都是描写在长廊中观赏万顷湖光、九峰山色。

百尺长廊所在的西区向北凹入，两侧的风景被部分遮挡，因此王亢元

❶ 1928 年 10 月 1 日《锡报》载，转引自文献 [1]：102。孙肇圻（1881-1953 年）字北萱，号颂陀，无锡人。

❷ 1929 年 6 月 25 日《锡报》载，转引自文献 [1]：132。

❸ 1930 年 8 月 6 日《锡报》载，转引自文献 [1]：145-146。

❹ 关于百尺长廊，黄茂如《无锡市近代园林发展史料访谈记录》（个人资料）提到王亢元自述，长廊"筑时为单面敞廊，有人说还有一面也拆掉，可以一眼看到里面，父亲不肯。后来他同意拆，拆后，又有人说要挡才好，不能一览无余，后又成单面廊。"

❺ 1930 年 8 月 2 日《锡报·副刊》载一游客《蠡园小沧桑》，转引自文献 [1]：132。

图 8　左：蠡园百尺长廊；右：晴红烟绿水榭近景
（黄晓 摄）

后来向南接出长桥，在湖中建晴红烟绿水榭，并在榭内安装巨大的方镜，供人纵赏湖山胜景。1931 年的《湖滨新话》提到："近建湖镜一具，面湖而设，山光水影，尽入镜中。于夕阳西下时窥之，晚霞绿波，垂柳远帆，尤饶奇观。"[1] 伸向湖中的水榭弥补了池岸凹入的不足（图 8）。

为了借景湖山，蠡园的布置可谓竭尽匠心，得到当时人的称许。如华艺芗称赞 "风月畅无边，看远山作障，近水通池，贤主人啸傲烟波，少伯高踪旷绝代；林泉容小隐，喜曲榭宜诗，回廊入画，嘉宾客流连觞咏，右军遗韵想当年"，范廷铨称赞 "辋川秀绝人寰，琉璃世界，卷画楼台，俨然在水一方，八景溪山都入妙；阆苑飞来天外，花木长廊，烟波别墅，愿得浮生半日，五湖风月坐中看。"

蠡湖为蠡园提供了优美的借景，蠡园则是蠡湖重要的点缀，除了在园中赏湖，游人还可在湖上观园。尤其在乘舟前往蠡园时，伸入湖中的凝春塔和水榭、掩映在长廊后的绿树和楼阁，带给游人无尽的遐想和期待。1930 年远游客《蠡园新咏》曰："名园为近水云乡，便就湖堤筑粉墙。翠柳芟锄真洁净，朱阑排列最辉煌"[2]，描写从湖上观看蠡园的长堤粉墙、绿柳红栏。涤俗《金缕曲·暮春游青祁蠡园作》："试放轻舟柔舻缓，相约寻诗载酒。笑指点谁家红袖"，许岱云《秋夜泛棹蠡湖登蠡园》曰："打棹船行明镜里，游湖人在画图中"，也是描写在湖上眺望蠡园，游人在风景间穿行，俨然如画（图 9）。

图 9　蠡园长廊、水榭、涵碧亭和凝春塔全景
（蠡园管理处提供）

---

[1] 1931 年 11 月 5 日《锡报》载阿难《湖滨新话》三则，转引自文献 [1]：141。

[2] 1930 年 8 月 6 日《锡报》载，转引自文献 [1]：132。

蠡园与蠡湖体现了"看与被看"的统一，可谓相得益彰。然而在湖边建园，虽便于借景，却也要付出不少代价。湖边地势低洼，当初大部分是沼泽和鱼塘，堆填了大量土石才形成可供建设的基址；园林建成后，每到雨季，防洪泄洪都成为焦点。1931年《湖滨新话》提到蠡园遭遇的一次水灾：蠡园所在的扬西"旧名水墩，四周环水，藉蠡桥及南北中桥为沟通东北要道，地形低洼。本年水涨时，蠡园全部被浸，浅则没踝，深处过膝，以是游人裹足。近日水退，始复旧观。"❶ 无锡古代沿湖园林不多，原因之一便是湖边不易建设和水患频发，近代技术的发展解决了施工的难题，但仍须不时面对水患的困扰。❷

2. 山水花木

在挹借园外真山真水的同时，蠡园内部还堆筑开凿了人工山水，并在山间水畔栽植花木。

假山位于东区，共三座，都紧贴园林边界布置。东侧是一座土山，南北长140余米，东西宽30—40米，占地面积最大。该山分为南、北两部分，南部较大，北部较小，其间隔以峡谷，谷上以石拱桥相连，桥南设方亭。北山中央是一座湖石拼成的高峰，下题"第一峰"三字；南山的制高点也是一座石峰，峰顶立有石猴。这处土山的主要特点，是在山间特置各类模拟动物形象的怪石，如"蹲狮"、"二鹤"和"群羔跪乳"等（图10）。1930年远游客《蠡园新咏》曰："危楼只许斜阳上，顽石顿成飞鸟翔（中假山矗立作飞行势）"❸，指的应该便是山间姿态各异的怪石。

西侧假山面积适中，南北长90余米，东西宽20—30米，也分为南北两部分，南大北小，其间以峡谷相隔，上架拱桥相连。这座西山与东山的风格接近，只是用石量有所增加。山间也有"天马"、"猿门"等模拟动物形象的石组（图11），但叠山的主题是通过石与云的类比来象征仙境，体

❶ 1931年11月5日《锡报》载阿难《湖滨新话》三则，转引自文献[1]：141。

❷ 据黄茂如《无锡市近代园林发展史料访谈记录》（个人资料）载，1991年蠡园遭水淹，"7月1日进水，7月13日退水，至8月15日退尽。"

❸ 1930年8月6日《锡报》载，转引自文献[1]：132。

图10　东侧假山之神猴、蹲狮和二鹤
（黄晓　摄）

图 11　西侧假山、醉红亭、猿门和天马题刻
（黄晓　摄）

图 12　西侧假山之云屏、云路和跨云石桥
（黄晓　摄）

现在一系列以"云"命名的石景中，如醉红亭所对的片石"云屏"、条石铺成的"云路"和架在两山之间的"跨云"石桥（图12）。西山的植物以竹林为主，成片丛植，陈天倪《蠡园》诗曰："子猷爱修竹，米颠拜奇石。……幽篁自成韵，假山如叠壁"，正与该区的景致相合。

除了东、西两山，在东区西北角，阶庐的东侧还有一座假山，东西长40余米，南北宽20余米，面积最小，但用石量最大，形成丰富的山径和洞穴空间。假山入口在西北角，是一段稍微弯曲的东西向小径，左为石栏，右为假山；行至尽头向南穿过石门，进入一处露天洞穴，四周怪石林立，为山间第一个高潮。循石级穿过石门登上山顶，沿路东行可眺览山南的池景。在东端沿石级下山，转180°又进入一处露天洞穴，是山间的第二个高潮。此地被营造成一处修道场所：北侧砌筑可供容身清修的石洞，墙壁上留有孔窍，可窥见洞外的风景；东侧是一口泉眼，题名"炼丹泉"，泉周环立一圈奇石；与之相对的西侧开凿壁龛，龛内供奉祖师神像，龛外题"炼丹台"三字（图13）。考察王禹卿、王亢元父子的生平，并无修道炼丹之事，这处景致应该主要是从造园意境上考虑，与西山的"仙境"主题呼应。

图13　西北假山之炼丹洞、炼丹泉和祖师像
（黄晓　摄）

同样含有"仙境"寓意的还有西区的水池。与东区的假山贴边布置不同，这座水池位于中央，楼亭桥岛皆绕池布置，保证了池面的开阔感。池中三座小岛象征"海上仙山"，是中国传统造园常见的主题，但三岛皆采用几何平面，一为圆形，一为星形，一为吉他形，则体现了西洋的趣味。吉他岛上摆设石桌、石凳，种植高大的柳树遮阴避凉；圆形的田田岛上设置荷叶状敞亭，亭旁树立三尊太湖石峰；这两座岛都有桥堤与岸相连，可供游人登岛游赏，星形岛与岸隔绝，孤处水上，仅供远观。水池东南角是一座三拱长桥，将池面截为大、小两部分，外部的湖水由此引入池中；西南角是座小巧的木拱桥，也截出一段水面，营造出绵延不绝的水尾之感。岛、桥的分隔丰富了池区的空间层次，此外，沿池矶岸用湖石驳砌，紧贴水面，曲折有致，予人极佳的亲水体验（图14）。孙鸿《蠡园》诗曰："石澜安贴压沧波，曲折长廊挂薜萝。一簇晚莲新结子，王家庭院得秋多"，描写的便是沿池的贴水景致，并提到池中栽植的莲花。

关于园中花木，《蠡园记》称："植梅为阜，种莲于沼，中西花卉参差错树而风景益佳"，可知东侧假山的梅树和池区的莲花是两种主要的观赏花木。1946年田汉《无锡之游》提到："到蠡园，尚存旧观。池中白莲初放，而丰草败树充溢台榭，游泳池亦积满于水"❶，当时抗日战争胜利不久，蠡园尚待修复，白莲已先焕发生机。第三种花木是杜鹃，1930年远游客《蠡园新咏》提到："遍地杜鹃春色丽，独愁落去染池塘。"❷1932年的蠡园饯

❶ 1946年7月7日《锡报》载田汉《无锡之游》，转引自文献[1]: 274。

❷ 1930年8月6日《锡报》载，转引自文献[1]: 132。

图 14 上：池区三岛之吉他岛、田田岛、星形岛，下：石桥、木桥和石矶
（黄晓 摄）

春大会主题之一便是观赏杜鹃，张潮象《〈蠡园饯春图〉歌》曰："春光容易老，已是晚春天。珍重前宵约，相邀看杜鹃。闻说蠡园杜鹃好，为因看花春起早。清溪一棹任容与，直向湖天深处去。蠡湖烟水渺无涯，傍水名园当作家。主人开门延客人，但见依山绕砌五色灿云霞。可怜春将尽，休再负名花。愁煞东风太狼藉，看花更自惜春华。开筵围坐饯春侣，酌酒问花花解语。杜鹃枝上唤声声，风雨催归莫延伫。归舟十里片帆轻，吹出梅花笛韵清。不问蜗蛮争斗事，且将胜负决棋枰。君不见，古人行乐须及时，有酒不醉真成痴。今朝看花并饯春，写入画图我作诗。"表明当时杜鹃已成为蠡园一景。此外，钱雪盦《游蠡园七绝六首》提到："波光溺溺摇飞阁，柳影丝丝拂石栏。……青萝封径柳舒腰，竹外桃花见断桥"❶，可知园中还有柳树、竹林和桃树等。

假山、池岛和花木共同构成蠡园的自然景致，裘昌年的对联对此有精炼的概括："剪月裁云，好花四季；穿林叠石，流水一湾。"❷ 蠡园山水花木的布置经营，既体现了对中国传统的继承，又反映了对西洋文化的吸收。

3. 建筑设施

中西合璧这一点也鲜明体现在蠡园的建筑和设施中。就时间而言，王禹卿主导时期偏中式，王亢元主导时期偏西式；就空间而言，园林南部偏中式，北部偏西式。

王禹卿时期的建筑现存长廊和涵碧亭等东区的四座亭子，皆为中式；当时东、西两山旁边的寒香阁和景宣楼应该也为中式，今已不存；此外，西区北岸的涌芬轩原来也是座单层中式建筑。王亢元在园林南部增建了晴红烟绿水榭和凝春塔，延续了该区的中式风格。晴红烟绿水榭平面长方形，宽、深各三间，上覆琉璃歇山顶。凝春塔八角5层，塔身用红砖，屋檐用青瓦，上覆攒尖顶。这是座实心塔，不能登临，以其挺拔的造型成为蠡园的标志建筑，呼应了无锡"无塔不成园"的俗谚（图15）。

❶ 1929年6月25日《锡报》载，转引自文献[1]：113–114。

❷ 文献[4]：316.

图 15　中式建筑。左：连接东西两区的四角亭；右：5 层凝春塔
（黄晓　摄）

王亢元在北部的建设主要采用西式风格。颐安别业位于东区主轴上，两层五开间，上覆西式四坡顶，南面开老虎窗，从老照片屋顶上的烟囱可知，室内曾设有壁炉。房屋南侧设外廊，采用钢筋混凝土梁柱，柱径纤细，柱距较宽，具有现代气息；中部入口原设雨篷，从两侧进入，在二层形成外挑的露台，可供站立发表讲话或观看园中活动，这些都是 20 世纪 30 年代最前卫的设计。近年重修时拆除了烟囱和露台，底层改为从正中进入，对旧貌有所破坏（图 16）。为了统一北部的风格，王亢元将池区的诵芬轩也改建为西式。这是座二层别墅，采用 T 字形平面，主入口在北侧，向内凹入，上覆雨篷；各房间北侧开小窗，南侧开大窗，体现了功能主义的设计思想。别墅东西两端有壁炉和烟囱，外墙刷黄色，坡屋顶参差错落，具有西班牙风情。南向临池设拱形外廊，用爱奥尼柱支撑，其上为外挑阳台，方便赏景（图 17）。如此一来，两区的主体建筑——颐安别业与阶庐——皆为西式，赋予蠡园鲜明的现代气息。

除了建筑，王亢元在蠡园还引入不少现代设施，如西式花圃、紫藤花廊，其中最有特色的是颐安别业西南的圆形舞池和东区尽端临湖的游泳池。舞池露天，为磨石子地面，直径 12 米，中央较高，缓缓坡向四周，外围是一圈低矮的护台，开有 6 处缺口供人进场或退出（图 18）。据当时担任蠡

图 16　左：东区颐安别业旧影；右：颐安别业现状
（左：文献 [15]：168；右：黄晓　摄）

图 17　左：蠡园池区旧影，近景为三拱石桥，对岸为改建前的中式诵芬轩与田田岛；右：改建后的西式洋楼
（左：文献 [7]: 73；右：黄晓　摄）

图 18　左：颐安别业西南舞池旧影；右：舞池现状
（左：文献 [16]: 129；右：黄晓　摄）

园经理的薛满生回忆，舞池"中有扩音器，播放音乐，周围装霓虹灯，设咖啡、西餐小吃。"❶

游泳池位于涵碧亭南部伸入湖中的平台上，东西长 27 米，南北宽 11 米，"用泵打进太湖水"❷。池西有一座尖拱支撑的跳台，分为上中下三层，跳台背后的歇山顶房屋原为男更衣室，对面东侧的石桥则通向女更衣室。据薛满生回忆，这座游泳池"仿上海虹口公园"，是无锡近代第一座公共游泳池，开风气之先。由于建在南部，游泳池两端的更衣室皆用中式屋顶，并在南北各设一座中式牌坊，以与周围的风格相协调（图 19）。

六、园中活动

与古代私家园林不同，王禹卿建造蠡园并非为个人享乐，而是希望造福乡邑，因此蠡园建成后对外开放，《蠡园记》描写当时的景象："自是每当天朗气清之日，中外士女云集，履舄纷阗，舟车杂呈，而蠡园之名遂喧传遐迩。"园中活动主要包括三类：一是作为市民的游赏之地，有似于近代的公园；二是作为文士的雅集之处，延续了传统的特色；三是作为显贵的度假之所，带有商业色彩。

❶ 黄茂如《关于蠡园的"颐安别业"》（个人资料）
❷ 参见黄茂如《无锡市近代园林发展史料访谈记录》（个人资料）中的王亢元自述。

图 19　东区临湖游泳池旧影与现状
（老照片引自文献 [15]，右下现状为黄晓　摄）

　　为方便市民游赏，王禹卿修筑了连接蠡园和城区的公路。民国时期无锡的导游刊物多将蠡园列为必游之景，如1934年芮麟的《无锡导游》、1935年华洪涛的《无锡概览》和1946年蒋白鸥的《太湖风景线》等。1935年《无锡名胜小喻》总结了当地7处名胜，蠡园排第6，评价称："蠡园淡扫无浓抹，举止端凝最大方，犹存风韵的老徐娘。"❶ 1948年盖绍周《无锡导游》开篇的《无锡景物竹枝词》选出108处风景，蠡园排第34，书中收录了《蠡园记》、《蠡园水榭》和一篇蠡园介绍，在为游客推荐的《梁溪三日计游踪》中，第一站便是蠡园，"上午十时由车站雇小汽车出发，十时半至蠡园，游览一小时。"❷ 此外，如今还可见到许多民国时期游览蠡园的诗文，如钱海岳《偕内子家和青圻小憩蠡园作二首》❸、钱雪盦《游蠡园七绝六首》❹ 和张涤俗《金缕曲·暮春游青祁蠡园作》❺ 等。

　　出于管理方便的考虑，蠡园对外售票，在当时引起一些争议。1930年《锡报·副刊》登载评论称："本邑公私各园，对游客概不取资，独蠡园则首创售票之举。游客入园，须纳资铜元十五枚，而司票者为一老学究，持筹握算，颇费周章。一票之微，历时甚久。而司阍之警士，为一粗悍之北人，对游客疾言厉色，每多失态，以是游者颇致不满，咸谓王氏既耗巨金，筑斯名园，何必斤斤于十五铜元，与游客较锱铢乎。"园方辩解称售票是为了限制人流，保持园中整洁："该园之售门票，实因附近乡人赤足裸背者无端阑入，殊碍观瞻，故设此限制耳。"此说遭到记者反驳："赤足裸背者，园主之芳邻也，以彼辈赤贫，而以十五铜元难之，似与平民化之旨趣背驰太远矣。"❻ 同刊还登载了远游客的《蠡园新咏》调侃此事："门警森严双立鹄，游资标示五分洋。"❼ 售票一事虽有现实的考虑，但也反映了王氏

❶ 1935年4月15日《人报·播音消息》载谢鸣天、顾秋芳《无锡名胜小喻》，转引自文献 [1]: 208。

❷ 周贻旦《无锡景物竹枝词》云："蠡园三月杜鹃红，人力居然竟化工。游水五湖偷一角，堆山八面象群峰。蠡园，在扬名乡青祁村，系王姓私产，中多杜鹃花，有游泳池及假山，皆人力为之。"《蠡园记》、《蠡园水榭》和对蠡园的介绍分别见：盖绍周．无锡导游．1948: 30–31, 48, 55。

❸ 1929年3月16日《锡报·副刊》载钱海岳《偕内子家和青圻小憩蠡园作二首》，转引自文献 [1]: 110–111。

❹ 1929年6月25日《锡报》载，转引自文献 [1]: 113–114。

❺ 1929年6月16日《锡报》载涤俗《金缕曲·暮春游青祁蠡园作》，转引自文献 [1]: 113。

❻ 1930年8月2日《锡报·副刊》载一游客《蠡园小沧桑》，转引自文献 [1]: 132。

❼ 1930年8月6日《锡报》载远游客《蠡园新咏》，转引自文献 [1]: 132。

父子的局限，较免费开放梅园的荣德生要逊一等。

蠡园建成后，王氏广邀邑绅名士题字、题联。园名由书法家华艺芗题写，另撰"风月畅无边，看远山作障，近水通池，贤主人啸傲烟波，少伯高踪旷绝代；林泉容小隐，喜曲榭宜诗，回廊入画，嘉宾客流连觞咏，右军遗韵想当年"长联，"颐安别业"题额出自国民党元老吴稚晖（1866—1953年）之手，水榭"晴红烟绿"题额出自清末代状元刘春霖（1872—1944年）之手。当地文士孙保圻、孙肇圻（1881—1953年）、缪海岳（1877—1950年）、裘昌年（1869—1931年）、高汝琳（1869—1933年）、蒋士松（1862—1942年）、高翔、孙揆均（1856—1930年）、陈宗彝（1871—1942年）、范廷铨（1858—1931年）和丁鹏振等皆有对联题赠❶，表现了园主对文名辞采的重视。

同时，蠡园还成为文士雅集的场所，最著名的是1932年3月28日的蠡园饯春大会。❷ 由无锡名士张补园（又名张明纪）发起，与会者有著名词人张潮象（曾组织湖山诗社）、《新无锡》副刊主编孙伯亮、昆曲名家沈伯涛、书画名家王峻崖、徐育柳、胡汀鹭（1884—1943年）、诸健秋（1890—1964年）以及时任第三区区长的虞循真。众人在涵碧亭小饮，戢盦诗曰"笛腔三弄棋一局，敲诗读画兼度曲……岚翠波光落杯酒，人影一重花一重"，可知众人还在园中听笛、弈棋、吟诗、赏画，并效仿古人，由胡汀鹭和诸健秋合绘《蠡园饯春图》，遍征名士题咏。同年6月孙伯亮主编的《新无锡·副刊》陆续刊载了戢盦、张潮象、张补园和徐育柳的《〈蠡园饯春图〉歌》，极大地提高了蠡园的知名度。

无锡地处上海、南京之间，两地的政要显贵常趁假日到此游赏休憩，蠡园是他们优选的下榻之地。1937年3月锡邑《人报》载："5日下午，柳亚子、吴开先、朱少屏等来锡，寓蠡园颐安别业，7日返宁。"1937年4月4日《新无锡·湖滨裙展》载："财政厅秘书姚抱芝，昨亦来锡游览，寓蠡园颐安别业。海上文艺家周瘦鹃、陈小蝶，名画家胡伯翔等时联袂抵锡，同寓蠡园。"❸ 寓居蠡园的姚抱芝为政府要员，柳亚子（1887—1958年）、吴开先（1899—1990年）、朱少屏（1881—1942年）皆为国民党元老，周瘦鹃（1895—1968年）、陈小蝶、胡伯翔（1896—1989年）则是社会名士。

王亢元颇具商业头脑，将颐安别业打造为宾馆，底层开中、西餐厅，上层设客房，外部悬挂"Lake view Lodge"霓虹灯招牌，颐安别业西南的舞池、临湖的游泳池皆为宾馆的附属设施。王亢元追忆称，当年蠡园收入"主要靠旅馆。一到周末，上海要人、外国人就来订房间，房内有浴缸，除沪宁之外，算是好的。6元一夜，也可不少收入。"❹ 蠡园接待的地位最显赫者要属蒋介石、宋美龄夫妇。1948年蒋氏夫妇到无锡住在蠡园，5月17日《锡报》载："（蒋介石）在园中散步，远眺湖山景色，倍加赞扬。蒋夫人对蠡园的负责人说：园中树木和花草太少，晚上发电机声音太大，应改善。"❺ 能够接待当时的最高领导人，可见蠡园的名气之高和经营之善。

❶ 文献 [4]：315–317.

❷ 参见1932年6月5日《新无锡·副刊》载戢盦《〈蠡园饯春图〉歌》。同刊1932年6月6日载张潮象《〈蠡园饯春图〉歌》，1932年6月13日载张补园《蠡园饯春》，6月14日载徐育柳《蠡园饯春》。转引自文献 [1]：145–146。

❸ 转引自文献 [1]：239。其中提到的陈定山（1896—1987年），字小蝶，杭州人，在上海从事实业，雅好诗文书画；胡鹤翼（1896—1989年），字伯翔，南京人，后在上海作画。

❹ 黄茂如《无锡市近代园林发展史料访谈记录》（个人资料）。

❺ 转引自文献 [1]：295。

七、结语

蠡园与梅园、鼋头渚并称为无锡近代三大名园,其中蠡园建造时间最晚,规模也相对较小,但却最能反映近代时期中西园林文化的碰撞与交融。就园主而言,第一代王禹卿倾向中式,后起的王亢元偏爱西式,从而在时间上呈现出中西的交锋;落实在空间上,表现为南部以中式为主,北部以西式为主。这种对比进一步反映在细节上,从整体的园林布局,到山水、建筑和花木等各类要素,以至园中的活动,都有鲜明的体现:布局上,蠡园采用东山西池的分区,相当于旱院与水院,带有中国传统的特点;东区采用规整式的轴线布局,则反映了西方的影响。园中的假山有土山和石山,皆采用传统的理法,水池中还有中国经典的"一池三山",但池中三岛皆为几何式平面,则体现了西方文化的渗透。建筑上既有中国传统的亭廊塔榭,又有当时最先进的西式洋楼。园中的活动,既可供文士邑绅雅集宴赏,又可供新兴市民野游探春。

中西合璧是中国许多近代园林的共同特点,蠡园堪称其中的典范。作为太湖沿岸的重要城市,无锡有着深厚的古代园林文化传统;作为迅速崛起的近代城市,无锡又受到西洋文化的强烈影响;这些通过王禹卿、王亢元父子,具体落实到蠡园的经营建设中。从这个角度看,现在因管理的需要而将蠡园东区划出园外,破坏了近代蠡园的完整性,模糊了蠡园的造园主旨,淡化了中西的碰撞与交融,无疑是个很大的遗憾。本文通过对蠡园历史的梳理、园林旧貌的论述和造园艺术的分析等,希望能为今后蠡园的建设和管理,提供一些参考和借鉴。

(无锡园林专家黄茂如先生提供了20世纪80年代访谈整理的一手资料,如《无锡市近代园林发展史料访谈记录》、《关于蠡园的"颐安别业"》等,极具史料价值,特此致谢。)

参考文献

[1] 龚近贤.锡山旧闻:民国邑报博采[M].上海:上海辞书出版社,2011.

[2] 沙无垢,等.梁溪屐痕——无锡近代风土游览著作辑录[M].北京:方志出版社,2006.

[3] [明]王永积.锡山景物略[M]//无锡文献丛刊6.台北:台北市无锡同乡会,1983.

[4] 薛明剑.无锡指南[M]//无锡市史志办公室.薛明剑文集·上.北京:当代中国出版社,2005.

[5] 黄茂如.无锡近代园林分析[A]//国内园林资料选编,1981:142-150.

[6] 沙无垢,杨海荣.蠡园[M].苏州:古吴轩出版社,2002.

[7] 沈建. 无锡旧影 [M]. 苏州：古吴轩出版社，2005

[8] 章立，章海军. 无锡近代园林的建造、保护和利用 [A]// 中国近代建筑研究与保护·六. 北京：清华大学出版社，2008：467-471.

[9] 孙志亮，浦学坤. 无锡蠡湖文化丛书——蠡湖之光 [M]. 苏州：古吴轩出版社，2006.

[10] 孙志亮，浦学坤. 无锡蠡湖文化丛书——蠡湖怀古 [M]. 苏州：古吴轩出版社，2006.

[11] 孙志亮，浦学坤. 无锡蠡湖文化丛书——蠡湖影踪 [M]. 苏州：古吴轩出版社，2006.

[12] 许墨林，沙无垢，杨小飞，等. 蠡湖风景区 [M]. 苏州：古吴轩出版社，2010.

[13] 黄岳渊. 花经 [M]. 新纪元出版社，民国38年（1949）.

[14] 李正. 造园意匠 [M]. 北京：中国建筑工业出版社，2010.

[15] 王渊远，宋路霞. 商界奇才王禹卿 [M]. 上海：上海科学技术文献出版社，2011.

[16] 宋路霞. 上海小开 [M]. 上海：上海辞书出版社，2013.

[17] 常荣初. 无锡园林志 [M]. 南京：凤凰出版社，2013.

[18] 曹可凡，宋路霞. 蠡园惊梦 [M]. 上海：上海交通大学出版社，2015.

英文论稿专栏

Multi-story Timber Buildings in Thirteenth-Century Karakorum: A Study of the 300-*chi* Tall Xingyuan Pavilion

Bao Muping

(Institute of Industrial Science, University of Tokyo, Japan)

Abstract: This paper examines the architectural style of the 300-*chi* tall Xingyuange ("Pavilion of the Rise of the Yuan" or Xingyuan Pavilion), built in 13th-century Karakorum, once the capital of the Mongol empire. Its site plan reveals it to have been square, each side about 38 m in length, measuring seven bays. Traces of 64 pillars have been discovered. It closely resembles the ground plan of the pagoda of Hwang'yong Temple in South Korea, rebuilt in 1096 and burned down by Mongol forces in 1238. Based on an examination of plans and their cross sections of pagodas and multi-story timber buildings, the author suggests that Xingyuange had been a wooden structure and further points out that, even if it externally appeared to have five eaves, as an inscription suggests, it may in fact have been actually either five- or nine-storied. If the latter, there would have been four windowless mezzanines set further back in cross section, like the Yingxian Timber Pagoda (at Fogongsi) and Guanyin Pavilion (at Dulesi). According to the temple stele inscription, there was a "*dafutu*" located inside Xingyuange. This could mean either a large stupa or a large Buddhist statue. If it refers to a stupa, there is a strong possibility that it was a Tibetan style stupa (commonly called a Lama pagoda) covered by a wooden pavilion, as found in the Great Golden Pavilion inside the Kumbum Monastery in Qinghai (17th century) and the section containing the burial stupas of past Dalai Lamas in the Potala Palace in Lhasa. If indeed there was a stupa inside Xingyuange, it would have been in the Tibetan style. Finally, the author discusses whether a wooden building reaching a height of almost 90 m. could have been built at Karakorum, in the middle of the grasslands. Under the Mongol empire, it was customary to gather together craftsmen from each conquered region and take them to the homeland. It is possible that craftsmen skilled in architecture were secured in this fashion.

Keywords: Karakorum, Xingyuange, Mongol empire, multi-story wooden buildings, pagoda, Hwang'yong-sa (in South Korea)

摘要：本文根据元朝许有壬撰写的"敕赐兴元阁碑"文字记载及最新的考古发掘资料，探讨了13世纪建于蒙古帝国首都哈剌和林的高达300尺的兴元阁的建筑结构及建筑样式的可能性。具体以中国和朝鲜半岛的高层木构建筑的实例为参照系，分析了平面正方，面阔7间的兴元阁为木构高层建筑，外观五层而实际应有结构暗层。楼阁内部安置的"浮屠"推测为藏传佛教的覆钵塔形式。

关键词：哈剌和林，兴元阁，蒙古帝国，多层木构建筑，佛塔，（韩国）皇龙寺

A New Archaeological Discovery

Since 2000, a joint Mongolian-German team has been excavating at Karakorum and in 2010 the Mongolian Academy of Sciences and the German Archaeological Institute published a report of the latest findings in English, German and Mongolian. The results concerning Xingyuange (兴元阁) ("Pavilion of the Rise of the Yuan" or Xingyuan Pavilion) may be summarized as follows:

1. The site thought since 1949 to have been the palace of Ögedei Khan (Wan'angong, 万安宫, the "Palace of Myriad Peace") was not a palace but a Buddhist structure known as Xingyuange. The suffix "ge" customarily refers to a multi-story building. The plan of the excavated remains shows a square building of 38 m. a side, each side measuring seven bays (*jian*, 间) (Fig. 1). The majority of the excavated items are related to Buddhism and are judged to date from the 13th to 14th centuries.

2. The excavation confirmed the layout of 64 pillars from the remaining square foundation stones of between one and two meters in length. The floor of the outer corridor was paved with square green-glazed tiles.

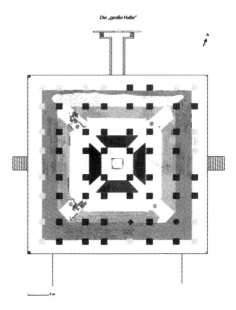

Figure 1　Archaeological site plan of Xingyuange at Karakorum, Mongolia
(Hüttel and Erdenebat, *Karabalgasun and Karakorum*, 66)

Details of the structure extracted from the inscription on the temple stele ("Chici Xingyuange bei", Xingyuan Pavilion stele erected by imperial order, 敕赐兴元阁碑) may be summarized as follows:

In 1346, 90 years after construction began on Xingyuan Pavilion, the Yuan official Xu Youren (许有壬) (1287—1364) composed the text of the inscription.❶ The salient points concerning the structure are as follows:

1. In 1220, Genghis Khan (c. 1206—1227) determined that Karakorum would be his capital.

2. Ögedei Khan (c. 1229—1241) built a palace and a Buddhist temple.❷ Only the foundations of the structure later known as Xingyuange Pavilion were laid; nothing was built above ground.

3. In 1256, Möngke Khan (c. 1251—1259) constructed a "large stupa" (*dafutu*, 大浮屠) with a "lofty pavilion" (*jiege*, 杰阁) covering it.

4. Externally, the building had five stories and it reached a height of 300 *chi*.

5. The building was square in plan and each side measured seven bays.

Examples of Multi-story Buildings in East Asia and their Characteristics

In a nomadic society, when there was a need to increase the scale of the *ger*, a Mongolian-style tent easy to dismantle and assemble, and the *ordo*, a moveable tent palace, there was no idea to do so by stacking them perpendicularly; rather, the principle of spatial composition was to expand on a horizontal plane. Why then was a multi-story structure reaching a height of about 90 meters erected? Was this even technically feasible? Where did the model for the construction come from, when there was no tradition of multi-story building in the grasslands. The questions are endless. There is no doubt that the tall pavilion existed, and the Xingyuange inscription has been known for more than a century, but they both have not been discussed before in terms of architectural history. In many cases, the height of 300 *chi* is no more than hyperbole. However, archaeological excavation has uncovered wooden pillars erected on foundation stones and this gives substance to the existence of a multi-story building.

What kind of structure was Xingyuan Pavilion, also described as rising to a height of "300 *chi*"? Was it made of wood or of masonry? Let us examine its architectural style in reference to the history of pagodas in East Asia.

Yongning Temple Pagoda, Northern–Wei China

According to the *Luoyang qielan ji* (Record of monasteries in Luoyang, 洛阳伽蓝记), the pagoda of Yongning Temple (永宁寺) in Luoyang, Henan province, Central China, consisted of nine stories and rose to a height of 1000 *chi*. It was begun in 516 and completed in 519 in the Northern Wei dynasty (386—534). Its

❶ Xu Youren, "Chici Xingyuange bei" (Xingyuan Pavilion stele erected by imperial order). The text reads：太祖圣武皇帝之十五年，岁在庚辰，定都和林。太宗皇帝培植煦育，民物康阜，始建宫阙，因筑梵宇，基而未屋，宪宗继述。岁丙辰，作大浮屠，覆以杰阁。鸠工方殷，六龙狩蜀。代工使能伻瞥，络绎力底于成。阁五级，高三百尺，其下四面为屋，各七间，环列诸佛，具如经旨。

❷ There are two ways how to understand the Chinese line, reading " 始建宫阙，因筑梵宇 "：first, referring to the same building: " (Wan'an) palace was built and then, (on the basis of) the palace, (they) built a temple;" or second, referring to two different buildings,"at first (they) built (Wan'an) palace, and then (they) built a (separate) temple." The author prefers the latter. The reason is the next line " 基而未屋，" meaning that the building had only a foundation but not yet a superstructure. It is a historical fact that the construction of Wan'an palace was completed under Ögedei Khan and that he used it. Therefore, the unfinished temple building in the inscription could not be situated on the same site as Wan'an palace, which was still in use at that time.

site plan has been published in a report of an excavation undertaken in 1979 (Fig. 2), and shows a square measuring nine bays on each side.❶ The remains of the base of the pagoda consisted of two layers, the lower measuring 101 m by 98 m and 2.5 m high, and the upper a square 38.2 m long and 2.2 m high. A core of pounded earth covers the central part of the structure, from the third line of pillars from the outside to the middle of the building. The width and length of this earthen core are both around 20 m, with a remaining height of 3.6 m. There are the remains of niches (*fokan*, 佛龛, "Buddha alcoves") on three sides of the earthen core. Steps are placed only on the northern side. In the center of the plane is a pit measuring 1.7 m on each side with a depth of around 5 m. This is the underground palace (*digong*, 地宫) where the relics were placed.

❶ Zhongguoshehui kexueyuan Kaoguyanjiu suo, *Bei-Wei Luoyang Yongningsi 1979—1994 nian kaogu fajue baogao*.

❷ In Zhang Yuhuan's reconstruction (*Zhongguo fotashi*, 14-21), one bay is about 4 m wide. There is a gradual diminution of column height: for example, the first-floor columns are 6.2 m tall, the second-floor columns 4.2 m tall, and the third-floor columns 4 m tall. The total height from the ridge to the ground is 130 m.

❸ *Zhongguo gudai jianzhushi*, Vol.2, 187. Zhong Xiaoqing considers one (Northern-Wei) *chi* to measure 27.29 cm. The frontage of the central seven bays of the pagoda is uniform, making a total length of 22 m. One bay thus measures 3.14 m. The total length of nine bays is 30.7 m. There is a gradual diminution of the height of each story, for example, 10.23 m in the first story, 5.73 m in the second story, 5.32 m in the third story. The total height, from ground to pinnacle, is 550 *chi* (150 m).

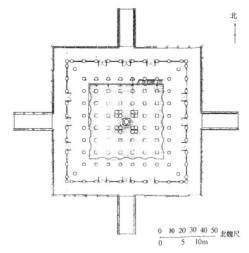

Figure 2 Site plan of the pagoda of Yongning Temple, Luoyang, China
(*Zhongguo gudai jianzhushi*, Vol. 2, 188)

The central pillar of the Yongning Temple pagoda was set into the earthen mound and a wooden framework was built around it. At this stage the building remained structurally incomplete. To reinforce the wooden corner sections, an additional pillar was erected at an angle of 45 degrees between the corner pillars and the interior section. Xingyuange also has additional pillars at a 45-degree angle between the second corner pillars and the third corner pillars. This is a point of resemblance between the two pagodas.

Yang Hongxun (杨鸿勋), Zhong Xiaoqing (钟晓青) and Zhang Yuhuan (张驭寰) have all published reconstructions of the Yongning Temple pagoda.❷ I have used Zhong Xiaoqing's plan here (Fig. 3), as it is the most detailed to have appeared.❸

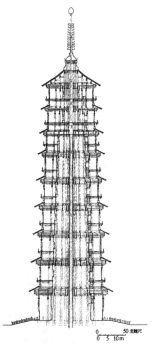

Figure 3　Section (reconstructed) of the pagoda of Yongning Temple
(*Zhongguo gudai jianzhu shi*, Vol. 2, 188)

Hwang'yong Temple Pagoda, Silla-dynasty Korea

The closest example of a pagoda, in terms of history, to the square, seven-bay-wide and 300-*chi*-tall Xingyuange is the Hwang'yong Temple pagoda (皇 龙 寺 塔) in Gyeongju, North Gyeongsang province, South Korea. It was first constructed in 567, 51 years later than that at Yongning Temple in Luoyang. Its excavated remains indicate that it had no earthen mound in the center but was built completely of wood. In 649, three halls were rebuilt behind the pagoda: the Eastern Golden Hall, the Central Golden Hall and the Western Golden Hall. This was according to a ground plan that placed the pagoda in front of the three main halls. Hwang'yong Temple was the greatest temple of the Silla dynasty (57 BCE—935) and its pagoda also sent out a strong political message, that through it the three kingdoms of the Korean peninsula were united.

The pagoda was destroyed by lightning a number of times and in 1096 was rebuilt for the sixth time. This was forty years later than the Yingxian Timber Pagoda (应县木塔), the tallest wooden pagoda now existing in China, which will be discussed below. Nevertheless, it followed its original square plan of seven bays a side (Fig. 4). It had nine stories and reached a height of 225 *chok* or 80 m (Fig. 5).❶ The rebuilt pagoda was destroyed during the Mongol invasion of 1238; 18 years after it disappeared in flames, Xingyuange was built in Karakorum.

❶ This is the Goguryeo *chok* (高句丽尺) of 35.6 cm, a standard measurement of length used in the Goguryeo kingdom (37 BCE—668 CE). For details, see Kim Dong-hyon, *Hwang'yong-sa no kenchiku keikaku ni kansuru kenkyū*, 169.

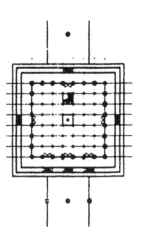
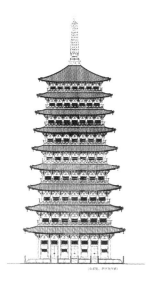

Figure 4 Site plan of the pagoda of Hwang'yong Temple, Gyeongju, South Korea (Yoon, *Kankoku no kenchiku*, 185)

Figure 5 Elevation (reconstructed) of the pagoda of Hwang'yong Temple (Yoon, *Kankoku no kenchiku*, 188)

Yingxian Timber Pagoda at Fogong Temple, Liao-dynasty China

The tallest existing pagoda in terms of multi-story wooden structures in China is the 67 m high Shakyamuni Pagoda (释迦塔) at Fogong Temple (佛宫寺) in Ying county, Shanxi province, North China (commonly known as Yingxian Timber Pagoda). It was built in 1056 during the Liao dynasty (907—1125) and enlarged in 1195 (Jin dynasty, 1115—1234). As its plan shows (Fig. 6), it is octagonal with two concentric rings of pillars at each level. This design is structurally stronger than a square plan. The pagoda faces south. The axial distance between the eastern and western pillars is 30.27 m. The first level of the pagoda has a decorative pent roof below the true roof. From the exterior, the pagoda appears to have five stories, but the interior reveals there are nine stories. Four windowless mezzanine floors (*pingzuo*, 平坐) are set back under the roof (Fig. 7). The pagoda is 67.31 m in height, with the finial measuring 9.9 m. The pagoda employs 54 kinds of bracket sets (*dougong*, 斗栱); in particular, the extensive use of slanted bracket arms projecting at acute or obtuse angles to the wall plane (*xiegong*, 斜栱) is a characteristic feature of Liao period structures.

The ground plan of Shakyamuni Pagoda is not the same as that of Xingyuange in Karakorum. However, the layout of the temple as a whole is the same for both, in that Shakyamuni Pagoda is situated along the entrance axis between the gate and the main hall and represents the center of the temple. The centrality of the pagoda was a feature of temple layout from the time

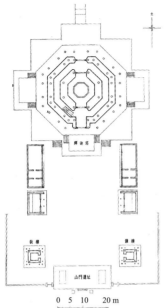

Figure 6   Plan of Yingxian Timber Pagoda
(Liu, *Zhongguo gudai jianzhushi*, 215)

Figure 7   Elevation of Yingxian Timber Pagoda
(Liang, *A Pictorial History of Chinese Architecture*, 70)

Buddhism entered China from India and was especially prevalent at the time of the Southern and Northern dynasties (fourth to sixth century). Later the focus shifted away from the pagoda to the main hall of the temple (Shakyamuni Hall or Daxiongbaodian, 大雄宝殿). The layout of Fogong Temple, with the wooden pagoda in the center, represents a transitional period in the history of temple layout in China. Today, though, all buildings other than the pagoda date from the Qing period (1644—1911).

Guanyin Pavilion at Dule Temple, Liao-dynasty China

The Avalokiteśvara Pavilion (Guanyinge or Guanyin Pavilion, 观音阁), dating to the Liao dynasty, is located at Dule Temple (独乐寺) near Tianjin in Ji county, Hebei province, North China. It is the oldest existing wooden building of the *louge* type (*louge*, 楼阁, multi-story wooden pavilion) in China. The origins of the temple are unclear, but according to a stone inscription dated 986❶, a two-story pavilion was rebuilt in the second year of the Tonghe reign period of Emperor Shengzong 圣宗 (982—1031) of the Liao dynasty (984).

It is built on a base 90 cm high on a rectangular plan. It has a width of five bays (19.92 m) and a depth of four bays (14.08 m), with two concentric rings of pillars. The central bays are 4.67 m apart, the distance diminishing as the bays move outwards (4.31 m, 3.32 m).❷ Externally, it appears to have two stories,

❶ The Chinese text of the temple stele reads：故尚父秦王请谈真大师入独乐寺、修观音观阁。以统和二年冬十月再建、上下二级、东西五间、南北八架大阁一所。重塑十一面观音菩萨像。

❷ *Zhongguo gudai jianzhushi*, Vol. 3, 271.

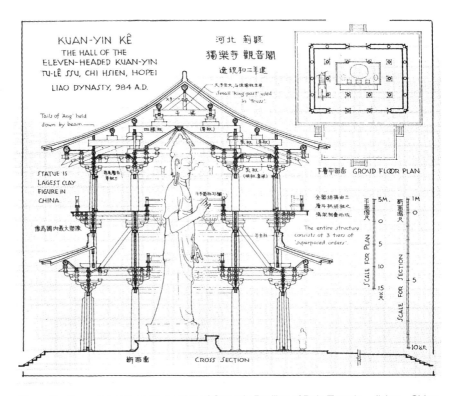

Figure 8　Floor plan and cross-section of Guanyin Pavilion of Dule Temple, Jixian, China
(Liang, *A Pictorial History of Chinese Architecture*, 53)

but in fact it has three, with the second being a windowless mezzanine floor (*pingzuo*) (Fig. 8). The inner and outer pillars are of equal height. The pavilion is a classic example of Liao-period architecture with typical Liao features for pillars and bracket sets, and a structure where each story is distinct.

Inside the pavilion is a 15.4 m high statue of the Eleven-Headed Guanyin. It is the largest clay statue existing in China today. The interior of the pavilion is open to the roof in order to accommodate the figure. Though the pavilion is built on a large scale, being 23 m high, only six kinds of structural member are used to form the framework: the huge pavilion was assembled using standardized structural elements and following the regulations for modular design. It is structurally stable and has, according to the records, survived 28 earthquakes.

The Architectural Style of Xingyuange as Recorded in *Chici Xingyuange Bei*

Two topics arise concerning the architectural style of Xingyuange when we combine the above examples of multi-story buildings and the Xingyuange stele inscription: first, the style of the "large stupa" (*dafutu*), and second, the style of the "lofty pavilion" (*jiege*) covering it.

The "Lofty Pavilion"

Like the Hwang'yong Temple pagoda, Xingyuange has seven bays. However, whereas the length of each bay in the former is uniform, the measurements of the bays in the latter change: the central bay (*mingjian*, 明间) is wide, the second bay (*cijian*, 次间) is narrower, and the third bay (*shaojian*, 稍间) is again wide, and the end bay (*jinjian*, 尽间) is again narrower. The uniformity of bay measurement does not apply just to the Hwang'yong Temple pagoda but to all the pagodas discussed above. Only in the case of Guanyin Pavilion at Dule Temple is the middle bay wider than the others, which diminish in size as they move outwards. There is no other example of a progression wider-narrower-wider-narrower as is found with Xingyuange. This is a unique feature that needs further study.

But first we have to ask, what was the "lofty pavilion" made of? Was it wooden, a combination of wood and earth, or brick? The pagoda of Yongning Temple had a central core of pounded earth measuring around 20 m by 20 m, with a remaining height of 3.6 m.❶ There is no mention in the excavation report of Xingyuange that it has any high earthen core. There is little likelihood, therefore, that it was of earth-wood construction.

Masonry pagodas were popular in East Asia in the 11th and 12th centuries, as we know for example from Liaodi Pagoda (料敌塔) of Kaiyuan Temple (开元寺, 84 m; Northern Song, 1055), Daming Pagoda (大明塔), on the site of the middle capital of the Liao dynasty (73.12 m; 1012—1098), and the White Pagoda (白塔, 71 m; 1189) in the Liao eastern capital. They are all octagonal in plan and have a double-layered base. In fact all surviving brick pagodas are polygonal, exhibiting a transition from square to multi-sided pagodas.

However, Xingyuange, constructed in the 13th century, is square in plan with pillars placed in line with all the seven bays. There is no mention in the excavation report at this stage about any walls, which means we have no information at the present time about the structure of Xingyuange. We can presume it was made of wood. If so, the possibility cannot be denied that Xingyuange may have been influenced in some way by the Hwang'yong Temple pagoda, whose plan it most closely resembles.

Since Xingyuange was described as a five-story wooden building, in structure it may either have been five actual stories or, like the Yingxian wooden pagoda and Guanyinge of Dule Temple, it may have had an internal structure of nine stories, with windowless mezzanines.

❶ In the reconstruc-tion, the total height of the inner core of pounded earth is around 70 m.

The "Large Stupa"

What the inscription calls *dafutu* might refer either to a Buddhist statue or a stupa. Both interpretations are possible, but if it refers to a stupa, there is a strong possibility that it was in the form of a Tibetan style stupa (commonly called a Lamaist pagoda), as found for example in the Kumbum Monastery (塔尔寺) in Xining, Qinghai province, western China and the burial stupa of the fifth Dalai Lama in the Potala Palace in Lhasa.

The Kumbum Monastery is associated with Tsongkhapa (1357—1419), the founder of the Gelugpa (Yellow hat) sect of Tibetan Buddhism. A stupa was erected on the site of his birthplace in 1379, and in 1622 a pavilion was built over it. In 1708—1711, the stupa was decorated with a silver shell (about 11 m high) and the pavilion (20 m) was enlarged into what is now the Great Golden Pavilion (Fig. 9). It is built on a plan of seven bays (21.32 m in length), with a depth of five bays (17.57m). The base of the Tibetan-style stupa inside is a square, 5.60 m each side. The burial stupa of the fifth Dalai Lama consists of a stupa encased in a pavilion-style structure (Fig. 10).

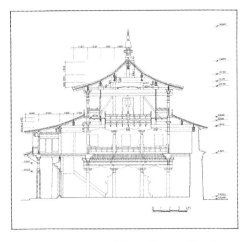

Figure 9 Section of Great Golden Pavilion, Kumbum Monastery, Qinghai, China
(Jiang, *Qinghai taersi xiushan gongcheng baogao*, 141)

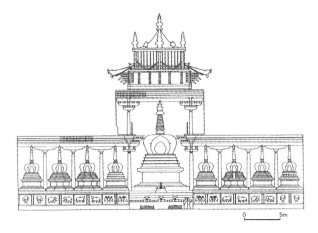

Figure 10 Section of the burial stupa of the fifth Dalai Lama in the Potala Palace, Lhasa, China
(Xu, *Xizang chuantong jianzhu*, 323)

Both of these examples postdate Xingyuan Pavilion, but we may conjecture that similar structures, with a stupa covered by a pavilion, may have existed in the 13th century in a region where Tibetan Buddhism already held sway.

Conclusions

Would craftsmen have existed in Karakorum able to erect a pavilion of 300 *chi*? Many documents exist telling us that various kinds of craftsmen had come to live in Karakorum from the lands of inner China south of the Great Wall. The Mongols conducted relations with courts in conquered lands according to nomadic custom. For example, in the Korean peninsula, from 1241 the Goryeo king was required to send the sons of nobles as hostages and later in the time of Khubilai Khan (c. 1260—1294), Mongol princesses were married to Korean princes for political expediency. The empire would also gather craftsmen from the territories it had conquered and take them to the homeland. Gao Xi (高觿), a man from the Bohai region in present-day Manchuria and northern Korea, was responsible for the construction of the Longfu Palace (隆福宮) for the crown prince in the Mongol capital that later became Beijing.❶ It is certainly possible that Korean craftsmen might have been assigned to erect Xingyuange.

The Xingyuange site is the most extensive of all the sites remaining in Karakorum today. It was doubtless the most symbolic structure in the city and may, like the Hwang'yong Temple pagoda whose purpose was to unify the Korean peninsula, have had a political purpose. Its construction speaks of a religious policy that accepted all religions in the Mongol empire but which gave Buddhism the supreme position among them.

The information available to us at the present stage is still not enough to make possible an accurate reconstruction of the architectural style of Xingyuan Pavilion. For example, we do not know if there was an underground palace (*digong*) in the central section where the relics were placed. Nor do we know if there was a central column. It is to be hoped that precise data to measure the width and depth of the building will be made available soon. This paper has attempted to study the architectural style of Xingyuange based on the information that has been made public at this stage.

❶ Song Lian, *Yuanshi, juan* 169, Liezhuan (Biographies) 56, Gao Xi.

References

Plano Carpini, John and William of Rubrick. *Chuo Ajia, Mongoru ryokōki* (The travelogues of Carpini and Rubrick describing their trips to central Asia and Mongolia, 中央アジア・モンゴル旅行記). Edited and translated by Mori Masao (護雅夫). Tokyo: Tougensha, 1979.

Bao Muping (包慕萍). *Mongoru ni okeru toshi kenchikushi kenkyū: Yūboku to teijū no jūsō toshi fufuhoto* (A study on the history of urbanism and architecture in Mongolia: Layers of Nomadic culture and settlements of Hohhot, モンゴルにおける都市建築史研究：遊牧と定住の重層都市フフホト). Tokyo: Toho shoten, 2005.

——. *Mongoru chiiki Fufuhoto ni okeru toshi to kenchiku ni kansuru rekishiteki kenkyū* (1723—1959): *shuhen kenchiku bunkaken ni okeru ibunka juyo* (A study on urban and architectural history in Hohhot, Mongolia: A perspective of different cultural receptions in the surrounding architectural cultural sphere, モンゴル地域フフホトにおける都市と建築史研究：周辺建築文化圏における異文化受容．) Ph.D. Thesis University of Tokyo, 2003.

——. "13 seiki Chūkoku tairiku ni okeru tojo-kouzou no tenkan: Karakorumu kara Gen no daito he" (The transformation of the capital cities' spatial structure in 13th-century mainland China: From Kharakhorum to Khanbaliq [Yuan Dadu], 13世紀中国大陸における都城構造の転換：カラコルムから元の大都へ). In *Ajia kara miru Nihon toshishi* (Studies on the history of Japan cities under the perspective of Asia, アジアからみる日本都市史), edited by Tamai Tetsuo (玉井哲雄): 79-107. Tokyo: Yamakawa shuppansha, 2013.

——. "Trade Centers (*maimaicheng*) in Mongolia, and their Function in Sino-Russian Trade Networks." *International Journal of Asian Studies* 3.2 (2006) : 211-237.

——. "Menggu diguo ji qihou mugou Fojiao siyuan jianzhu" (Timber-frame Buddhist temple architecture of Mongolia, 蒙古帝国及其后木构佛教寺院建筑). *Zhongguo jianzhu shilun huikan* (2003.10) : 172-198.

Cleaves, Francis Woodman. "The Sino-Mongolian Inscription of 1346." *Harvard Journal of Asiatic Studies* 15.1/2 (1952) : 1-123.

Hüttel, Hans-Georg and Erdenebat, Ulambayar. *Karabalgasun and Karakorum: Two Late Nomadic Urban Settlements in the Orkhon Valley.* Archaeological excavation and research of the German Archaeological Institute (DAI) and the Mongolian Academy of Sciences (MAS) 2000-2009: Ulan Bator, 2010.

——. "Der Palast des Ögedei Khan-Die Ausgrabungen des Deutschen Archäologischen Instituts im Palastbezirk von Karakorum." In *Dschingis Khan und seine Erben-Das Weltreich der Mongolen:* 140-146. Munich: Exhibition catalogue, 2005.

Jiang Huiying (姜怀英) et al., eds. *Qinghai Ta'ersi xiushan gongcheng baogao* (Report of the repairs of Kumbum Monastery in Qinghai, 青海塔尔寺修缮工程报告). Beijing: Wenwu chubanshe, 1996.

Kim Dong-hyon (金東賢). *Hwang'yong-sa no kenchiku keikaku ni kansuru kenkyū* (A study of the construction plan of Hwang'yong-sa, 皇龍寺址の建築計画に関する研究). Ph.D. Thesis University of Tokyo, 1993.

Liang Sicheng (梁思成). *A Pictorial History of Chinese Architecture.* Beijing: Zhongguo jianzhu gongye chubanshe, 1991.

Liu Dunzhen (刘敦桢), ed. *Zhongguo gudai jianzhushi* (History of Chinese traditional architectural, 中国古代建筑史). Beijing: Zhongguo jianzhu gongye chubanshe, 1980.

Matsuda Kouichi (松田孝一), ed. *Nairiku ajia syogengo siryou no kaidoku ni yoru mongoru toshi hatten to koutuu ni kansuru sougou kenkyuu* (A comprehensive research on Mongolian city development and transportation by deciphering inland Asian language documents, 内陸アジア諸言語資料の解読によるモンゴル都市発展と交通に関する総合研究). Osaka International University: Report of the 2005-2007 Grant-in-Aid for Scientific Research (B), 2008.

Matsukawa Takashi (松川節). "Sekai isan Erdenezuu jiin (Mongoru koku) de saihakken sareta kanmo taiyaku ('chokushi kōgengaku hi') dampen" (A rediscovered fragment of the Sino-Mongolian inscription ['Xingyuan Pavilion stele erected by imperial order'] of 1347 from Erdeni Dzu Monastery, Mongolia, 世界遺産エルデニゾー寺院 (モンゴル国) で再発見された漢モ対訳『勅賜興元閣碑』断片). *otani gakuhō* (2010) 89.2: 1-18.

———. "Shinhakken no kanmo taiyaku ('chokushi kougengaku hi') hihen" (Chinese-Mongolian bilateral translation of newly-discovered fragments of 'Xingyuan Pavilion stele erected by imperial order', 新発見の漢モ対訳「勅賜興元閣碑」碑片). In *Genchō shiryō-gaku no shin tenkai o mezashite* (Toward a new approach to the study of historical records from the Yuan dynasty, 元朝史料学の新展開をめざして), edited by Muraoka Hitoshi (村岡倫): 74-81. Ryukoku University: Report of the 2008-2010 Grant-in-Aid for Scientific Research, 2010.

Shiraishi Noriyuki (白石典之), D. Tseveendorj. *Horin kougengaku sinkou* (A new approach to Xingyuange in Karakorum, 和林興元閣新考). *Shiryō-gaku kenkyū* (2007), Niigata University: 1-14.

Song Lian (宋濂). *Yuanshi* (History of Yuan, 元史), *juan* 169, Liezhuan (Biographies, 列传) 56, Gao Xi (高觿). Qing-dynasty rpt. in *Qinding siku quanshu* (Imperial edition of the Complete Library of the Four Treasuries, 钦定四库全书), Shibu (Histories, 史部), Zhengshilei (正史类), edited by Ji Yun (纪昀) et al. Beijing: 1773-1782. Online Edition.

Su Bai (宿白). *Zangchuan fojiao siyuan kaogu* (Archaeological studies of Tibetan Buddhist monasteries, 藏传佛教寺院考古). Beijing: Wenwu chubanshe, 1996.

Xu Youren (许有壬). "Chici Xingyuange bei" 敕赐兴元阁碑 , Xingyuan Pavilion stele erected by imperial order). In *Zhizhengji* (The collection of Zhizheng, 至正集),

juan 45, Beizhi (Epigraphs 碑志). Mod. rpt. in *Yuanren wenji zhenben congkan*, Vol. 7. Taibei: Xinwenfeng chuban gongsi, 1985.

Xu Zongwei (徐宗威), ed. *Xizang chuantong jianzhu daoze* (Guidelines for traditional Tibetan architecture 西藏传统建筑导则). Beijing: Zhongguo jianzhu gongye chubanshe, 2004.

Yoon Chang-sup (尹張燮). *Kankoku no kenchiku* (The architecture of Korea, 韓国の建築). Translated by Nishigaki Yasuhiko (西垣安比古). Tokyo: Chuokoron bijutsu shuppan, 2003.

Zhongguo gudai jianzhushi (History of Chinese traditional architecture, 中国古代建筑史). 5 Vols. Beijing: Zhongguo jianzhu gongye chubanshe, 2001—2003.

Zhongguo shehui kexueyuan kaoguyanjiusuo (中国社会科学院考古研究所). *Bei-Wei Luoyang Yongningsi 1979—1994 nian kaogu fajue baogao* (Archaeological excavation report of Yongningsi in Northern-Wei Luoyang from 1979 to 1994, 北魏洛阳永宁寺 1979—1994 年考古发掘报告). Beijing: Zhongguo dabaike quanshu chubanshe, 1996.

Zhang Yuhuan (张驭寰). *Zhongguo fotashi* (History of Chinese Buddhist Pagodas, 中国佛塔史). Beijing: Kexue chubanshe, 2006.

Recovery Research of Xingyuan Pavilion Built at a Buddhist Temple in Mongol-era (Yuan) Karakorum

Wang Guixiang   Alexandra Harrer

(Tsinghua University, School of Architecture)

Abstract: The paper investigates the original appearance of the Xingyuan Pavilion, a tall timber-framed structure (*louge*) built by imperial order at one of the Buddhist temples in the Mongol-era (Yuan) capital of Karakorum in 1256. The data used in this study originates from two different sources: the temple stele with an inscription recorded in Yuan literature and investigated using modern scientific methods; and a general knowledge of prevailing wooden architecture construction techniques of the period. By combining floor-plan dimensions taken from the measurements specified in the archaeological plan with the height and outward appearance of the central tower structure recorded in historical documents, the pavilion and its surrounding buildings are reconstructed both conceptually and practically. This paper also includes plausible conjecture about the rank (*puzuo*) of the bracket sets (*dougong*) and the design of the roof curve (*juzhe*). The outcome of this recovery research shows that the archaeological data referred to is consistent with the data provided by historical texts.

Keywords: Xingyuan Pavilion, Xingyuan Pavilion stele, Xingyuan Pavilion site, recovery research, Yuan dynasty

摘要：本文从见于元代文献记载的《敕赐兴元阁碑》与现代科学考古遗址两个角度出发，以合乎古代木构建筑自身时代特征的建筑与结构逻辑为基本研究理路，对建造于公元1256年的蒙古哈剌和林佛寺中的木构楼阁——兴元阁进行的复原研究。论文以考古发掘平面资料中的测量数据出发，还原出这座木构楼阁建筑的可能用尺，并以考古平面为基本依据，结合史料记载中的高度尺寸与造型，通过对这一时代木构建筑的基本比例规则、斗栱铺作的配置原则、屋顶举折的基本方式等，逻辑地加以复原推演，从将这座楼阁建筑还原到了与史料记载十分契合的高度与造型。

关键词：兴元阁，敕赐兴元阁碑，兴元阁遗址，复原研究，元代

Construction and Renovation History of Xingyuan Pavilion

Xu Youren (许有壬) (1286—1364) recorded the Chinese text of his inscription on the temple stele of Xingyuan Pavilion ("Pavilion of the Rise/Origin of the Yuan", 兴元阁) in *juan* 45 of his *Zhizhengji* (The collection of Zhizheng, 至正集), which gives a detailed description of the size and composition of this five-story timber-framed structure (*louge*, 楼阁) built at a Buddhist temple in

Karakorum (meaning "black cliff/rock") during the Yuan dynasty (1271—1368).❶ Modern research and excavations carried out since the 1980s by historians and archaeologists of Russia, the former Soviet Union, Japan, Germany and Mongolia have already confirmed that Karakorum once had been the capital of the Mongol (Yuan) empire at the peak of its power. But the discovery of the city and its principal buildings reveal a history of astonishing complexity. Nearly a century prior to the aforementioned modern excavations, Nikolai M. Yadrintsev (1842—1894) discovered the remains of a large city in the proximity of the Mongolian lamasery Erdeni Dzu (named after the Mongol name for Buddha) (Fig. 1) in 1889.❷ (Fig.1) His discovery suggested that this site near the town of Kharkhorin, a regional hub in Övörkhangai Province, Mongolia, was the location of the Yuan capital. In 1891, the Russian Orkhon Expedition under the leadership of Wilhelm Radloff (1837—1918) unearthed fragments of Xu's stele inscription from 1346 (Bingxu year of the Zhizheng

---

❶ Xu's Chinese text entitled "Chici Xingyuange bei" (Xingyuan Pavilion stele erected by imperial order) reads as follows, quoted here in excerpt (English translation modified after Francis W. Cleaves, "The Sino-Mongolian Inscription of 1346"):"太祖圣武皇帝之十五年，岁在庚辰，定都和林。太宗皇帝培植煦育，民物康阜，始建宫阙，因筑梵宇，基而未屋，宪宗继述。岁丙辰，作大浮屠，覆以杰阁。鸠工方毁，六龙狩蜀。代工使能伴瞀，络绎力底于成。阁五级，高三百尺，其下四面为屋，各七间，环列诸佛，具如经旨。至大辛亥，仁皇御天，闻有弊损，遣延庆使绰斯戬，辇锱茸之。又三十二年，为至正壬午，皇上念祖宗根本之地，二圣筑构之艰，勒奇凌府同知，今武备卿布达实哩蛰岭北行中书省右丞，今宣政院使伊噜特穆尔，专督重修，历四年方致完美。周塔涂金，晃朗夺目。阁中边顶踵，巨细曲折，若城平橐垔，靡不坚固精至。重三其门，缭以周垣，焕乎一新。县官出中饶楮币，为缗二十六万五千有奇，费视昔半而功则倍之。丙戌十一月七日，上御明仁殿，中书省臣奏阁修惟新，不可不铭，勒翰林学士承旨臣有壬文诸石。太祖圣武皇帝之十五年，岁在庚辰，定都和林。" (In the 15th year [1220] of Emperor Taizu [i.e. Genghis Khan], when the cyclical year was in Gengchen, he established the capital at Helin [i.e. Karakorum]. Under the care and nurture of Emperor Taizong [i.e. Ögedei Khan], the people and creatures were healthy and abundant. For the first time he built a palace [there]. On that occasion he constructed a Buddhist building. When he had laid the foundation, but had not yet put on the roof, Emperor Xianzong [i.e. Möngke Khan] continued [where he had left off]. When the cyclical year [was in] Bingchen [1256], he [i.e. Xianzong] made a great *futu* [here translated as stupa]. He covered [it] with a tall pavilion. When the assembled workmen were still in the process [of construction], the emperor [literally The Six Dragons] was campaigning [literally hunting] in Shu. To substitute for the [imperial] efforts, they employed the ablest men. [The emperor] dispatched one [messenger] after another to supervise [the work]. By exertion it [i.e. the work] reached completion. The pavilion [was] five stories. It was 300 *chi* high. As for its ground floor [literally bottom], the four sides constituted rooms, each seven *jian* [in length]. Around [these] they arranged the [statues of] various Buddhas. [This arrangement was] completely in accordance with the indication of the sutras. In [the cyclical year] Xinhai of the Zhida [reign period; 1311], when Emperor Ren[zong] [i.e. Buyantu Khan] mounted the throne, he heard that there were injuries and damage. [Hence] he dispatched the Yanqingshi [i.e. a third-grade official handling affairs related to Buddhist worship] [named] Chuo Sijian to cart money [there] to repair [it]. Another 31 years bring us to/constitute [the cyclical year] Renwu of the Zhizheng [reign period; 1342]. His Majesty, recalling the place of origin of his ancestors and the pains of construction of the Two Sages [i.e. Ögedei Khan and Möngke Khan], ordered that [two government officials in charge of artisan selection and products]—the Chiqi lingfu tongzhi now Wupeiqing [named] Budashili [Budasiri] as well as the Lingbei xingzhong shusheng now Xuanzheng yuanshi [named] Yilutemu'er [Örügtemür]—specially supervise the repair. After four years it was brought to perfection. Around the stupa, they painted gold. Its brilliance dazzled the eye. As for the pavilion, [its] inside and outside, top and bottom, bigness and smallness [i.e. size], twists and turns [i.e. convolutions] as well as projections and evenness [i.e. carving], painting and coating, there was nothing which was not firm and beautiful, delicate and perfect. They doubled its gates [the character *san* refers to *sanmen* and thus a main gate] and encircled it with a continuous wall. It was brilliantly new. The government laid out paper money in the amount of 26 myriads and 5000-odd *min*. The expenses, as compared with [those of] former times, were [but] a half, yet, [if one mentions] the achievement, then [it may be said that] they doubled it. On the seventh day of the 11th moon of [the cyclical year] Binxu [December 19, 1346], when the emperor appeared in Mingrendian [Hall of Bright Benevolence], a minister of the (Xing) zhong shusheng [executive secretariat] memorialized [to the effect] that, since the pavilion had been reconstructed, [the event] had to be eulogized with an inscription. [And so the emperor] ordered that the subject [Xu] Youren, a [graduate from] Hanlin [Academy], should compose it [i.e. the inscription] on stone.)

❷ Nikolai Yadrintsev, *Collection of the Works of the Orkhon Expedition*.

Figure 1　View of Erdeni Dzu, North Mongolia
(Photo with courtesy of Bao Muping)

reign period of Toghon Temür [as Emperor Huizong of Yuan]) during the team's survey of Erdeni Dzu.❶ The information found inscribed on the stele fragments is consistent with Xu's record of said inscription, reinforcing the historicity of both.

Xu was a significant figure of the mid to late Yuan period. His biography in *Yuanshi* (History of Yuan, 元史) reveals that he was not only a government official of the Yuan court for a half century, but also a Confucian scholar and a man of character and letters.❷ His Xingyuan Pavilion stele inscription provides a chronology of important events of the Yuan period: in 1220 (4th year of the Xingding reign period of Emperor Xuanzong of Jin; also Gengchen year or 15th year of Genghis Khan's reign [as Emperor Taizu of Yuan]), Genghis Khan made Karakorum the imperial capital; three decades later, in 1256 (4th year of the Baoyou reign period of Emperor Lizong of Song; also Bingchen year of Möngke Khan's reign [as Emperor Xianzong of Yuan]), Xingyuan Pavilion was constructed at a Buddhist temple near the capital—predating the year when the Mongols seized the Central Plains. According to Xu's timeline, the tower structure was built thirty years after the construction of the Mongol-era (Yuan) capital at Karakorum, but 15 years earlier than the Mongolian claim to sovereignty of the Central Plains. Consequently, the structure is historically significant, as its existence suggests that at the beginning of Mongol rule as Buddhism spread from the Central Plains and Tibet, the empire contemporaneously accepted and incorporated the Han system of timber-framed architecture (*mugou jianzhu tixi*, 木构建筑体系) in its lexicon of building techniques.

❶ Wilhelm Radloff, *Atlas der Altertümer der Mongolei*. For a more comprehensive discussion of the history of the Sino-Mongolian inscription of 1346 see Francis W. Cleaves' excellent study. See also Hans-Georg Hüttel, (Karabalgasun and Karakorum), and the relevant entry on Kharkhorin (哈拉和林) at Baidu, China's leading search engine, last modified 2017, accessed July 1, 2017, baike.baidu.com.

❷ Song Lian, *Yuanshi*, juan 182, Liezhuan (Biographies) 69, Xu Youren.

Furthermore, it is relevant to note that Xingyuan Pavilion was renovated twice on imperial order: first in 1311 (Xinhai year or 4th year of the Zhida reign period of Külüg Khan [as Emperor Wuzong of Yuan], which was the same year as Buyantu Khan's accession to throne [as Emperor Renzong of Yuan]), 55 years after its construction; and again in 1342 (Renwu year or 2nd year of the Zhizheng reign period of Toghon Temür [as Emperor Huizong of Yuan]), 32 years after the first renovation. The 1342 renovation took four years to complete and included the re-gilding of the Buddhist stupa inside the pavilion, the erecting of walls around the pavilion, and the restoration of the original main gate that had fallen into a state of disrepair.❶ In 1346 (Bingxu year or 6th year of the Zhizheng reign period of Toghon Temür [as Emperor Huizong of Yuan]), Emperor Huizong ordered Xu Youren, a graduate of the imperial academy, to write the dedicatory inscription on the temple stele. (That is to say, from the pavilion construction in 1256 to the end of the second renovation in 1346, nine decades passed.) The subsequent history of the pavilion after the collapse of the Mongol empire is uncertain and not documented in Han records from the Central Plains.

Discovery of Xingyuan Pavilion Stele and Excavation of the Site

The Xingyuan Pavilion stele is an important source for the study of Chinese and Mongolian architectural culture. The Sino-Mongolian inscription of 1346 is not only one of the few bilingual texts on architecture still extant from the reign of the last Yuan-dynasty emperor (Toghon Temür Temür known as Emperor Huizong of Yuan) ❷, but it also emphasizes the place of prestige occupied by the Xingyuan Pavilion as an architectural masterwork.

In addition and more importantly for this paper, Xu's inscription mentions the outward appearance and dimensions of the structure.❸ It was five stories or 300 *chi* (foot, 尺) tall, encircled by four lower buildings, each seven bays wide. Each side building hosted a Buddha statue, presumably facing the Great Buddha or *dafutu* (大 浮 屠) within the center structure, which could mean either a large Buddhist statue or, as suggested in this paper, a large Buddhist stupa. The *dafutu*, hereafter referred to as a stupa, was shielded from view by the pavilion, and the inscription reveals in fact that this was the pavilion's original purpose. The stupa was so intensely bright that it would dazzle viewers—as noted before, it was gilded when first built and subsequently re-gilded during its second renovation, restoring the structure to its original splendor. The text further tells

❶ The text of the inscription uses the character *san* (三) which is short for *sanmen* (三 门), a pre-Song name for the main gate known as *shanmen* (山门) in the Yuan period.

❷ Francis W. Cleaves, "The Sino-Mongolian Inscription of 1346."

❸ To be precise, the stele inscription briefly addresses the pavilion's form and size but fails to give quantified data concerning the architectural plan. Even the seven-bay wide peripheral buildings can only be roughly sketched but not be drawn up in such detail as is necessary for recovery of the actual dimensions of the original design.

us that the interior of the pavilion was occupied entirely by the stupa itself.[1] But how the gilded stupa was placed inside a five-story timber-framed pavilion and how tall the stupa was remains somewhat of a mystery (that awaits further research).

From the stele inscription we can also know that the five-story pavilion and the surrounding side buildings were wooden structures, but the stupa inside probably was a stone-brick structure. Since it was built earlier than the earliest known Lamaist pagoda—the White Dagoba (1271) of Miaoying Monastery (妙应寺) in Beijing that was designed by the Nepalese monk Anige (阿尼哥) (1245–1306) in 1271 – it is difficult to ascertain whether the stupa at Xingyuan Pavilion adopted a typical Lamaist style (as known today only from buildings that postdate this stupa) or another Buddhist pagoda style. For this reason, the paper will not address the issue of the Great Buddha stupa's design.

The fragments of Xu's stele inscription have received attention from researchers both domestically and internationally. In December 2009, Matsukawa Takashi (松川节) from the Department of Literature (Human Information Science) at Otani University (大谷大学文学部, 人文情报学科) in Osaka, Japan, presented a preliminary report at the History Research Institute of the Chinese Academy of Social Sciences in Beijing, Division of Chinese and Foreign Relations (中国社会科学院历史研究所中外关系史研究室).[2] Takashi discussed the historical significance of Erdeni Dzu, which had been declared a World Cultural Heritage Site as part of the Orkhon Valley Cultural Landscape by UNESCO in 2004 (Fig. 2), and introduced details of the Chinese and Mongolian text passages from the newly discovered stele fragments from 2009. According to Takashi, Toghon Temür (Emperor Huizong of Yuan) issued an imperial edict to commemorate the rebuilding of Xingyuan Pavilion in Karakorum and ordered Xu to compose the Chinese text of the inscription in (December) 1346.[3] Both natural and human forces led to the stele's eventual fragmentation. The pieces were used as construction material and embedded into the stone foundation of the pagoda that was built at Erdeni Dzu in the 16th century. Today, six stele fragments have been recovered, leaving three more pieces to be unearthed.

In the late 19th century, the Russian Orkhon Expedition led by Radloff discovered two fragments of the stele inscription at Erdeni Dzu.[4] In 1912, the Polish scholar Wladyslaw Kotwicz (1872—1944) found another three stele fragments.[5] Because the monks objected, only rubbings of the first two fragments were made. In his 1918 report, Kotwicz described the newly found stele fragments but did not include pictures. In 1926, Nikolaj N. Poppe (1897—

[1] Xu, "Chici Xing-yuange bei."

[2] Matsukawa Takashi, "Xinfaxian de 'Chici Xingyuange bei' duanpian" (Newly unearthed fragments of Xingyuan Pavilion stele erected by imperial order).

[3] Francis W. Cleaves, "The Sino-Mongolian Inscription of 1346", 5.

[4] Wilhelm Radloff, *Atlas der Altertümer der Mongolei.*

[5] Wladyslaw Kotwicz, "Mongolian Inscriptions in Erdeni Dzu."

❶ Nikolaj Poppe, "Report on a trip to the Orkhon in the summer of the year 1926."

❷ Hans-Georg Hüttel, *Karabalgasun and Karakorum*.

❸ See the blog entry from December 30, 2009 at the website of the Institute of History of the Chinese Academy of Social Sciences by Oyunguwa (乌云高娃) entitled "Ouyaxue yanjiu xilie jianzuo—xinfaxian de 'Chici Xingyuange bei' xinpian" (欧亚学研究系列讲座34讲纪实—新发现的"敕赐兴元阁碑"断片, Eurasian Studies Series Lecture 34—Newly unearthed fragments of 'Xingyuan Pavilion stele erected by imperial order'), accessed July 1, 2017, http://www.eurasianhistory.com/data/articles/b02/2039.html

1991), a scholar from the former Soviet Union, discovered two stele fragments with Sino-Mongolian inscription at Erdeni Dzu.❶ In 2003, the Mongolian-German Karakorum Expedition found another stele fragment with Sino-Mongolian inscription that was exhibited in the Bonn Museum.❷ In 2009, the Mongolian-Japanese Joint Academic Survey Team excavated a part of the stele that was discovered under the base of the first Buddhist stupa south of Erdeni Dzu's west gate.❸ The fragment is preserved in the local museum at Erdeni Dzu.

Figure 2　Entrance to Erdeni Dzu
(Photo with courtesy of Bao Muping)

The extant stele fragments, although inscribed in two languages, offer little more insight than Xu's text recorded in *Zhizhengji*, at least with regard to architecture at the Xingyuan Pavilion complex. However, teams from the German Archaeological Institute (DAI) and the Mongolian Academy of Sciences (MAS) recently (2000—2009) excavated the site of Xingyuan Pavilion and documented the building plan and interior-column grid as would have existed in the mid–13th century.❹ Their efforts, together with Xu's description in *Zhizhengji*, allow us to understand the basic layout of the complex and the three-dimensional form (based on the design logic of traditional Chinese multi-story timber-framed architecture) of the external wooden structure, therefore being able to visually recover the lost historical building in a way that is close to its original structure, design and architectural composition.

❹ See their official report by Hüttel, *Karabalgasun and Karakorum*.

In July 2015, Bao Muping (包慕萍) from the Institute of Industrial Science at the University of Tokyo (东京大学生产技术研究所) presented an archeological plan, drawn by scholars from DAI and MAS, at the International Academic Forum on Ancient Chinese Architecture held at Vanderbilt University, USA (Fig. 3).❶ This preliminary drawing (floor plan reconstruction) confirms that Xingyuan Pavilion was a timber-framed structure with a square ground plan divided into an inner and an outer section. The inner section was three bays wide and deep, and had a traditional Chinese layout referred to as a "Nine Palace grid" (*jiugongge*, 九宫格).❷ The geometric center was formed by four columns that encircled a square stone-brick base with a side length of 2.5 m. Because of its small size, it probably was not the place where the Great Buddha stupa stood; rather, it might have been a raised pedestal either for a Buddha statue or, less likely, another column placed centrally inside the stupa.

❶ First published in Hüttel, *Karabalgasun and Karakorum*, 66. Note that in Hüttel's schematic floor, the Xingyuan Pavilion was confused with another important building in Karakorum and thus labeled wrong as great hall (*zhengdian*, 正殿).

❷ The Nine Palace grid derives from two magic diagrams or cosmic charts that represent the ancient Chinese concept of space—*hetu* ([Yellow] River map) (河图) and *luoshu* (Luo [River] writing or colloquially known as magic square) (洛书). A magic square is a quadratic scheme of numbers arranged in such a way that the sum of the numbers is the same in each row, column, and diagonal.

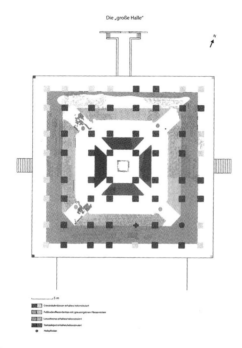

Figure 3　Archaeological plan of Xingyuan Pavilion
(Hüttel, *Karabalgasun* and *Karakorum*, 66)

Between the central four columns and the nine outer columns of the Nine Palace grid were four trapezoidal rammed-earth foundations that were laid out along the four cardinal directions. The four trapezoids occupy nearly the whole space between the columns of the grid, forming a compact square space that leaves room only for access areas at the four corners and for a hollow stone-brick platform in the center. For now, the platform can be considered the base of the Grand Buddha stupa inside Xingyuan Pavilion. This layout is in line with Xu's description in *Zhizhengji*❸, or in other words, the archeological evidence confirms the historical text.

❸ Xu, "Chici Xingyuange bei."

The (outer) section outside the Nine Palace grid was square and consists of two concentric column rings with seven bays on each side. The floor plan, seen as a whole, looks like the ground floor of a seven-bay wide and deep pavilion. But the column rings of the outer and the inner section are not equally spaced: the distance between the two outer column rings is smaller than the distance from the second outer ring to the central Nine Palace grid. Additionally, the space of the outer section (i.e. between the two column rings) and the space of the inner section (i.e. inside the Nine Palace grid) are defined by a different treatment of the floor: the ground outside the two outer column rings is not paved, while the ground in-between the two outer rings is. The ground between the two outer column rings and the Nine Palace grid is only paved in part, which suggests a group of buildings surrounding the Nine Palace grid that form an enclosed space open to the inside, very likely an interior courtyard. The surrounding buildings were only one bay deep (i.e. the distance between the two outer column rings). This is again in line with Xu's description.❶

❶ Xu, "Chici Xingyuange bei."

Traces of rammed earth that follow the outline of a square are also found outside the column grid, which mark the edges of the terraced platform on which the pavilion and surrounding buildings stood. According to the scale given in the archaeological plan, the terraced platform measures 42.9 m in side length, and is flanked by two staircases of 10 stairs (west) and 11 stairs (east). The staircases are 3.2 m wide and 4m long. Assuming that the step height is 0.2 m, then the total height of each staircase is 2 m. The southern part of the terraced platform has a passageway of a lower height. The width of the passageway is 31 m. This suggests that on the southern side of the pavilion there might have stood another important hall or structure like a main gate that was connected to the pavilion by this wide passageway. On the northern side, there is a narrow passageway that is only 4 m wide, with no indication of a staircase. It is possible that there may have been a ramp leading to the structure, or that here the pavilion might have been connected to a building of lesser importance.

It is noteworthy that there are fragments of four circular columns placed along the diagonal axes at the four corners between the corner columns of the Nine Palace grid and the corner columns of the outer section. The circular columns are not perfectly aligned with the diagonal axes, but rather placed slightly adjacent. For example, the column at the northeast corner was shifted slightly westward, and is now closer to the northeastern corner column of the Nine Palace grid, while the column at the southwest corner was shifted northward, and is now further away from the southwestern corner column. The other two columns follow this pattern. The asymmetrical layout might stem from later repair to strengthen the corner bracket sets (*dougong*, 斗栱) that support the eaves. A similar case was found with Guanyin Pavilion (观音阁) (984, Liao dynasty) at Dule Temple (独乐寺) in Ji county, Hebei province, where corner columns were added as support for the double-layered eaves. Thus, we might conclude that the circular column bases positioned off- (diagonal) axis belong to auxiliary columns of the five-story pavilion that was erected over the Nine Palace grid and supported by these additional corner columns. In other words, the four auxiliary columns were added after the building showed signs of dilapidation and aging of the eaves. Therefore, they have no large, square stones base but smaller circular ones instead. They were positioned between the inner and the outer column grid and off-axes, thereby suggesting that the central Nine Palace grid and the outer section of surrounding buildings were structurally separate and independent. This confirms what was stated earlier in this paper: that there was a square, three-by-three-bay, five-story (300 *chi*) timber-framed pavilion, which was surrounded by four seven-by-one-bay buildings.

This allows us to draw three preliminary conclusions consistent with the historical and archaeological data and the characteristics of traditional Chinese, large-scale wood structures:

(1) Xingyuan Pavilion was a timber-framed building that stood on a square, 2 m tall, terraced platform with sides 42.9 m in length. It was likely framed by other buildings of the monastery to the front and the rear (south and north).

(2) Xingyuan Pavilion consisted of two structurally separate and independent sections: an inner section and outer section. The inner section was formed by a three-by-three-bay pavilion, square in ground plan and five-story or 300 *chi* tall. The outer section consisted of seven-by-one-bay, single-story side buildings that enclosed an open courtyard (in which the central pavilion stood). The four inner corners of the courtyard corresponded to the four outer corners of the five-story building and were reinforced by auxiliary eaves columns at a later point.

(3) A square rammed-earth Buddhist stupa stood inside the pavilion, extending outwards to the area in between the inner and the outer column ring of the Nine Palace grid. The interior space of the stupa, at least at the ground level, was probably column-free. A Buddha statue, or less likely a central column, was placed at the square 2.5 m long base in the center of the stupa.

Recovery research of the Great Buddha stupa inside Xingyuan Pavilion is difficult, perhaps verging on impossible. Not only is there no data on its orientation, design, or size, but given the stupa's early construction date (1256), it is difficult even to propose its stylistic design without relating it to a known Lamaist pagoda (i.e. the White Dagoba of Miaoying Monastery). The subsequent analysis and reconstruction thus focuses on the wooden architecture that would have been found at the site.

Floor Plan Analysis of the Xingyuan Pavilion through Archaeological Evidence

First, we must acquire the dimensions of the ground-level column grid of Xingyuan Pavilion. Bao's plan of Xingyuan Pavilion is a digital scan of the original hand drawing by the German-Russian excavation team. It has a simple legend in German and Russian, and most importantly, a scale at the left bottom. With the help of modern computer-aided design software applications (Auto CAD), I made measurements from the scanned image, adjusted the dimensions according to the scale, and drew a detailed construction drawing.❶ The table below lists the new dimensions acquired from the CAD data conversion:

Table 1 Ground–plan dimensions of Xingyuan Pavilion according to the archaeological plan❷

Width (Given in meters)	Left end bay	Left second-to-last bay	Left side bay	Central bay	Right side bay	Right second-to-last bay	Right end bay	Overall width
	4.211	6.289	4.506	6.124	4.703	6.378	4.346	36.557
Depth (Given in meters)	Rear end bay	Rear second-to-last bay	Rear side bay	Central bay	Front side bay	Front second-to-last bay	Front end bay	Overall depth
	4.441	6.132	4.562	6.334	4.624	6.222	4.737	37.052

Table 1 indicates the distance between between two columns (i.e. column spacing or bay length). What is not included is the distance between the outermost column ring and the edge of the terraced platform (platform edge width). This distance is identical in dimensions on all four sides, measuring between 3.12 m and 3.15 m. If we temporarily define it as 3.15 m and assume that the east-west width and the north-south length of the entire column grid are 36.557 m and 37.052 m respectively, then the total (east-west) width and the total (north-south) length of the platform are 42.857 m and 43.352 m respectively. (The dimensions are not exactly the same in both directions, which is probably caused by the construction. But we may assume that the original floor plan was designed as square with a side length of of 42.9 m).

Xu Youren gives the dimensions of Xingyuan Pavilion in *chi*, but the results we acquired from the archeological data conversion are expressed in meters. Thus, we must first convert *chi* into metric units before we can compare the two measurements.

Xingyuan Pavilion dates to the mid–13th century, which corresponds to the Chinese periods of the late Southern Song (1127—1279) and Jin (1115—1234), and was probably built by Chinese artisans from the Central Plains. Xu explains this:❸ when the Mongol army attacked the Song dynasty and invaded Shu (蜀) that was under Song rule (today Sichuan province and part of the Central Plains), many Han Chinese migrated from Shu and (were) moved to

---

❶ There might be some minor deviations but as long as the scale is accurate, these deviations can be neglected.

❷ This paper translates *jinjian*(尽 间) as "end bay", *shaojian* (梢 间) as "second-to-last bay", *cijian* (次 间) as "side bay", and *dangxinjian* (当心间) and *mingjian* (明 间) both as "central bay". *Mianguang fangxiang* (面广方向) is understood as the length of the building along the façade ("width") and *jishen fangxiang* (进深方向) as the length across the façade ("depth").

❸ Xu, "Chici Xingyuange bei."

Mongolia where they worked as artisans. Therefore, we can assume that the *chi* the builders of Xingyuan Pavilion used was probably the *chi* used as a standard for measurement in the Chinese Song empire. We cannot rule out the possibility that Song and Yuan (Mongol) systems of measurement were used at the same time, but in some areas, the Yuan *chi* and the Song *chi* were in fact very close, not least because the Yuan system of length incorporated the Song units. The following calculations do not exclude this possibility.

The *chi* used in the Song-Yuan period varied widely[1], from 0.309 m to 0.329m, but can be simplified to a few basic values:[2]

1 Song *chi* = 0.329 m; 0.314 m; 0.316 m

1 Yuan *chi* = 0.307 m; 0.3168 m; 0.313 m

Now, if we convert the data (given in meters) from table 1 into these different reference units for the Song and Yuan *chi*, then the following dimensions of Xingyuan Pavilion are possible (Table 2)—assuming that, on the way to a plausible and consistent reconstruction, a simulation of different solutions can be very helpful:

[1] Liu Dunzhen, *Zhongguo gudai jianzhushi*, appendix 3 (Table of rulers in succeeding dynasties): 421.

[2] Using Internet data. See the foot measurements listed under the entry "*yingzao chi*" (营造尺) at 911 Chaxun, modified 2017, accessed July 1, 2017, http: //danci.911cha.com/ 营造尺 .html.

Table 2　Overview of possible dimensions for Xingyuan Pavilion expressed in *chi*

Width (Given in meters)	Left end bay	Left second-to-last bay	Left side bay	Central bay	Right side bay	Right second-to-last bay	Right end bay	Overall width
	4.211	6.289	4.506	6.124	4.703	6.378	4.346	36.557
1 *chi* = 0.329 m	12.799	19.116	13.696	18.614	14.295	19.386	13.210	111.116
1 *chi* = 0.314 m	13.411	20.029	14.350	19.503	14.978	20.312	13.841	116.424
1 *chi* = 0.316 m	13.326	19.902	14.249	19.380	14.883	20.184	13.753	115.687
1 *chi* = 0.307 m	13.717	20.485	14.678	19.948	15.319	21.948	14.156	119.078
1 *chi* = 0.3168 m	13.292	19.852	14.223	19.331	14.845	20.133	13.718	115.395
1 *chi* = 0.313 m	13.454	20.093	14.396	19.565	15.026	20.377	13.885	116.796
Depth (Given in meters)	Rear end bay	Rear second-to-last bay	Rear side bay	Central bay	Front side bay	Front second-to-last bay	Front end bay	Overall depth
	4.441	6.132	4.562	6.334	4.624	6.222	4.737	37.052
1 *chi* = 0.329 m	13.498	18.638	13.866	19.252	14.055	18.912	14.398	112.620

续表

Depth (Given in meters)	Rear end bay	Rear second-to-last bay	Rear side bay	Central bay	Front side bay	Front second-to-last bay	Front end bay	Overall depth
	4.441	6.132	4.562	6.334	4.624	6.222	4.737	37.052
1 chi = 0.314 m	14.143	19.529	14.529	20.172	14.726	19.815	15.086	118.000
1 chi = 0.316 m	14.054	19.405	14.437	20.044	14.633	19.690	14.991	117.253
1 chi = 0.307 m	14.466	19.974	14.860	20.632	15.062	20.267	15.429	120.691
1 chi = 0.3168 m	14.018	19.356	14.400	19.994	14.596	19.640	14.953	116.957
1 chi = 0.313 m	14.188	19.591	14.575	20.236	14.773	19.879	15.134	118.377

Rounding off the dimensions to one position behind the decimal point and considering measurement deviations, the best results are achieved if we convert 1 *chi* into 0.314 m (Table 3).

Table 3　Possible dimensions for Xingyuan Pavilion expressed in 1 *chi* equal to 0.314m

Width (Given in meters)	Left end bay	Left second-to-last bay	Left side bay	Central bay	Right side bay	Right second-to-last bay	Right end bay	Overall width
	4.211	6.289	4.506	6.124	4.703	6.378	4.346	36.557
1 *chi* = 0.314 m	13.411	20.029	14.350	19.503	14.978	20.312	13.841	116.424
After rounding	13.5	20.0	14.5	19.5	15.0	20.0	14.0	116.5

Depth (Given in meters)	Rear end bay	Rear second-to-last bay	Rear side bay	Central bay	Front side bay	Front second-to-last bay	Front end bay	Overall depth
	4.441	6.132	4.562	6.334	4.624	6.222	4.737	37.052
1 *chi* = 0.314 m	14.143	19.529	14.529	20.172	14.726	19.815	15.086	118.000
After rounding	14.0	19.5	14.5	20.0	15.0	20.0	15.0	118.0

Thus we can conclude, if 0.314 m (Song *chi*) was used as the basic unit of length for Xingyuan Pavilion, then the total building height of 300 *chi* can be converted to 94.2 m.❶

Considering the deviation between building theory (design) and practice (construction) and for ease of drawing, we can make some adjustments. First,

❶ The total building height refers to the height from the ground level of the first floor to the ridge purlin of the fifth floor.

we can make the side bays, second-to-last bays, and end bays symmetrical and the same on both sides. Second, we can unify the pavilion dimensions in both directions to get a square plan. This then results in the following ideal design dimensions (Table 4):

Table 4 Ideal design dimensions for Xingyuan Pavilion expressed in *chi*

Width (Given in meters)	Left end bay	Left second-to-last bay	Left side bay	Central bay	Right side bay	Right second-to-last bay	Right end bay	Overall width
	4.211	6.289	4.506	6.124	4.703	6.378	4.346	36.557
After rounding (Given in *chi*)	13.5	20.0	14.5	19.5	15.0	20.0	14.0	116.5
Ideal design dimensions (Given in *chi*)	14.0	20.0	15.0	20.0	15.0	20.0	14.0	118.0

Depth (Given in meters)	Rear end bay	Rear second-to-last bay	Rear side bay	Central bay	Front side bay	Front second-to-last bay	Front end bay	Overall depth
	4.441	6.132	4.562	6.334	4.624	6.222	4.737	37.052
After rounding (Given in *chi*)	14.0	19.5	14.5	20.0	15.0	20.0	15.0	118.0
Ideal design dimensions (Given in *chi*)	14.0	20.0	15.0	20.0	15.0	20.0	14.0	118.0

Besides the dimensions of the column bay width and depth, we can also consider the platform edge width (i.e. the distance between the outermost column ring and the edge of the terraced platform), which, as discussed above, varied between 3.12 m and 3.15 m depending on the side of the platform and was preliminary defined as 3.15 m. If we now (make a slight adjustment and) round it to 3.14 m, then, expressed in terms of (Song) *chi*, this figure is also a whole number and equal to 10 *chi* or 1 *zhang* (丈).

Figure 4 shows my reconstruction of the ground plan of Xingyuan Pavilion based on the ideal design dimensions for the column grid (Fig. 4). By adding on both sides 10 *chi* (platform edge width), the terraced foundation platform is drawn as a square of 138 *chi* side length. The four auxiliary corner columns with circular base are not depicted in the drawing.

As a final step, we can compare the ideal design dimensions with the actual data taken from measurements of the archaeological plan. As discussed before, the east-west width of the terraced platform is 42.857 m, and the north-

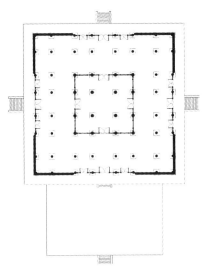

Figure 4 Floor plan reconstruction of Xingyuan Pavilion for dimensional analysis
(Drawing by Wang Guixiang)

south length is 43.352 m. Expressed in terms of *chi* (0.314 m), the platform is 136.5 *chi* wide (in the east-west direction) and 138.1 *chi* long (in the north-south direction). These numbers are within an acceptable deviation from the aforementioned ideal dimensions of the platform (138 *chi*).

Conjecture regarding Elevation and Section of the Xingyuan Pavilion

Based on deductions from the preceding analysis, and from historical information found in Xu's text[1], we can know that the column grid consisted of two structurally separate and independent sections: the three-by-three-bay, five-story pavilion in the center; and the four seven-by-one-bay, single-story side buildings. A ring-shaped courtyard existed between them, most likely precisely between the outer eaves columns of the pavilion and the inner eaves columns of the side buildings, with a width identical to that of the second-to-last and central bays of the pavilion. The central bays were 20 *chi* wide, and the flanking side bays 15 *chi*. The side buildings were 14 *chi* deep. The ring-shaped courtyard was 20 *chi* wide. This spatial composition is similar to the Dugang pattern (都纲法式) common in later Tibetan Buddhism[2], which further reinforces the idea of two separate and independent structures.

Cross-sectional Analysis of the Five-story Pavilion

As Xu described, the timber-framed pavilion was 300 *chi* tall, which can be converted to 94.2 m (assuming that 1 *chi* equals 0.314 m). Historical records

[1] Xu, "Chici Xing yuange bei."

[2] The Dugang pattern (都纲法式) describes a layout that resembles the Chinese character *hui* 回 —with a main building in the center that is surrounded by lower side buildings—and was later named after the Tibetan Shalu Monastery (夏鲁寺), originally built in 1087 but rebuilt in the Yuan period (although after Xingyuan Pavilion).

confirm that Xingyuan Pavilion was a tall, five-story building. Using the proportional and modular design system of traditional Chinese wooden architecture, the total building height of 300 *chi* can be divided into five sections of 60 *chi* each, each section representing one story of the five-story pavilion. According to Fu Xinian (傅 熹 年), the height of the columns supporting the first-floor eaves was used as the basis for an expanded modular system of most traditional multi-story timber-framed buildings (pagodas and pavilions).❶ This is consistent with the design rules found within the *Yingzao fashi* (Building standards, 营造法式), the 12th-century construction manual compiled at the Song court by the government official Li Jie (李 诚 , ?—1110).❷ The height of the first-floor columns is related proportionally to the total height of the first floor. Fu explained that the height measured from the ground to the upper edge of the first *pingzuo* (平 坐) (here, a timber substructure connecting the first and second floors) should be twice the height of the first-floor column, and in our case, 60 *chi*. In other words, we can define the height of the first-floor columns as 30 *chi*, and use 30 *chi* as the expanded modular unit of the whole building.

Next, we must identify the size of the building material [*cai* (材), a timber of standard width and height in Song carpentry, together with its sub-unit *fen* (分) part of the *cai-fen* (材 分) system for modular design], and the rank (*puzuo*, 铺 作) of the bracketing units (*dougong*). A few factors need to be considered. First, when Xingyuan Pavilion was built, the Central Plains were shattered by the Southern-Song-and-Jin wars, and architectural design was still influenced by Song and Jin building traditions. A line in Xu's text explains that at that time of political turmoil, the Mongol army seized opportunity and attacked and conquered Shu. Thus, the builders of Xingyuan Pavilion were probably recruited from the population of Shu, which had been under Southern-Song rule.❸ Therefore, the construction ruler regulating the meter value that corresponds to one *chi* and the construction methods of bracket sets and beam frameworks should follow the Song standards for large-scale timber carpentry specified in *Yingzao fashi* to a large extent. Second, as the highest-ranking religious architecture built by imperial order in the capital at that time, clearly indicated by the temple's name, one with veiled political undertones. Xingyuan Pavilion must have employed the most prestigious design and the *puzuo* of highest rank, meaning it likely used the largest size a building material can be i.e. first-grade *cai* which corresponds to 9 *cun* [1 *cun* (寸) equals one-tenth of a *chi*]. Expressed in terms of 1 *chi* equals 0.314 m, the height of a "single standard unit" (*dancai*, 单 材) was 0.2826 m (0.314 × 0.9).By the same token, the bracket sets used at

❶ Fu, Xinian, "Architectural Features of the Northern and Southern Dynasties and the Sui and Tang Periods in China as Reflected in Japanese Architecture of the Asuka and Nara Periods."

❷ Li Jie, *Yingzao fashi*, *juan* 5, entry *zhu* (" 若厅堂等屋内柱 , 皆随举势定其短长 , 以下檐柱为则 "), and annotated by Liang Sicheng in *Yingzao fashi zhushe* (*Liang Sicheng quanji* 7: 137) .

❸ Xu, "Chici Xing yuange bei."

Xingyuan Pavilion should also be of the highest rank. Around the building at atop the column were bracket sets of eight *puzuo*, consisting of five projecting steps, specifically two transversal bracket-arms [*huagong* (华栱) ; in English sometimes called flower-arms] and three downward-pointing cantilevers (*ang*, 昂). This is the most complex bracketing form known in the *Yingzao fashi*. In addition, because of the proximity to the Southern-Song period and period-end construction methods, there would likely have been *pupaifang* (普拍枋 , an additional layer of horizontally-positioned architrave above the regular architrave). As a result, the cap block (*ludou*, 栌斗), the largest load-bearing-block in a bracket set, was directly inserted into the *pupaifang* body, whose thickness was determined according to *Yingzao fashi* guidelines regarding modular proportion❶, equaling the height of a single standard unit (*dancai*) or 0.2826 m.

But how did the building really look in the vertical section? Each column of the upper floor directly rested atop the lower-floor column, specifically on the column-top cap block. This "bifurcated column method" (*chazhuzao*, 叉柱造) allowed the columns of the first *pingzuo* to move inward by half a column diameter, compared to the first-floor columns. A line in *Yingzao fashi* regulates the column diameter and limits its size to two *cai* plus two *zhi* (栔), or to a maximum of three *cai*.❷ Assuming that the height of the *cai* measured 15 *fen*, and the height of the *zhi* 6 *fen*, and additionally, that the height of the single standard unit (*dancai*) 0.2826 m, then two *zhi* equaled 0.226 m [(0.2826 ÷ 15) × 6 × 2], and two *cai*, 0.5652 m. Thus the sum of two *cai* and two *zhi* was 0.7912 m. Converted into *chi* (assuming that 1 *chi* equals 0.314 m), the column diameter should be 2.5 *chi*. If we calculate the column diameter on the basis of three *cai*, the column diameter would be 0.8478 m, or 2.7 *chi*. Looking at the archaeological plan, each square column base measures only 1.2 m in side length, and thus, the bottom diameter of the column shafts should not exceed 0.8 m. Therefore, we can know that the column diameter was 0.7912 m or 2.5 *chi*, and was calculated on the basis of two *cai* plus two *zhi*. The *pingzuo* columns that moved inward half a column diameter were thus recessed by 1.25 *chi* toward the center of the pavilion. Furthermore, the *pingzuo* columns applied *pupaifang*, which is significant for the construction. According to the method specified in *Yingzao fashi*❸, the bracket sets of *pingzuo* columns with *pupaifang* should reduce their *puzuo* by one rank. The 8-*puzuo* bracket sets with five projecting steps (i.e. two bracket-arms and three cantilevers) used for the eaves columns of the five regular floors thus should become bracket sets of seven *puzuo*, consisting of only four projecting

❶ Li, *Yingzao fashi*, *juan* 4, entry pingzuo ("厚随材广"), and annotated by Liang in *Yingzao fashi zhushe* (*Liang Sicheng quanji* 7: 116).

❷ Li, *Yingzao fashi*, *juan* 5, entry zhu ("凡用柱之制 , 若殿阁 , 即径两材两栔至三材"), and annotated by Liang in *Yingzao fashi zhushe* (*Liang Sicheng quanji* 7: 135) .

❸ Li, *Yingzao fashi*, *juan* 4, entry pingzuo (" 造平坐之制 , 其铺作减上屋一跳或两跳 "), and annotated by Liang in *Yingzao fashi zhushe* (*Liang Sicheng quanji* 7: 116).

steps (i.e. four transversal bracket-arms; using double-tier bracket-arms parallel to the wall plane). Wooden planks were laid on top of the bracket sets to form the floor of the upper levels. The eaves columns of the upper floor were aligned with the lower-floor columns. All *pingzuo* columns were moved inward half a column diameter (compared to the lower-floor eaves columns). Based on the above analysis, and following the structural logic of *Yingzao fashi*, I drew a hypothetical reconstruction of Xingyuan Pavilion in vertical section, which suggests an interesting numerical relationship, namely the combined height of first-floor bracket set, *pingzuo* column, *pingzuo* bracket set, and wooden flooring (floor thickness) was 30 *chi*—the same as the expanded modular unit.

To draw a preliminary conclusion, we have made two important points thus far. First, the builders of Xingyuan Pavilion used the column height as a means to control the proportion of the entire building, The height of the upper edge of the first *pingzuo* (positioned between the first and the second floor) is twice the height of the first-floor column. Second, the height of a regular floor and the height of the mezzanine floor (*pingzuo*) above should not exceed 30 *chi* each. This can be achieved if the bracket sets of each regular floor are 8-*puzuo* (with two bracket-arms and three cantilevers) and of each *pingzuo* level, 7-*puzuo* (with four bracket-arms). Since the roof probably had two sets of eaves, it was necessary to successively reduce the height of each of the upper floors.

A final question still needs to be discussed—how to achieve the tapered profile of the pavilion body, which was done in part by adjusting the column height of each floor (causing the upper floor to be slightly decreased in height and width compared to the lower floor), and by using battered (*shoufen*, 收分) *pingzuo* columns (causing the column shafts to be inclined with respect to the vertical). In the hypothetical reconstruction, I kept the height of the eaves columns, the upper edge of the purlin, and the upper edge of the *pingzuo* consistent between the first and second floor. Therefore, the second-floor column height is 30 *chi*, and the combined height of the second-floor bracket set, *pingzuo* column, *pingzuo* bracket set, and wooden flooring is also 30 *chi*. The third-floor flooring is elevated to a height of 120 *chi* or 2/5 of the total building height. The third-floor columns are set to a height of 27 *chi* and are thus 3 *chi* shorter than those of the first and second floors. The fourth-floor and fifth-floor columns are likewise shortened, resulting in 24 *chi* tall fourth-floor columns and 21 *chi* tall fifth-floor columns. In this way, the fifth-floor columns are elevated to a height of 252 *chi* (measured at the column top), which is 48 *chi* shorter than the total building height of 300 *chi* recorded by Xu. The remaining

48 *chi* could be used for the construction of a double-eaves roof on the fifth floor, and consist of the combined height of the fifth-floor lower-eaves bracket set, upper-eaves column, upper-eaves bracket set, roof (beam) framework, and roof envelope (Fig. 5).

Traditional pavilion-style buildings, especially those of high rank, are often surrounded by a corridor and have an additional set of eaves—a design known as "five stories with six eaves" (*wuceng liuyan*, 五层六檐) or "six drip tiles" (*liudishui*, 六滴水) in the case of a five-story building. Take for example the wooden pagoda (1056, Liao dynasty) at Fogong Temple (佛宫寺) in Ying county, Shanxi province. The limited space at the Xingyuan Pavilion, however, requires an extremely compact design. The core building measures only three-by-three bays, and is enclosed by buildings on all sides. Looking at the ground

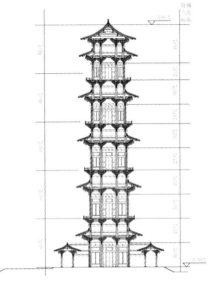

Figure 5　Height proportion control and dimensions of Xingyuan Pavilion
(Drawing by Wang Guixiang)

plan, there was neither enough space for a surrounding corridor nor for a double-eaves roof on the first floor. But looking at the cross-section, if the building had been designed with only one set of eaves per floor (a design known as "five story with five eaves"), the 48 *chi* previously assigned to the fifth-floor roof structure could have been distributed evenly among the column heights of each floor. This, however, would have resulted in columns too tall to fit with the aesthetic and proportional laws of traditional Chinese architecture. Most importantly, in Imperial China rank was visualized and conveyed through elegant and superior design, and in the case of the Xingyuan Pavilion, this design should in turn reflect the majesty and power of the Mongol rulers themselves. The builders likely followed the logic of traditional Chinese architecture and installed double eaves at the top of this important structure.

Figure 6　Section of main body and wing rooms of Xingyuan Pavilion
(Drawing by Wang Guixiang)

As has been illustrated above, the fifth floor was probably crowned by two sets of eaves because only double eaves could meet the required height of 300 *chi* (Fig. 6).

But how to build said double eaves has yet been answered. There are several options including a hipped roof (*wudianding*, 庑殿顶) (Figs. 7 and 8), a hip-gable combination roof (*xieshanding*, 歇山顶) (Figs. 9, 10 and 11), or a cross-gabled roof (*shizijiding*, 十字脊顶) (Figs. 12 and 13). The three roof designs differ only slightly in terms of construction, which is why, although the cross-gabled

Figure 7　Reconstruction I: hipped roof, section
(Drawing by Xu Teng)

Figure 8　Reconstruction I: hipped roof, digital model in perspective view
(Wang Guixiang Studio)

Figure 9　Reconstruction II: hipped gable roof, front elevation
(Wang Guixiang Studio)

Figure 10　Reconstruction II: hipped gable roof, side elevation
(Wang Guixiang Studio)

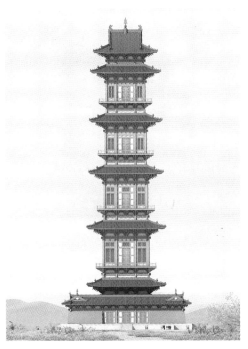

Figure 11　Reconstruction II: hipped gable roof, digital model in frontal view
(Wang Guixiang Studio)

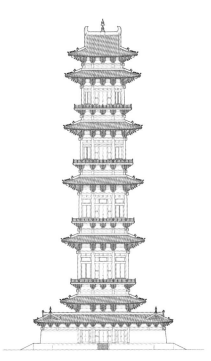

Figure 12　Reconstruction III: cross-ridge roof, elevation
(Wang Guixiang Studio)

Figure 13　Reconstruction III: cross-ridge roof, digital model in frontal view
(Wang Guixiang Studio)

Figure 14　Reconstruction I: hipped roof, digital model in frontal view
(Wang Guixiang Studio)

Figure 15 Reconstruction I: hipped roof, digital model in aerial view
(Wang Guixiang Studio)

roof is the most magnificent among them, I have chosen the simpler design of a double-eaves hipped roof for its solemnity and sublime beauty (Figs. 14, 8 and 15).

To give a more detailed description of the construction, the regular fifth-floor columns that support the lower eaves use bracket sets of eight *puzuo* with two bracket-arms and three cantilevers. The upper-eaves columns also use the bifurcated column method (*chazhuzao*) to move inward by half of a column diameter compared to the regular fifth-floor columns. According to the *Yingzao fashi*, the upper-eaves bracket sets should be of a lower rank (*puzuo*) than the lower-eaves bracket sets, which is expressed in a smaller number of projecting steps. Therefore, the upper-eaves columns of the fifth floor should carry bracket sets of seven *puzuo* with two bracket-arms and two cantilevers. These bracket sets supported the structural frame of the roof that was consistent with Song palatial-style architecture with more than one story (*diange* 殿阁). Table 5 gives the heights of regular-floor and *pingzuo*-floor columns:

Table 5 Heights of regular–floor and *pingzuo*–floor columns of Xingyuan Pavilion

	First-floor eaves column	First (-floor) *pingzuo*	Second-floor eaves column	Second (-floor) *pingzuo*	Third-floor eaves column	Third (-floor) *pingzuo*	Fourth-floor eaves column	Fourth (-floor) *pingzuo*	Fifth-floor eaves column	Roof on top of the fifth floor
Height (Given in *chi*)	30	30	30	30	27	30	24	30	21	48

The final question is how to obtain the roof curve [*juzhe*, 举折 ("raising of the roof")]. In accordance with the *Yingzao fashi*, we look at the fifth-floor upper eaves and use one third of the distance between the front and rear eaves (-raising) joists (*liaoyanfang*, 橑檐方) to determine the height difference between the eaves (-raising) joist and the ridge purlin. Following the Song method of "raising the roof ", we can obtain the curve of the rafter line by "depressing" or lowering the positions of the purlins, starting with the first purlin below the ridge. In this way, we calculate the positions of the purlins and design the beam frame to support the roof envelope. The result is astonishing. The total height measured from the ridge to the ground is exactly 300 *chi* and matches the number given in Xu's text without the need for adjustment. This is probably not a coincidence. Rather, it proves the following points:

(1) The *chi* and the dimensions of Xingyuan Pavilion taken from measurements of the archaeological plan are consistent with the (proposed) original design.

(2) The reasoning behind the hypothetical reconstruction, following the regulations outlined in the Yingzao *fashi*, is consistent with the structural design logic of the (proposed) original building.

(3) The expanded modular unit for multi-story structures (*louge*), as defined by Fu Xinian, complies with the laws of traditional Chinese design.

(4) The proportions proposed in this study on the basis of archaeological and textual evidence, and combined with the design logic of traditional Chinese wooden architecture, prove to be rational, scientific, and methodological.

Lastly, it should be noted that two methods of Song carpentry—*cejiao* (column inclination towards the center of the whole structure) (侧 脚) and *shengqi* (rise in height of columns across the building front façade) (生起) — were omitted in the reconstruction to simplify the drawings. If the proportions of each floor, the modular dimensions (*caifen*) and the rank (*puzuo*) of the bracket sets comply with the regulations outlined in the *Yingzao fashi*, then the minor height differences caused by *cejiao* and *shengqi* can be neglected because they neither affect the research approach nor the study results.

The theoretical analysis and the visual recovery of the Xingyuan Pavilion prove that the column heights, *cai* grades, and *puzuo* configurations suggested in this paper fit logically together and are consistent with the design of timber-framed buildings in general.❶ In other words, the recovery research of the Xingyuan Pavilion is based not only on archaeological data obtained through modern scientific methods, but also on the structural and formal design logic of multi-story timber-framed architecture popular in central China at that time. This may be one of the reasons why the figures known from archaeological evidence and historical records correspond precisely with my own figures.

❶ To be precise, the archaeological plan depicts four circular column bases that are positioned outside of the four corner columns of the Nine Palace grid. Since they are not aligned with the column grid, they probably were later added (to support the first-floor eaves) and not part of the original design concept. They were excluded from the reconstruction drawings to restore Xingyuan Pavilion to its historically authentic condition.

Cross-sectional Analysis of the Surrounding Buildings

The four side buildings that surrounded the five-story pavilion were only one bay or 14 *chi* deep, and this figure matched the widths of the left and the right end bays of the side buildings.

Table 6　Bay Dimensions of the Side Buildings of Xingyuan Pavilion

Width (Given in *chi*)	Left end bay	Left second-to-last bay	Left side bay	Central bay	Right side bay	Right second-to-last bay	Right end bay	Overall width
	14.0	20.0	15.0	20.0	15.0	20.0	14.0	118.0

To balance the side buildings with the central pavilion, the central-bay width of the side buildings was set to 20 *chi*, resulting in eaves columns of a reasonable height. Since the side buildings were subordinate structures, their roof height should be lower than that of the central pavilion, and was set to 15 *chi*. The construction material should likewise be dimensionally and proportionally smaller. Bracket sets should be lowered in rank by one grade, and more specifically, correspond to the second grade of *cai* with a *cai* width of 8.25 *cun* or 0.314 m and a *cai* height of 0.259 m. The bracket sets are also reduced in rank and are of five *puzuo* with one bracket-arm and one cantilever. *Pupaifang* are placed below the bracket sets to support them. Looking at the drawing, the combined height of bracket set and *pupaifang* is 1.9m or 6.05 *chi*. The distance between the eaves (-raising) joist (*liaoyanfang*) and the column-top is 0.967 m or 3.08 *chi*. This results in a length of 20.16 *chi* for the distance between the front and the rear eaves (-raising) joists (*liaoyanfang*), and this measurement is important for the roof construction. The reconstruction of the roof curve of the side buildings follows the method of "raising the roof" of less eminent (*tingtang*) halls as specified in the *Yingzao fashi*.❶ If we take 1/4 of the distance between the front and rear-eaves (-raising) joists (*liaoyanfang*), and add 0.08 times this figure, then we get the vertical rise of the roof (*jugao*, 举高). Expressed in mathematical terms, the calculation reads 5.4432 [(20.16/4) × (1+0.08)] and results in 5.44 *chi* after rounding. These figures provide us with the last piece of information we need to assign numerical values to the section and elevation of Xingyuan Pavilion.

As a final thought on the relationship between the central pavilion and its surrounding buildings, the height of the eaves columns (15 *chi*), the combined height of *pupaifang* and bracket sets (6.05 *chi*), and the vertical rise of the roof

❶ Li, *Yingzao fashi*, *juan* 5, entry *juzhe* (" 如甋瓦厅堂，即四分中举起一分。又通以四分所得丈尺，每一尺加八分"), and annotated by Liang in *Yingzao fashi zhushe* (*Liang Sicheng quanji* 7：158).

(5.44 *chi*) add up to the sum of 26.49 *chi*. Even if we add the thickness of the ridge (looking at the cross-section, we can see that the thickness of the ridge is not more than 2.0 *chi*), the side buildings are lower than the first-floor columns (30 *chi*) of the central pavilion. In other words, the side buildings did not block the visitor's view on the first floor of the central pavilion, taking second place to the overall appearance of the Xingyuan Pavilion.

Conclusions

When the Yuan-dynasty scholar Xu Youren composed the text of "Xingyuan Pavilion stele erected by imperial order", he not only described the construction history and the fundamental design elements of Xingyuan Pavilion, but he also expressed his admiration for the magnificence of the building.❶ Xu was well versed in Han-Chinese architecture of the period, as he had visited many Buddhist temples in Shuonan (朔南) (general name for the region south of the Great Wall). Having heard the people from Lingbei (岭北) (historical name for Mongolia under Yuan rule) praising Xingyuan Pavilion, he was unsure as to how the built structure would compare with the oral record. Only after talking to individuals who had traveled to both central China

---

❶ The relevant passage in Xu's Chinese text ("Chici Xingyuange bei") reads (English translation modified after Cleaves, "The Sino-Mongolian Inscription of 1346"): "臣有壬生长熙洽之世，朔南名刹，罔不愿观。闻岭北人，谈阁之大，窃疑其夸，质诸尝行陕、蜀、江、广、闽、浙，且仕岭北之人，信天下之阁，无与为比也。昔祇洹寺基八十顷一百二十院，祇陀、须达二人成之。我国家富有四海，视布地之金，特锱铢耳，则此阁之缔构，峻伟杰崒，与雪山相高，鹫岭侔盛，宜也。阁始无名，但以大阁寺著称。皇上赐名曰：兴元之阁。盖经始之日，实我元顺天应人，龙兴之初，名协乎实矣。且和林自元昌路为转运司，为宣慰司，又为岭北行中书省，丙辰迄今九十一年，而列圣峻极之迹，雄都瑰异之观，无一人一言及纪述者，一旦形诸玉音，刻之坚珉，迟速其亦有缘乎？于呼休哉为大，利益其可量也夫。铭曰……后圣继作志不渝，巍巍成此兜率居。不宏其规岂远模，矗天拔地高标孤；中有屹立金浮屠，诸佛环拥分四隅。至大修废走使车，三十一年等须臾。吾皇法祖恢圣谟，坐令金碧新渠渠。" (Because [Your Majesty's] subject Youren was born and grew up in a time of peace and harmony, as for the famous sites in Shuonan [i.e. China], there is none which he has not visited. Having heard that the people of Lingbei boasted of the bigness of the pavilion, he presumed to suspect their exaggeration. [Therefore,] he inquired of it from people who had traveled in Shaan[xi province], Shu [i.e. Sichuan province], Jiang [su province], Guang[dong province], Min [i.e. Fujian province], and Zhe[jiang province] and who had served in Lingbei. Verily, as for the pavilions of the empire, there is none which is comparable to it. Formerly, the site of Zhihuansi [i.e. Jetavana Temple, a famous Buddhist temple outside the city of Savatthi in India] [covered] 80 qing [of land] and [contained] 120 courtyards. The two men, Zhituo and Xuda, completed it. Since Our Dynasty richly possesses the Four Seas [i.e. the whole world], we regard 'the gold spread over the land' only as a penny. Therefore, it is [entirely] fitting that the magnificence and loftiness of the construction of this pavilion reciprocate height with Xueshan [i.e. the Himalayas] and match impressiveness with Jiuling [i.e. Gridhrakuta Hill in India]. The pavilion in the beginning had no name. It was only known as Datasi. His Majesty granted the name Xingyuan Pavilion, for the day when they 'measured out and commenced' really was the beginning of the rise of the dragon of Our Yuan in compliance with [the mandate of] heaven and in response to [the call of] the people. The name coincided with reality. Furthermore, Helin [i.e. Karakorum] from Yuanchanglu [name of a circuit] became Zhuanyunsi, and [later] it became Xuanweisi, and then the Lingbei xingzhong shusheng. From [the cyclical year] Binchen [1256] to the present [1346], 91 years passed, but, as for the impressive memories [literally traces] of the line of saints and the wonderful sight of the mighty capital, there has not been one man or one word which has ever attained to describing [them]. [Now] suddenly [literally in one morning] they are mentioned in the Jade Voice [i.e. spoken by the emperor] and are inscribed on the hard stone. Is there a [good] cause for the delay? [A sound of exclamation!] It is grand! That there be [some] great benefit [in it] may be considered [certain]. The ming [i.e. verse] reads: A later sage [i.e. Möngke Khan] continued the work and the effort did not diminish. Loftily he achieved this heavenly Buddhist abode. Had he not [so] magnified its scale, one could hardly have deemed it a lasting model. Sticking into Heaven and stretching up from the earth, the high beacon is solitary. In its midst there is a golden futu [i.e. stupa] which stands like a mountain peak. The various Buddhas surrounding it were distributed among the four corners. In the Zhida [reign period] repairing the ruins caused the cart of the [Yanqing]shi to go. The 31 years were like an instant. Our Emperor, emulating [his] ancestors, magnified the sacred counsels. Thereby he caused that the gold and green [i.e. gilding and painting] be new and spacious.)

and Mongolia, did Xu begin to believe that Xingyuan Pavilion was a masterwork of timber construction.❶

Additionally, Xu noted that, after the construction was finished in 1256, no name was bestowed upon the building, which was originally simply known as Dagesi (大阁寺) or Temple of the Great Pavilion. This confirms that the five-story pavilion was the core of the complex that was later renamed Xingyuan Pavilion sometime between 1346—1390, years after its construction. More broadly, the Xingyuan Pavilion became the standard against which other architectural works of the period would be compared, setting the standard for towering architecture in the Yuan dynasty at home in Mongolia and in the Central Plains of Han-China, a phenomenon observed and documented by Xu's contemporaries.❷

And yet, in terms of bay number and building volume, the square three-by-three-bay pavilion was incomparable with the seven-by-five-bay Da'an Pavilion (大安阁), the principal hall in the Yuan palace-city that had been relocated from the former Song capital of Bianliang (汴梁, today Kaifeng) to the new upper capital (Shangdu, 上都) of the Yuan dynasty. But Da'an Pavilion was only 220 *chi* tall—80 *chi* lower than Xingyuan Pavilion.❸ Therefore Xingyuan Pavilion—a five-story

---

❶ The relevant passage in Xu's Chinese text ("Chici Xingyuange bei") reads (English translation modified after Cleaves, "The Sino-Mongolian Inscription of 1346"): "臣有壬生长熙洽之世，朔南名刹，罔不应观。闻岭北人，谈阁之大，窃疑其夸，质诸尝行陕、蜀、江、广、闽、浙，且仕岭北之人，信天下之阁，无与为比也。昔祇洹寺基八十顷一百二十院，祇陀、须达二人成之。我国家富有四海，视布地之金，特锱铢耳，则此阁之缔构，峻伟杰峙，与雪山相高，鹫岭侔盛，宜也。阁始无名，但以大阁寺著称。皇上赐名曰：兴元之阁。盖经始之日，实我元顺天应人，龙兴之初，名协乎实矣。且和林自元昌路为转运司，为宣慰司，又为岭北行中书省，丙辰迄今九十一年，而列圣峻极之迹，雄都瑰异之观，无一人一言及纪述者，一旦形诸玉音，刻之坚珉，迟速其亦有缘乎？于呼休哉为大，利益其可量也夫。铭曰……后圣继作志不渝，巍巍成此兜率居。不宏其规岂远模，蟲天拔地高标孤；中有屹立金浮屠，诸佛环拥分四隅。至大修废走使车，三十一年等澒史。吾皇法祖恢圣谟，坐令金碧新渠渠。" (Because [Your Majesty's] subject Youren was born and grew up in a time of peace and harmony, as for the famous sites in Shuonan [i.e. China], there is none which he has not visited. Having heard that the people of Lingbei boasted of the bigness of the pavilion, he presumed to suspect their exaggeration. [Therefore,] he inquired of it from people who had traveled in Shaan[xi province], Shu [i.e. Sichuan province], Jiang [su province], Guang[dong province], Min [i.e. Fujian province], and Zhe[jiang province] and who had served in Lingbei. Verily, as for the pavilions of the empire, there is none which is comparable to it. Formerly, the site of Zhihuansi [i.e. Jetavana Temple, a famous Buddhist temple outside the city of Savatthi in India] [covered] 80 qing [of land] and [contained] 120 courtyards. The two men, Zhituo and Xuda, completed it. Since Our Dynasty richly possesses the Four Seas [i.e. the whole world], we regard 'the gold spread over the land' only as a penny. Therefore, it is [entirely] fitting that the magnificence and loftiness of the construction of this pavilion reciprocate height with Xueshan [i.e. the Himalayas] and match impressiveness with Jiuling [i.e. Gridhrakuta Hill in India]. The pavilion in the beginning had no name. It was only known as Datasi. His Majesty granted the name Xingyuan Pavilion, for the day when they 'measured out and commenced' really was the beginning of the rise of the dragon of Our Yuan in compliance with [the mandate of] heaven and in response to [the call of] the people. The name coincided with reality. Furthermore, Helin [i.e. Karakorum] from Yuanchanglu [name of a circuit] became Zhuanyunsi, and [later] it became Xuanweisi, and then the Lingbei xingzhong shusheng. From [the cyclical year] Binchen [1256] to the present [1346], 91 years passed, but, as for the impressive memories [literally traces] of the line of saints and the wonderful sight of the mighty capital, there has not been one man or one word which has ever attained to describing [them]. [Now] suddenly [literally in one morning] they are mentioned in the Jade Voice [i.e. spoken by the emperor] and are inscribed on the hard stone. Is there a [good] cause for the delay? [A sound of exclamation!] It is grand! That there be [some] great benefit [in it] may be considered [certain]. The ming [i.e. verse] reads: A later sage [i.e. Möngke Khan] continued the work and the effort did not diminish. Loftily he achieved this heavenly Buddhist abode. Had he not [so] magnified its scale, one could hardly have deemed it a lasting model. Sticking into Heaven and stretching up from the earth, the high beacon is solitary. In its midst there is a golden futu [i.e. stupa] which stands like a mountain peak. The various Buddhas surrounding it were distributed among the four corners. In the Zhida [reign period] repairing the ruins caused the cart of the [Yanqing]shi to go. The 31 years were like an instant. Our Emperor, emulating [his] ancestors, magnified the sacred counsels. Thereby he caused that the gold and green [i.e. gilding and painting] be new and spacious.)

❷ Ibid.

❸ Wang Guixiang, "Yuan Shangdu zhengdian Da'ange," 203—206.

pavilion standing in the middle of a Buddhist temple in the Mongol-era (Yuan) capital of Karakorum—deserved and still deserves to be called one of the tallest wooden structures in the world during the 13th century.

References

Cleaves, Francis Woodman. "The Sino-Mongolian Inscription of 1346." *Harvard Journal of Asiatic Studies* 15.1/2 (1952) : 1—123.

Fu Xinian (傅熹年). "Architectural Features of the Northern and Southern Dynasties and the Sui and Tang Periods in China as Reflected in Japanese Architecture of the Asuka and Nara Periods." In *Traditional Chinese Architecture: Twelve Essays*, edited by Nancy S. Steinhardt, translated by Alexandra Harrer: 140-166. Princeton: Princeton University Press, 2017.

Hüttel, Hans-Georg and Erdenebat, Ulambayar. *Karabalgasun and Karakorum: Two late nomadic urban settlements in the Orkhon Valley.* Archaeological excavation and research of the German Archaeological Institute (DAI) and the Mongolian Academy of Sciences 2000—2009: Ulan Bator, 2010.

Kotwicz, Wladyslaw. "Монгольские надписи в Эрдэни-дзу" (Mongolian Inscriptions in Erdeni Dzu). *Publications of the Museum of Anthropology and Ethnology of Peter the Great* (1918) 5: 205—214.

Li Jie (李诫). *Yingzao fashi* (Building standards, 营造法式). Kaifeng: 1103. Rev. rpt. Nanjing: 1145. Annotated by Liang Sicheng (梁思成). *Yingzao fashi zhushe* (The annotated *Yingzao fashi*, 营造法式注释). Rpt. *Liang Sicheng quanji* (Complete works of Liang Sicheng, 梁思成全集), vol. 7. Beijing: China Architecture and Building Press, 2001.

Liu Dunzhen (刘敦桢). *Zhongguo gudai jianzhushi* (History of Chinese traditional architecture, 中国古代建筑史). Beijing: China Architecture and Building Press, 1984.

Matsukawa Takashi (松川节). "Xinfaxian de 'Chici Xingyuange bei' duanpian" (Newly unearthed fragments of Xingyuan Pavilion stele erected by imperial order, 新发现的'敕赐兴元阁碑'断片). *Ouyaxue yanjiu xilie jianzuo* (Eurasian Studies Series Lecture, 欧亚学研究系列讲座34讲) 34. History Research Institute of the Chinese Academy of Social Sciences in Beijing, Division of Chinese and Foreign Relations (中国社会科学院历史研究所中外关系史研究室). December 30, 2009.

Poppe, Nikolai Nikolaevic. "Отчет о поездке на Орхон летом 1926 года» (Report on a trip to the Orkhon in the summer of the year 1926). In *Preliminary Report of the Linguistic Expedition into Northern Mongolia in the Year 1926*: 1-25. Leningrad: Publishing House of the USSR Academy of Sciences, 1929.

Radloff, Wilhelm. *Атлас древностей Монголии* (Atlas der Altertümer der Mongolei). Sankt Petersburg, 1892.

Song Lian (宋濂). *Yuanshi* (History of Yuan, 元史), *juan* 182, Liezhuan (Bibliographies, 列传)69, Xu Youren (许有壬). Qing-dynasty rpt. in *Qinding siku quanshu* (Imperial edition of the Complete Library of the Four Treasuries) (钦定四库全书), Shibu (Histories, 史部), Zhengshilei (正史类), edited by Ji Yun (纪昀) et al. Beijing: 1773—1782. Tsinghua Online Edition.

Wang Guixiang (王贵祥). "Yuan Shangdu zhengdian Da'ange" (The principal [palace] hall of the Yuan upper capital [Shangdu]—Da'an Pavilion, 元上都正殿大安阁). In *Jiangren yingguo—Zhongguo gudai jianzhu shihua* (A History of Chinese Architecture, 匠人营国—中国古代建筑史话) : 203—206. Beijing: China Architecture & Building Press, 2015.

Xu Youren (许有壬). "Chici Xingyuange bei" (Xingyuan Pavilion stele erected by imperial order, 敕赐兴元阁碑). In *Zhizhengji* (The collection of Zhizheng, 至正集), *juan* 45, Beizhi (Epigraphs, 碑志). Qing-dynasty rpt. in *Qinding siku quanshu* (Imperial edition of the Complete Library of the Four Treasuries, 钦定四库全书), Jibu (Anthologies, 集部), Biejilei (别集类), edited by Ji Yun (纪昀) et al. Beijing: 1773—1782. Tsinghua Online Edition.

Yadrintsev, Nikolai Mikhailovich. "Отчет экспедиции на Орхон, со ве шенной в 1889 г. по поручению Восточносибирского отдела Географического общества" (Report of expedition to Orkhon in 1889 on behalf of the Eastern-Siberian Department of the imperial geographical society). In *Collection of the Works of the Orkhon Expedition*, Vol.1. Sankt Petersburg, 1892.

古建筑测绘

山西高平崇明寺测绘图

何文轩（整理）

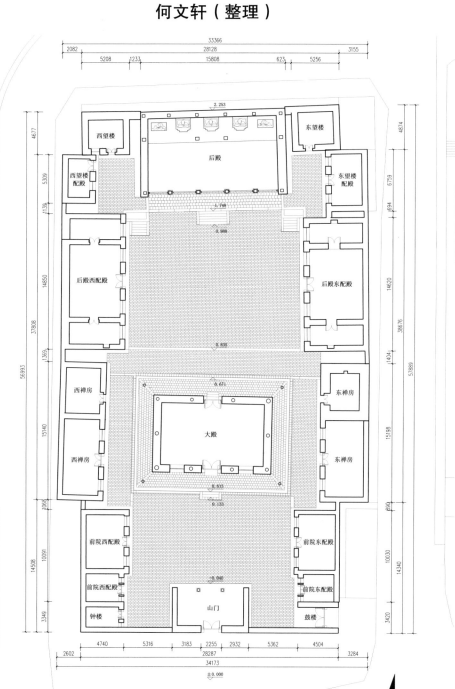

图1　山西高平崇明寺底层平面图
（指导老师：贺从容 何文轩 黄文镐 徐腾　测绘人：江昊懋）

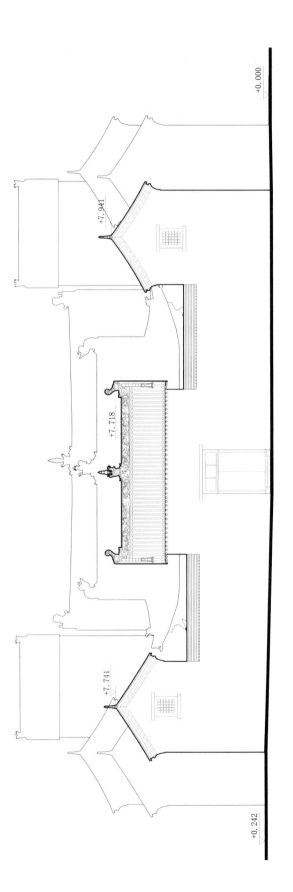

图 2 山西高平崇明寺正立面图
(指导老师:贺从容 问文轩 黄文镐 测绘人:徐腾 黄海璐)

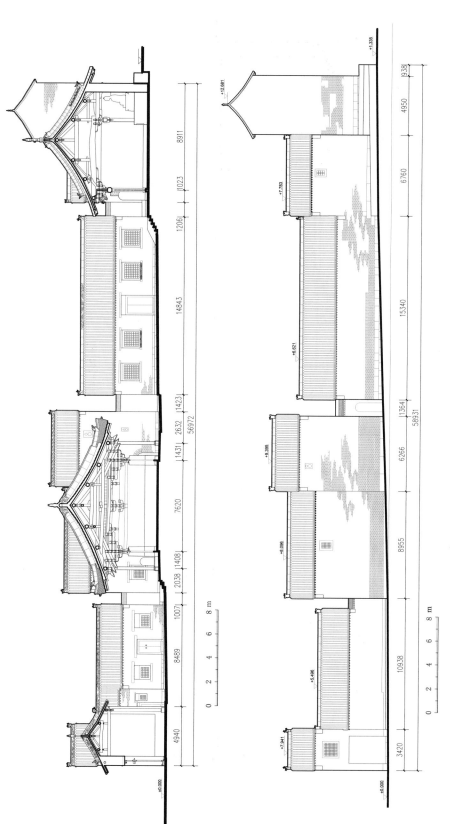

图 3　山西高平崇明寺纵剖面图（上）；山西高平崇明寺东立面图（下）
（指导老师：贺从容 何文轩 黄文镝　测绘：张泽菲 黄海璐 徐腾）

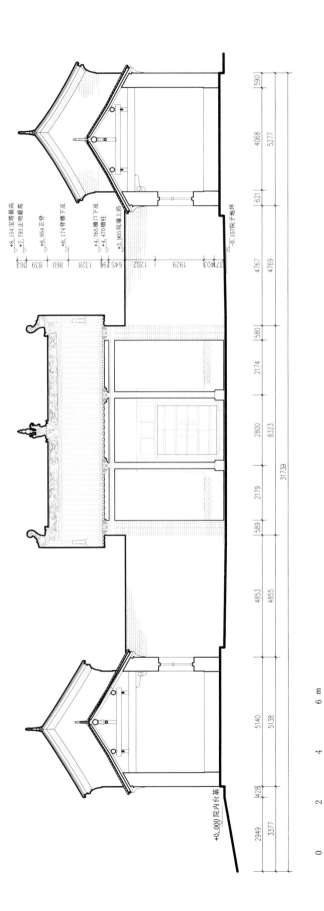

图 4 山西高平崇明寺山门钟楼剖面图
（指导老师：贺从容 何文轩 黄文镝 徐腾 测绘人：奚晨宇）

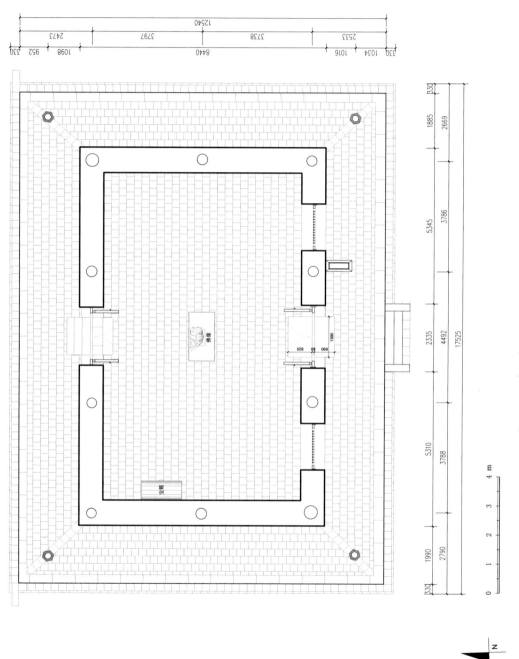

图 5 山西高平崇明寺大殿底层平面图
(指导老师:贺从容 何文轩 黄文镝 徐文腾 测绘人:尚月泰)

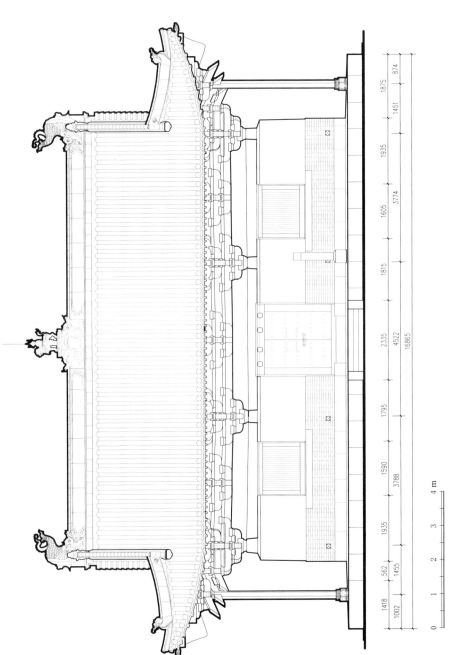

图 6 山西高平崇明寺大殿正立面图
(指导老师：贺从容 何文轩 黄文镝 徐腾 测绘人：黎桑)

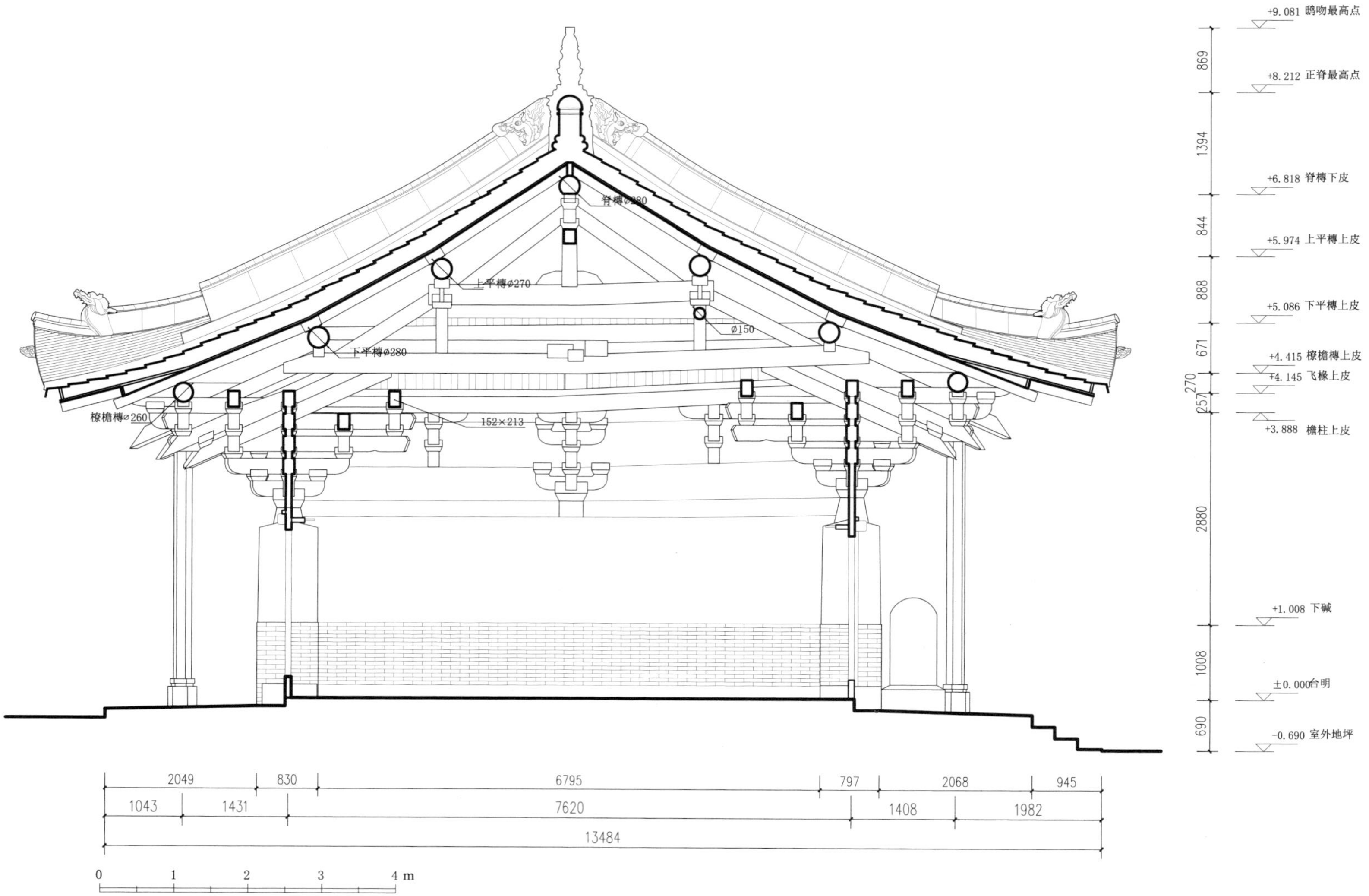

图 7 山西高平崇明寺大殿明间横剖面图
(指导老师：贺从容 何文轩 黄文镝 徐腾 测绘人：母卓尔)

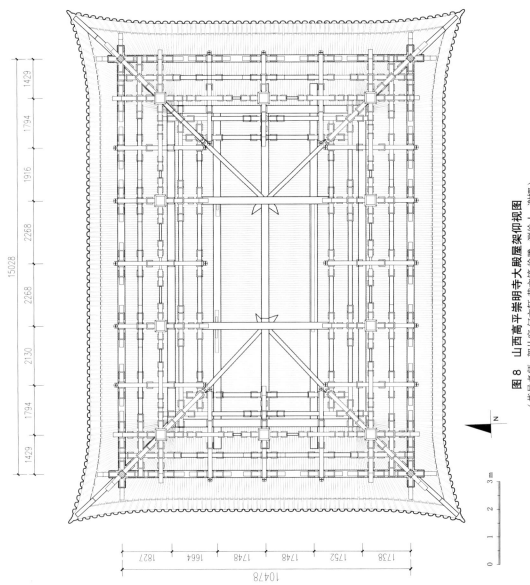

图 8 山西高平崇明寺大殿屋架仰视图
(指导老师：贺从容 咨询 何文轩 黄文镝 徐腾 测绘人：谢娜)

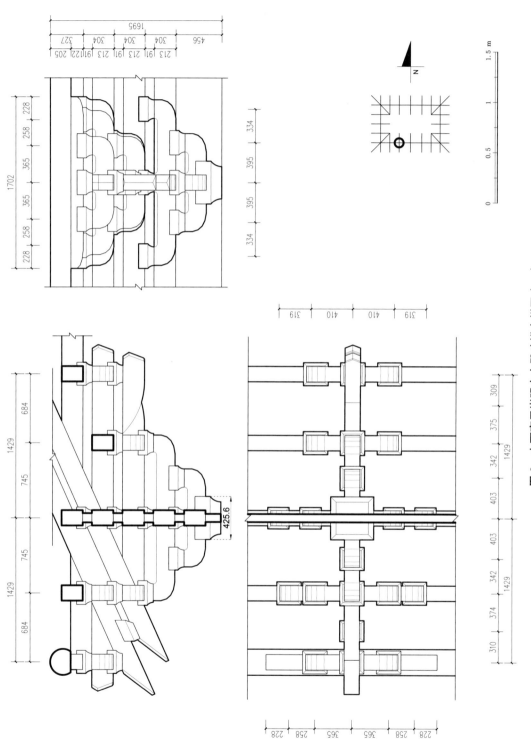

图 9 山西高平崇明寺大殿斗栱大样图（一）
（指导老师：贺从容 何文轩 黄文镝 徐腾 测绘人：程冰玉 于雅馨）

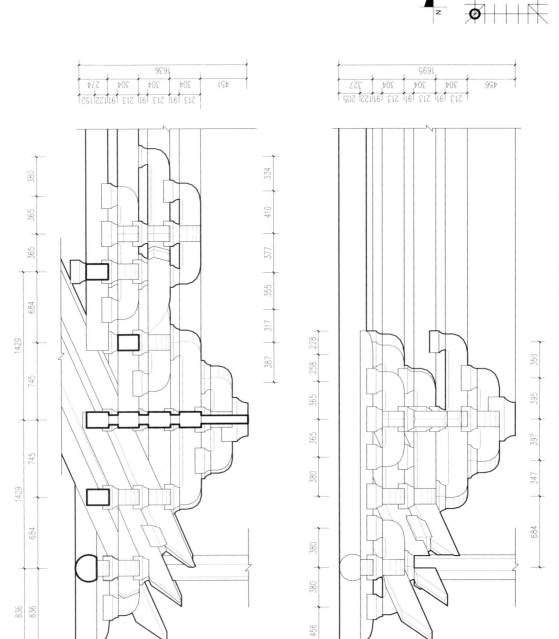

图 10 山西高平崇明寺大殿斗栱大样图（二）
（指导老师：贺从容 何文轩 黄文镐 徐文腾 测绘人：程冰玉 于雅馨）

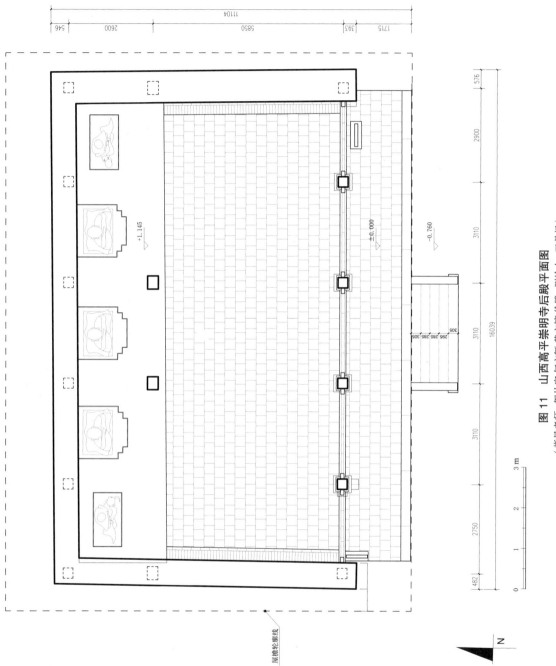

图 11 山西高平崇明寺后殿平面图
(指导老师:贺从容 何文轩 黄文镝 徐腾 测绘人:王鼎樑)

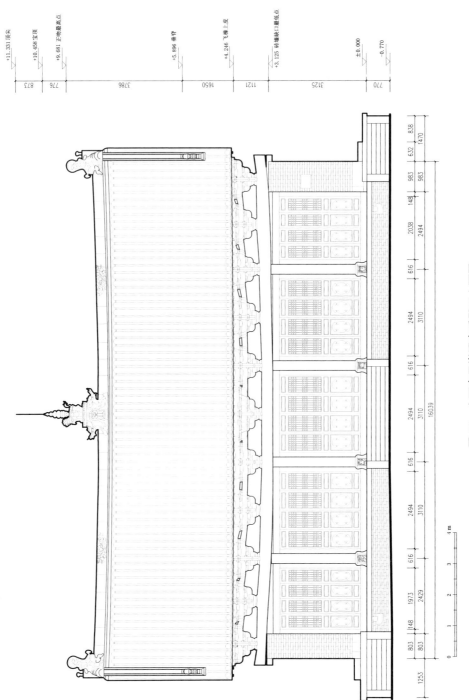

图 12 山西高平崇明寺后殿正立面图
(指导老师：贺从容 何文轩 黄文镐 徐腾 测绘人：李卓)

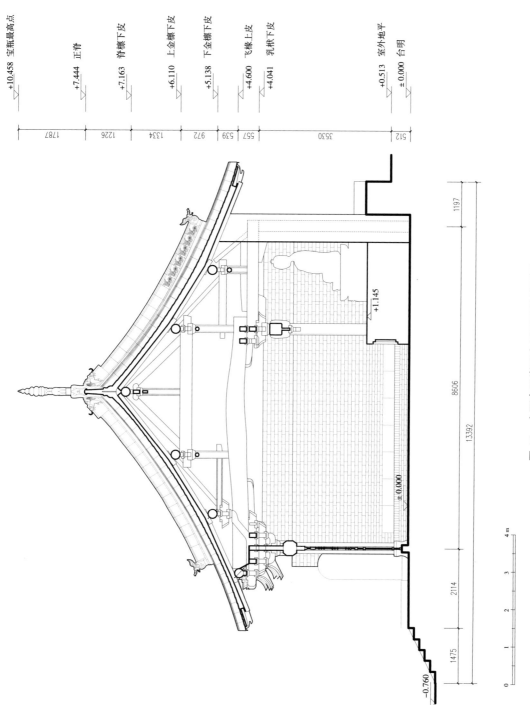

图13 山西高平崇明寺后殿明间剖面图
（指导老师：贺从容 何文轩 黄文镝 徐腾 测绘人：吴婧）

《中国建筑史论汇刊》稿约

一、《中国建筑史论汇刊》是由清华大学建筑学院主办,清华大学建筑学院建筑历史与文物建筑保护研究所承办,中国建筑工业出版社出版的系列文集,以年辑的体例,集中并逐年系列发表国内外在中国建筑历史研究方面的最新学术研究论文。刊物出版受到华润雪花啤酒(中国)有限公司资助。

二、宗旨:推展中国建筑历史研究领域的学术成果,提升中国建筑历史研究的水准,促进国内外学术的深度交流,参与中国文化现代形态在全球范围内的重建。

三、栏目:文集根据论文内容划分栏目,论文内容以中国的建筑历史及相关领域的研究为主,包括中国古代建筑史、园林史、城市史、建造技术、建筑装饰、建筑文化以及乡土建筑等方面的重要学术问题。其着眼点是在中国建筑历史领域史料、理论、见解、观点方面的最新研究成果,同时也包括一些重要书评和学术信息。篇幅亦遵循国际通例,允许做到"以研究课题为准,以解决一个学术问题为准",不再强求长短划一。最后附"古建筑测绘"栏目,选登清华建筑学院最新古建筑测绘成果,与同好分享。

四、评审:采取匿名评审制,以追求公正和严肃性。评审标准是:在翔实的基础上有所创新,显出作者既涵泳其间有年,又追思此类问题已久,以期重拾"为什么研究中国建筑"(梁思成语,《中国营造学社汇刊》第七卷第一期)的意义,并在匿名评审的前提下一视同仁。

五、编审:编审工作在主编总体负责的前提下,由"专家顾问委员会"和"编辑部"共同承担。前者由海内外知名学者组成,主要承担评审工作;后者由学界后辈组成,主要负责日常编务。编辑部将在收到稿件后,即向作者回函确认;并将在一月左右再次知会,文章是否已经通过初审、进入匿名评审程序;一俟评审得出结果,自当另函通报。

六、征稿:文集主要以向同一领域顶级学者约稿或由著名学者推荐的方式征集来稿,如能推荐优秀的中国建筑历史方向博士论文中的精彩部分,也将会通过专家评议后纳入文集,论文以中文为主(每篇论文可在2万字左右,以能够明晰地解决中国古代建筑史方面的一个学术问题为目标),亦可包括英文论文的译文和书评。文章一经发表即付润毫之资。

七、出版周期:以每年1~2辑的方式出版,每辑15~20篇,总字数为50万字左右,16开,单色印刷。

八、编者声明:本文集以中文为主,从第捌辑开始兼收英文稿件。作者无论以何种语言赐稿,即被视为自动向编辑部确认未曾一稿两投,否则须为此负责。本文集为纯学术性论文集,以充分尊重每位作者的学术观点为前提,唯求学术探索之原创与文字写作之规范,文中任何内容与观点上的歧异,与文集编者的学术立场无关。

九、入网声明:为适应我国信息化发展趋势,扩大本刊及作者知识信息交流渠道,本刊已被《中国学术期刊网络出版总库》及CNKI系列数据库收录,其作者文章著作权使用费与本刊稿酬一次性给付,免费提供作者文章引用统计分析资料。如作者不同意文章被收录入期刊网,请在来稿时向本刊声明,本刊将做适当处理。

来稿请投:E-mail:xuehuapress@sina.cn;或寄:清华大学建筑学院新楼503室《中国建筑史论汇刊》编辑部,邮编:100084。

本刊博客:http://blog.sina.com.cn/jcah

《中国建筑史论汇刊》编辑部

Guidelines for Submitting English-language Papers to the *JCAH*

The *Journal of Chinese Architecture History* (*JCAH*) provides art opportunity for scholars to Publish English-language or Chinese—language papers on the history of Chinese architecture from the beginning to the earlv 20th century. We also welcome papers dealing with other countries of the East Asian cultural sphere. Topics may range from specific case studies to the theoretical framework of traditional architecture including the histrot of design, landscape and city planning.

JCAH is strongly committed to intellectual transparency, and advocates the dynamic process of open peer review. Authors are responsible to adhere to the standards of intellectual integrity, and acknowledge the source of previously published matmlal Likewise, authors should submit original work that, in this manner, has not been published previously in English, nor is under review for publication elsewhere.

Manuscripts should be written in good English suitable for publication. Non-English native speakers are encouraged to have their manuscripts read by a professional translator, editor, or English native speaker before submission.

Manuscripts should be sent electronically to the following email adckess: xuehuapress@sina.cn
For further mformation, please visit the *JCAH* website, or contact our editorial office:
English Editor: Alexandra Harrer 荷雅丽
JCAH Editorial office
Tsinghua University, School of Architecture, New Building Room 503 / China, Beijing, Haidian District 100084
北京市海淀区 100084/ 清华大学建筑学院新楼 503/JCAH 编辑部
Tel (Ms Zhang Xian 张弦 /Ms Li Jing 李菁): 0086 10 62796251
Email: xuehuapress@sina. cn
http: //blog. sina. corn. cn/ jcah

Submissions should include the following separate files:

1) Main text file in MS-Word format (labeled with "text" + author's last name) It must include the name (s) of the author (s), name (s) of the translator (s) if applicable, institutional affiliation, a short abstract (less than 200 words), 5 keywords, the main text with footnotes, acknowledgment if necessary, and a bibliography. For text style and formatting guidelines, please visit the *JCAH* website (mainly Chicago Manual of Style, 16th Edition, *Merriam-webster Collegiate Dictionary*, 11th Edition)

2) Caption file in MS-Word format (labeled with "caption" + attthor's last name).It should lish illustration captions and sources.

3) Up to 30 illustration files preferable in JPG format (labeled with consecutive numbers according to the sequence in the text+ author's last name). Each illustration should be submitted as an individual file with a resolution of 300 dpi and a size not exceeding 1 megapix.

Authors are notified upon receipt of the manuscript. If accepted for publication, authors will receive an edited version of the manuscript for final revision, and upon publication, automatically two gratis bound journal copies.

图书在版编目（CIP）数据

中国建筑史论汇刊. 第壹拾伍辑 / 王贵祥主编. —北京：中国建筑工业出版社，2018.5
ISBN 978-7-112-21980-3

Ⅰ.①中… Ⅱ.①王… Ⅲ.①建筑史—中国—文集 Ⅳ.①TU-092

中国版本图书馆CIP数据核字（2018）第053355号

责任编辑：董苏华 李 婧
责任校对：李美娜

中国建筑史论汇刊　第壹拾伍辑
王贵祥　主　编
贺从容　李 菁 副主编
清华大学建筑学院主办
*
中国建筑工业出版社出版、发行（北京海淀三里河路9号）
各地新华书店、建筑书店经销
北京嘉泰利德公司制版
北京中科印刷有限公司印刷
*
开本：787×1092毫米　1/16　印张：25$\frac{1}{2}$　字数：557千字
2018年5月第一版　2018年5月第一次印刷
定价：129.00元
ISBN 978-7-112-21980-3
（31789）

版权所有　翻印必究
如有印装质量问题，可寄本社退换
（邮政编码100037）